VIOLENT EARTH

DK狂野地球

英国DK公司 编著 李璐 译 王群力 审校

电子工业出版社·
Publishing House of Electronics Industry
北京·BEIJING

DK | Penguin Random House

Original Title: Violent Earth

Copyright © Dorling Kindersley Limited, 2011

本书中文简体版专有出版权由 Dorling Kindersley Limited 授予电子工业出版社有限公司。未经许可，不得以任何方式复制或抄袭本书的任何部分。

版权贸易合同登记号 图字：01-2014-8180

图书在版编目（CIP）数据

DK狂野地球 / 英国DK公司编著；李璐译. -- 北京：电子工业出版社，2025.4. -- ISBN 978-7-121-49438-3

Ⅰ. P183-49

中国国家版本馆CIP数据核字第202536843U号

审图号：GS京（2024）2629号

本书中第20、22、23、24、25、26、27、37、44、45、68、80、86、87、129、139、153、173、174、177、181、204、205、209、211、213、219、220、226、228、244、245、256、263、264、273、275、276、277、293、297、298、305、307、314、319、329、337、338、339、340、342、344页地图系原文插图。

混合产品
纸张｜支持负责任林业
FSC® C018179

www.dk.com

责任编辑：朱思霖　特约编辑：吴　嘉
装帧设计：许建华
印　　刷：鸿博昊天科技有限公司
装　　订：鸿博昊天科技有限公司
出版发行：电子工业出版社
　　　　　北京市海淀区万寿路173信箱　邮编：100036
开　　本：889×1194　1/12　印张：29　字数：1051.5千字
版　　次：2025年4月第1版
印　　次：2025年4月第1次印刷
定　　价：248.00元

凡所购买电子工业出版社图书有缺损问题，请向购买书店调换。若书店售缺，请与本社发行部联系，联系及邮购电话：（010）88254888，88258888。
质量投诉请发邮件至zlts@phei.com.cn，盗版侵权举报请发邮件至dbqq@phei.com.cn。
本书咨询联系方法：（010）88254161转1835，zhanglili@phei.com.cn。

推荐语

　　地球是太阳系中一颗独特的星球，它与太阳的距离适中，是太阳系中唯一适宜人类生存和发展的星球。从太空遥望地球，在那颗蔚蓝色的星球上，太阳在安第斯山脉的云海上投下一抹橘色的光辉。这幅精美、壮阔、迷人的照片为我们揭开了《DK狂野地球》的神秘面纱。

　　人类作为智慧生物，自诞生时起就一直追寻着地球源自哪里、它是什么样的构造、又是如何变化的答案。本书回答了我们的问题——地球起源于约46亿年前，和太阳系的诞生密切相关，是一个动态的星球。同时以简练易懂的文字配以大量精美的绘图、照片为读者系统地介绍了关于地球的知识。阅读此书不仅能学习知识，更是视觉的享受。

　　本书对地球知识的介绍层层递进，从18世纪初，著名的天文学家爱德蒙·哈雷推测的"地球由一系列薄的、嵌套的球状壳组成，壳之间的空隙充满了气体"，德国耶稣会的学者阿塔纳修斯·基歇尔绘制的"由若干个相互连通的燃烧室"组成的地球内部，到2008年，美国伊利诺伊大学的科学家通过地震波的研究宣布"地球内核并不是由铁和镍构成的均质的球体，而是包含内外两个不同的部分，拥有不同的晶体结构"。16世纪，"地理学家们注意到非洲的海岸线与南美洲的海岸线吻合，就像这两块大陆曾经是挨着的"，直到20世纪20年代，人们发现"地幔对流为大陆漂移提供了动力"，等等。用"狂野地球"这根红线将著名学者和学说这一个个珠子串了起来，为我们勾画出了人类通过对现象的推测到应用先进的科学技术对地球进行精确研究的认知过程——地球知识的发展史。我们不但认识了地球，也认识了为地球知识的积累做出努力和贡献的人及重大历史事件。

　　地球作为一个动态的星球，无论我们可感或不可感，它无时无刻不在运动。造山运动、火山活动、地震是塑造地表形态的令人印象深刻的力量，闻名于世的喜马拉雅山脉、阿尔卑斯山脉、东非大裂谷都是造山运动的产物。这些山脉也是生命之源——河流的发源地。图片展示的火山喷发产生的震撼的火山灰云，被火山喷发毁灭的庞贝古城，以及现场记者记述的灾难发生时的场景，"今天早上出现了如同世界末日般的场景，熔岩流像一个巨型的推土机，横扫了整个戈马城，到处都是烟雾……"让我们身临其境。而漂亮的火山景观、温泉、火山矿藏、火山灰或熔岩形成的肥沃的土壤，甚至火山喷发本身给我们的旅游、农业生产、工业等资源也带来了福祉。与火山共存，趋利避害是人类的追求。本书以大量精美的绘图、大量震撼的历史事件照片、图表数据，将我们带上了一个地球构造板块活动的特别旅程。

　　地球是太阳系中迄今所知的唯一表面覆盖巨大水体——海洋，并且被气体圈层——大气层包裹着的星球，从而成为太阳系中唯一存有生物的星球。水循环是地球上最重要的物质能量循环之一，为生物生长提供了适宜的供水和气候条件，也对地球表层起着巨大的改造和建设作用。中国有句古话，"水能载舟，亦能覆舟"。海洋和大气在其运动循环的过程中常常产生极端的现象，如海啸、飓风、暴风雪、雷暴等，给社会经济生活造成严重的影响和破坏。我们所知的日本2011年3月11日发生的横扫本州岛海滨的海啸，"不可阻挡的波涛淹没并带走了所有横亘在它面前的事物……更严重的是，福岛核电站受损……"暴雨、雷电、沙尘暴、台风等大大小小的极端天气灾害更是我们生活中的常客，与我们的生活息息相关。

　　人类的发展史就是一部认知自然、利用自然的历史，是从局地无意识的认知向有意识的、更大范围的、全面深入的认知过渡，是以生命丧失和经济建设重大损失为代价的过程。正是生命丧失和财产巨大损失的教训，使我们发展了监测和应对灾害的技术手段和方法，使我们对海啸、火山、灾害天气等有了更好的预警，建筑的抗震、抗风设计使人们在灾难发生时将危险和损失降到最低。而所有这一切的前提是：对自然要怀有敬畏之心！

　　深入浅出的文字配合精美的绘图、丰富的历史事件照片、详细的历史灾害数据信息，使本书既是一本关于地球的基本知识教科书，更是一部地球知识发展史话和重大自然灾害历史事件的翔实资料库，是家庭与学校图书馆不可或缺的最佳藏书。

王群力

中国科学院地理科学与资源研究所 副编审

目录

1 动态的星球

地球的起源	8
最初的陆地和海洋	10
地球的结构	12
地核和地幔	14
地球的外壳	16
构造板块	20
现代大陆的形成	22
今天的地球板块	26
板块边界	28
热点	32
地热能	34
测量板块的运动	36
地质年代表	40

2 造山运动

世界各地的山	44
山脉的根	46
山脉的形成	48
移动的山脉	50
山的生命周期	52
喜马拉雅山脉	56
南阿尔卑斯山脉	58
安第斯山脉	60
横向山脉	62
盆地和山岭	66
落基山脉	68
东非大裂谷	70
阿尔卑斯山脉	74
乌拉尔山脉	76
（科罗拉多）大峡谷	79
横贯南极山脉	80

3 火山

什么是火山？	84
世界火山分布	86
火山爆发	88
喷发类型	90
火山的类型	94
熔岩	96
空中产物	100
火山碎屑流和涌流	102
火山泥石流	106
大陆火山弧	108
火山岛弧	110
火山岛链	112
盾状火山	114
火山渣锥	116
复式火山	120
埃特纳火山	122
默拉皮喷发，2010年	124
破火山口	126
超级火山	128
玛珥火山	130
爆炸湖	132
凝灰岩环和凝灰岩锥	134
熔岩穹丘和熔岩棘	136
火山区	138
火山复合体	140
裂隙式喷发	142
夏威夷式喷发	144

斯特隆博利式喷发	149	中国四川，2008年	220	降水	280
乌尔卡诺式喷发	150	撞击-滑动地震	224	厄尔尼诺和拉尼娜现象	284
培雷式喷发	152	伊兹米特，1999年	226	昆士兰洪灾，2010年	286
普林尼式喷发	154	克莱斯特彻奇，2011年	228	季风	288
维苏威火山	156	地震的破坏	232	巴基斯坦洪水，2010年	290
诺瓦鲁普塔火山，1912年	158	巴姆，2003年	234	热带气旋	292
圣海伦斯火山	160	地震引发的滑坡	236	纳尔吉斯气旋，2008年	297
蒸汽喷发	164	与地震共存	238	卡特里娜飓风，2005年	298
冰川下的火山	166			温带气旋	302
艾雅法拉火山	169			完美风暴，1991年	304
南极的火山	172			暴风雪	306
非洲大裂谷火山	174	**5 永不平息的海洋**		加尔蒂雪崩，1999年	308
尼拉贡戈火山灾害	177			冰暴	311
火山遗迹	178	海洋的起源	242	雷暴	312
火山监测	180	洋底	244	闪电类型	317
与火山共存	182	海床构造	246	龙卷风	318
火山温泉	186	海底烟囱	250	俄克拉何马，1999年	320
火山喷气孔	188	海底火山	252	沙暴和尘暴	324
间歇泉	192	短命的岛屿	254	中国尘暴，2010年	326
泥火山	196	叙尔特塞岛，1963年	256	野火	328
鲁西灾难	198	环礁、海山和平顶海山	258	黑色星期六森林火灾，2009年	330
		"疯狗浪"和极端潮汐	261	气候变化	332
		海啸	262		
		印度洋海啸，2004年	264		
4 地震		日本海啸，2011年	268	**7 参考资料**	
什么是地震？	202			地球	336
地震带	204			山脉	338
地震的成因	206	**6 极端天气**		海洋	339
海地，2010年	208			火山	340
运动和断层	210	什么是天气？	272	地震	342
测量地震	212	全球气压	274	天气	344
俯冲地震	216	世界各地的风	276	术语	346
康塞普西翁，2010年	218	锋面和急流	278		

1

动态的星球

<< 太空中看到的地球
太阳在安第斯山脉东侧的云海上投下一抹橘色的光辉。

地球的起源

大约46亿年前，在刚形成的太阳周围环绕着由尘埃和气体组成的旋转圆盘，小块物质在圆盘中碰撞并融合，最终以被称为行星胚胎的更大物体之间的碰撞而告终。这些碰撞导致了大量热能的产生，以致地球在炙热、熔融的状态下诞生。

我们星球的诞生

我们星球的起源与整个太阳系——太阳、围绕它旋转的八颗行星以及许多其他天体，如彗星和小行星——的形成紧密相连。现在，天文学家们一致认为，太阳系最初形成于约46亿年前银河系中的一片巨大的、缓慢旋转的气体和尘埃星云之中。由于重力作用，星云旋转得越来越快并逐渐收缩，同时随着中心区域密度的增加，它变得越来越热。这片中心区域最终形成了太阳。围绕中心区域的是由气体、尘埃和冰构成的旋转的圆盘。在圆盘中，冰和尘埃聚集在一起并形成固体颗粒，这些颗粒不断增大，形成卵石、岩石、巨型圆石，它们被称为星子。这些星子无处不在，尺寸从几米到上百千米。最终，这些星子通过碰撞形成更大的星体，其尺寸大概跟今天的月亮差不多，它们被称为行星胚胎。这些行星胚胎经过一系列猛烈的碰撞后，形成了太阳系内侧的四颗行星，包括地球，以及外侧巨行星（如木星）的核。

我们不知道地球究竟由多少个行星胚胎结合而成，可能有十多个。地球形成的过程中，行星胚胎的每一次碰撞都会产生巨大的热量，因为碰撞体的动能转化成了热能。另外，随着行星胚胎数量的减少和体积的增加，每一个行星胚胎都会在自身重力的影响下收缩，这一过程同样会产生热量。最终，一个和地球差不多大小的天体——被称为原始地球的地球祖先和一个与火星差不多大小的行星胚胎——忒伊亚发生了一场终极碰撞。终极碰撞的结果是地月系统的诞生，包括地球本身和它的轨道卫星月球。

太阳系的形成

最被广泛认可的太阳系起源理论叫作星云假说，如图所示。它能解释太阳系大部分的明显特征，比如为什么它是平的，以及为什么所有的行星以同样的方向围绕太阳旋转。从图中可以看出，像地球这样的天体是通过逐渐积累形成的，冰和尘埃的小颗粒粘在一起形成被称为星子的较大的颗粒，星子再形成更大的被称为行星胚胎的星体，最后行星胚胎形成行星。

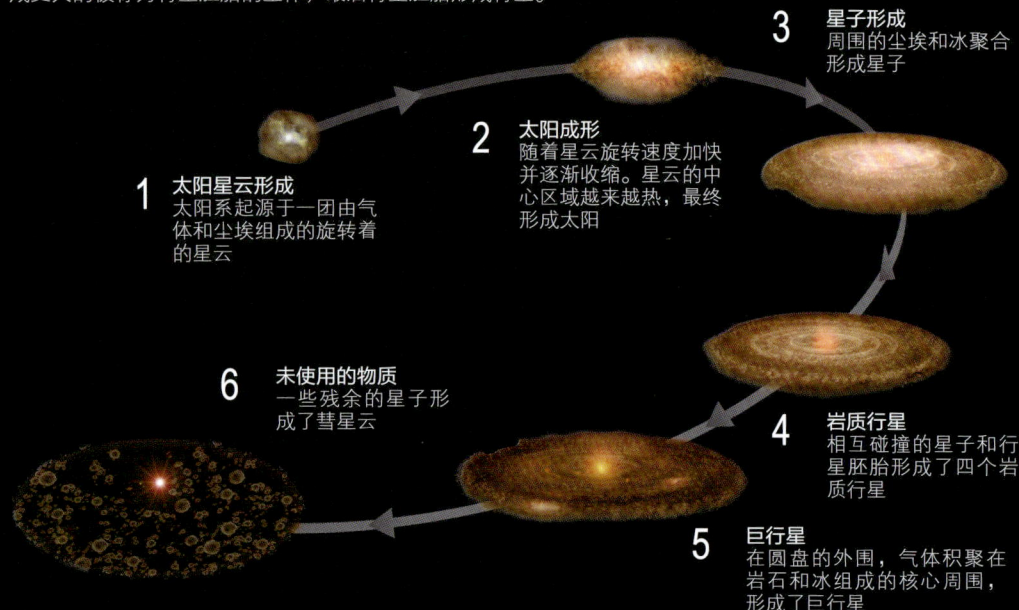

3 星子形成
周围的尘埃和冰聚合形成星子

2 太阳成形
随着星云旋转速度加快并逐渐收缩。星云的中心区域越来越热，最终形成太阳

1 太阳星云形成
太阳系起源于一团由气体和尘埃组成的旋转着的星云

6 未使用的物质
一些残余的星子形成了彗星云

4 岩质行星
相互碰撞的星子和行星胚胎形成了四个岩质行星

5 巨行星
在圆盘的外围，气体积聚在岩石和冰组成的核心周围，形成了巨行星

行星胚胎碰撞
原始地球形成后不久，与一个约火星大小的行星胚胎发生了碰撞，形成了地球和月亮。

地核的形成

在聚合形成地球的每一个较大的行星胚胎内部都可能发生过被称为分异的过程。分异只能发生于熔融天体中，会使较重的物质，如铁和镍，沉入天体中心形成核。行星胚胎之间的每一次碰撞都会产生足以使碰撞双方熔化的热量，二者的核随即迅速融合在一起。这意味着地球在诞生后不久就拥有了地核。

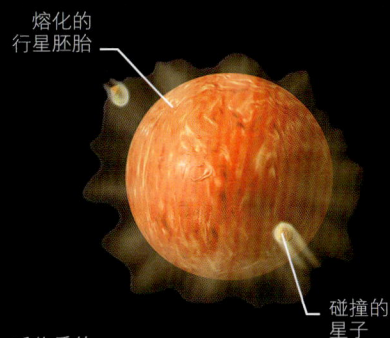

熔化的
行星胚胎

碰撞的
星子

物质的积累

星子相互碰撞形成行星胚胎。更多星子的碰撞产生出的热量使行星胚胎始终处于熔化状态。随着行星胚胎的增大，重力使行星胚胎坍缩，同时生成更多的热量。

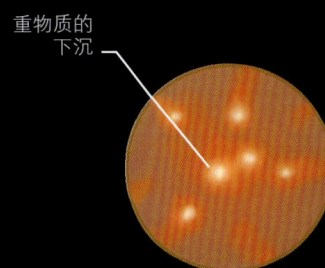

重物质的
下沉

重物质的下沉

存在于熔融的行星胚胎内的或由撞击体带来的重物质，如铁和镍，向天体中心沉降。这一过程有时也被称为铁突变，会产生更多的热量。

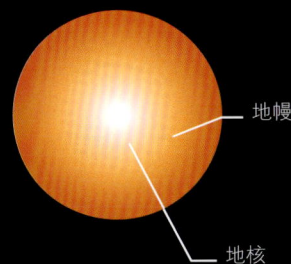

地幔

地核

核的完全形成

每一个大的行星胚胎形成一个含铁和镍物质的核，核外是由较轻的物质组成的地幔层。当行星胚胎相互碰撞形成原始地球以至地球的时候，它们的核也逐渐融合在一起。

月球的形成

原始地球在形成后约3000万~8000万年之间，遭受了一次来自火星大小的行星胚胎——忒伊亚的终极撞击。撞击喷射出的物质呈环形围绕在地球周围，并逐渐融合形成了一个单独的天体——月球。地球在撞击中获得了比之前更大的铁质核，并在一段时间内保持熔化状态。当时的月球与地球的距离比现在近得多，差不多是今天距离的1/10。这使得地球表面产生了超强潮汐，从而导致了更多热量的生成，并可能导致了构造板块的发展。

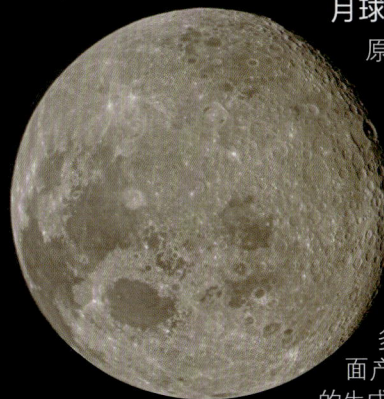

最初的陆地和海洋

在地球历史最初的8亿年中，大部分地表是融化的岩浆。渐渐地，地球表面开始冷却，并形成由炎热的海洋有毒的大气环绕的陆地岛屿。

最初的大陆

在地球形成最初的3亿年间，没有岩石幸存下来，因为任何固体地壳在形成后不久就会由于彗星或小行星的撞击而粉碎。那时，地球的内部比今天要热得多，由此引发的强火山活动不断地重塑着地表形态。但是随着撞击的逐渐减弱和地表逐渐冷却，地壳开始变得稳定。大陆型地壳的碎片，作为大陆板块的基础，在38亿年前就已经形成，但是一些大洋型地壳（简称"洋壳"）有可能形成得更早。大洋型地壳的发展和地幔的热对流过程同时发生，标志着板块构造的开端。在最早的板块彼此分离的地方形成新的大洋型地壳，这些新形成的大洋型地壳大部分又通过对流运动重归地幔。这种含水的大洋型地壳下沉进入地幔导致此处发生熔化，熔融的地幔岩石（地幔岩浆）升到表层形成了大陆型地壳。最初，这种大陆型地壳可能是以火山岛弧的形式存在的。早期板块的持续运动使得陆地板块之间不断靠拢，逐渐形成了古代大陆中心，也叫克拉通，就是今天的大陆。

地球上最古老的岩石

2008年，在加拿大哈得孙湾，临近伊努朱亚克的地方发现的一些岩石的年龄达42.8亿年，这是已知的世界上最古老的岩石。其中一个岩层剖面如上图所示。这些岩石的年龄反映出地球表面从何时开始变得稳定。地理学家们认为，这些岩石最初形成于海底的火山熔岩，之后，它们在热和压力的作用下严重变质。

大气的演化

地球最初的大气（原始大气）主要由氢气和氦气组成，被太阳风（太阳风是来自太阳的带电粒子流）吹散后被次生大气所取代。次生大气由火山喷发的气体组成，这些气体包括氮气、二氧化碳和水蒸气，以及一些氢气和氦气（大多数逃逸到了太空）和少量其他气体。大部分的水蒸气凝结形成降水，形成了最初的海洋。这时，地球几乎没有游离氧存在。在地球进化出最初的微生物后，这些微生物开始凭借光合作用将二氧化碳转化为氧气，之后的数十亿年间，氧气的数量才逐渐增加。

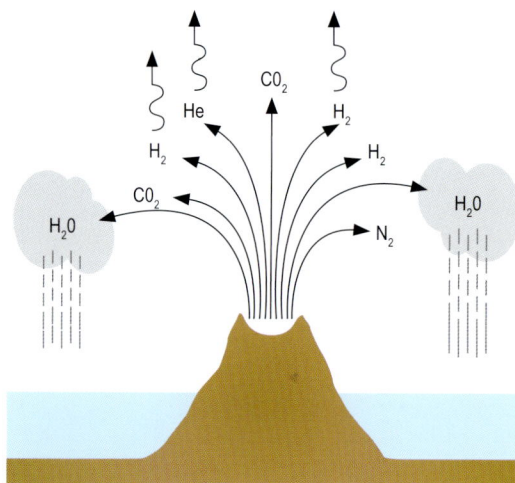

海洋的形成

在43亿年前~40亿年前，地球的温度降低到足以使大气中的水分子凝结并降落到地表，并以自由水体的形式留存下来。大多数水分子很可能是通过火山喷发释放出来的。40多亿年前在水环境中沉积的锆石矿物颗粒表明，当时确实有地表水的存在。形成于38亿年前的格陵兰岛枕状熔岩只可能形成于水下的火山喷发。

水的星球

在40亿年前，地球上就已经有真正的海洋存在了。

次生大气

地球的次生大气来自火山喷发出的气体，包括氮气（N_2）、水蒸气（H_2O）、二氧化碳（CO_2）和少量其他气体。

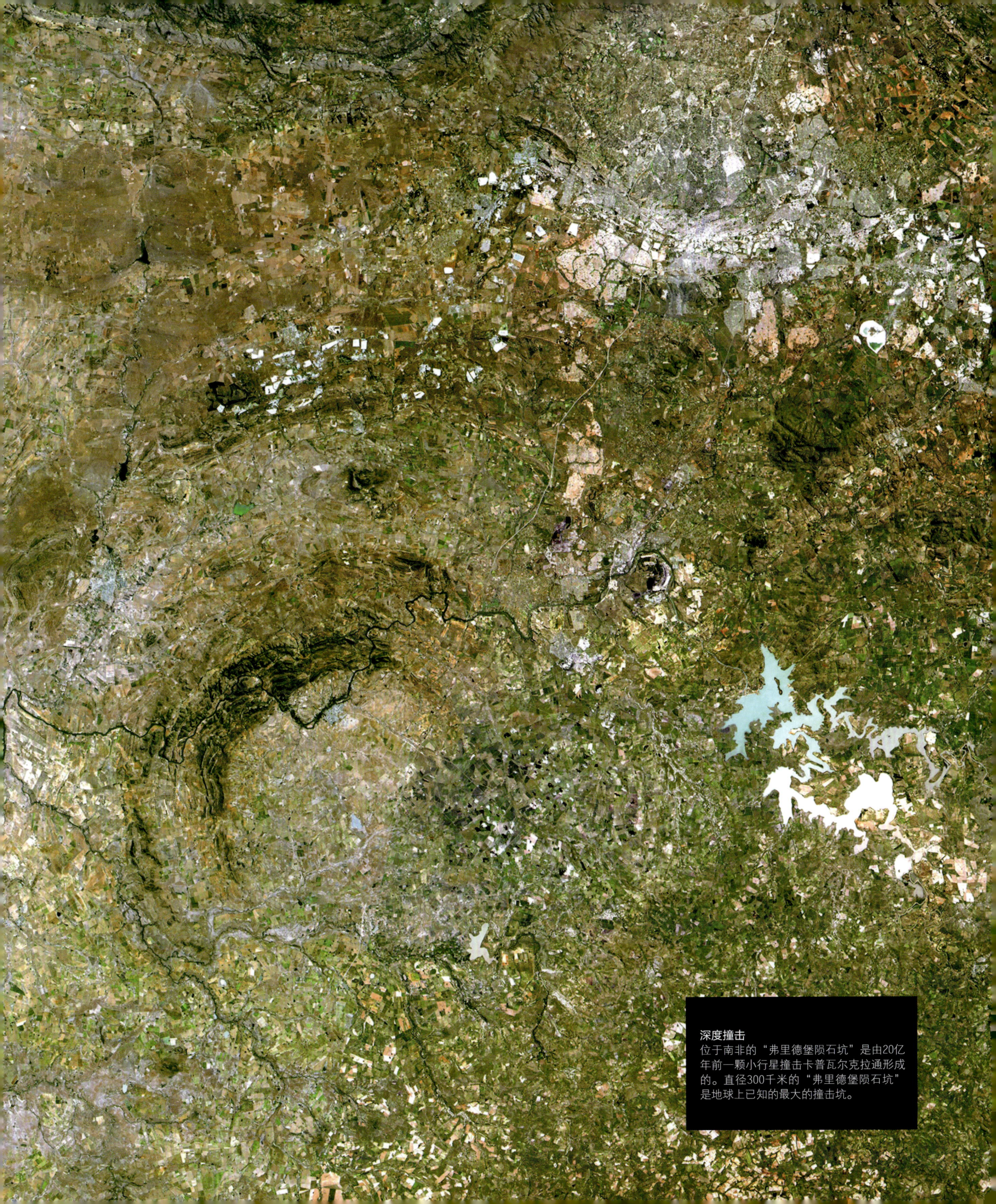

深度撞击

位于南非的"弗里德堡陨石坑"是由20亿年前一颗小行星撞击卡普瓦尔克拉通形成的。直径300千米的"弗里德堡陨石坑"是地球上已知的最大的撞击坑。

地球的结构

地球在熔融的状态下诞生，为其形成圈层结构提供了条件。基于地球内部的化学成分和密度，地球主要分为三层，分别是地壳、地幔和地核。其中，地幔和地核始终存在，而地壳的发展演化则贯穿地球的整个历史。

三层式结构

地壳、地幔和地核在地球总体积中所占的比例，与鸡蛋中蛋壳、蛋清和蛋黄所占的比例相似。像蛋壳一样，地壳是地表薄薄的一层，占地球总厚度的0.2%～1.1%。它由许多不同种类的岩石构成，其中大部分岩石相对较轻且富含硅，其平均密度为2.7～3g/cm³。地壳分为大陆型地壳和大洋型地壳两种。其中，较厚的大陆型地壳主要由低密度的岩石组成，如花岗岩；较薄的大洋型地壳则主要由相对高密度的岩石组成，如玄武岩。

地幔位于地壳之下，从地壳底部一直向下延伸至约2990千米深的核-幔界面。地幔又可划分为两层：上地幔和下地幔。由偶然被火山运动带到地表的上地幔岩石标本可知，上地幔由富含镁的硅酸盐岩石组成。地核是从核-幔界面向下延伸至距地表6360千米的地球中心。地核的密度在10～13g/cm³之间，由一个固态的内核和一个液态的外核组成。尽管没有来自地核的样本，但是我们推断，地核由镍-铁合金组成。

下地幔 由半固态的硅酸盐岩石组成，温度在2000℃～3500℃之间

外核 由液态的铁和镍构成，温度在3500℃～4000℃之间

内核 由固态的铁和少量镍构成，温度在4000℃～4700℃之间

地球的内部 地球的主要圈层是地壳、地幔和地核，前二者都包含内、外两部分。地球每一层的物质组成和温度都不同。

上地幔 由固态和半固态的硅酸盐岩石组成，温度在400℃～2000℃之间

地球圈层的化学构成

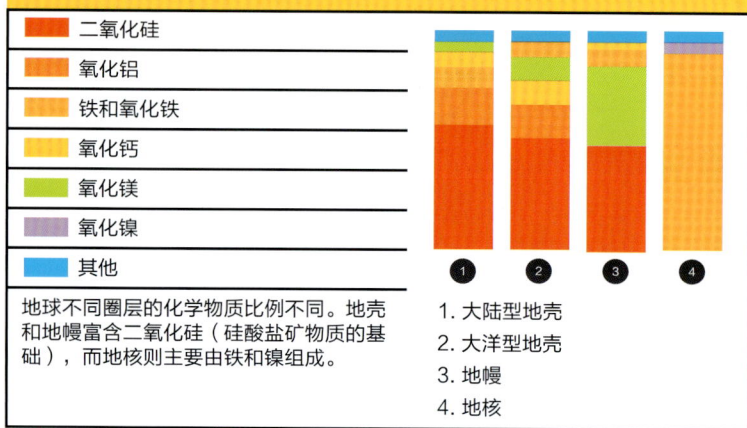

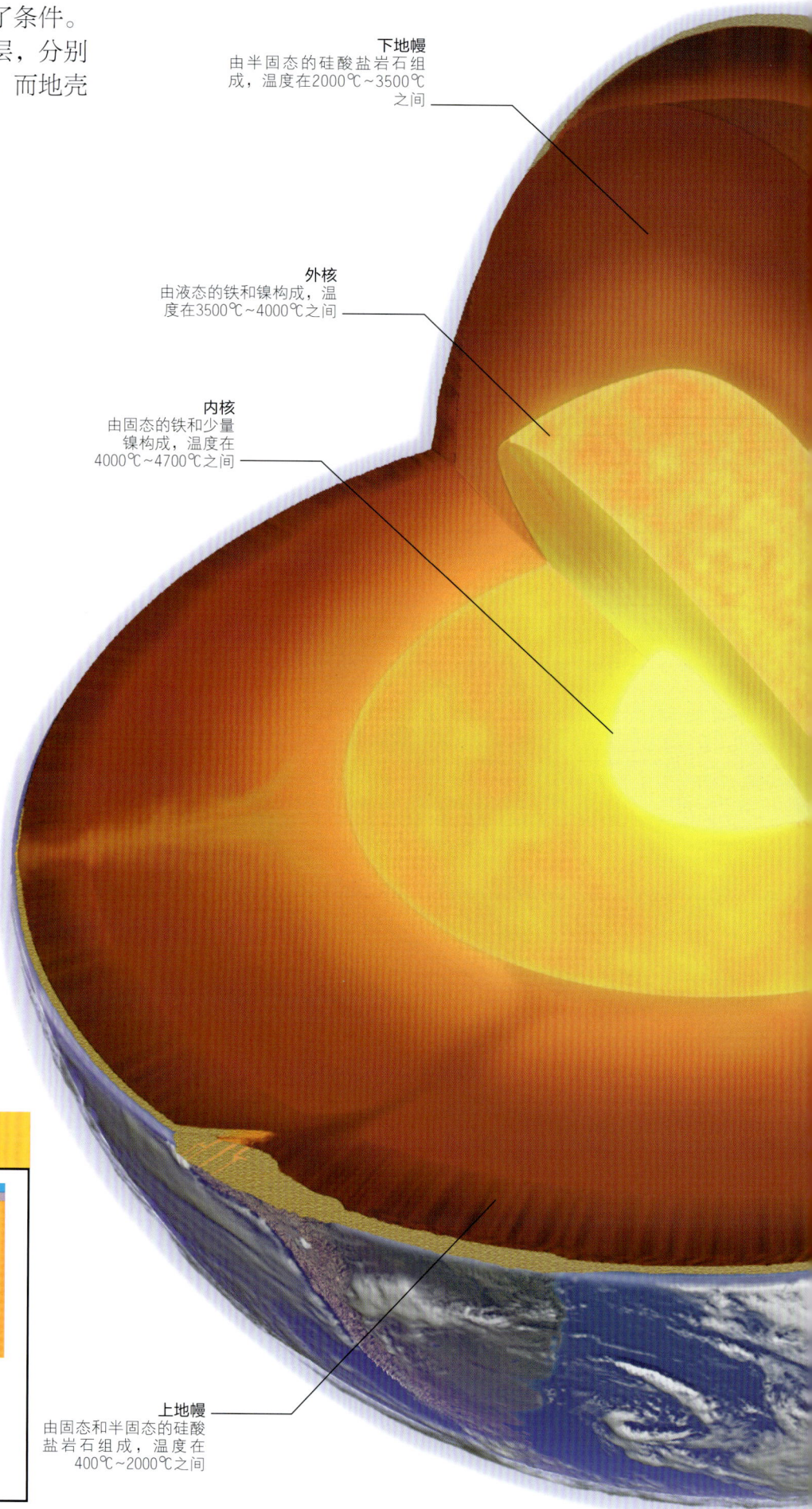

- 二氧化硅
- 氧化铝
- 铁和氧化铁
- 氧化钙
- 氧化镁
- 氧化镍
- 其他

地球不同圈层的化学物质比例不同。地壳和地幔富含二氧化硅（硅酸盐矿物质的基础），而地核则主要由铁和镍组成。

1. 大陆型地壳
2. 大洋型地壳
3. 地幔
4. 地核

大洋型地壳
由固态岩石构成，如玄武岩，其温度在0℃～400℃之间

形状和形态

重力和自转决定了地球的整体形态。重力将地球塑造成一个标准的球形。而地球每24小时一圈的自转减弱了重力在赤道地区的影响，导致赤道地区向外隆起了数千米。地球的赤道直径为12756千米，而南北两极直径为12713千米。

地球表面的其他运动也造成了地面高度和深度的差异，目前地球上最高的山峰和最深的海沟相差20千米，比这更大的差异不能持久，因为重力和侵蚀作用会使地球表面变得平坦。地球赤道的隆起也使地理问题更加复杂。例如，如果以海拔计算，珠穆朗玛峰是世界上最高的山峰，海拔约8848米。但是如果以距离地球中心计算，位于厄瓜多尔的钦博拉索山则是最高的，因为它坐落在地球最厚的地方。钦博拉索山的最高峰距离地球中心6384千米，珠穆朗玛峰则距离地球中心6382千米。

赤道处的自转速度为1600千米/小时

地球赤道处的隆起

平坦的极地

变化的形状
地球自转时在地表产生的惯性（离心力）改变了地表的形态，导致赤道微微隆起而两极扁平。地球的形状与标准球形相差0.3%左右。

关于地球内部的其他设想

过去，关于地球的内部结构，有许多奇怪的想法。17世纪，著名的天文学家埃德蒙·哈雷推测，地球由一系列薄的、嵌套的球状壳组成，壳之间的空隙充满了气体。神学家托马斯·伯内特提出，地球有许多充满水的深渊。但在1798年，物理学家亨利·卡文迪许指出，地球的平均密度超过水的5倍，从而打破了地球由气体或含水液体组成的说法。

内部的火
17世纪德国耶稣会学者阿塔纳修斯·基歇尔绘制的图暗示地球内部含有若干相互连通的燃烧室。

阿塔纳修斯·基歇尔

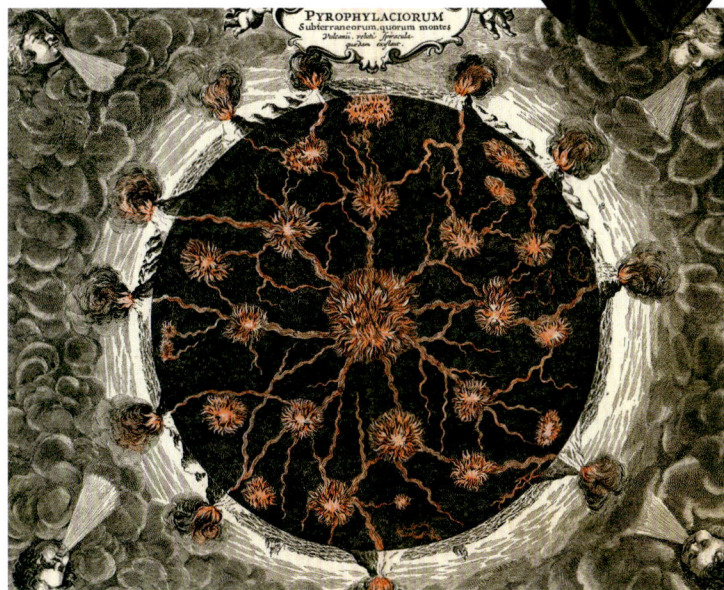

大陆型地壳
由固态岩石构成，如花岗岩，其温度在-90℃～900℃之间

地核和地幔

1866年，法国地质学家加布里埃尔·多布里尔提出，地表之下是由不同的岩石层组成的圈层，这些圈层的密度会随着深度的增加而不断增大。他的观点被证明是正确的，从那时起，人们对地幔和地核有了更多的认识。

研究地核

由于不能直接观测到地核，关于它的大多数知识是通过研究地震产生的地震波得到的。除了沿着地表传播的被称为表面波的地震波，还有两种在地球内部传播的地震波，分别是初级波（P波）和次级波（S波）。早期的研究显示当P波沿直线传播时，其传播速度在地球中心减慢，这是地球中心存在一个致密的地核的首个证据。同时，人们也注意到地表存在一个影区，即无法监测到地震产生的P波和S波的地方。通过对影区的分析，人们估算出地核的直径——现今已知约6940千米，并且表明至少地核的外部一定是液态的。之后

的研究显示地核有一个主要由铁构成的固态内核，其直径约2440千米。内核随着其周围外核的固化而增长。内核的温度为4000～4700℃，外核的温度为3500～4000℃。

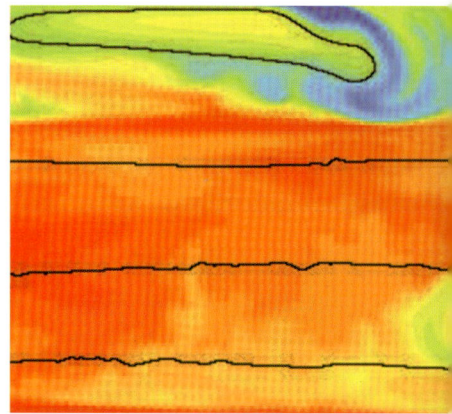

地震层析成像图
地震层析成像是一种通过分析地震波的运动绘制地球内部切片图的技术。地震层析成像技术可用来追踪地幔热对流等过程。

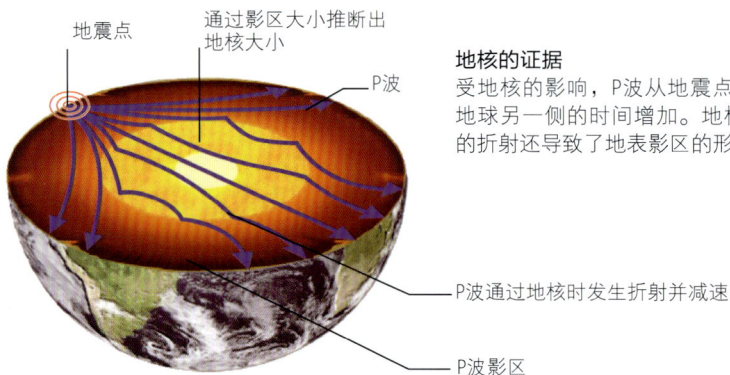

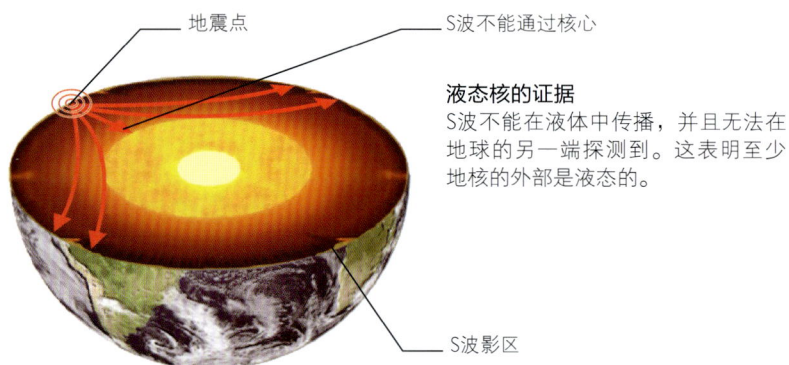

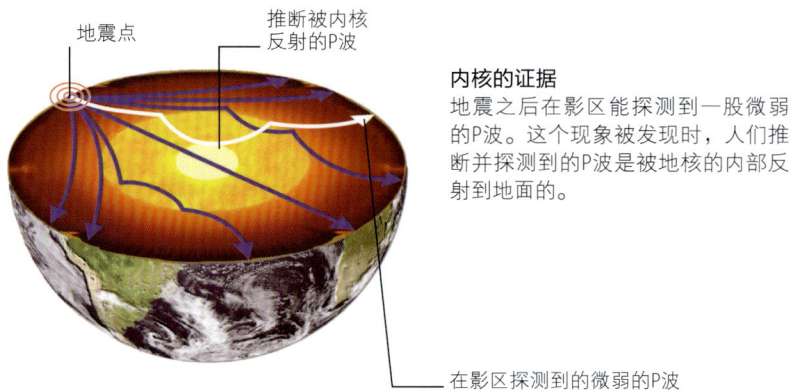

地核的证据
受地核的影响，P波从地震点传播到地球另一侧的时间增加。地核对P波的折射还导致了地表影区的形成。

液态核的证据
S波不能在液体中传播，并且无法在地球的另一端探测到。这表明至少地核的外部是液态的。

内核的证据
地震之后在影区能探测到一股微弱的P波。这个现象被发现时，人们推断并探测到的P波是被地核的内部反射到地面的。

地球磁场

地球的磁场被认为是由地球外核液态金属中的强大电流产生的。而电流来自将地球内核的热量向外对流传导的液态外核的涡流运动。由于这些涡流运动独立于地球的自转运动，地球南北磁极的位置会随着时间的推移逐渐移动。地磁场偶然发生的逆转——可能是液态金属湍流的结果——导致地磁北极最终位于地理南极。

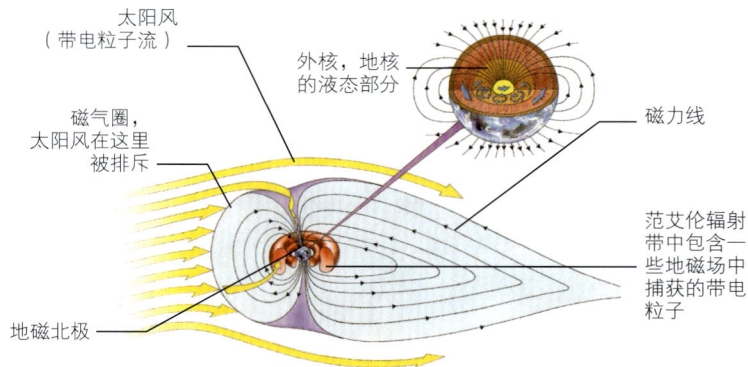

磁力保护
地球磁场向太空中延伸，保护地球不受太阳风的袭击。太阳风是太阳发射出的具有潜在危害的高能带电粒子流。

内核之内

2008年，美国伊利诺伊大学的科学家宣布了一项关于穿过地球内核的地震波的研究，其结果显示，地球内核并不是由铁和镍构成的均质的球体，而是包含内、外两个不同的部分。这两个部分拥有不同的晶体结构（金属原子排列）。内核的内部区域直径约为1180千米，占地球体积的0.08%。

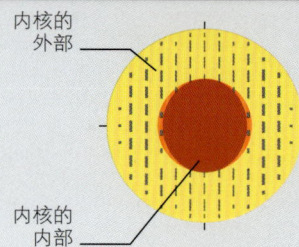

地幔

地幔包含上地幔和下地幔两部分，二者的分界面位于地下660千米处。上地幔主要由橄榄岩组成，下地幔则由更加致密的岩石组成。上地幔的最上层与地壳紧紧结合在一起，形成一个坚硬的、易碎的结合体，称为岩石圈。岩石圈下面是没那么坚硬但温度较高的上地幔区域，称为软流圈。地幔内部的温度从与地壳交界处的不到1000℃变化到核-幔界面的3500℃。

对流
由地幔中上升的被加热的物质驱动

大洋型地壳
俯冲到大陆型地壳之下

地幔岩石
零散的地幔岩石，如绿色的橄榄岩，被与火山运动有关的隆起带到地表，被称为幔源捕虏体。

内核
由铁-镍合金组成

外核
由液态的铁和镍组成

下地幔
主要由高致密度的富含镁的硅酸盐岩石组成

上地幔
主要由橄榄岩组成

软流圈
上地幔中半固体的可变形的圈层

最上层地幔
与覆盖其上的地壳一起组成岩石圈，是构造板块的底层

地壳
地表的一层薄岩石层

莫霍洛维契奇不连续面（莫霍面）
地壳和地幔的分界面

地核与地幔
从地核溢出的热量驱使地幔内的物质做缓慢的圆周对流运动（红色箭头）

地幔柱
从核-幔界面升起的热物质

新地壳
在洋中脊形成

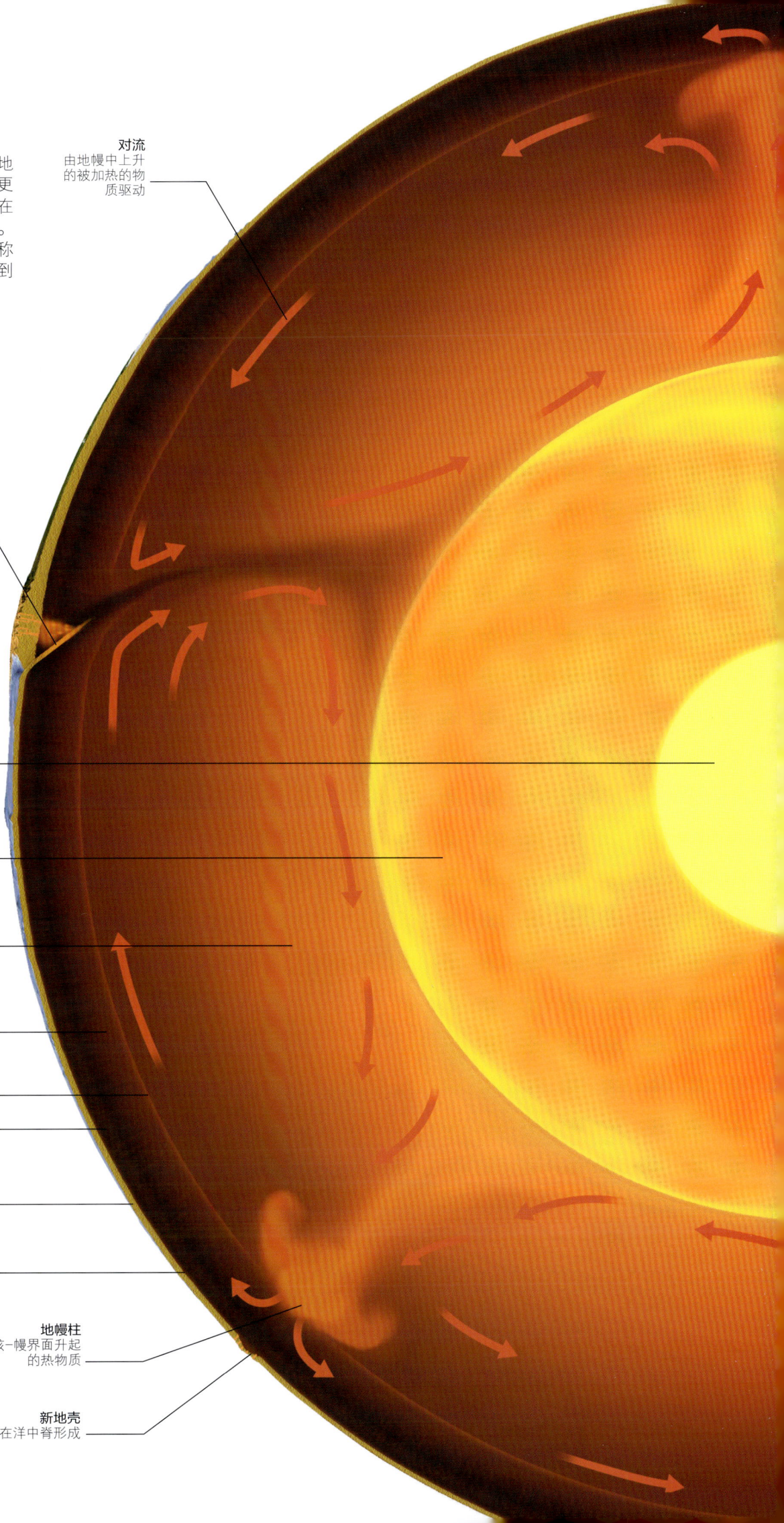

地球的外壳

地球有一层坚硬的外壳，这层外壳不仅包括地球的表层——地壳，还包括地幔顶部与地壳结合的一层固体岩石。地壳和这部分地幔一起构成了一个坚固的结构实体，称为岩石圈。

地壳的种类

地球拥有两种类型的地壳——构成陆地和大陆架的大陆型地壳与构成大洋底的较薄的大洋型地壳。大陆型地壳的厚度为25~70千米，由火成岩、变质岩和沉积岩三类岩石组成。其中火成岩，如花岗岩和闪长岩，占多数。大洋型地壳密度更大，厚度为6~11千米，由少数几种火成岩组成。地球更新大洋型地壳的频率比大陆型地壳高。这就解释了大洋型地壳稀少的岩石类型以及大洋型地壳的年龄不超过2亿年，而一些大陆型地壳的年龄却高于40亿年的原因。

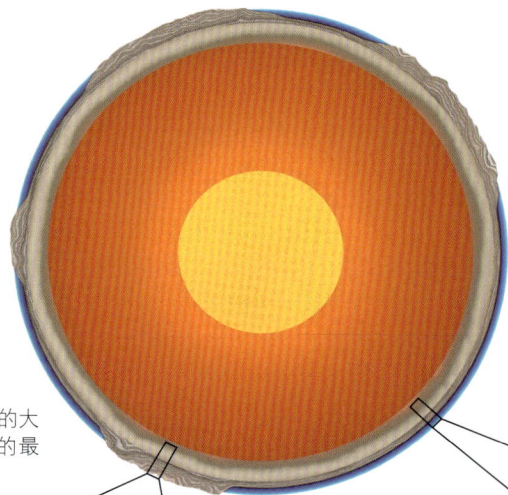

大陆岩石圈
这种岩石圈包含了厚度为25~70千米的大陆型地壳的上层，以及约80千米厚的最上层地幔。

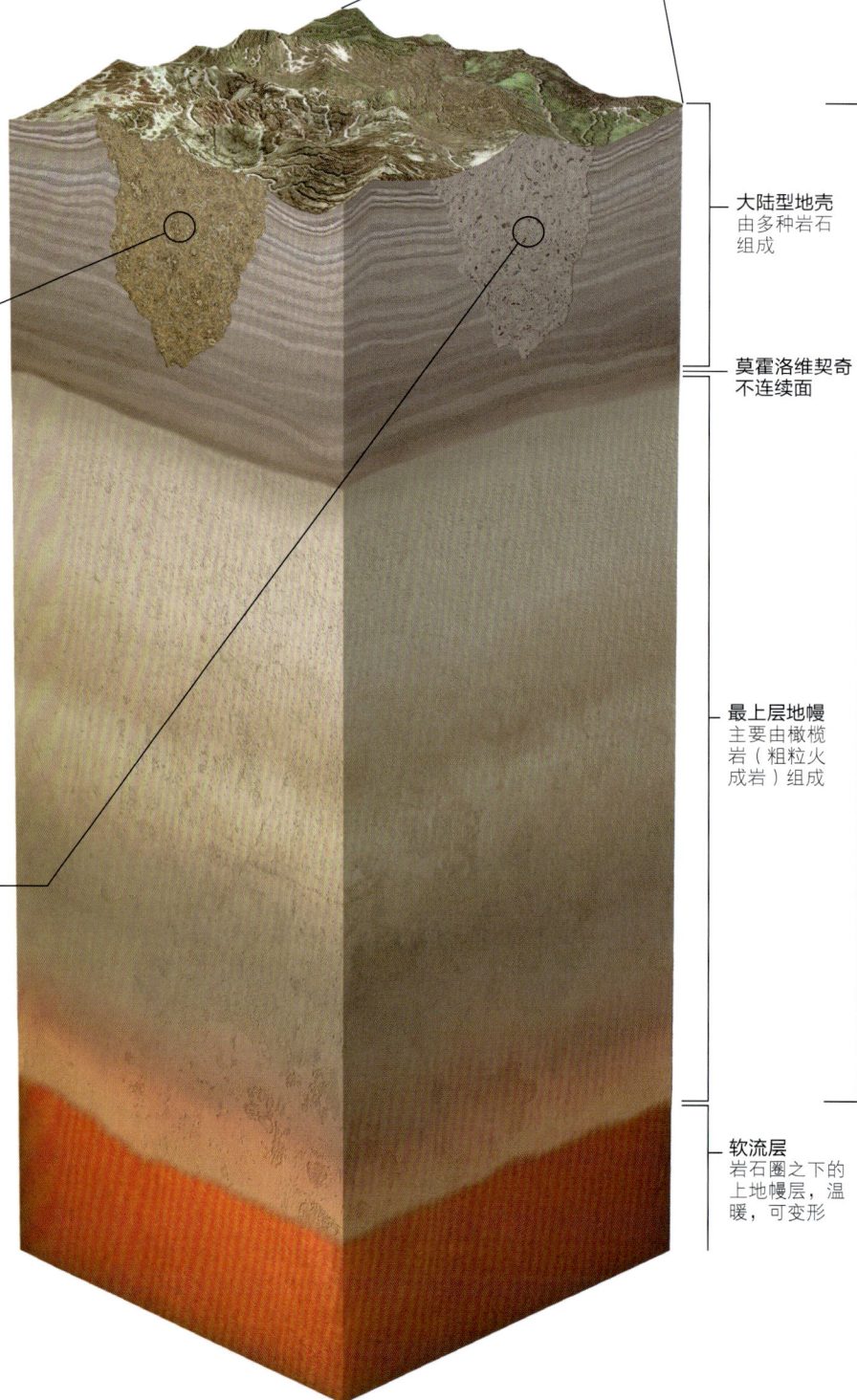

地球

花岗岩
一种常见的火成岩，发现于大陆型地壳中。

闪长岩
常形成于构造板块碰撞处的一种深灰色岩石。

大陆型地壳
由多种岩石组成

莫霍洛维契奇不连续面

最上层地幔
主要由橄榄岩（粗粒火成岩）组成

大陆岩石圈

软流层
岩石圈之下的上地幔层，温暖，可变形

莫霍洛维契奇不连续面

地壳和地幔的分界面被称为莫霍洛维契奇不连续面，简称为莫霍面，它是克罗地亚地球物理学家安德里亚·莫霍洛维契奇于1909年发现的。通过研究地震波记录，莫霍洛维契奇注意到，一些地震波比其他地震波更早到达监测站。他推测这些地震波在返回地面之前，肯定经过了地球内部密度更大的地方，在那里它们的传播速度更快。P波在地幔中的平均传播速度可达8千米/秒,在地壳中的平均传播速度则低于6千米/秒。

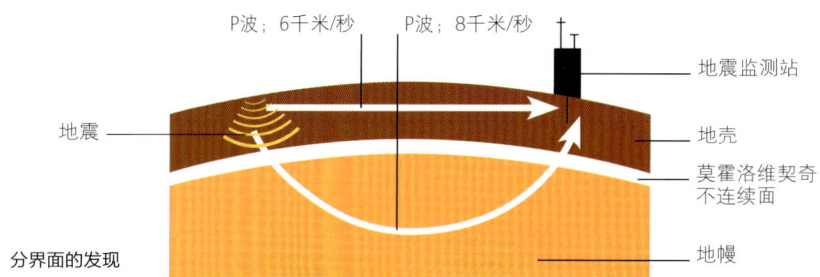

P波；6千米/秒　　P波；8千米/秒

地震监测站

地震

地壳

莫霍洛维契奇不连续面

分界面的发现

地幔

大洋岩石圈

岩石圈的大洋型地壳的厚度为6~11千米，底部是40~100千米厚的最上层地幔。

岩石圈

在化学成分上，地壳和地幔是两种不同的重要圈层，但是在力学和地表发生的各种过程方面，比起地壳或地幔，岩石圈是一个更基本的单位。这是因为构造板块是由岩石圈构成的。对应着构成地球表面的两种地壳，形成了两种岩石圈——大陆岩石圈和大洋岩石圈。岩石圈在被称为软流圈的一层不太坚硬的地幔上方漂移。

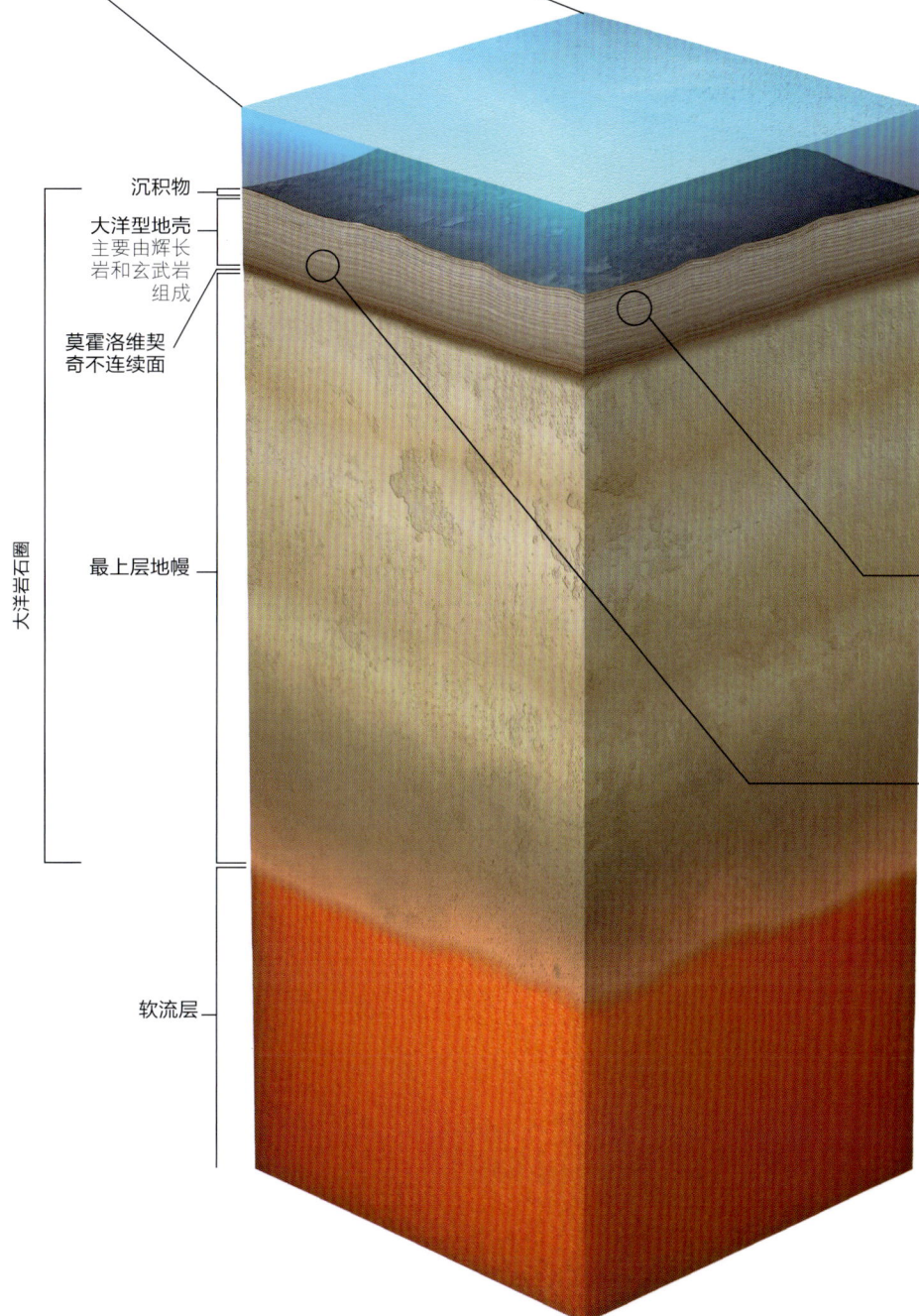

沉积物

大洋型地壳
主要由辉长岩和玄武岩组成

莫霍洛维契奇不连续面

最上层地幔

大洋岩石圈

软流层

玄武岩
一种深色的细粒岩石。玄武岩（图中有白色矿物包裹体的岩石）构成了大洋型地壳上层的大部分。

辉长岩
化学性质与玄武岩相似，构成了大洋型地壳下部的2/3。

水晶洞

地球的大陆型地壳充满着自然奇观。在一个位于地下300米的洞穴中，巨大的亚硒酸盐（透明石膏）柱体让探险者看上去就像是小矮人。该洞穴发现于2000年，位于墨西哥北部，毗邻奈卡银矿，洞中有人类迄今发现的最大的天然晶体，是闻名的水晶洞。

构造板块

地球的外壳不是一个单一的整体。它分裂成了不规则形状的板块，这些板块能像拼图一样拼在一起，被称为构造板块。

板块的重要性

自40亿年前开始冷却起，地球的表面看起来就像一个有裂纹的蛋壳。现在，地表分裂成了8或9个主要板块和几十个小板块。这些板块不停地运动着，每年漂移几厘米。地幔中的热流使一些板块相互远离而另一些板块相互靠近。这个过程中，大量能量被释放，当板块相互交错、碰撞或下沉倾斜时，还会导致地震或火山爆发。许多板块承载着大陆型地壳，因此，由于板块不断地破坏与重塑，我们今天看到的地球模样与几百万年前已大不相同。板块构造说由早期大陆漂移说（见下图）发展而成，能够解释地震、火山活动、造山运动、深海沟和其他许多地质现象。

板块的边界
冰岛裂谷是北美板块和亚欧板块分界线的一部分。
大部分边界沿着大西洋海底延伸。

大陆漂移说的演化

| 2.7亿年前 | 2亿年前 | 今天 |

在16世纪至19世纪，地理学家们注意到，非洲的海岸线形状与南美洲的海岸线形状吻合，就像这两块大陆曾经是挨着的。1912年，德国科学家阿尔弗雷德·魏格纳发表了他的大陆漂移说，提出了南美洲曾经和非洲连在一起，欧洲曾经和北美洲连在一起的论断。但是，他无法解释它们之后为何会分开。他的理论直到20世纪20年代末期才被认真对待，人们发现，地幔对流为大陆漂移提供了动力。20世纪60年代，有证据显示在海底山脊不断有新的大洋岩石圈生成，并且随着时间的推移被推离山脊。这也促使了大陆岩石圈与大洋岩石圈相连。

板块运动模式

板块的运动模式可以概括为三种类型——离散、汇聚和转换。对于一些离散型板块边界，两个板块渐渐分离。这类边界主要见于洋底，以洋中脊扩张带著称。当板块相互远离时，新的大洋岩石圈在板块的边缘生成。板块之上的大陆随板块一起运动，这是以前及现在所有大陆运动的成因。

对于汇聚型板块边界，两个板块的边缘相向运动。当两个大陆板块碰撞时，形成褶皱山脉；当密度较大的大洋型地壳与密度较小的大陆型地壳发生碰撞时，大洋板块就会俯冲到大陆板块之下。俯冲发生处的板块边界总是位于海床区域并以深海沟为标志。俯冲过程会导致大地震和火山活动。第三种板块边界被称为转换型板块边界，即两个板块向相反的方向相互摩擦（剪切错动）。这类边界区域同样是地震高发区域。

火山

大多数陆地火山活动和一些水下火山活动是由一个板块在另一板块之下推动挤压导致的。这一运动促进了火山成因岩浆（熔岩）的形成。

裂谷

当一个板块开始在大陆中央分裂时，地壳被拉伸，然后出现裂缝，地块向下塌陷。最终形成一条裂谷，如东非大裂谷。

山

许多大型山脉，如喜马拉雅山脉和阿尔卑斯山山脉，是位于不同板块之上的大陆由于板块相互碰撞的结果。

水下喷口

有时板块运动会形成海底岩浆（熔化的岩石）热点，导致形成富含矿物质的高温水柱或水下岩石喷发出大量气泡。

现代大陆的形成

大约38亿年前，现代大陆的演化进程开启。当时，地球表面是由被称为克拉通的小范围陆地和广阔的海洋构成的。构成地球外壳的构造板块很可能比今天厚。留存下来的克拉通构成了现代大陆一些最古老的区域。

超级大陆

当地幔对流（地球内部物质的缓慢运动）开始推动地表的早期板块时，现代大陆的演化进程开启。这时，克拉通四处漂移。它们有时结合，有时分裂，产生变化莫测的陆地和海洋。偶尔，它们会汇聚成超级大陆，然后又分裂开来。过去的超级大陆包括瓦巴拉大陆（存在于约30亿年前）、凯诺兰大陆（存在于约26亿年前）和哥伦比亚大陆（存在于约17亿年前）。我们对这些大陆的形状、位置和格局知之甚少。我们了解稍多的第一个超级大陆是形成于11亿年前的罗迪尼亚大陆。

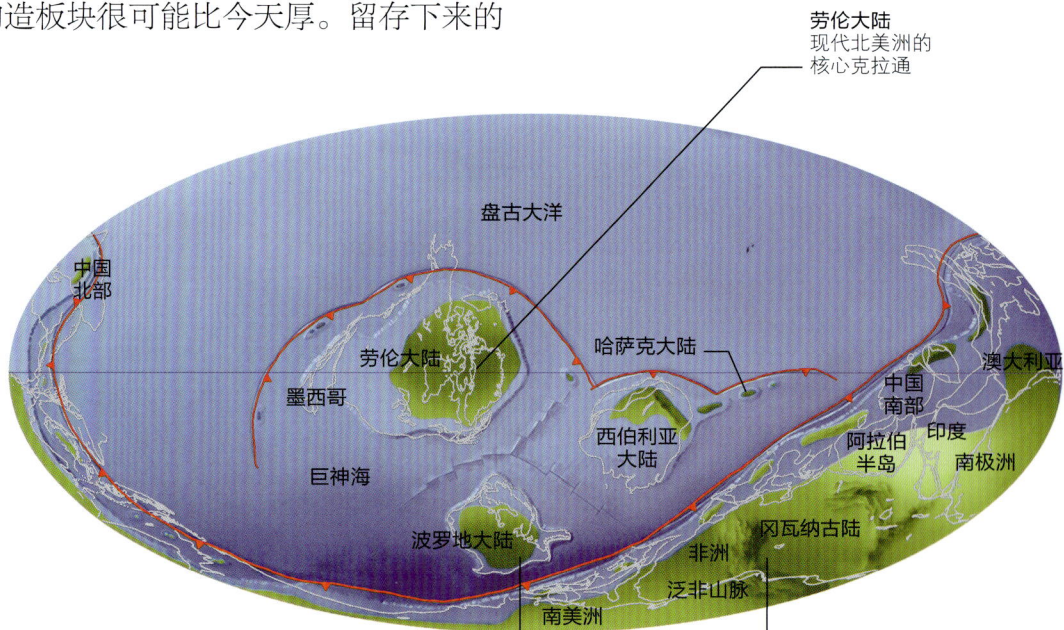

劳伦大陆　现代北美洲的核心克拉通

盘古大洋　中国北部　劳伦大陆　哈萨克大陆　澳大利亚　墨西哥　中国南部　西伯利亚大陆　阿拉伯半岛　印度　南极洲　巨神海　冈瓦纳古陆　波罗地大陆　非洲　泛非山脉　南美洲

2 潘诺西亚大陆（5.15亿年前）
下一个超级大陆是潘诺西亚大陆，主要位于南半球。约5.4亿年前，从潘诺西亚大陆分裂出四块大陆，其中劳伦大陆、波罗地大陆和西伯利亚大陆在约5.15亿年前，成为被盘古大洋和巨神海环绕的岛屿，剩下冈瓦纳古陆留在南方。

波罗地大陆　包含组成北欧、东欧以及俄罗斯的部分地壳

冈瓦纳古陆　包含成为现代南部大陆的核心

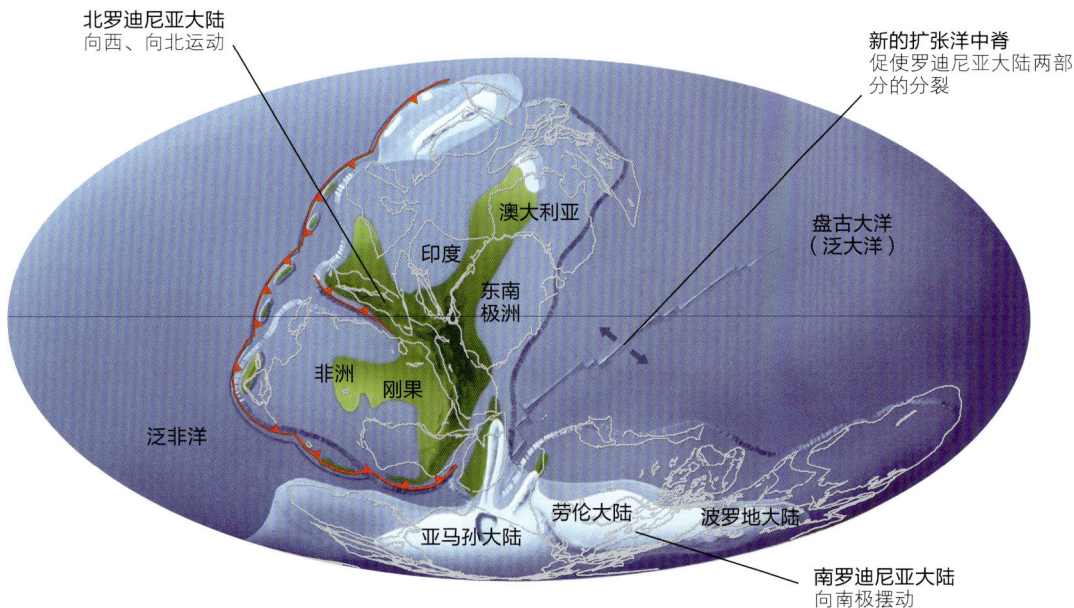

北罗迪尼亚大陆　向西、向北运动

新的扩张洋中脊　促使罗迪尼亚大陆两部分的分裂

澳大利亚　印度　东南极洲　盘古大洋（泛大洋）　非洲　刚果　泛非洋　亚马孙大陆　劳伦大陆　波罗地大陆

南罗迪尼亚大陆　向南极摆动

1 罗迪尼亚大陆解体（7亿年前）
罗迪尼亚大陆在解体之前存在了约3.5亿年。罗迪尼亚大陆主要位于南半球，但是它的组成结构的细节不明。它解体后的5000万年，各大陆的大概位置如上图所示。为了显示现代大陆与古代构造的关系，一些现代大陆的边界线也在图中标出。

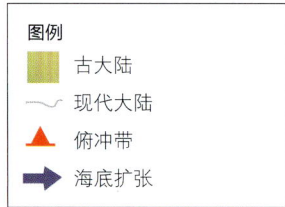

盘古大洋

图例
- 古大陆
- 现代大陆
- ▲ 俯冲带
- ➡ 海底扩张

西伯利亚大陆
首次进入北半球

哈萨克大陆

盘古大洋

中国
北部

澳大利亚

西伯利亚大陆

南极洲
此时在赤
道上

劳伦大陆

古特提斯洋

南极洲

印度

波罗地
大陆

非洲

巨神海

中国
南部

南美洲

通奎斯特洋

冈瓦纳古陆

阿瓦隆尼亚大陆

撒哈拉
沙漠

扩张洋中脊
推动阿瓦隆
尼亚大陆向
北运动

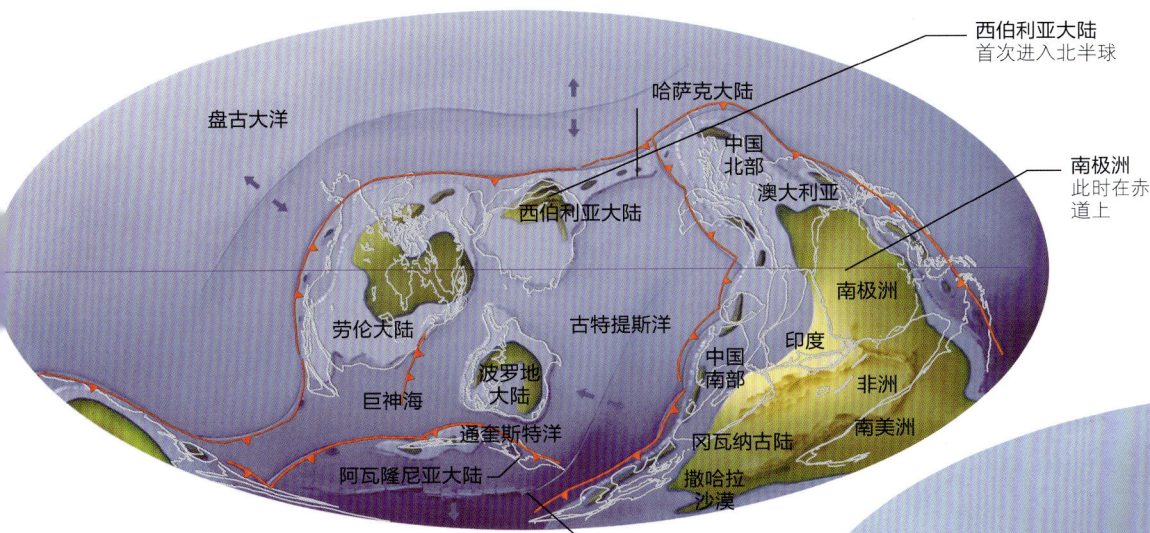

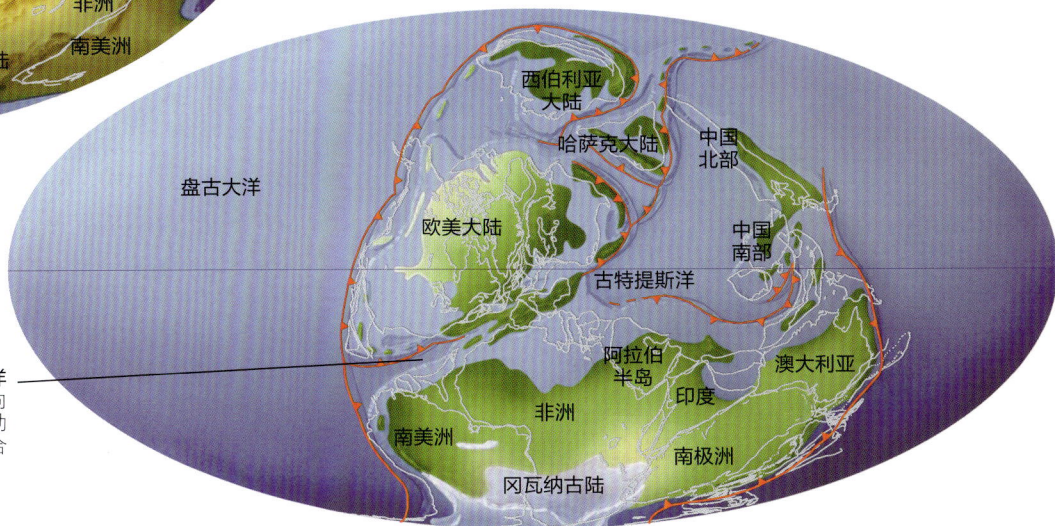

4 石炭纪的大陆（3.5亿年前）
此时，西伯利亚大陆更加靠北，并向一片增长
的大陆——哈萨克大陆不断靠近。劳伦大陆、波罗地
大陆和阿瓦隆尼亚大陆合并，形成欧美大陆。欧美大
陆向冈瓦纳古陆移动，此时冈瓦纳古陆又向南移动并
且拥有一层冰帽。所有的陆地重新汇聚在一起。

3 奥陶纪的大陆（4.6亿年前）
至奥陶纪，板块运动将所有大陆逆时针旋
转，并使冈瓦纳古陆向北微微移动。被称为阿瓦
隆尼亚大陆的一小片陆地从冈瓦纳古陆分离出
来，并朝着波罗地大陆移动。一个新的海洋——
古特提斯洋形成了。

西伯利亚
大陆

哈萨克大陆

中国
北部

盘古大洋

欧美大陆

中国
南部

古特提斯洋

瑞亚克洋
随着欧美大陆向
冈瓦纳古陆移动
而闭合

阿拉伯
半岛

澳大利亚

印度

南美洲

非洲

冈瓦纳古陆

南极洲

俯冲带
沿着冈瓦纳古陆海岸
的广阔区域延伸

乌拉尔山脉
西伯利亚大陆、哈
萨克大陆与欧美大
陆碰撞时形成

辛梅利亚大陆
2.8亿年前，从
冈瓦纳古陆分
离出来，并向
北移动

西伯利亚

欧洲

中国
北部

盘古大陆的形成
大约5.4亿年前，当时的潘诺西亚大陆分裂成了四块：冈瓦
纳古陆（其中最大的）、劳伦大陆、波罗地大陆和西伯利
亚大陆。由洋中脊的扩张驱动的大陆解体让大陆块常以旋
转运动的方式持续位移。4.8亿年前，一块较小的大
陆，即阿瓦隆尼亚大陆，从冈瓦纳古陆中分离出
来，并与波罗地大陆发生碰撞，生成了一个新
的扩张洋中脊。接着，波罗地大陆撞上了
劳伦大陆，形成了一个新大陆，称为欧
美大陆。2.8亿年前，所有的陆地聚合
在一起形成了一个超级大陆，即盘
古大陆。

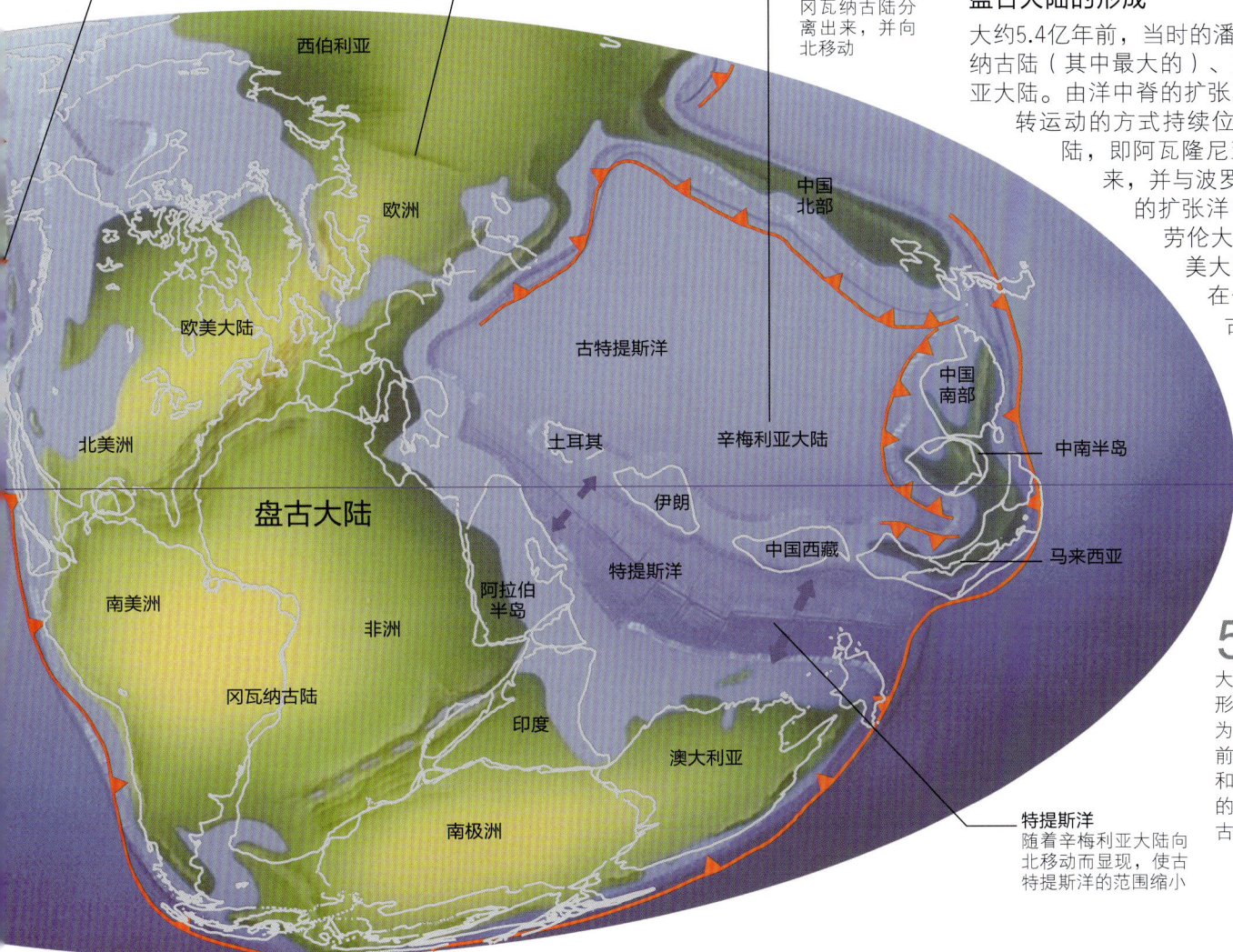

欧美大陆

古特提斯洋

辛梅利亚大陆

中国
南部

北美洲

土耳其

中南半岛

盘古大陆

伊朗

中国西藏

马来西亚

南美洲

阿拉伯
半岛

特提斯洋

非洲

冈瓦纳古陆

印度

澳大利亚

南极洲

特提斯洋
随着辛梅利亚大陆向
北移动而显现，使古
特提斯洋的范围缩小

5 盘古大陆（2.4亿年前）
至三叠纪早期，一个单一的、巨
大的、几乎从北极延伸到南极的超级大陆
形成了，名为盘古大陆（总体而言，它作
为统一的大陆，存在于2.8亿年前~2亿年
前）。它是由西伯利亚大陆、哈萨克大陆
和其他一些小型大陆与欧美大陆合并而成
的。它与部分陆地再次向北移动的冈瓦纳
古陆连接在一起。

盘古大陆解体

约2亿年前，盘古大陆的部分地区开始出现压力的迹象，预示着它即将分裂解体。裂缝和薄弱区发展成对应现今美国东北沿海地区的古代区域。地球内部的岩浆涌入岩层的薄弱处，并最终固化成厚厚的火成岩堆积物。但是直到1.8亿年前，这些裂缝才在相当于现今的北美洲东海岸和非洲西北部之间发展出一片显著的水体。这片不断拓宽的水体最终成为大西洋的中心。

约1.3亿年前，南大西洋也开始形成，这归因于冈瓦纳古陆的分裂。再往北，形成北美洲和欧洲西北部的陆地依然汇聚在一起，直到6500万年前，大西洋的一个海湾开始在现今挪威海的地方生成。这一过程使格陵兰岛和东加拿大分离开来，形成西欧和斯堪的纳维亚半岛。

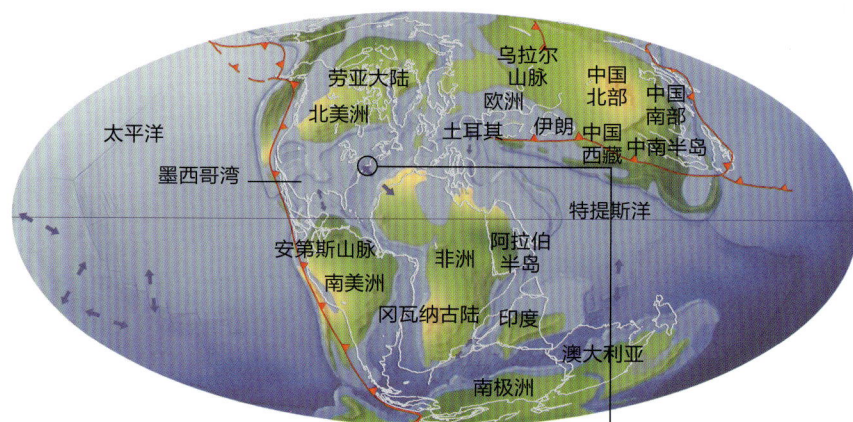

6 **侏罗纪晚期的大陆（1.5亿年前）**
至侏罗纪晚期，当北美洲与后来成为非洲的大陆分离时，形成了最初的大西洋，由此分裂了盘古大陆。此时在南半球，冈瓦纳古陆也开始分裂。

帕利塞德岩床，美国新泽西州
该火山岩层形成于约2亿年前北美洲与现在的非洲西北部分离之时。它的总厚度约300米。

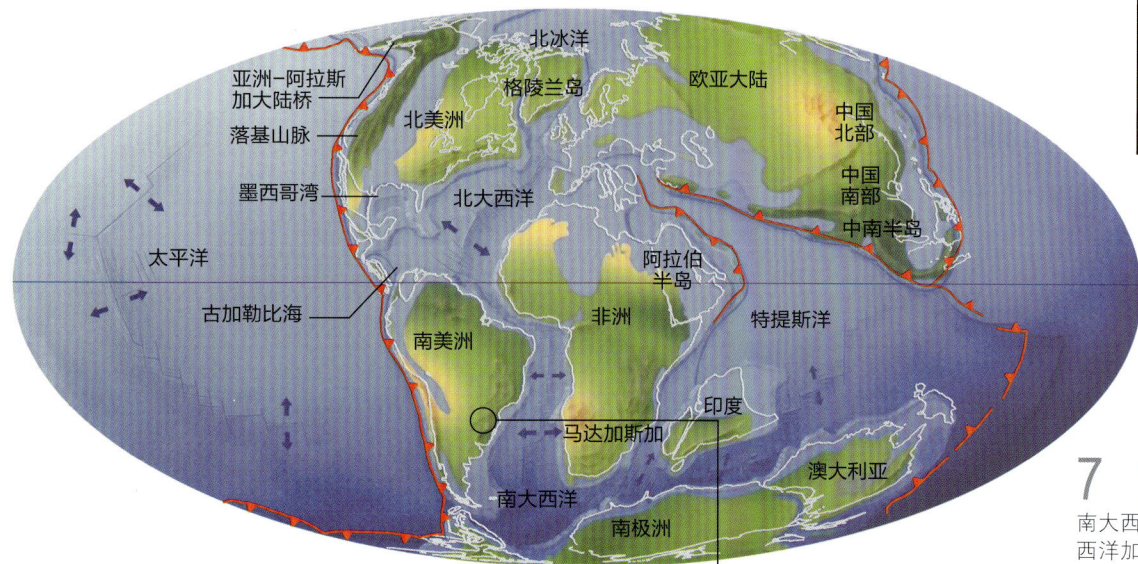

7 **白垩纪的大陆（9500万年前）**
此时，冈瓦纳古陆处于分裂的最后阶段。南大西洋在南美洲从非洲分离出来时形成；北大西洋加宽，印度大陆此时是个岛屿，并向北朝着亚洲运动。格陵兰岛依旧挨着欧洲。

冈瓦纳古陆分裂

冈瓦纳古陆在1.8亿年前开始分裂，它包含现今所有的南方大陆（非洲、南美洲、南极洲和澳大利亚）和马达加斯加岛，以及印度大陆。在分裂的最初阶段，紧密结合的非洲和南美洲大陆开始远离其余的冈瓦纳古陆，剩下的冈瓦纳古陆形成了一片单独的陆地——东冈瓦纳古陆。在1.3亿年前，南美洲开始与非洲分裂，在其后约2000万年间，二者之间的南大西洋不断加宽。大约在此期间，东冈瓦纳古陆也裂开了，印度大陆从南极洲和澳大利亚大陆分离出来并快速向北移动。分裂的最后阶段开始于9000万年前，此时澳大利亚与南极洲开始分离。在曾经的冈瓦纳古陆的许多地方都存在显著的火成岩地层，这些地层在其分裂的各个阶段都留下了证明，如巴西南部的巴拉那暗色岩。

巴西南部的巴拉那暗色岩
在约1.3亿年前，将南美洲与非洲分离开来的断裂过程造就了这些厚厚的玄武岩堆积。地面裂隙涌出的大量液态熔岩形成了这些堆积物。

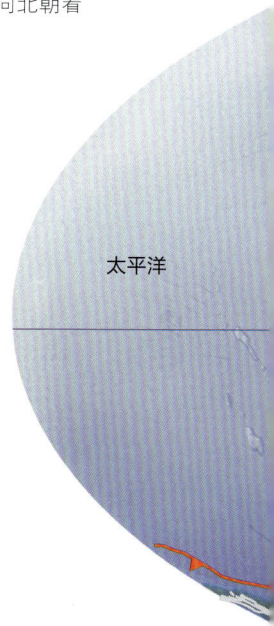

现代大陆成形

过去6500万年间，地球上的大量运动形成了地球现今的陆地结构。主要的变化包括大西洋的进一步拓宽，形成喜马拉雅山脉的印度板块和欧亚板块的碰撞，非洲和欧洲板块的汇聚，北美洲和南美洲在巴拿马地峡的结合，非洲和阿拉伯半岛的分离以及之后阿拉伯半岛与亚洲西南部的碰撞。同时，火山作用和一系列板块运动共同造就了东亚和东南亚这片陆地现今的结构。

岩石的测量

能够了解过去的大陆运动依靠的是科学家们收集的世界各地的大量岩石数据。包括岩石的年龄、走向和磁性。当大陆漂移时，其上的岩石也随之运动，之前岩石中的磁性物质指向北方，之后可能指向其他方位。通过定位这些漂移，科学家们就能渐渐重构过去。

比利牛斯山脉，西班牙
8000万年前从其他大陆分离出的一块名为伊比利亚的大陆，在约6500万年前撞上了法国南部，推高了比利牛斯山脉。

巨人堤道，英国北爱尔兰
这些玄武岩柱由6000万年前打开大西洋最北部区域的断裂过程中火山裂隙喷发出的熔岩形成。

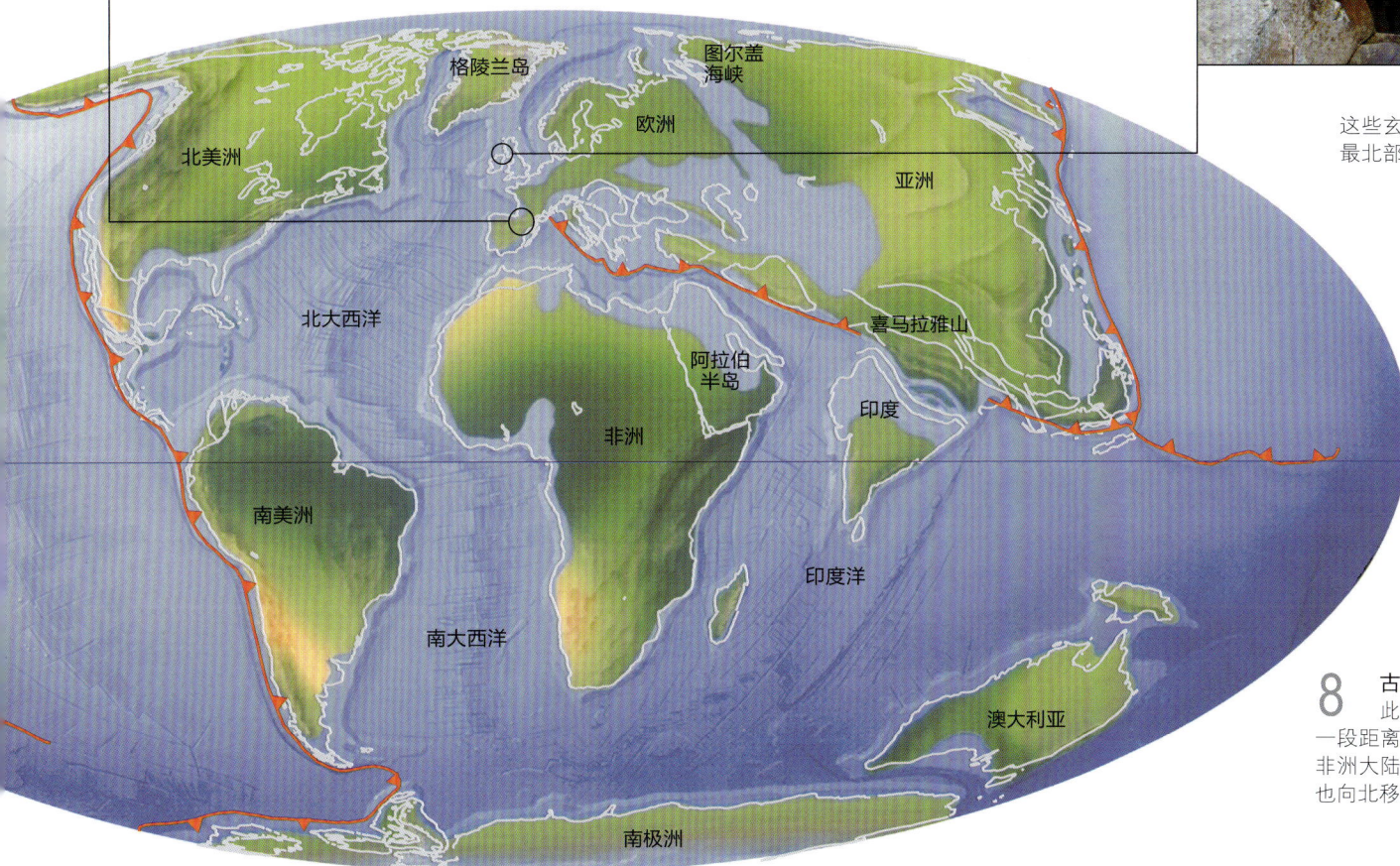

格陵兰岛　图尔盖海峡　欧洲　亚洲　北美洲　北大西洋　喜马拉雅山　阿拉伯半岛　印度　非洲　印度洋　南美洲　南大西洋　澳大利亚　南极洲

8　古近纪大陆（5000万年前）
此时，格陵兰岛与欧洲大陆分开了一段距离，印度大陆继续快速向北移动，非洲大陆向欧洲南部靠拢，澳大利亚大陆也向北移动。

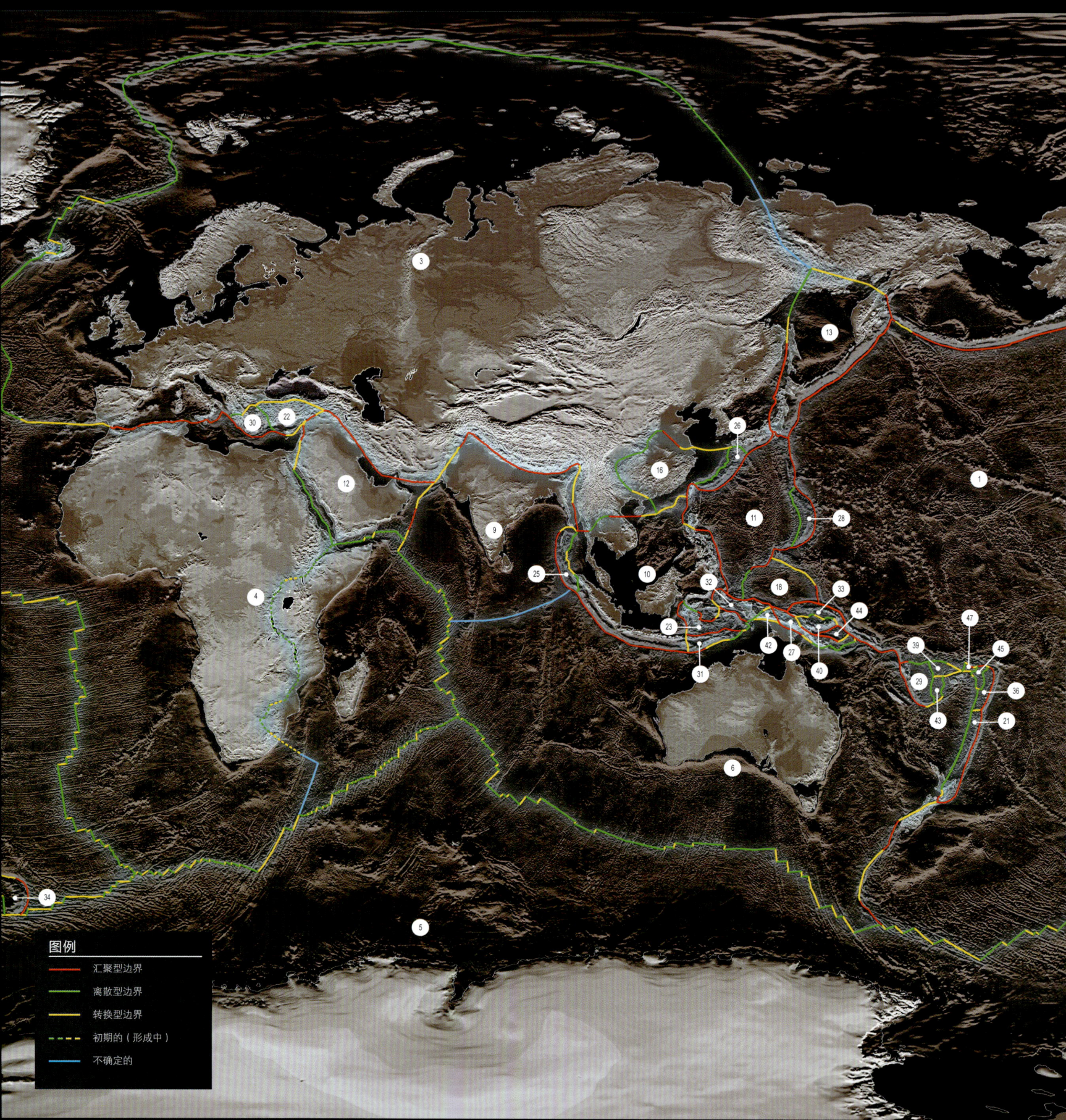

图例

———	汇聚型边界
———	离散型边界
———	转换型边界
- - -	初期的（形成中）
———	不确定的

今天，地球的表面分裂为8~9个主板块、6~7个中型板块以及许多被称为微板块的较小的板块。这些板块的边界分为三种类型：离散型（相互分离的板块边界）、汇聚型（相互靠近的板块边界）和转换型（相互错动的板块边界）。

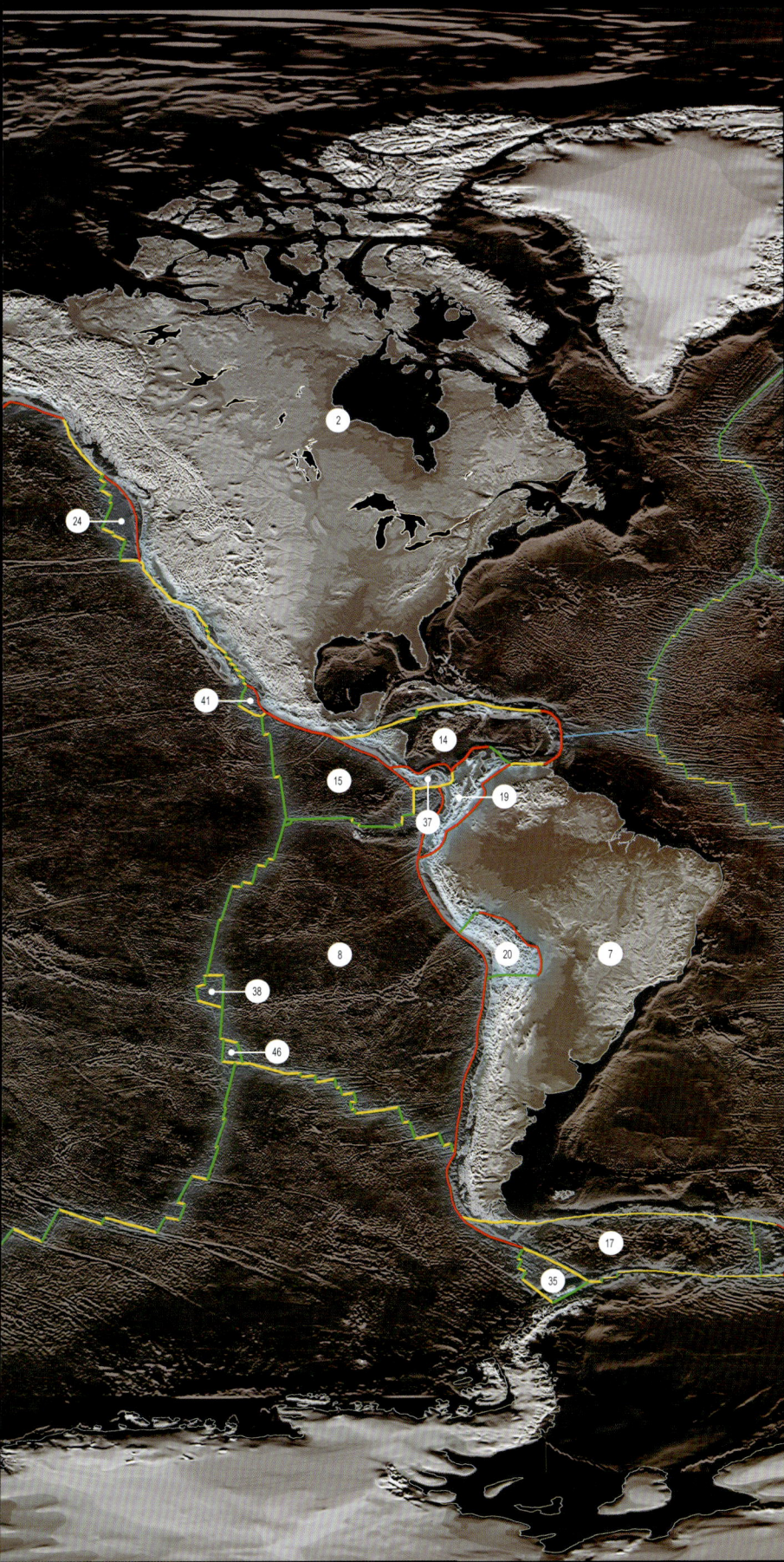

构造板块，按面积由大到小排序

1	太平洋板块	25	缅甸板块
2	北美板块	26	冲绳板块
3	欧亚板块	27	木百灵板块
4	非洲板块	28	马里亚纳板块
5	南极板块	29	新海布里地板块
6	澳大利亚板块	30	爱琴海板块
7	南美板块	31	帝汶板块
8	纳斯卡板块	32	鸟首板块
9	印度板块	33	北俾斯麦板块
10	巽他板块	34	南桑威奇板块
11	菲律宾海板块	35	南设得兰板块
12	阿拉伯板块	36	汤加板块
13	鄂霍茨克板块	37	巴拿马板块
14	加勒比板块	38	复活节岛板块
15	科科斯板块	39	巴尔莫勒尔礁板块
16	扬子板块	40	南俾斯麦板块
17	斯科舍板块	41	里维拉板块
18	加洛林板块	42	毛克板块
19	北安第斯板块	43	康威礁板块
20	阿尔蒂普拉诺板块	44	所罗门海板块
21	克马德克板块	45	纽阿福欧板块
22	安纳托利亚板块	46	胡安·费尔南德斯板块
23	班达海板块	47	富图纳板块
24	胡安·德富卡板块		

注意：上面所列的一些较小的板块有时也被认为是大板块的一部分，另外还有一些不确定的小板块没有列出。

板块边界

构造板块边缘地震、火山等构造活动频发的区域就是板块边界地带。板块边界有三种主要
类型——离散型、转换型和汇聚型。

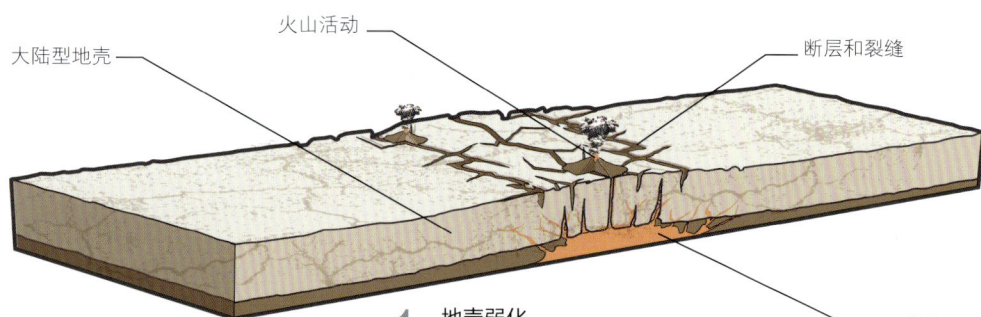

大陆型地壳

火山活动

断层和裂缝

岩浆

1 地壳弱化

在新的离散型边界的地壳之下，上升的岩浆柱使地壳隆起，导致地壳软化、弱化、拉伸并变薄。地壳上出现长的直线式断层或裂缝，进而形成火山。

裂谷
苏瓜塔谷（Suguta Valley）是肯尼亚北部东非大裂谷的一部分。这是一片充满盐田、泥沼和小型火山的干旱且低洼之地。

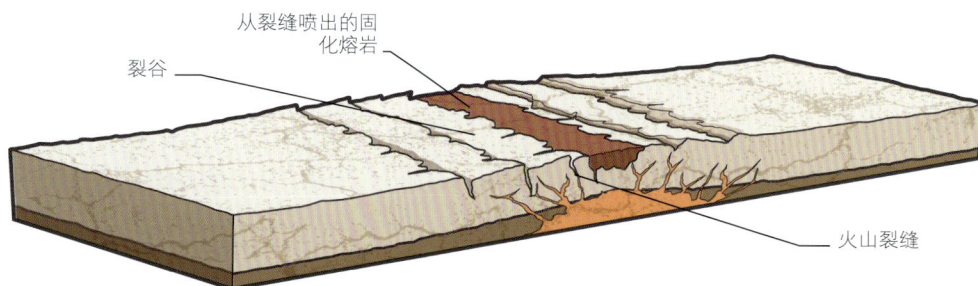

离散型边界

离散型板块边界存在于板块缓慢分离的地方。该边界分为两类：大陆裂谷和洋中脊。前者是陆块之间的离散型边界，使陆块逐渐分离。当大陆裂开时，海水注入形成新的海洋，大陆裂谷便转变为洋中脊。不论是大陆裂谷还是洋中脊，都是地震和火山活动的场所。东非大裂谷是一条新形成的离散型边界，它最终会把非洲分裂开。大西洋中脊在北大西洋将欧亚板块和北美板块分隔开，在南大西洋将非洲板块和南美板块分隔开。在洋中脊，新的岩石圈（或者板块）不断由喷涌而出的岩浆形成。

从裂缝喷出的固化熔岩

裂谷

火山裂缝

2 裂谷形成

最初，裂谷断层中没有新的岩石圈或板块生成，而是陆地沿断层下沉形成裂谷，并伴随着岩浆到达地表，在断层区域形成一系列火山或火山裂缝。

3 海水注入

随着裂谷的扩展，陆地分离且海水注入。在海底裂谷的中央，洋中脊发育。新的大洋型地壳在此形成，使曾经相连的陆地分开。

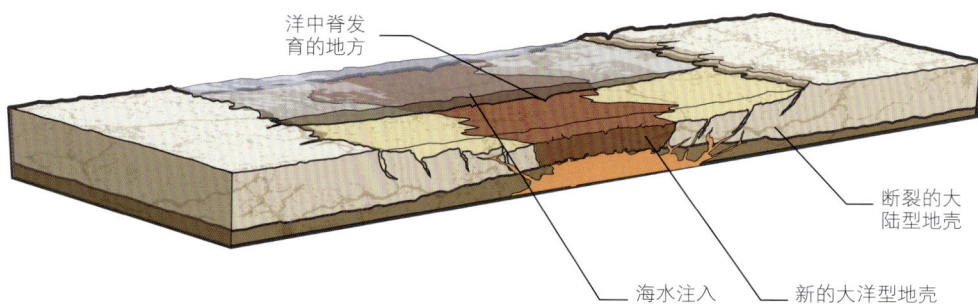

红海
红海是一个正在发育的海洋盆地，是一个离散型边界，大约4000万年前，非洲从阿拉伯半岛分裂出来。

洋中脊发育的地方

断裂的大陆型地壳

海水注入

新的大洋型地壳

4 完全成形的洋中脊

最后，一个完全成形的洋中脊形成。新的岩石圈在洋中脊形成，两侧的板块继续缓慢相背而行。这类的洋中脊可以形成世界上最广阔的山脉。

**辛格维利尔
（Thingvellir）
大裂谷，冰岛**
大西洋中脊在冰岛上升到了海平面以上，在岛上少数地方可以看到裂缝。

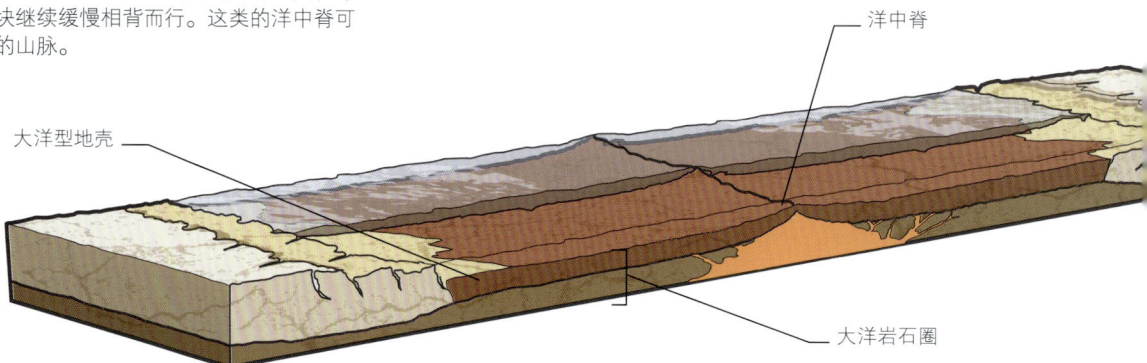

大洋型地壳

洋中脊

大洋岩石圈

阿尔卑斯断层，新西兰
名为阿尔派恩的转换型边界在卫星图上呈现为一条穿越
新西兰南岛的近乎笔直的水平线。该断层是澳大利亚板
块（上）和太平洋板块（下）的分界线。

转换型边界

两个板块边缘在水平方向上发生相对运动的区域被称为转
换型边界。这种板块运动有时非常不稳定，还会引发地
震。少数转换型边界存在于陆地上，其中最知名的是加利
福尼亚的圣安地列斯断层。沿着圣安地列斯断层，太平洋
板块和北美板块的大陆岩石圈向相反方向滑动、摩擦，导
致了频繁且强烈的地震。新西兰南岛的阿尔卑斯断层是另
一个陆上转换断层。沿着这条断层，太平洋板块和澳大利
亚板块的大陆岩石圈以大约每年4厘米的速度进行相对运
动，引发许多高强度地震。另一条陆上的转换型边界位于
土耳其北部，名为北安纳托利亚断层。它也同样频繁发生
地震，有时甚至是毁灭性的。

但是，大多数的转换型边界位于海床，由大洋岩石圈上沿
着垂直于洋中脊的方向排列的相对较小的断层组成。这些
转换型断层，连接了分裂为若干块、彼此分离或发生位移
的洋中脊的各个部分。沿着转换型断层，部分大洋岩石圈
向相反方向运动，引发海下地震。

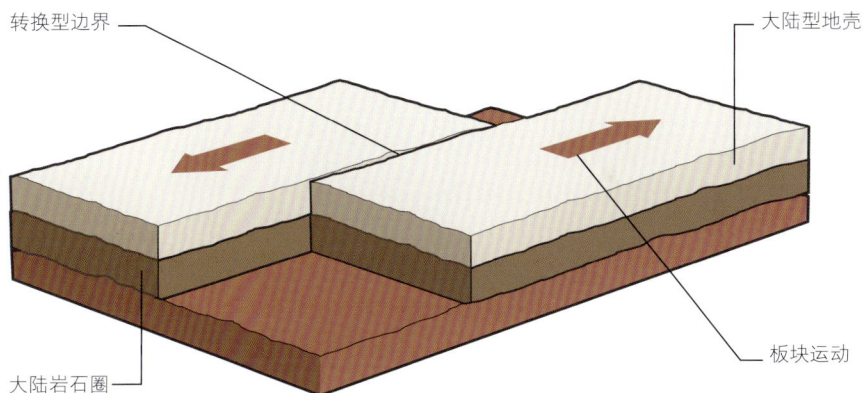

陆上转换型边界
穿越大陆的转换型边界，如新西兰阿尔卑斯断层，大陆板块间
向相反的方向缓慢运动。

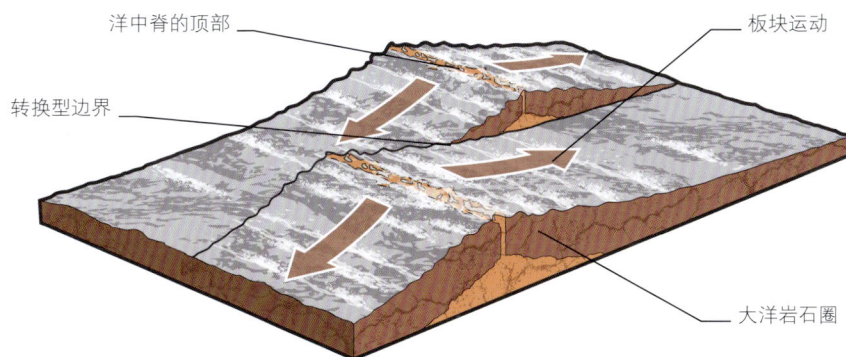

水下转换型边界
这类边界是连接洋中脊相对位移部分的小断层。沿着该边界，大洋岩石
圈向相反方向运动。

汇聚型边界

汇聚型边界存在于两个板块相向运动的地方，这种相向运动由地幔中的热对流和洋中脊新海底的生成所驱动。在这类边界，大块的岩石圈（或者板块）向深处的地幔俯冲或下倾，并被破坏，因此这类边界也被称为破坏性边界。汇聚型边界是地震和火山活动的主要地点，又可分为三类，两个汇聚型板块均由大陆岩石圈组成的是陆–陆碰撞边界，均由大洋岩石圈组成的是洋–洋汇聚型边界，一个是大陆岩石圈、一个是大洋岩石圈的是洋–陆汇聚型边界。

陆–陆碰撞

如果是含有大陆岩石圈的两个板块的边缘发生碰撞，其中一个板块的岩石圈的地幔部分会俯冲到另一个板块之下，但是，密度相对较低的大陆地壳抵抗向下运动。相反，边界两侧的地壳被压缩、折叠、断裂，并被推高形成山脉。在这类边界区域，岩浆在深处产生，很少能到达地表，因此尽管常有地震发生，但罕有火山运动。

俯瞰喜马拉雅山脉
这个典型的陆–陆碰撞边界形成于5000万年前印度板块撞向欧亚板块之时。经过了千百万年，喜马拉雅山脉不断增高，直至今天依然如此。

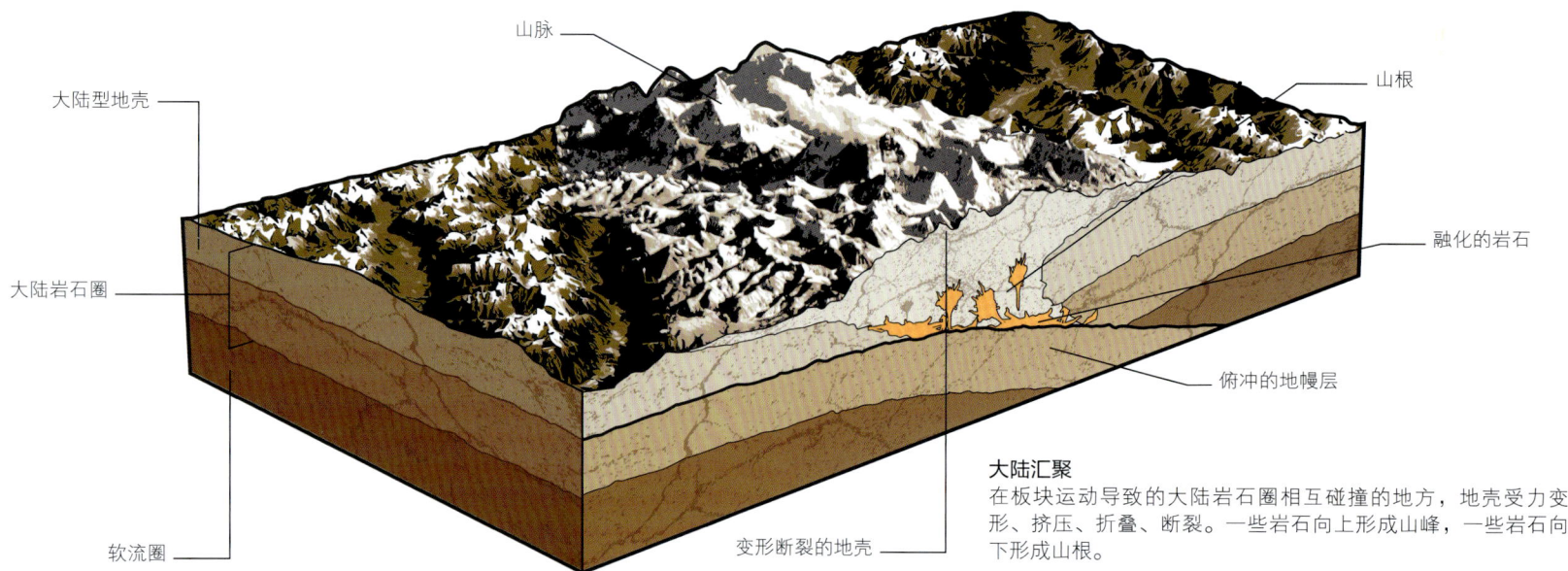

山脉　　山根
大陆型地壳
融化的岩石
大陆岩石圈
俯冲的地幔层
软流圈
变形断裂的地壳

大陆汇聚
在板块运动导致的大陆岩石圈相互碰撞的地方，地壳受力变形、挤压、折叠、断裂。一些岩石向上形成山峰，一些岩石向下形成山根。

阿巴拉契亚山脉
从太空看到的这一北美山脉，形成于4.5亿年前~2.5亿年前之间的一系列陆–陆碰撞之中。

乌拉尔山脉
这片位于俄罗斯的山脉形成于3.1亿年前~2.2亿年前西伯利亚大陆、哈萨克大陆和欧美大陆的碰撞之中。

阿尔卑斯山脉
这片位于欧洲的高山形成于6000万年前~1000万年前，起因是非洲板块和欧亚板块的碰撞。

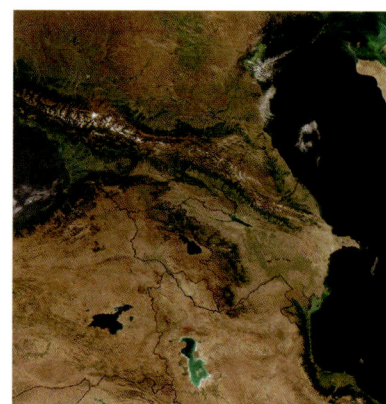

大高加索山脉
这片位于亚洲西南部的山脉形成于2800万年前~2400万年前，由阿拉伯板块和欧亚板块的一次大陆碰撞形成。

洋-陆汇聚

在洋-陆边界，大洋岩石圈板块俯冲到大陆板块之下，沿着交界处形成一条深深的海沟。俯冲板块间断性地下滑，导致地震频繁发生。在下滑过程中，俯冲板块的温度上升，释放出大洋型地壳中的挥发性物质，如水蒸气。这使下覆地幔岩石的熔化温度降低，进而熔化形成岩浆。岩浆沿着岩石中的裂缝上升，形成深部岩浆库。喷发的岩浆形成内陆火山链，也叫大陆火山弧。

堪察加半岛

当太平洋板块俯冲到鄂霍茨克板块之下时，沿俄罗斯东部的堪察加半岛形成了一排火山。图中这个有蓝色火山口湖的火山名为玛拉西塔，它上一次喷发是在1952年。

安第斯山脉

安第斯山脉由若干火山链和其他山脉组成，形成于纳斯卡板块和南极板块俯冲到南美板块之下时。图中的安第斯山脉中的火山名为基洛托阿火山。

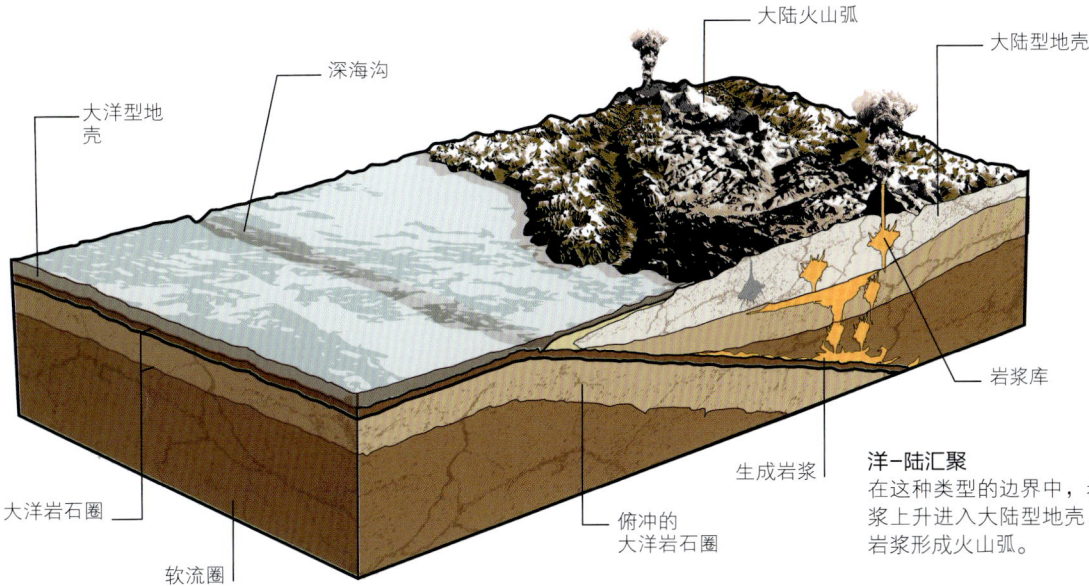

大陆火山弧　大陆型地壳

深海沟

大洋型地壳

大洋岩石圈

软流圈

岩浆库

生成岩浆

俯冲的大洋岩石圈

洋-陆汇聚

在这种类型的边界中，岩浆由地下深处熔化的地幔生成。岩浆上升进入大陆型地壳，形成岩浆库。从岩浆库向上涌出的岩浆形成火山弧。

洋-洋汇聚

一个含有大洋岩石圈的板块边缘俯冲到相邻的另一个由大洋岩石圈组成的板块边缘之下。其中，俯冲板块的岩石圈通常更老，因为大洋岩石圈的密度和重量随着时间的推移而增加。板块汇聚边界形成一条深沟，俯冲板块上方涌出岩浆。在这里，洋-洋边界上升的岩浆会形成一排呈平缓曲线排列的火山岛，称为火山岛弧。洋-洋汇聚带通常伴有强烈的地震活动。

奥古斯丁火山

这座阿拉斯加的离岸火山是阿留申岛弧的一部分。阿留申岛弧是位于北太平洋的一条长长的、弯曲的火山链，其大部分火山位于岛上，形成于太平洋板块俯冲到北美板块之下时。

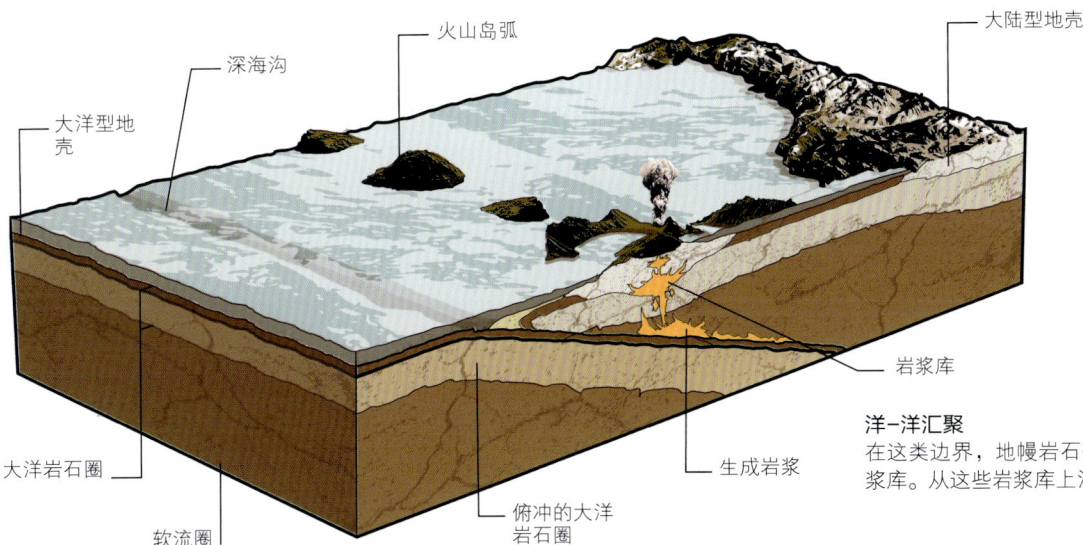

千岛群岛

千岛群岛是位于太平洋西北部的一个火山岛弧，形成于太平洋板块俯冲到鄂霍茨克板块之下的地方。图中的这座岛屿名为延克察岛。

火山岛弧　大陆型地壳

深海沟

大洋型地壳

大洋岩石圈

软流圈

岩浆库

生成岩浆

俯冲的大洋岩石圈

洋-洋汇聚

在这类边界，地幔岩石熔化形成的岩浆上升，在大洋型地壳下形成岩浆库。从这些岩浆库上涌的岩浆形成火山岛弧。

热点

地幔顶部的少数地方似乎是巨大能量的来源。能量渗出地表时会诱发高强度的火山活动。这些地方被称为热点，它们大多数远离板块边界。

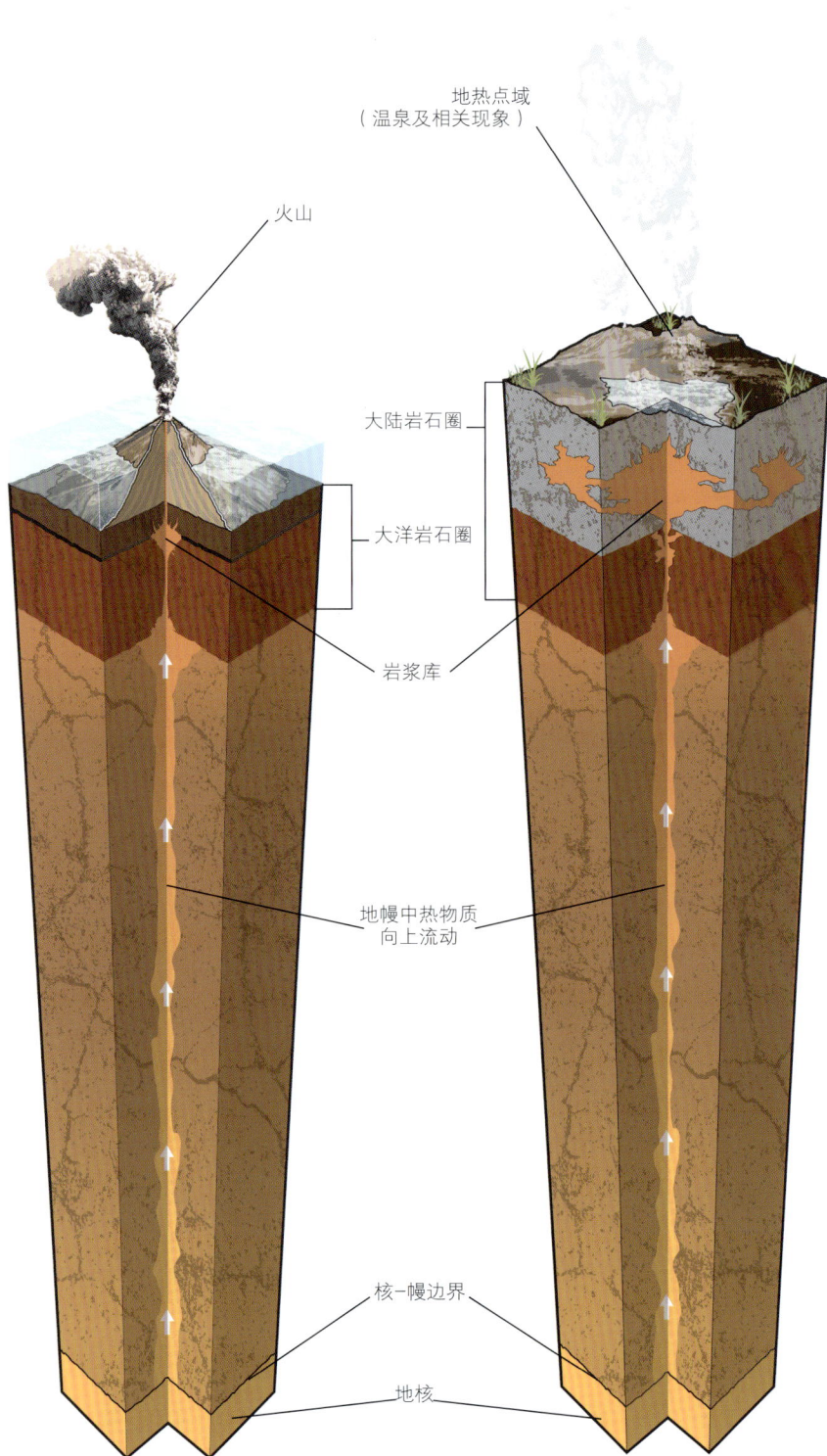

热点理论

关于热点的成因有两种理论。最广为人知也是最古老的一种理论认为，热点源于地幔柱——从核-幔边界上升至地球岩石圈（地球外壳）下面某些特定地点的半液态的高温岩石细流。另一种较新的理论认为，由于某些地方的岩石圈被拉伸，岩浆（热的、熔化的岩石）在这些被拉伸的地方由地幔顶部的一个与其特性一致的储存库向上渗入地壳。不考虑原因和确切性质，热点处的岩浆比地壳其他任何地方都要多。热点造成的影响，根据热点存在于大陆型地壳还是大洋型地壳而有轻微差别。美国的黄石热点（最著名的大陆热点之一）拥有一个又大又深的岩浆库、大量温泉和间歇泉以及少数大型火山喷发。其他大陆热点创造了成群的小火山或者大规模的熔岩喷发。但是，大多数热点不是大陆型，而是海洋型的。

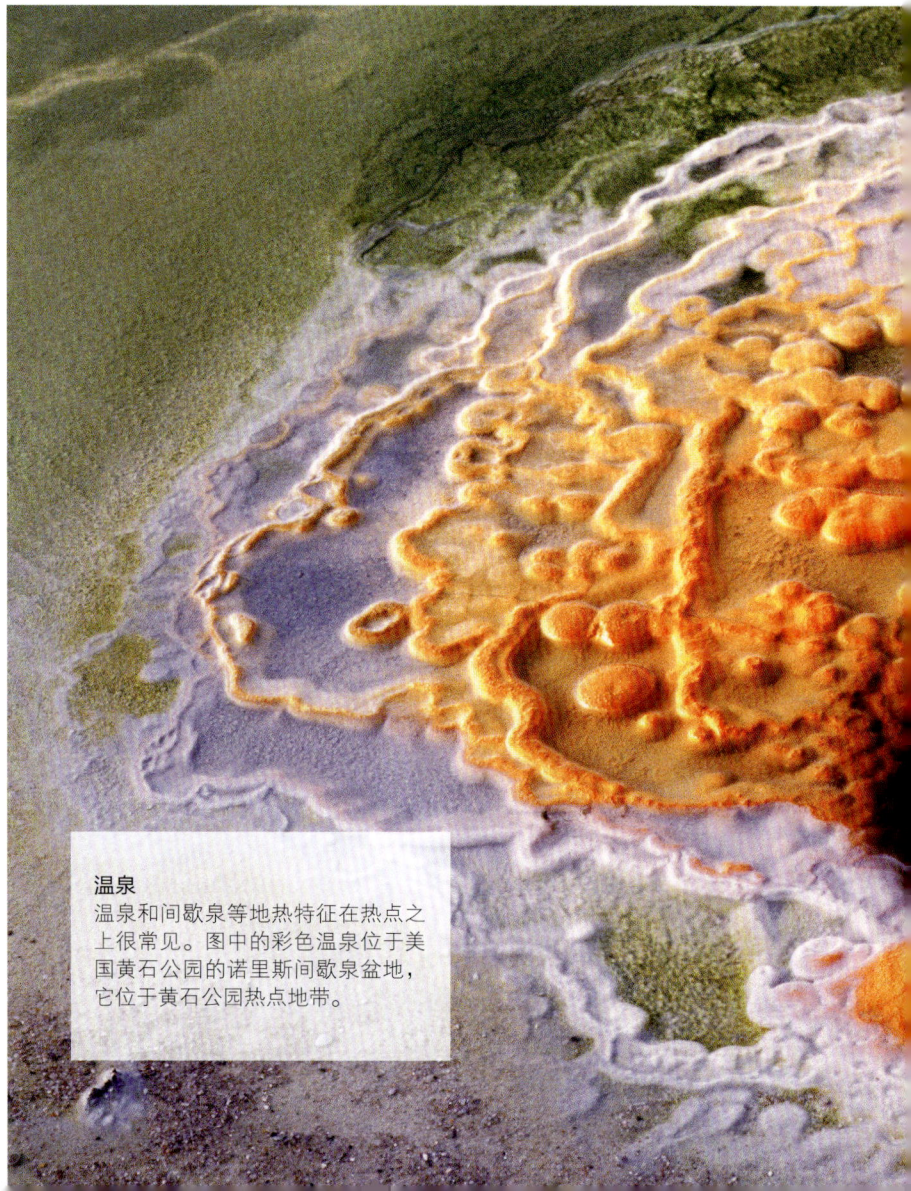

地热点域
（温泉及相关现象）

火山

大陆岩石圈

大洋岩石圈

岩浆库

地幔中热物质向上流动

核-幔边界

地核

海洋下的热点
如果地幔柱理论是正确的，那么许多火山岛源自地幔中热物质的向上流动。

大陆下的热点
大陆下的一个类似的地幔柱会造成温泉、火山喷发等一系列的表面运动。

温泉
温泉和间歇泉等地热特征在热点之上很常见。图中的彩色温泉位于美国黄石公园的诺里斯间歇泉盆地，它位于黄石公园热点地带。

全球已经认定的一些热点

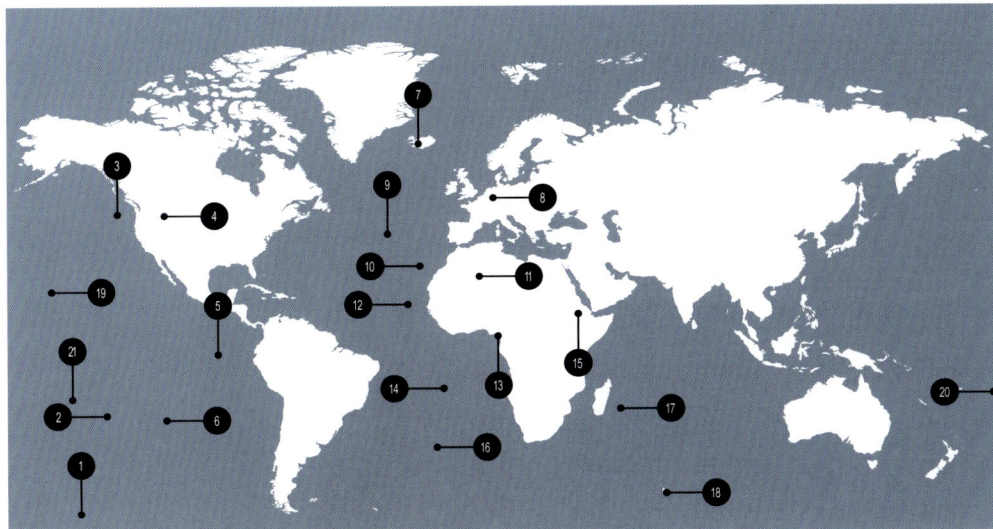

1. 路易斯维尔
2. 皮特凯恩岛
3. 科布岛，美国
4. 黄石公园，美国
5. 加拉帕戈斯群岛
6. 复活节岛，太平洋
7. 冰岛
8. 埃菲尔山，德国
9. 亚速尔群岛，北大西洋
10. 加那利群岛
11. 霍加尔，阿尔及利亚
12. 佛得角
13. 喀麦隆
14. 圣赫勒拿岛
15. 阿法尔，埃塞俄比亚
16. 特里斯坦岛
17. 留尼汪岛
18. 凯尔盖朗群岛
19. 夏威夷
20. 萨摩亚
21. 塔希提岛

海洋热点

大约有3/4已确认的或被认为的热点是海洋型的，而且通常远离板块边界。在这些热点，地壳中存在的大量岩浆引发海底火山喷发，进而形成海底火山甚至火山岛。在20世纪60年代，加拿大科学家约翰·图佐·威尔逊推断，不断推动大洋岩石圈经过这些海洋热点的板块运动造成了火山岛链的形成，并使海底火山熄灭形成海山。这个理论现在仍被视为一些火山岛和线状水下山脉成因的最佳解释。例证包括由位于太平洋中心的夏威夷热点形成的夏威夷群岛和天皇海山链，以及由南太平洋的路易斯维尔热点形成的路易斯维尔海山链。位于大西洋中脊（一条板块边界）之下的一个北大西洋热点被认为是导致冰岛高强度火山活动形成的原因之一。

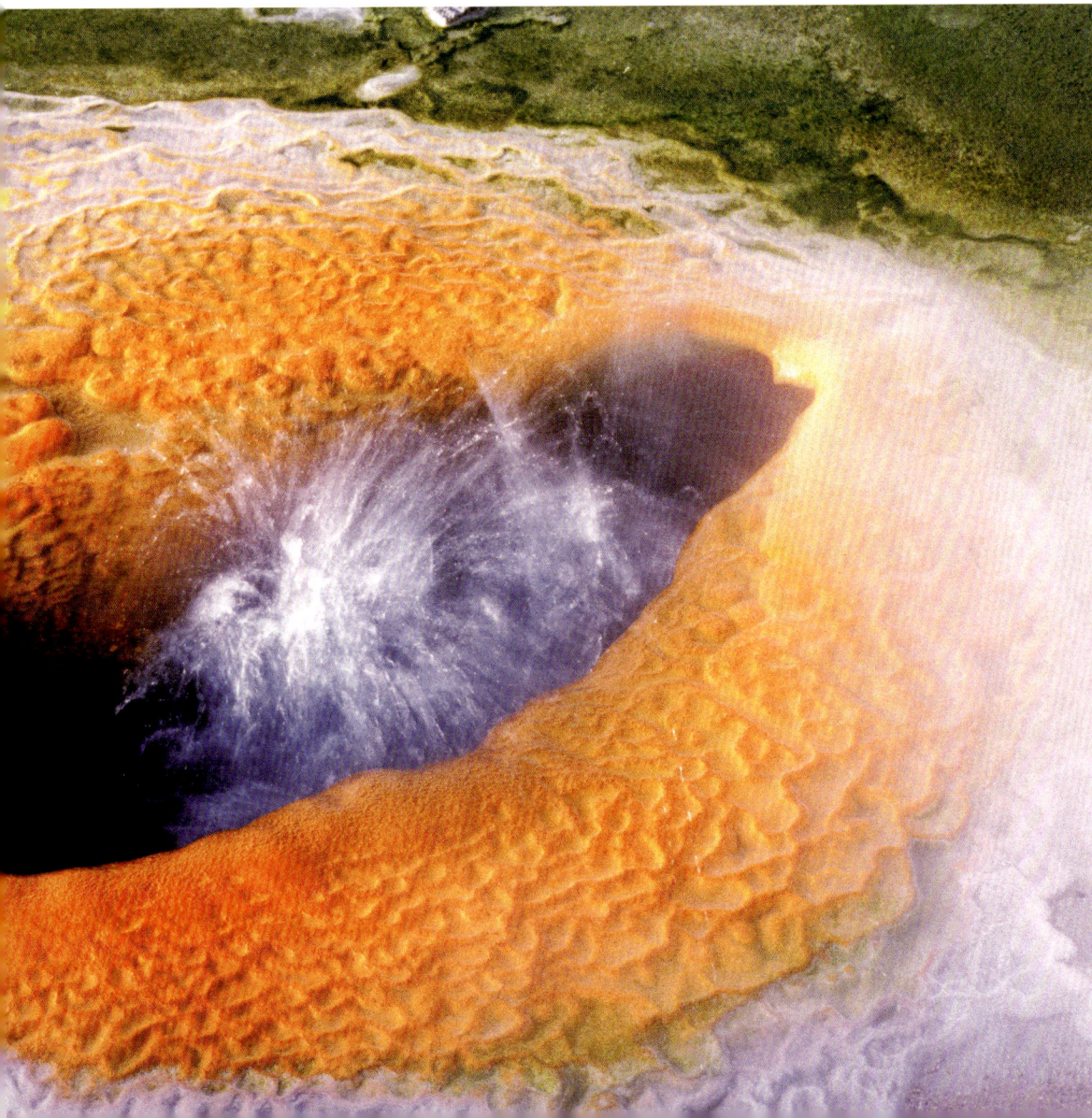

费尔南迪纳火山，加拉帕戈斯群岛
研究者认为太平洋的加拉帕戈斯群岛是由于加拉帕戈斯热点之上的板块运动而形成的。据悉，构成了一整座岛屿的费尔南迪纳火山正位于热点之上。

60个

这是全世界由热点形成的火山区域的大概数目。然而，关于其中一些火山区是否归因于热点仍存在激烈的争议。大多数地质学家仅明确认同其中的20~30个。

地热能

我们的星球蕴藏着巨大的被称为地热能的能量。当地热能向地表流动并释放时，它会驱动板块运动、火山活动和间歇泉喷发。

能量的来源

一些地球内能是它最初形成时的残余热量，但大部分来自放射性同位素的衰变，这些放射性同位素是一些特定元素——如铀、钍和钾的不稳定原子，它们分散于地球内部。一个铀238原子的衰变会释放大约一万亿分之一焦耳的能量。这看起来微不足道，但仅在地壳中，每秒就有 10^{24}（1万亿的1万亿倍）个铀原子在衰变。这意味着仅这一个来源，能量产生的速率就达到1太瓦（10^{12}瓦）。总体而言，地球自然放射活动的产热速率大约是30~40太瓦——约为现在全球能源消耗速率的两倍。

放射性衰变产生的能量

当不稳定的原子核发生放射性衰变时，通常情况下，它会同时释放一个高速粒子和少量的电磁辐射。这二者都会增加少量的地球内部热能。一半的地球辐射热能的生成都发生于地壳中。

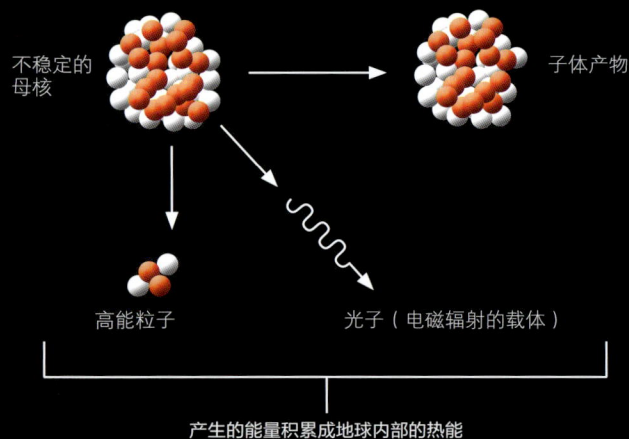

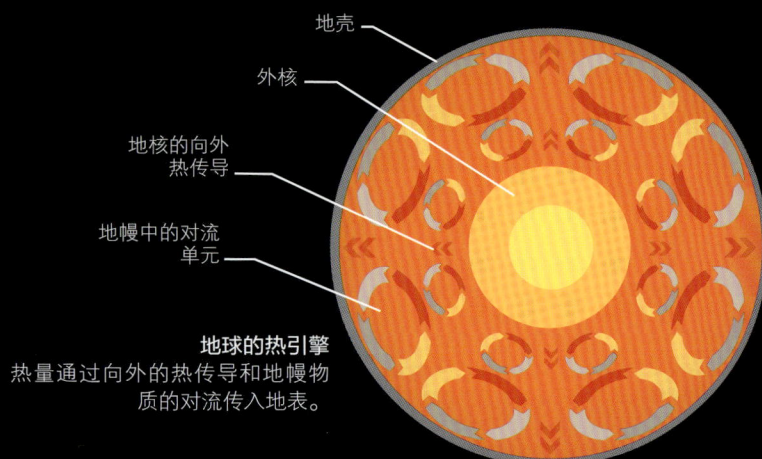

不稳定的母核

子体产物

高能粒子

光子（电磁辐射的载体）

产生的能量积累成地球内部的热能

地球的热引擎

热量通过向外的热传导和地幔物质的对流传入地表。

地壳
外核
地核的向外热传导
地幔中的对流单元

间歇泉喷发

1 形成水泡
冰岛的史托克间歇泉的喷发是地表地热能释放的一个生动例证。开始时，圆顶形的水体如同一个由泉底升起的气泡。

能量的传播

地球内部的热能通过两种机制缓慢地从地核向外流向较冷的地壳。一种机制是热传导，即固体中粒子对粒子的直接的能量传递。另一种更有力的热量转移机制是对流，即地幔中半熔化岩石缓慢的循环运动。一旦到达地壳，能量就通过多种途径释放、消耗，如在板块边界处，能量通过地震和火山喷发，以及热点地区的间歇泉喷发与火山活动而释放。还有一些热能直接经地壳传导并在地表辐射消散。

2 **间歇泉喷发**
突然，沸腾的热水在蒸汽的作用下剧烈地向上运动，同时产生爆炸声。更多的蒸汽和热水快速涌出，推动间歇喷泉继续上升。

3 **喷发达到最大高度**
史托克间歇泉的最大喷发高度大约是15~20米。在喷发期间，因为逃逸的蒸汽加热了周围的空气，部分地热能以声能和热能的形式释放。

能量的利用

100多年以来，人们利用发电厂来获取和利用地热能。这些发电厂将钻井钻入地下深处，直到钻到热水，这些热水在到达地表时也可转化为水蒸气。获取的热水用来给家庭供暖，水蒸气用来驱动发电涡轮机。今天的地热发电厂以400亿瓦特的速率生产无污染的有用能源，供给量达全世界能源需求的0.25%。这部分能量仅占地球流出的能量的很小一部分（约0.1%）。大部分能量集中于特定区域——板块边界周围以及热点，也是地热发电厂修建的地方。

蓝湖温泉
在冰岛的史瓦特森吉发电厂，沐浴者们能够直接享受地热，因为发电厂将它抽取的一些热水泵入了附近的环礁湖里。

测量板块的运动

科学家们找到了几种测量地球板块漂移速度以及推测它们在过去如何运动的方法。他们也能够预测这些板块将来会如何运动。

当前的板块运动

干涉测量法是一种测量当前的板块运动的方法。把射电望远镜放置在板块边界的两边，对比它们接收到遥远星系的电波信号的时间，就能计算出两台射电望远镜之间的距离。通过多年的监测数据，能估算望远镜所处的板块之间的相对运动情况。其他方法包括对比反射卫星激光束计算出的距离或者使用全球定位系统（GPS）。要想估算相对于地幔的运动，就要测量板块相对于固定热点的方位。

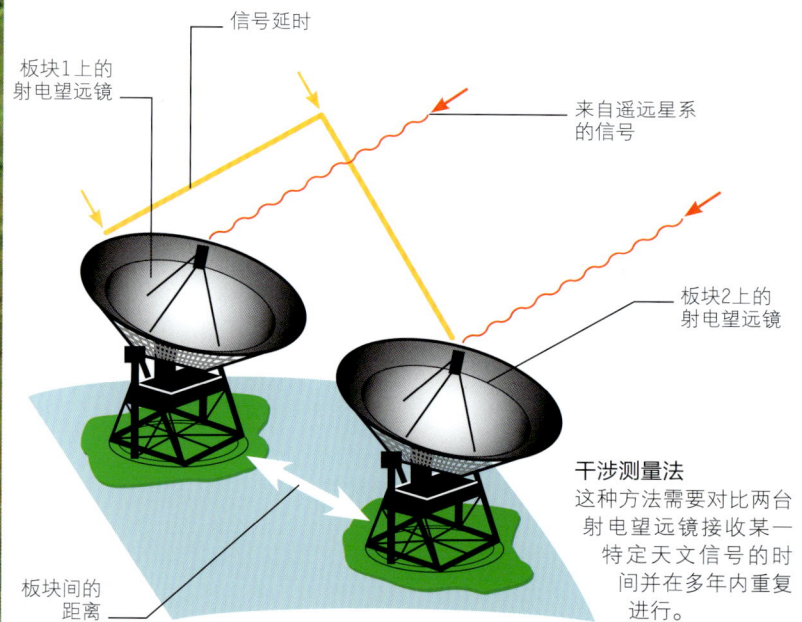

信号延时

板块1上的射电望远镜

来自遥远星系的信号

板块2上的射电望远镜

干涉测量法
这种方法需要对比两台射电望远镜接收某一特定天文信号的时间并在多年内重复进行。

板块间的距离

圣安地列斯断层
这条贯穿美国加利福尼亚的板块边界附近的板块运动速率是每年3.5厘米。但是这里的运动是不定期的，大多数年份没有运动而其他一些年份则有相当大的移动，并伴随地震。

近看
地震能够使板块沿断层发生数米的位移。大多数时候，这种位移是水平的。但有时也能产生纵向偏移，如图中所示的圣安地列斯断层的某处。监测位移的模式能帮助我们预测下一次地震的地点。

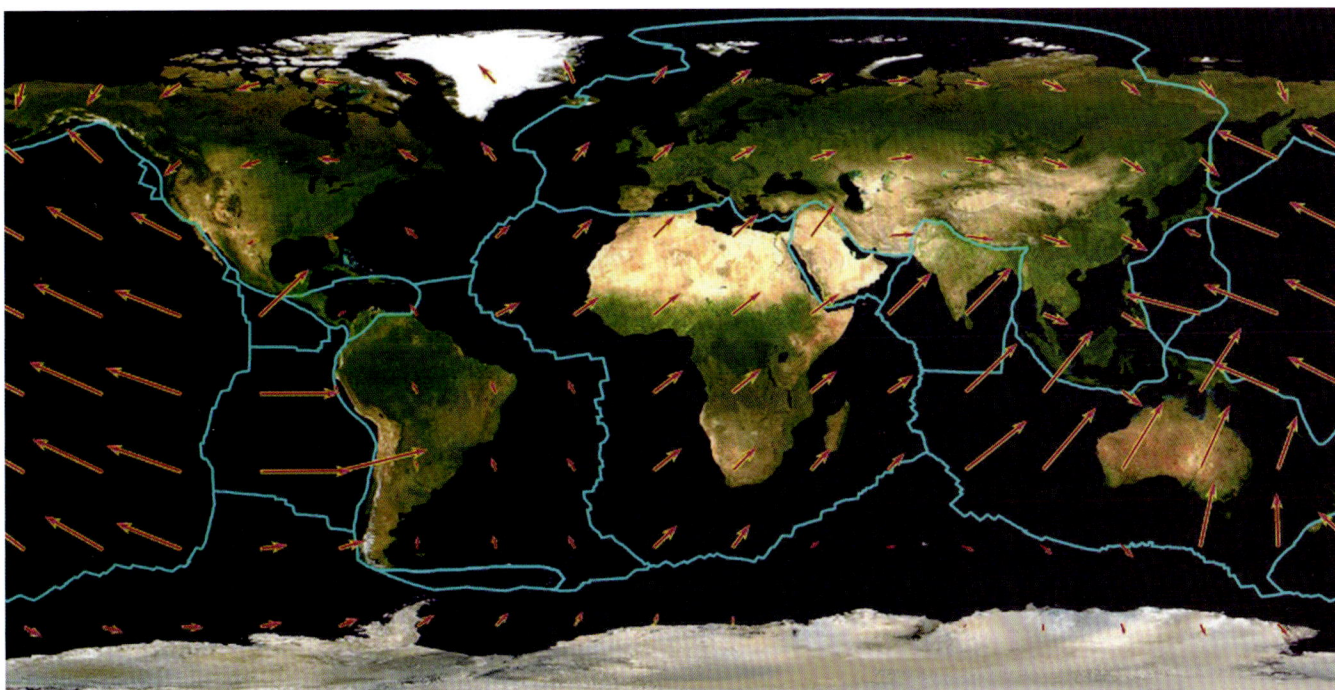

当前的板块运动
这张地图显示了较之地球的平均水平而言，当今板块运动的方向和速率。总的说来，含有大量大洋岩石圈的板块（如太平洋板块、澳大利亚板块和纳斯卡板块）比主要由大陆岩石圈构成的板块（如欧亚板块）移动得快。

图例
➤ 板块运动
— 板块边界

过去的板块运动

除了能通过测量计算当前的板块运动，我们还能计算过去的板块运动。一种方法是分析海底岩石的磁特性。当岩石在洋中脊最初形成时，地球的磁场给它们留下了一个磁性"签名"，这个"签名"取决于磁场当时的强度和方向。通过收集和分析海底的地磁地图，就能确定板块远离洋中脊的运动速度。另一种方法则涉及研究经过地幔热点时所形成的岛链，比如，岛链研究显示太平洋板块以每年7厘米的速度向西北方向漂移了数千万年。遗憾的是，海床的年龄不超过2亿年，因此，要想知道地球板块在2亿年前是如何运动的就必须分析大陆岩石。

由于板块运动使得大陆发生旋转，古代岩石也随大陆一起转动，因而岩石中的磁性矿物就有可能由它们形成时指向的北方变为指向其他地方。所以，测量这些岩石的磁性能估计出过去的板块转动。

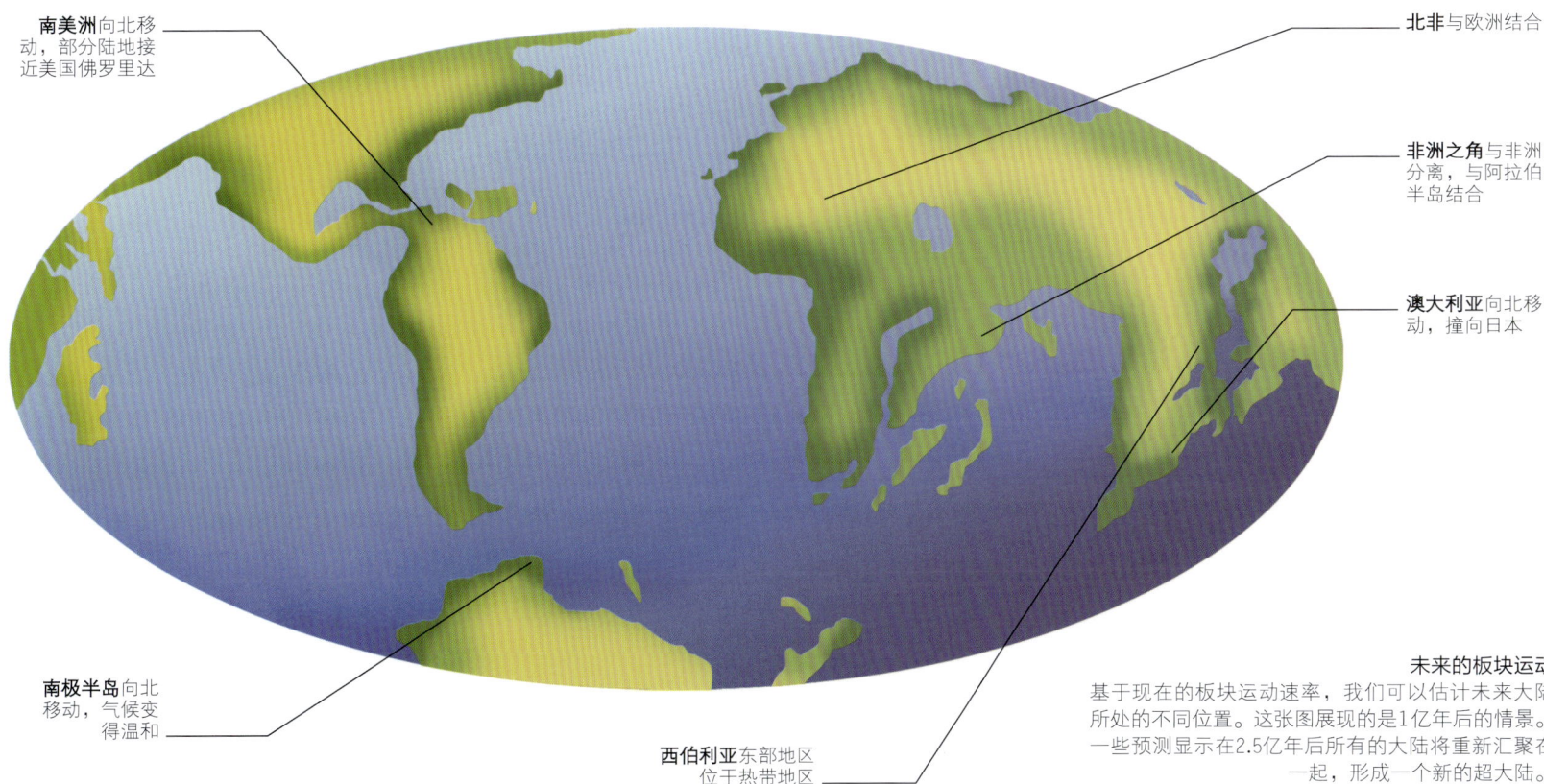

南美洲向北移动，部分陆地接近美国佛罗里达

北非与欧洲结合

非洲之角与非洲分离，与阿拉伯半岛结合

澳大利亚向北移动，撞向日本

南极半岛向北移动，气候变得温和

西伯利亚东部地区位于热带地区

未来的板块运动
基于现在的板块运动速率，我们可以估计未来大陆所处的不同位置。这张图展现的是1亿年后的情景。一些预测显示在2.5亿年后所有的大陆将重新汇聚在一起，形成一个新的超大陆。

巨人堤道

18世纪晚期，科学家们关于是什么
自然过程产生了爱尔兰北部的4万
根六边形玄武岩柱状石以及这些柱
状石的年龄的争论推动了现代地质
科学的创建。今天，我们知道这些
玄武岩石柱是由约6000万年前从地
球喷发出的大量熔岩冷却凝固形
成的。

地质年代表

地质年代表——地球历史划分系统的发展以及地球年龄的确定可以追溯到几个世纪以前，但对这方面真正的科学研究开始于大约200年前。

锡安峡谷
这一峡谷含有从二叠纪到侏罗纪的岩层。

划分地质年代

到18世纪晚期，科学家们已经认识到沉积岩的各个层是在地球历史的不同时期形成的，最古老的岩石位于底部。通过对比不同地方的岩层，科学家们逐渐建立起对覆盖全球大范围区域的岩层的形成顺序的认知。关于化石的研究也对这种认知的建立起到了辅助作用。化石研究能帮助科学家确定不同地方的岩石有相同的年龄，以及不同地方观察到的地层序列的重复。比如，美国西部三个峡谷的岩层对比显示出地层的重复，锡安峡谷里的一些岩层也出现在大峡谷和布莱斯峡谷中，这意味着科学家们能够确立一个覆盖这三个地方的沉积序列。

当全部沉积序列被地质学家们掌握之后，他们开始给各个部分命名。泥盆纪的名称被赋予了序列中相当低的部分，其中包括在英格兰德文郡可见的一些地层。更高的部分，包括在瑞士侏罗山脉可见的地层，被称为侏罗纪。另一个较年轻的含有大量白垩的岩层序列被称为白垩系。想出这些名字的科学家们对这些岩层的年龄只有一个模糊的概念。

马蹄湾，格兰峡谷
属于美国亚利桑那州的格兰峡谷，最深的地方有前寒武纪片岩，顶部有二叠纪沉积岩。

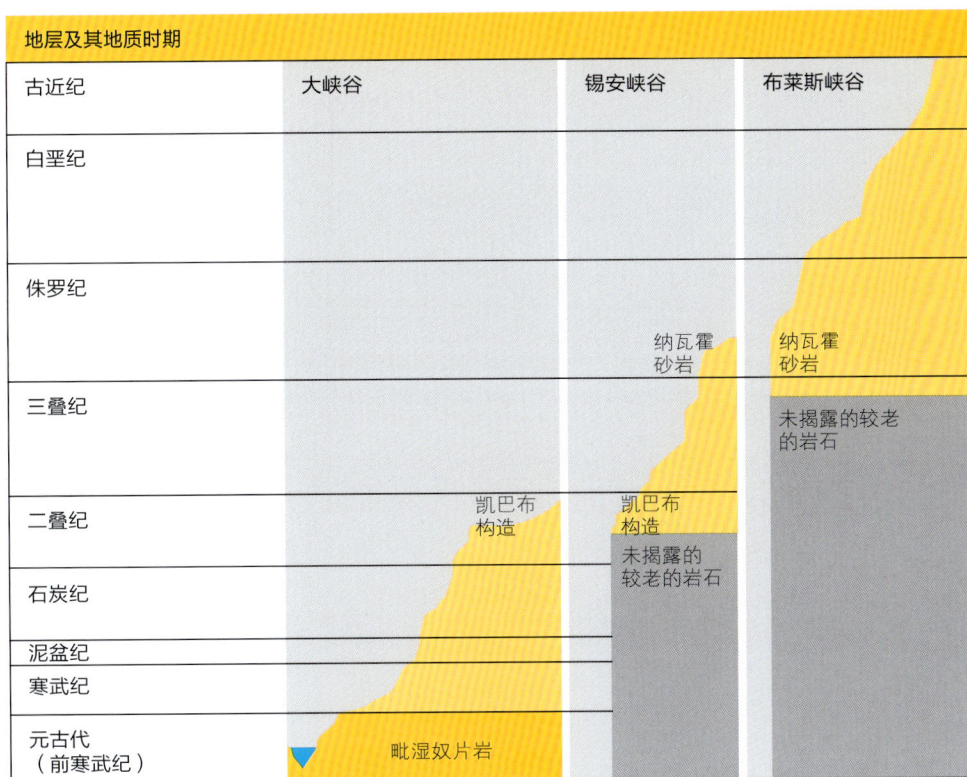

地层及其地质时期			
	大峡谷	锡安峡谷	布莱斯峡谷
古近纪			
白垩纪			
侏罗纪		纳瓦霍砂岩	纳瓦霍砂岩
三叠纪			未揭露的较老的岩石
二叠纪	凯巴布构造	凯巴布构造	
		未揭露的较老的岩石	
石炭纪			
泥盆纪			
寒武纪			
元古代（前寒武纪）	毗湿奴片岩		

重叠的岩层层序
大峡谷、锡安峡谷和布莱斯峡谷中重叠的岩层序列贯穿于很多地质时期，仅有少数地质时期（如志留纪）有缺失，在这些时期内该地区没有新岩层沉积或保留下来。

地质时期

随着更多的沉积岩石序列被命名，地质学家开始规范地质年代的划分方法。真正的岩石序列的各个部分称为纪，纪之下划分世。若干纪合并为一组，以表示更长的时间跨度，称为代，代之上又划分宙。今天，地球历史被划分为四个宙——冥古宙、太古宙、元古宙和显生宙。显生宙之前的三个宙也被统称为前寒武纪。

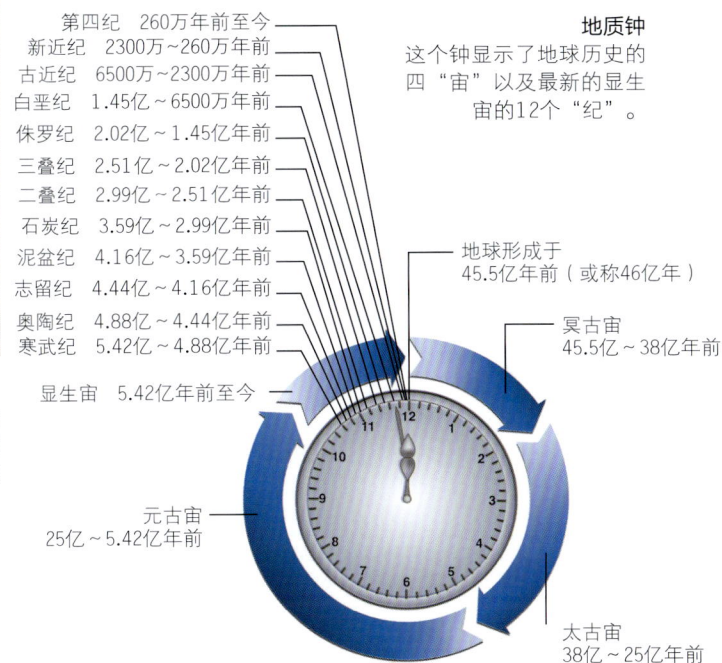

第四纪 260万年前至今
新近纪 2300万~260万年前
古近纪 6500万~2300万年前
白垩纪 1.45亿~6500万年前
侏罗纪 2.02亿~1.45亿年前
三叠纪 2.51亿~2.02亿年前
二叠纪 2.99亿~2.51亿年前
石炭纪 3.59亿~2.99亿年前
泥盆纪 4.16亿~3.59亿年前
志留纪 4.44亿~4.16亿年前
奥陶纪 4.88亿~4.44亿年前
寒武纪 5.42亿~4.88亿年前

显生宙 5.42亿年前至今

地质钟
这个钟显示了地球历史的四"宙"以及最新的显生宙的12个"纪"。

地球形成于45.5亿年前（或称46亿年）

冥古宙 45.5亿~38亿年前

元古宙 25亿~5.42亿年前

太古宙 38亿~25亿年前

测算地球的年龄

到19世纪中期，尽管知道了不同岩石的相对年龄，地质学家们还是不清楚岩石的绝对年龄以及地球本身的年龄。直到20世纪早期，一种测定岩石年龄的准确方法才被提出，这种方法基于对岩石中的放射性衰变过程的测量，被称为放射性测年法。之后很快被应用在特定地质时期的绝对年龄的测定当中。而地球的年龄依旧不容易测定，因为没有岩石从地球最初形成时存在至今。20世纪20年代，亚瑟·霍姆斯，一位放射性测年法的先驱，计算出地球的年龄为30亿年。最后，到了20世纪50年代，现代技术被用来计算一些坠落到地球的形成于太阳系初期的陨石的年龄。假设这些陨石的年龄与地球的年龄相当，地球的年龄被估算为45.5亿年（或称46亿年），这一数字直到今天依然被大家认可。

布莱斯峡谷
布莱斯峡谷揭露的岩石的年龄从三叠纪一直到古近纪。

代阿布洛峡谷陨石碎片
我们星球的年龄最终是通过测量太阳系的年龄，更具体地来说是测量陨石的年龄确立起来的，比如这里展示的代阿布洛峡谷陨石的碎片。

造山运动

<< 拉萨尔山脉
从美国犹他州拱门□
到被冰雪覆盖的拉□
部分。

世界各地的山

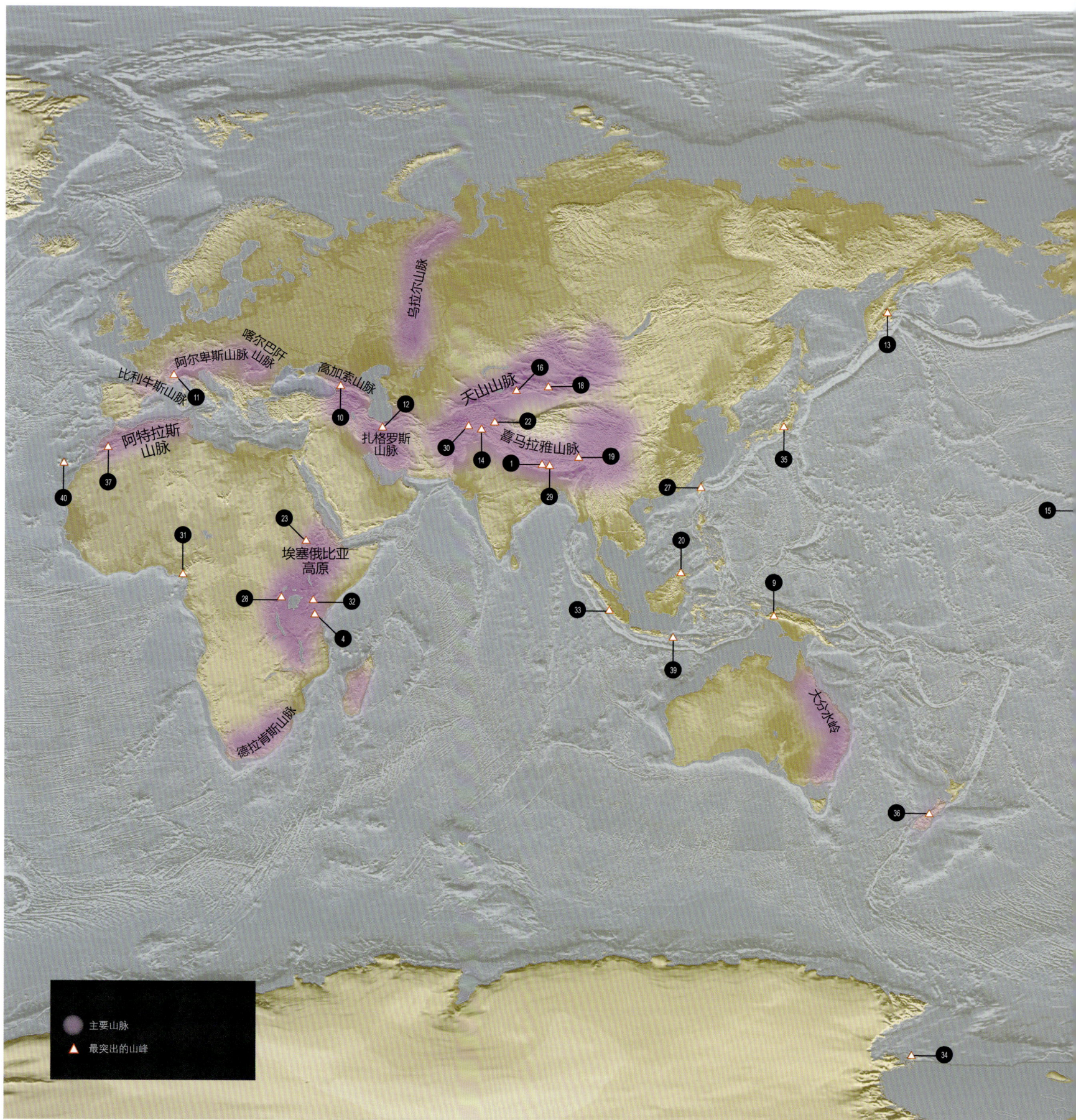

鸟拉尔山脉

喀尔巴阡
阿尔卑斯山脉 山脉
比利牛斯山脉
高加索山脉
11
天山山脉
16
18
阿特拉斯
10
22
山脉
12
扎格罗斯
山脉
30
喜马拉雅山脉
37
14
19
13
40
1
35
23
29
27
31
埃塞俄比亚
高原
20
28
32
9
33
15
4
39
德拉肯斯山脉
大分水岭
36
34

主要山脉

▲ 最突出的山峰

高耸的山峰像是立在我们星球表面的针，海拔高度近10千米。其中一些是在火山喷发时形成的火山，更多的是在地壳挤压处隆起形成的山峰。

阿拉斯加山脉

落基山脉

阿巴拉契亚山脉

安第斯山脉

地球上40座最著名的山峰

1 **珠穆朗玛峰**，尼泊尔/中国
海拔　　约8848.86米

2 **阿空加瓜山**，阿根廷
海拔　　6960米

3 **麦金莱山**（德纳里峰），美国
海拔　　6194米

4 **乞力马扎罗山**，坦桑尼亚
海拔　　5895米

5 **哥伦布峰**，哥伦比亚
海拔　　5700米

6 **洛根山**，加拿大
海拔　　5959米

7 **奥里萨巴山**，墨西哥
海拔　　5675米

8 **文森峰**，南极洲
海拔　　4892米

9 **查亚峰**，印度尼西亚
海拔　　4884米

10 **厄尔布鲁士山**，俄罗斯
海拔　　5642米

11 **勃朗峰**，法国/意大利
海拔　　4809米

12 **德马峰**，伊朗
海拔　　5610米

13 **克柳切夫火山**，俄罗斯
海拔　　4835米

14 **南迦帕尔巴特峰**，巴基斯坦
海拔　　8125米

15 **冒纳凯阿山**，美国
海拔　　4205米

16 **托木尔峰**，中国
海拔　　7443.8米

17 **钦博拉索山**，厄瓜多尔
海拔　　6310米

18 **博格达峰**，中国
海拔　　5445米

19 **南迦巴瓦峰**，中国
海拔　　7782米

20 **基纳巴卢山**，马来西亚
海拔　　4095米

21 **雷尼尔山**，美国
海拔　　4392米

22 **K2（乔戈里峰）**，巴基斯坦/中国
海拔　　8611米

23 **拉斯达什恩峰**，埃塞俄比亚
海拔　　4533米

24 **塔胡木耳科火山**，危地马拉
海拔　　4220米

25 **玻利瓦尔峰**，委内瑞拉
海拔　　4981米

26 **费尔韦瑟山**，美国/加拿大
海拔　　4671米

27 **玉山**，中国
海拔　　3952米

28 **玛格丽塔峰**，刚果
海拔　　5109米

29 **干城章嘉峰**，尼泊尔
海拔　　8586米

30 **蒂里杰米尔峰**，巴基斯坦
海拔　　7708米

31 **喀麦隆山**，喀麦隆
海拔　　4095米

32 **肯尼亚山**，肯尼亚
海拔　　5199米

33 **葛林芝火山**，印度尼西亚
海拔　　3805米

34 **埃里伯斯火山**，南极洲
海拔　　3794米

35 **富士山**，日本
海拔　　3776米

36 **库克山**，新西兰
海拔　　3764米

37 **图卜卡勒峰**，摩洛哥
海拔　　4167米

38 **奇里波山**，哥斯达黎加
海拔　　3820米

39 **林加尼火山**，印度尼西亚
海拔　　3726米

40 **泰德峰**，西班牙
海拔　　3718米

山脉的根

山脉并不只是地球表面的特征。19世纪和20世纪最伟大的地质新发现之一是山脉有很深的"根"。这些地方的地壳要比其他地方的厚很多。

地壳

大陆中的岩石裸露在地球的表面，其主要由石英和长石矿物组成。它们形成了砂岩中的砂粒，或是曾经熔化的花岗岩中交互的晶体，这在地壳中非常典型。在古山岳带中可以发现地壳内部深处的岩石，由于受到侵蚀被暴露出来。然而橄榄岩是一种不同类型的岩石，它主要由深色的橄榄石和辉石矿物组成，是在火山喷发中从几十千米深的地下被带到地表的。这些岩石来自地幔——位于地壳之下的地球内部的组成部分。（地壳与地幔之间的边界称为莫霍洛维契奇不连续面或莫霍面，以纪念克罗地亚地球物理学家安德里亚·莫霍洛维契奇，是他第一次发现并同时研究了地震是如何通过地壳和地幔传播的。）

勾绘岩石

地质图

地质学家们已经认真地记录了大陆的岩石，制作了地质图，在地质图中不同类型的岩石显示为不同的颜色。这张苏格兰阿辛特地区的地质图在19世纪末由地质学家绘制，首次详细地显示了一个古老山脉中心的岩石的详细性质。粉红色代表了地壳深处几十亿年前形成的岩石，黄色、蓝色和绿色代表了在4亿多年前的造山运动时期因地质运动而移位的岩石。

古老的根

苏格兰外赫布里底群岛的刘易斯岛深度侵蚀的地表景观，是由30亿年前的古老山脉深层根系中的高温和高压下结晶的岩石形成的。

冰山一样的山脉

地质学最重要的概念之一是，地壳和地幔中的岩石依据其密度而下沉或上升。因此构成地壳的相对较轻的岩石实际上漂浮在密度更大的地幔岩石之上。正如漂浮在海上的冰山有很深的根，山脉在地壳中也有很深的根部。根据一种名为"地壳均衡说"的理论，山脉的海拔是由下层地壳的厚度决定的。1854年，英国天文学家乔治·艾里在研究了高耸的喜马拉雅山脉边缘的重力后第一次提出这一概念。与印度低地平原相比，喜马拉雅山脉下方低密度地壳的深厚根部从一侧减轻了此处的重力作用。而在印度低地平原下方则是深度相对较浅的密度更高的地幔岩石。

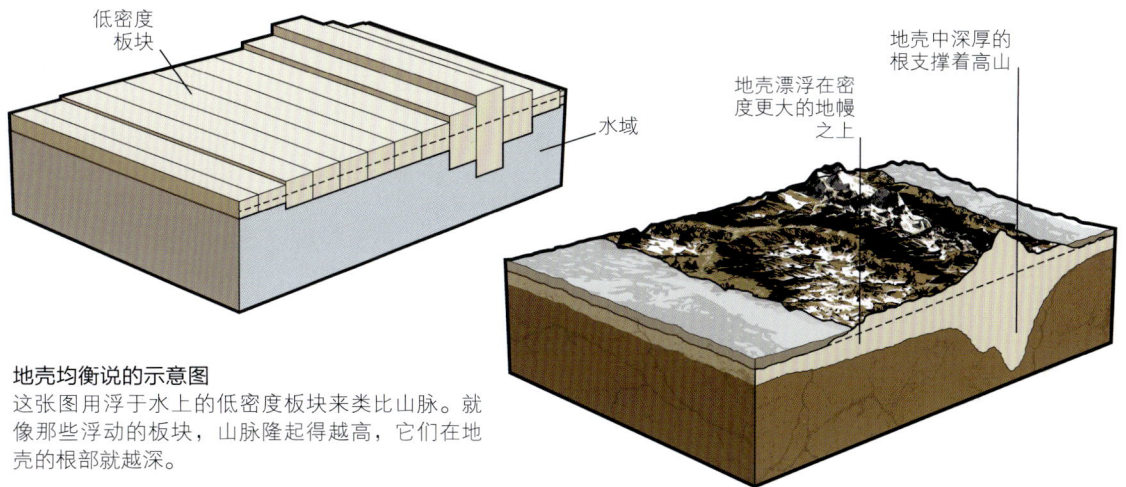

地壳均衡说的示意图
这张图用浮于水上的低密度板块来类比山脉。就像那些浮动的板块，山脉隆起得越高，它们在地壳的根部就越深。

重力仪
重力测量是研究地球内部的常规方法。重力仪的测量揭示出由岩石的密度变化引起的重力的细微变化。

探测地壳

地球物理学家们可以通过测量重力的微小变化研究地壳深处。重力的大小受岩石密度的影响，因此，如果岩石密度比标准密度小，当地的重力降低。这些测量使用的重力仪非常精密，它由精细的平衡重荷和弹簧组成。通过它，非常小的重力变化也可以被测量出来。在安第斯山脉或喜马拉雅山脉等主要山脉带进行的测量表明，只有当地壳有一个深根，延伸到地表下80千米时，这里的重力才解释得通，而与这些地方相邻的低地平原的地壳深度通常只有35千米。

山脉的形成

山脉不是一个简单的地表特征。它们是地表地壳变形的各种地质进程演化的结果。这些地质作用发生在地下不同深度，尤其是汇聚型板块边界附近。

逆冲构造

自从地质学家首次研究山脉地区的岩石开始，就发现岩石被扭曲和折裂，被巨大的断层线切断，变皱形成波纹形状或褶皱。世界上最长的山脉——安第斯山脉和世界上最高的山脉——喜马拉雅山脉，显示了地壳被强烈挤压的证据，推动着山脉沿逆断层或逆冲断层向上，使岩层堆叠在彼此之上。逆冲构造过程导致地壳性质发生巨大变化：岩层在水平方向被挤压，使地壳在垂直方向上变厚。这种增厚正是形成高大山脉的关键。

逆冲构造
当岩层受到挤压时，它们比较容易沿着被称为逆冲断层的倾斜度平缓的断层破裂或变皱形成褶皱。随着挤压的持续，岩石逐渐堆积起来。由于侵蚀，山脊并不总是与褶皱的波峰重合。

帕姆代尔切割
褶皱和断裂的砂岩和页岩岩层壮观地裸露在美国加利福尼亚的圣安地列斯断层附近的羚羊谷高速公路旁。

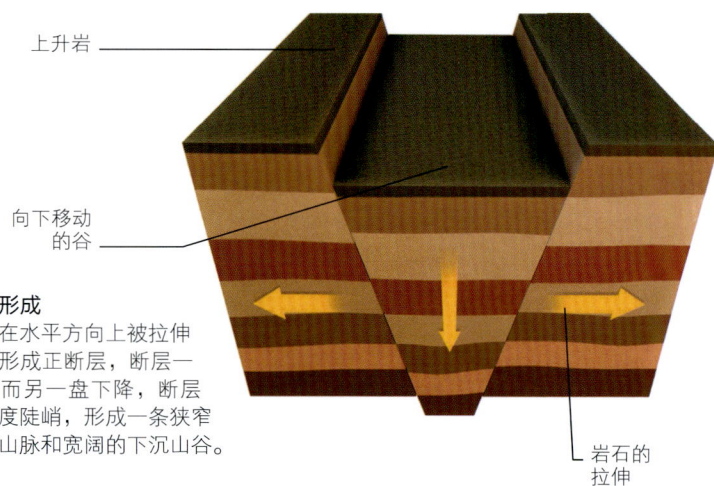

裂谷作用

当构造板块分离导致地壳伸展和断裂时，也有可能形成狭窄的隆起山脉。在这里，被称为正断层的陡峭倾斜的断层的移动导致断层的一盘上升，另一盘下降，形成一条深谷或裂缝。由于这个过程使地壳延展、变薄，该地区整体下沉，最终形成一个被淹没的地形，如希腊的爱琴海地区。

裂谷的形成
当岩层在水平方向上被拉伸时，会形成正断层，断层一盘上升而另一盘下降，断层倾斜角度陡峭，形成一条狭窄的隆起山脉和宽阔的下沉山谷。

三牙峰，阿尔卑斯山脉
作为欧洲阿尔卑斯山脉构造的一部分，意大利多洛米蒂山脉锯齿状的石灰岩山峰被逆冲断层的运动向上推动着。

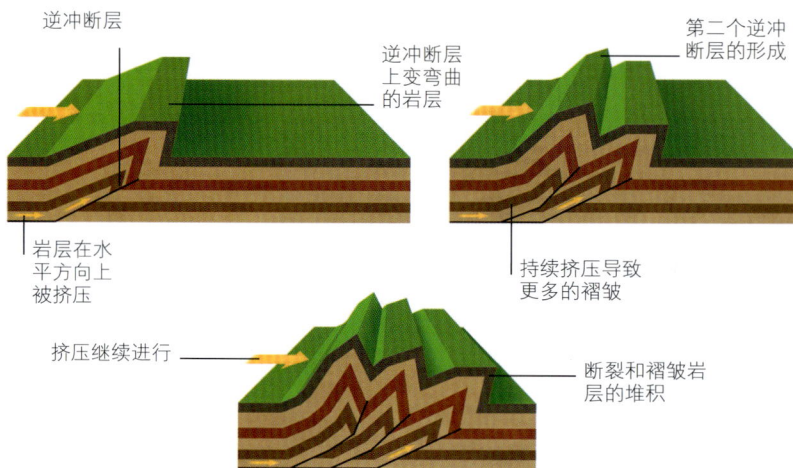

褶皱作用

当岩层被挤压，它们会弯曲形成褶皱。地质学家将褶皱分为向斜（形成槽）和背斜（形成拱或峰）。褶皱作用通常发生于同一时间上的断层运动。相邻褶皱峰或槽决定了褶皱的波长，一个典型山岳带的褶皱波长可能从几毫米到数百千米不等。波长很长的褶皱具有宽广的顶部或岩层倾斜度小到难以察觉。地质学家认为这种褶皱通常是由深层的高温、易浮的地幔岩石上涌所致。

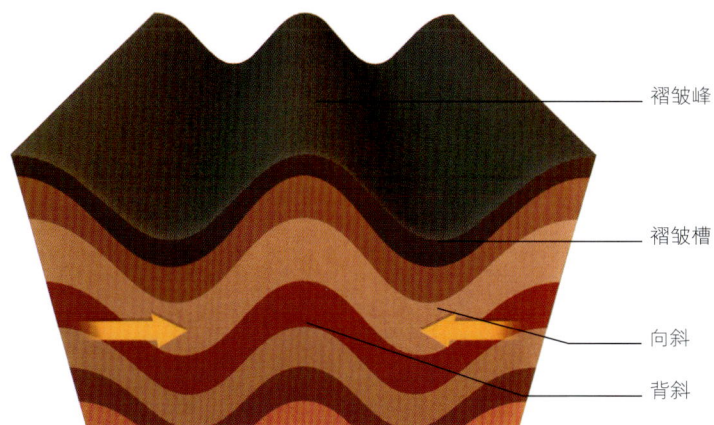

褶皱峰

褶皱槽

向斜

背斜

褶皱的形成
当岩层深处有柔软岩石时，它们在受到侧面挤压时会形成简单的波纹。有时陆地表面以同样的方式起皱，尽管侵蚀会将其磨损掉。

内华达山脉
白雪皑皑的内华达山脉在地壳断裂处形成。有人认为，这些山脉下是高温、有浮力的地幔岩石，使它们能够达到目前的高度。

侵蚀和风化

山脉的形成直接导致岩石和大气之间深刻的相互作用。在高海拔处，雪的积累最终形成冰川。当这些冰川向下滑动时，它们刮掉基石，塑造了山谷。在低海拔处，山脉排出的水形成汹涌的激流，携带着一些基岩到达附近的平原，最终抵达海洋。这些过程将以往深埋于地下的岩石暴露于地表，开始风化，并经历化学变化。
岩层中薄弱的面被磨掉，在干旱地区形成光秃秃的没有植被覆盖的山脊地貌。

库车大峡谷，中国
这些陡峭的砂岩岩层是地壳主褶曲的组成部分。主褶曲正在被快速侵蚀，形成平原和山脊相间的地貌。

移动的山脉

地球构造板块之间的边界有活跃的地质结构，被地震撼动，沿断层线移动。这些运动给地表景观造成重大影响，形成深渊或高耸的山脉。

活动构造

构造板块受力的驱动，山脉在相邻板块的汇聚处隆起。山脉本身也在移动，引起普遍的岩石变形。最终，岩石沿着断层线破碎，引发地震。地质学家通过研究地貌中的证据来观察这些运动，诸如数千年来河流的改道、河滩的抬升。

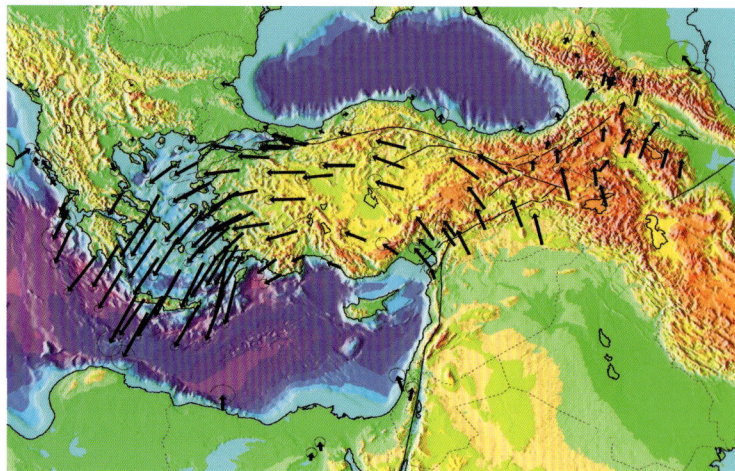

板块运动的测量
位于爱琴海和土耳其的测量仪器揭示了欧亚板块、阿拉伯板块和非洲板块之间的广大地区地壳的运动。

新西兰海岸线
这种平顶的海岬是存在于数万年前的古海岸的遗迹。从那时起，这里的地面在历次地震中被抬升了20米，使此处成为新西兰的地貌。

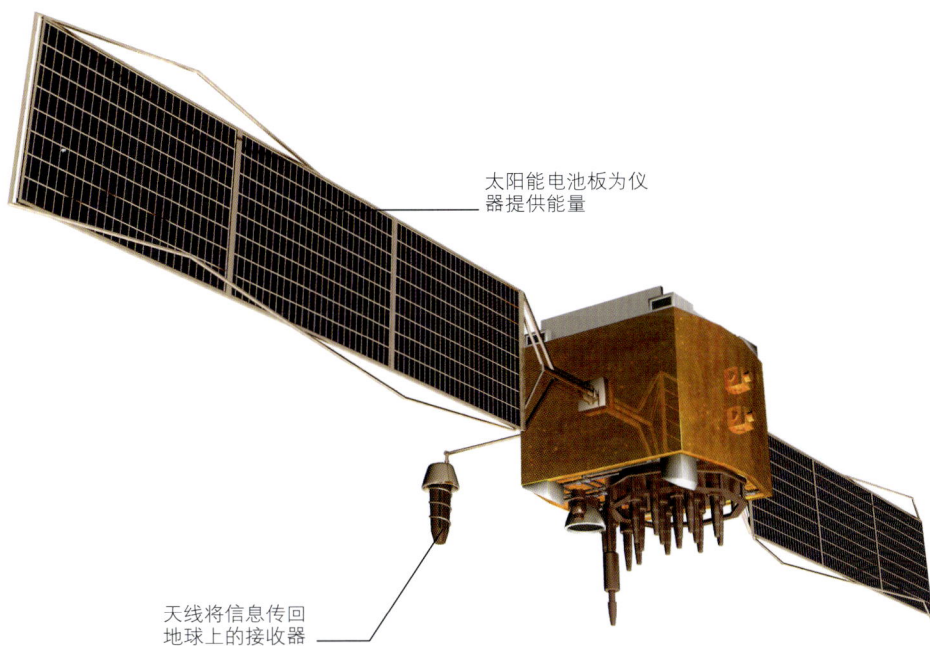

太阳能电池板为仪
器提供能量

天线将信息传回
地球上的接收器

GPS卫星

全球定位系统基于地球轨道上的卫星网络，发送无线电信号到
地球表面上的接收器。GPS测量是通过无线电信号的传输时间来
确定接收器和多个卫星之间的距离。

GPS测量

从20世纪80年代起，GPS（全球定位系统）便能对地球表面做出精
确的测量。GPS是目前步行者和驾驶员常规使用的导航系统，并且
只需用一个小的手持式仪器，就可以在数米之内定位自己的位
置。但是，用一个天线和一个更复杂的仪器进行几个小时的测
量，能够更精确地计算出测点的位置。这些测量重复了数年，现
在被用来记录地球表面的较长期的运动，揭示地壳在地质构造活
动区的运动。对地震和海啸地区的调查能够帮助我们了解陆地移
动的距离，以及预测其未来的运动。

测量断层
这位地球物理学家正在安
置一个GPS接收器的天
线，这样她就可以准确地
监控地面站的位置，并且
测量1994年美国加利福尼
亚州北岭地震后陆地的垂
直和水平移动。

测量运动

在20世纪90年代开发的干涉测量法是一种使用空间雷达图像准确地测量地表
运动的新方法。卫星环绕地球发送和接受精确计时的雷达信号。通过这种方
法，建立地形图像。通过对比几年的雷达图像，就可以发现小到几厘米的地
形位移，并且能用干涉图像来显示这些位移。

加利福尼亚的干涉图
图像中的颜色代表了横跨美国加利福尼亚州海沃断层（由红线标出）的地
壳在几年时间内的位移量（从蓝色到红色递增）。

测量山的成长

地质学家测量山脉在数百万年间的隆起高度的一种办法是，研究在山上高海拔
处的沉积岩中保存的植物化石。通过观察现在的植物生长的海拔高度，能估算
出化石中的植物原本生长地的海拔。海拔增加，温度和湿度逐渐降低，植物通
过改变叶片的形状和大小来适应新的生存环境。地质学家可以用叶子化石来确
定山脉海拔随时间变化的情况。这样的研究表明，南美洲的安第斯山脉中部在
过去1000万年间上升了约2千米。

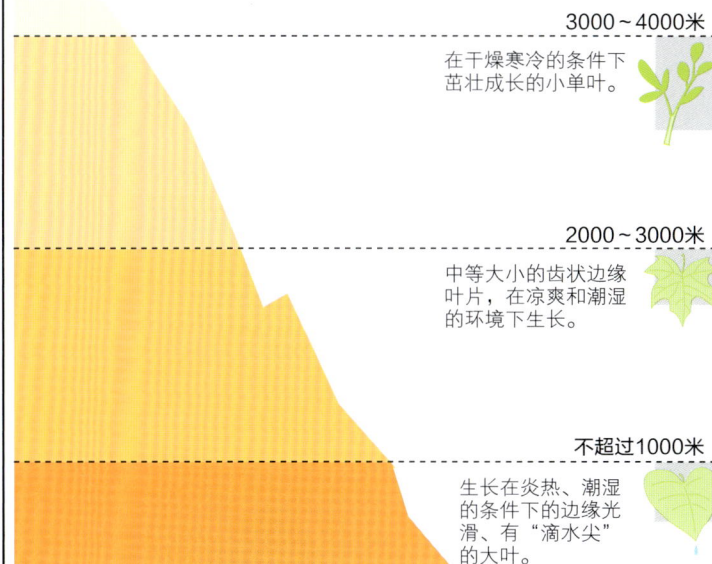

3000~4000米
在干燥寒冷的条件下
茁壮成长的小单叶。

2000~3000米
中等大小的齿状边缘
叶片，在凉爽和潮湿
的环境下生长。

不超过1000米
生长在炎热、潮湿
的条件下的边缘光
滑、有"滴水尖"
的大叶。

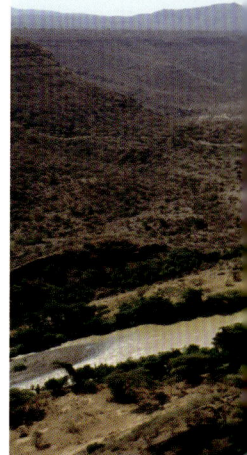

山的生命周期

山脉不是地球的固定、静态的特征。它们和有生命的生物体一样，出生、成长，然后死亡。山脉的标准寿命是数千万年，这个由构造板块运动控制的山脉生命周期构成了地球基础循环的一部分。

山脉的生命周期

山脉的生命周期是海洋从出生到死亡这个漫长过程中的一部分，由构造板块的运动所控制。这个理论被称为威尔逊旋回，是由加拿大地球物理学家约翰·图佐·威尔逊首先提出的。大陆是板块的一部分，和板块一起移动。因此，大陆的断裂和碰撞使地壳增厚，使山脉隆起。

1 大陆断裂
离散型板块的运动有时会撕裂大陆。这个过程始于一条断裂带，那里的大陆已经在地幔升起的热柱作用下变形成一个宽阔的穹丘。在早期阶段，深裂谷（如东非大裂谷）就是在延展的地壳上形成的。

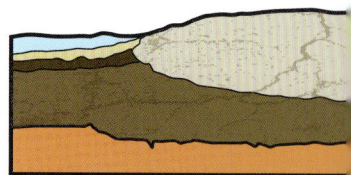

澳大利亚内陆
艾尔斯岩是一个早已死亡的古老山脉的根，已被深度侵蚀。澳大利亚西部相对平坦的地貌已形成了数亿年，已经不再受到造山运动的影响，而正在被侵蚀力磨平。

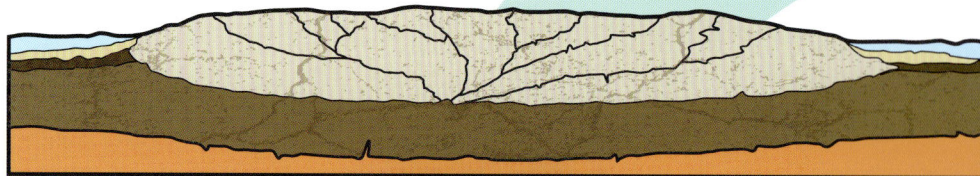

6 新大陆形成
最终，随着两个大陆边缘融合在一起，一个新的大陆形成，板块运动相对停止。在漫长的地质时期，山脉被侵蚀磨平，形成一个海拔接近海平面的稳定的大陆内部。

5 大陆碰撞
当海床完全消失时，在大陆碰撞的初期，两个大陆的边缘相撞，大范围的地壳受到挤压并增厚，创造出一条巨大的山脉，如喜马拉雅山脉。

新西兰的南阿尔卑斯山脉
新西兰南岛上崎岖的山峰是一条非常年轻的山脉的一部分，该山脉在过去1000万年间形成。这些山被许多断层线上的地震冲击，至今仍在活动。

图例：

- ■ 大洋型地壳
- ■ 地幔岩石圈
- ■ 大陆型地壳
- ■ 大陆型地壳
- □ 沉积物
- □ 水
- ■ 地幔软流圈
- ■ 岩浆

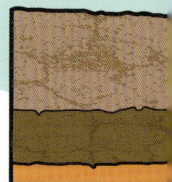

阿法尔州

埃塞俄比亚阿法尔州的火山活动区的地形，是在构造板块开始断裂的海洋诞生的早期阶段形成的。然而，该地区异乎寻常的大量的火山岩很可能是由此地下伏的深地幔柱在地壳下的上涌形成的。

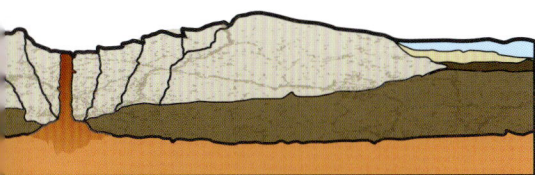

岩石的循环

在超过数十亿年的地质年代里，重复的威尔逊旋回帮助构建了大陆。远离今天的高大山脉的古老大陆内部，形成于古老的、死亡已久的山脉的根部，那些山脉已经完全被各种侵蚀力侵蚀掉，侵蚀物被冲入海洋并沉积。之后的板块汇聚能把这些沉淀物抬升到海平面之上，再次被侵蚀并被携带进入海洋。因此，威尔逊旋回也是地球表面岩石的循环。它们形成，然后被侵蚀、带入地壳深部，最终被抬升，再次被侵蚀。

2 年轻的海洋

由于板块继续分裂，裂谷地面终将沉入海平面以下被海洋淹没。海床是由强烈的火山活动创造的，是在下层的地幔上涌并在洋中脊喷发时形成的。随着时间的推移，海洋会从像红海般狭窄的海洋盆地扩张成如大西洋般广阔的海洋，两侧是开裂的大陆。

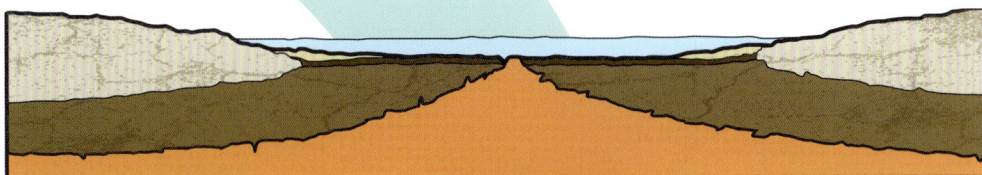

红海海岸

红海是一个狭长的水体，由阿拉伯板块与非洲板块的断裂形成。当板块远离时，裂谷带下沉，最终被周边的水体淹没。地幔岩石上升、熔化，随海底火山喷发而出，形成海床。到目前为止，板块的运动形成了一个最宽处仅为355千米的狭窄海域。

3 成熟的海洋

最终，随着洋底的冷却，它将从一个或两个大陆边缘中断开，形成一个俯冲带。在这里，俯冲的洋底把水释放回地幔，使其融化，触发火山活动。下沉板块同时还摩擦、挤压和压缩着上覆大陆，引发地震，开启造山运动，安第斯山脉就是这样形成的。

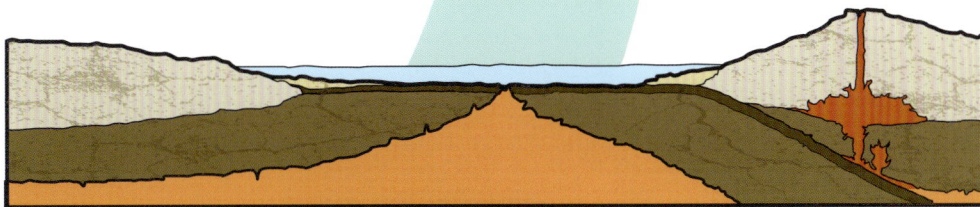

北美东海岸

随着时间的推移，如果构造板块继续相互远离，将会形成一个像大西洋一样宽阔的海洋。随着河流从大陆内部带来的岩石碎屑沉积在大陆架并最终进入海洋，这个海洋的边缘将慢慢下沉。

4 俯冲

如果板块运动发生变化，在地球内部深层力量的推动下，由于俯冲带使洋底缩小，海洋的两端，包括洋中脊，开始收敛。

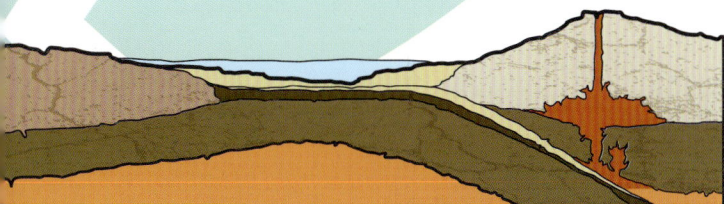

玫瑰色
中国甘肃省是红砂岩地貌的故乡，这些红砂岩不断被侵蚀，形成起伏的峭壁和与众不同的独立砂柱和砂塔。这些地貌遍布中国南部，被称为丹霞地貌，意为"玫瑰色的云"，指的是裸露岩石的颜色。

喜马拉雅山脉

喜马拉雅山脉拥有地球上最高的山峰。这条山脉是穿越中国西藏和中亚大部分地区绵延数千千米的隆起区的南部边缘。该地区在过去5500万年间由于印度板块向北撞向欧亚板块而逐渐隆起。

山脉的诞生

1.25亿年前，印度大陆位于其现在所处位置的数千千米以南，在特提斯洋的另一面，作为冈瓦纳古陆的一小部分。当冈瓦纳古陆分裂时，印度向北漂移，特提斯洋开始收缩。到了5500万年前，印度就与今天的中亚地区南部边缘发生了接触。自那时以来，印度板块又继续向北推进了2000千米，使亚洲大陆型地壳被挤压、加厚。中国西藏和中亚地区的广大山脉就是这样形成的。喜马拉雅山脉就是这个碰撞带的南部边缘，这里的印度次大陆沿着一条巨大的断层与亚洲大陆发生碰撞并俯冲到亚洲大陆之下，使上面的山峰隆起得更高。冰川在断层上方的破裂地壳上雕刻出许多与众不同的山脉。

山峰

雄伟的喜马拉雅山脉主峰超越海平面约8800米。它们由上古生界岩石、部分特提斯洋海床和侵入新生代沉积物的花岗岩侵入体构成。最高的峰峦覆盖着永久积雪和冰川。

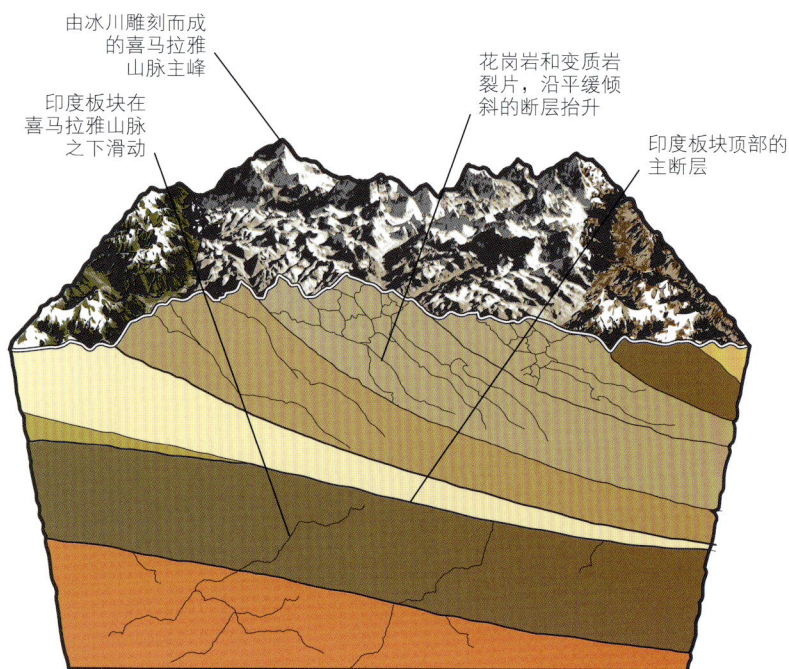

由冰川雕刻而成的喜马拉雅山脉主峰

印度板块在喜马拉雅山脉之下滑动

花岗岩和变质岩裂片，沿平缓倾斜的断层抬升

印度板块顶部的主断层

板块碰撞
巨大的断层线沿喜马拉雅山脉的南部边缘延伸，断层朝着北方最高峰之下缓缓倾斜。

从顶部俯瞰
马卡鲁峰，世界第五高峰，属喜马拉雅山脉，在中国和尼泊尔的交界处高耸入云。第三高峰是干城章嘉峰，位于图中远处的地平线上。

青藏高原

喜马拉雅山脉的北方是青藏高原和中亚地区的山脉，如喀喇昆仑山脉和天山山脉，其中包括许多世界最高的山峰。这些山峰都是在使喜马拉雅山脉隆起的同一大陆碰撞中形成的。在这一过程中，地壳深部的岩石被抬升，并暴露于地表。青藏高原面积约250万平方千米，海拔高度非常均匀，约为5千米。这一区域被绵延数百至数千千米的巨大的平移断层切割。

从太空看喜马拉雅山脉
喜马拉雅山脉（白色）的这张卫星影像图包含了位于山脉北方的广袤的青藏高原的部分区域。

喜马拉雅山脉	
位置	分布在中国、巴基斯坦、印度、尼泊尔和不丹等国境内
年龄	5500万年（新生代）
长度	2500千米
地层类型	陆−陆碰撞

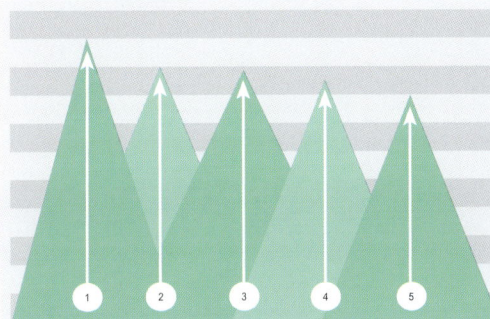

高峰

1. 珠穆朗玛峰　　8848米
2. 乔戈里峰　　　8611米（属于喀喇昆仑山脉）
3. 干城章嘉峰　　8586米
4. 洛子峰　　　　8516米
5. 马卡鲁峰　　　8463米

南阿尔卑斯山脉

沿新西兰南岛西侧延伸的南阿尔卑斯山脉是相对年轻的山脉。这些山脉1000万年前才形成，在两个构造板块汇聚和相向滑动的地方迅速生长。

快速隆起

新西兰岛坐落于太平洋板块和澳大利亚板块这两个巨大的构造板块之间的边界上，这两个板块以每年4厘米的速度相向滑动。这里的地形沿着许多绵延数百千米的断层线改变。

在新西兰南岛，板块由两个不同的大陆板块组成，它们沿着延伸向西海岸的阿尔卑斯断层相向滑动。与此同时，阿尔卑斯断层以东的岩石正在以约每年10毫米的速度快速抬升，形成了南阿尔卑斯山脉被冰雪覆盖的山峰。

随着地壳被挤压，一个深深的山根也在此处形成。在这种非常潮湿的气候中，河流深切山脉，大量的岩屑被携入西海岸，沉积在塔斯曼海近海。通过这种方式，曾深埋在地下20千米处的岩石从此暴露出来。

对于地质学家们而言，南阿尔卑斯山脉还是一条正处于童年期的山脉，由过去1000万年来的构造板块运动的变化所创造。在那时，构造板块相向滑动了数百千米。崎岖的山峰显示出一场永不停歇的战斗——使山脉隆起的地球深部的作用力与削平山脉的侵蚀力之间的战斗。

库克山
南阿尔卑斯山脉的主峰是库克山，海拔3764米。在毛利语中，它被称为奥拉基。

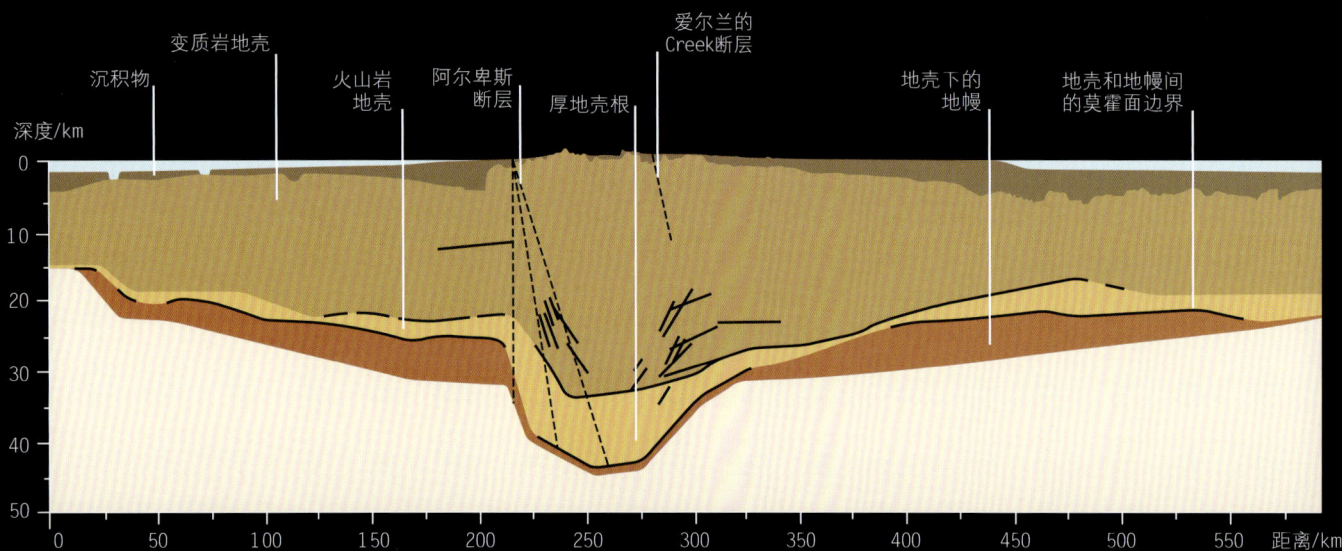

厚地壳

地质学家们已经通过研究地震和爆炸产生的振动探查了新西兰南阿尔卑斯山脉下方的地壳。通过准确记录振动抵达新西兰不同地点的时间，就可以计算出振动穿过的地壳的厚度。结果显示这里的地壳有深深的根，在最高的山的下方深约45千米。

地壳中的层

地震在地壳中的传播速度表明了沉积层、变质岩层和火山岩石层的存在，揭露了该地区地壳的细节和复杂的地质历史。

南阿尔卑斯山脉

位置	新西兰南岛
年龄	1000万年
长度	700千米
地层类型	陆－陆碰撞

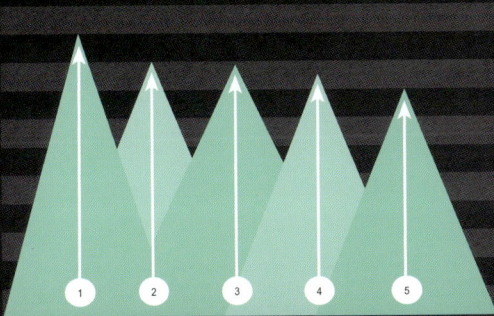

高峰
1. 库克山　　　　3764米
2. 塔斯曼峰　　　3497米
3. 丹皮尔峰　　　3440米
4. 西尔伯霍恩　　3279米
5. 兰德费尔德峰　3201米

白雪覆盖的山峰
在这张拍摄于冬季的新西兰南岛的卫星影像图中，南阿尔卑斯山脉的山峰被白雪覆盖。

安第斯山脉

位于南美洲西部的安第斯山脉是地球上最长的连续山脉。在这儿，地震和强烈的火山活动显示出巨大的地质力量，在今天仍持续发挥作用，建造着山脉。

形成

从地质年代来看，安第斯山脉是相对年轻的。当最后的恐龙还活着的时候，该地区还是一个巨大的内陆海或湖泊。2500万年过去了，山脉逐渐隆起。今天，它们仍然在生长，在过去的1000万年间，它们的高度几乎增加了一倍。它们的形成是因为太平洋海床在俯冲带摩擦南美板块，潜没进入地球的内部。板块的汇聚挤压并加厚了地壳，使山脉沿着倾斜平缓的逆冲断层向上隆起。强烈的火山活动表明在深部有熔融的岩石，当它们冷却并结晶时也增加了地壳的厚度。

安第斯山脉	
位置	南美洲西部
年龄	2500万年
长度	7200千米
地层类型	俯冲型

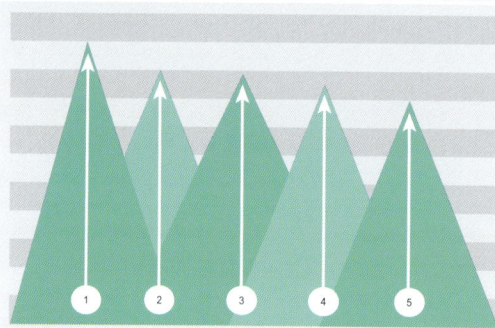

高峰
1. 阿空加瓜山，阿根廷 6960米
2. 奥霍斯-德尔萨拉多山，阿根廷-智利 6887米
3. 皮西斯峰，阿根廷 6795米
4. 博内特峰，阿根廷 6759米
5. 特雷斯克鲁塞斯山，阿根廷-智利 6748米

183

安第斯山脉活火山的数量。安第斯山脉横跨7个国家，并被划分为南安第斯、中安第斯和北安第斯。

阿塔卡马沙漠
贫瘠而干旱的阿塔卡马地区坐落在智利北部，安第斯山脉的西侧。安第斯山脉的"雨影效应"造成了它的干旱。

安第斯山脉中的高原
阿尔蒂普拉诺高原是安第斯山脉最宽广部分内的一个高原，长600千米，宽130千米。的的喀喀湖（在卫星影像图里显示为深蓝色并被云遮盖）是世界上海拔最高的可通航的湖泊。

雷亚尔山脉
白雪皑皑的伊伊马尼山的高度超过6400米，矗立在玻利维亚首都拉巴斯上空。它是安第斯山脉的分支雷亚尔山脉的一部分，由约2500万年前冷却的熔融花岗岩组成。

阿尔蒂普拉诺高原

从东侧茂密的亚马孙丛林到海岸边的阿塔卡马沙漠，安第斯山脉的气候跨度非常大。中央安第斯山脉的内部是一片广袤的高原，海拔大约4000米，被周围科迪勒拉山系冰雪覆盖的山峰所环绕。这里环境恶劣，氧气含量只有海平面处的一半。但是这里有的的喀喀湖波光粼粼的蓝色水域，这是世界上海拔最高的可通航的湖泊。

矿产资源

安第斯山脉是"太平洋火圈"的组成部分。众多的温泉和喷气孔证明在地底不远处存在着非常热的岩石。火山活动是由海水沿着近海俯冲带深入地幔造成的，海水融化了岩石，就像给冰撒盐一样。最终，富含水的岩浆上升，在地表喷发。这类火山活动给人们带来了馈赠，当熔融的岩浆冷却后，携带着金、银、锡、铜的水便流到了周围的岩石中。安第斯山脉因此被赋予了巨大的矿产财富。

温泉
被智利的安第斯火山下深处的火山活动加热，塔提奥间歇泉升腾着热气。

> ❝ 现在是通往过去的钥匙。❞
>
> **查尔斯·莱尔**，地质学家，《地质学原理》（1830~1833页）

横向山脉

在幅员辽阔的洛杉矶的北方，复杂的地壳运动正在推升山脉。横向山脉在太平洋板块和北美板块之间的边界处隆起。

加利福尼亚山脉

加利福尼亚位于两个板块的分界处：太平洋板块约向西北方滑动，其滑动速度相对于北美板块约为每年45毫米。板块的大部分运动发生在延伸到加利福尼亚的主断层上，如圣安地列斯断层，这里，太平洋板块在右倾走滑断层上侧向滑动。但是，在洛杉矶以北、圣安地列斯断层最显著的地方，断层线的走向不同，沿近东—西方向延伸。此处，在过去的2000万年间，跨越更北方和更南方的主走滑断层的地壳裂片被挤压、推高并扭曲。这些运动造就了横向山脉，如圣盖博山脉和圣伯纳迪诺山脉。大部分

基岩由6500万年前侵入地壳的花岗岩组成，但是几百万年前沉积的砂岩和页岩也发生褶皱并抬升。这种过程的近代显著证据是1994年洛杉矶北部郊区的北岭市地震。

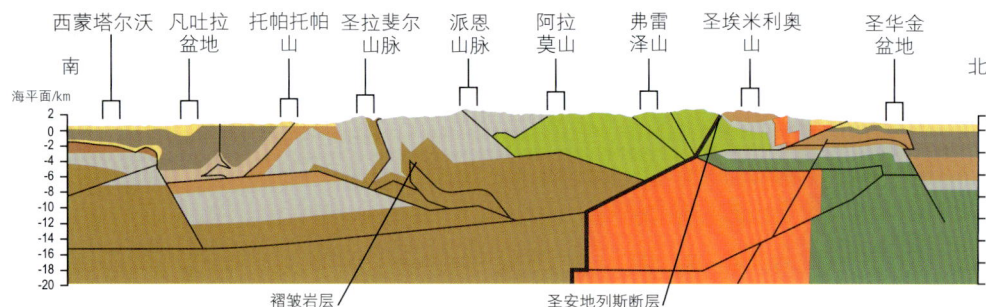

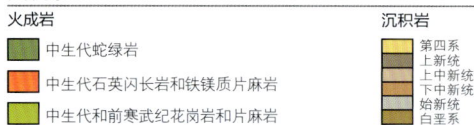

山脉的地质

横向山脉岩石的横断面图显示了山脉沿其抬升的小角度倾斜的逆断层。岩石本身主要是砂岩、页岩和花岗岩。该横断面图中最老的沉积岩大约1亿年，大部分火成岩的年龄更老一些。

图例：

火成岩
- 中生代蛇绿岩
- 中生代石英闪长岩和铁镁质片麻岩
- 中生代和前寒武纪花岗岩和片麻岩

沉积岩
- 第四系
- 上新统
- 上中新统
- 下中新统
- 始新统
- 白垩系

	横向山脉
位置	美国，加利福尼亚
年龄	超过2.5亿年，活跃至今
长度	250千米
地层类型	走滑带的压缩

横穿纹理

地质学家一直在思考为什么横向断层横穿了加利福尼亚主要的西北断层线的纹理。一种理论认为，在山脉下方有一个古老的俯冲带，起到了类似于方向舵的作用。2000万年前，这个方向舵更接近于与其他主断层线平行。但是构造板块的运动使舵发生了转向，于是连带着覆盖在上面的地壳形成了现在的东—西方向。

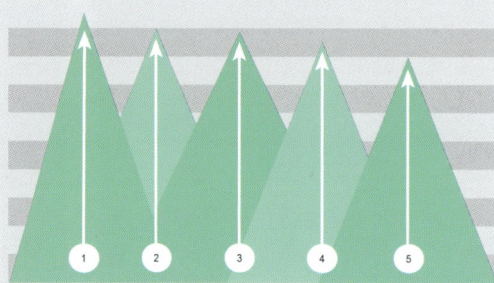

高峰
1. 圣戈尔戈尼奥山　3503米
2. 圣伯纳迪诺峰　3250米
3. 圣安东尼奥山　3068米
4. 皮诺斯山　2692米
5. 弗雷泽山　2446米

花岗闪长岩

这是大部分圣盖博山脉的典型岩石，主要由石英和长石组成。它形成于横向山脉诞生很久以前的地质活动中，当时这片区域的地壳热到可以熔化。

麦金莱山

麦金莱山也称作德纳里峰，是北美洲唯一高于6000米的山，耸立在阿拉斯加大地上。和横向山脉一样，今天它仍在挤压作用下被推高，像是一颗种子一样陷入活跃的、巨大的德纳里走滑断层线中。德纳里断层沿一条宽阔的弧线穿过阿拉斯加州，每年滑动10毫米。它最近一次断裂是在2002年的一场7.9级的地震中。这些移动快速抬升了麦金莱山下层的约6000万年前以岩浆形式侵入地壳的花岗石基岩。

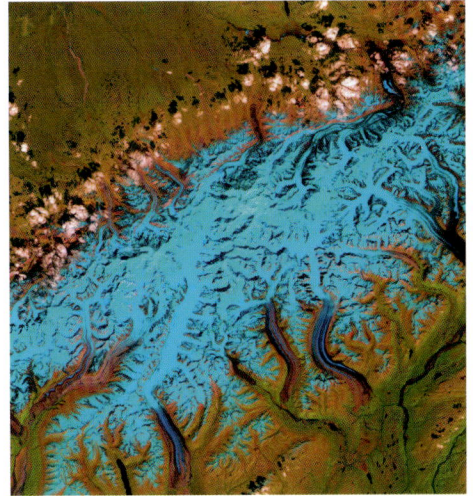

从太空鸟瞰麦金莱山
这张卫星影像图近中央部位凸显的就是麦金莱山，向南两侧是阿拉斯加山脉被冰川覆盖的山峰。麦金莱山海拔6194米，是北美洲最高的山。

德纳里国家公园和保护区
在德纳里国家公园，阿拉斯加山脉多彩的山丘和被白雪覆盖的群峰形成了鲜明对比。山丘醒目的色彩归功于风化的火山岩，它们组成了阿拉斯加山脉此处的大部分基岩。

圣伯纳迪诺山脉
圣伯纳迪诺山脉沿着莫哈维沙漠直到它的北端，延伸了大约100千米。山脉大部分位于一个和它同名的国家森林公园里。

侵蚀岩层
构造运动抬升之后，形成南澳大利亚州北弗林德斯岭的岩石逐渐被侵蚀，留下了图中所见的不同岩石层构成的山岭。中心的椭圆是一个遭受侵蚀的穹丘，是这座山的核心仅存的残留物。

盆地和山岭

盆岭省是北美洲西部一种独特和非凡的地貌，由成百上千的狭窄山脉与散布其间的广阔、平坦的有些甚至低于海平面的峡谷组成。活动的断层线和火山表明这片广大地区的地壳正在被拉伸，引发更深处地壳的熔化。

盆岭	
位置	北美洲
年龄	2000万年
长度	800千米
地层类型	裂陷作用

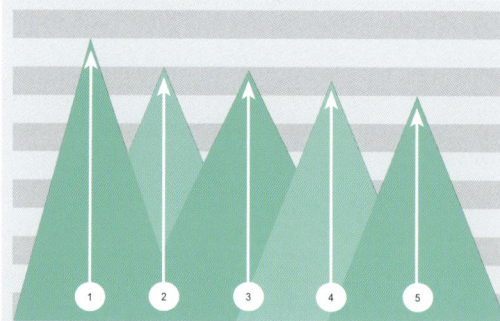

高峰

1. 怀特山峰　　　4342米
2. 惠勒峰　　　　3982米
3. 杰弗逊山　　　3460米
4. 莱斯顿峰　　　3632米
5. 弧顶　　　　　3588米

地貌的形成

盆岭省位于太平洋海岸山脉和科罗拉多高原之间，内华达州的中部。在这里，地壳正沿着大致东—西方向被拉伸，沿南—北方向的正断层线破裂。这形成了正断裂，其特征是断层的一盘下落形成深陷的谷底，另一盘上升形成高而窄的山岭。在某些地方，上升山岭的海拔超过4000米。它们由前寒武纪晚期和古生代的岩石组成，经受了快速侵蚀，给其间的谷底填充了新鲜的沉积物。山岭本身继续沿着它们边缘的巨大的断层线抬升，在远离峡谷的地方陡峭地倾斜。

小型玄武岩和流纹岩火山锥的存在表明在地壳深处有熔化的岩石，这些岩石中的一部分正在到达地表。这种地质活动开始于约2000万年前，地质学家们相信这是由高温、漂浮的地幔岩石的上升所驱动的，使地面隆起，导致此处的地壳裂开，其周边地区出现塌陷。

块断作用

陡峭倾斜的正断层使盆岭省的地壳破裂成为一系列平行隆起的被平坦谷地间隔开的山块。

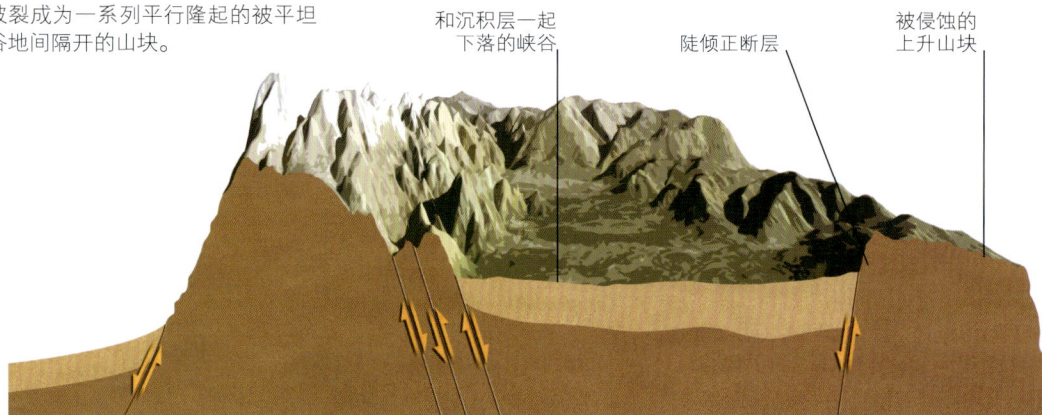

和沉积层一起下落的峡谷　　　陡倾正断层　　　被侵蚀的上升山块

从太空看盆岭

这张彩色卫星影像图显示了经典的盆岭地貌。狭窄的山脉（有时覆盖着绿色植被）被宽广的有干涸盐湖的沙漠山谷分隔开。

帕纳明特岭

在这张图上，莫哈维沙漠边缘的帕纳明特岭看上去像是横穿了死亡谷，展现出美国最大的地形起伏——从海平面下80多米的谷底到接近海拔高度3500米的山巅。

极端之地

盆岭地区拥有北美洲最极端的海拔差。死亡谷是北美洲海拔最低的地区，位于海平面下86米。但在西南几十千米的地方，在沿着山谷边缘延伸的一条断层线的上升侧，帕纳明特岭的海拔高度为3368米。巨大海拔差也造成了极端气候。在夏季，死亡谷的夜晚气温能接近30℃，而同一时间，帕纳明特岭山顶的气温则在0℃之下。

死亡谷
死亡谷不同寻常的寒冷冬季气温导致谷底和周围群山覆盖了一层冰霜。

希腊的盆岭山脉

在白垩纪和第三纪早期，希腊和爱琴海的大部分地壳是被非洲板块向欧洲方向的北移推高的，这也造就了欧洲阿尔卑斯山脉。但是，在过去2000万年间，希腊隆起的陆地在向南塌陷的同时朝着希腊俯冲带塌陷。爱琴海和希腊南部被淹没的地形是沿着陡倾断层移动的一系列上升地块和地堑（塌陷地块）。在希腊北部，地壳也正在裂开，但在这儿，上升地块形成高山，如奥林匹斯山。

奥林匹斯山
这张奥林匹斯山的影像是从国际空间站拍摄的。它的海拔高度为2917米，是希腊的最高峰。

落基山脉

北美洲西部被宏伟的科迪勒拉山系或落基山脉占据。它从加拿大西北部到美国新墨西哥州绵延近5000千米，海拔高达4400米。对于19世纪的探险者和移民来说，它是去往西海岸的巨大屏障。但是它也一直刺激着地质学家的好奇心，使他们努力去探究山脉的起源。

落基山脉的隆起

落基山脉主要是在8000万年前到5000万年前隆起的，强烈的褶皱和断裂表明，它们是板块挤压的结果。在之前数亿年前沉积的沉积岩层，被挤压成一系列的薄片和巨大的缓倾逆冲断层。然而，落基山脉以西的地区拥有更为复杂和持久的超过1亿年的地质运动历史，岩层或地壳的碎片被侧面拖动，与主要的走滑断层线并列。所有这些运动都是北美西部边缘之下的洋底俯冲产生的力的作用结果。

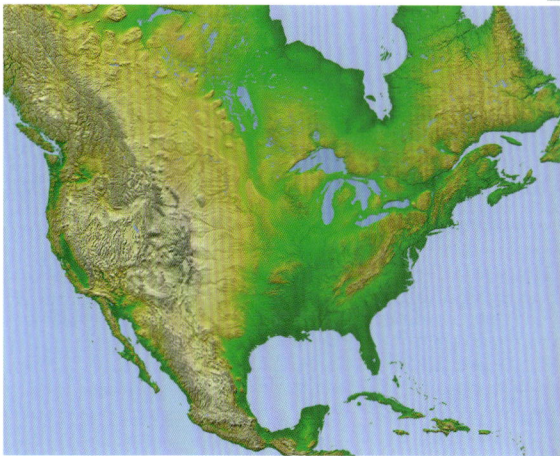

崎岖的大陆
北美洲西部的落基山脉在这张晕染地形图上很醒目。

落基山脉	
位置	北美洲西部
年龄	1.7亿年前~5000万年前
长度	约4800千米
地层类型	俯冲型

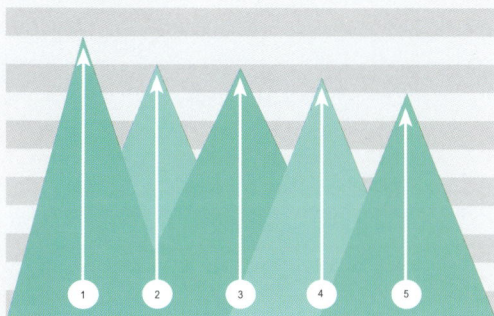

高峰

1. 埃尔伯特峰，科罗拉多州   4401米
2. 马西梧山，科罗拉多州   4398米
3. 哈佛山，科罗拉多州   4396米
4. 普兰塔峰，科罗拉多州   4379米
5. 布兰卡峰，科罗拉多州   4374米

城堡山，班夫，加拿大
这些堡垒一样的山峰是由5亿年前的石灰岩和页岩组成的，在加拿大落基山脉形成期间因逆冲断层的运动而隆起。

周围的地形

落基山脉以东是北美大平原。大平原海拔近几百米，上面覆盖了从落基山脉侵蚀并被河流携带到此处的岩屑。在加拿大，这片地区被巨大的冰原覆盖，这些冰原在上次冰期向南移动。冰的重量压低了地面，打磨和平整了地形，形成了哈得孙湾。

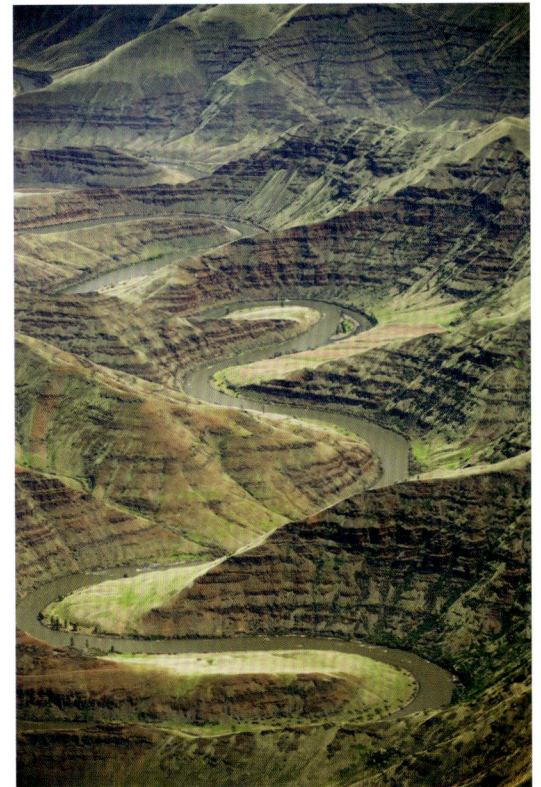

提顿山脉，怀俄明州，美国
提顿山脉处于一条年轻的断层带，从平原壮观地隆起，其间没有任何山麓。这条山脉中约有12座海拔3650米以上的山峰。

格兰德龙德河，华盛顿州，美国
落基山脉西部，这种条纹地貌形成于河流深切玄武岩岩层。这些玄武岩喷发于大约1600万年之前。

地质横断面

爱达荷州和怀俄明州的部分落基山脉的岩石剖面图显示出了岩石的年龄（见图例）和巨大的逆冲断层。在1.2亿年前至5000万年前间的断层运动堆积和折叠了岩石，形成山脉——一种"薄皮的"褶皱逆冲带的典型例证。最显著的断层和褶皱已被命名。

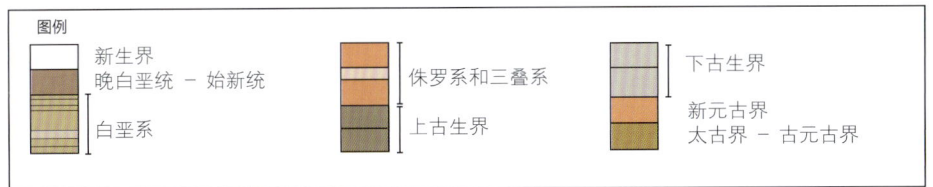

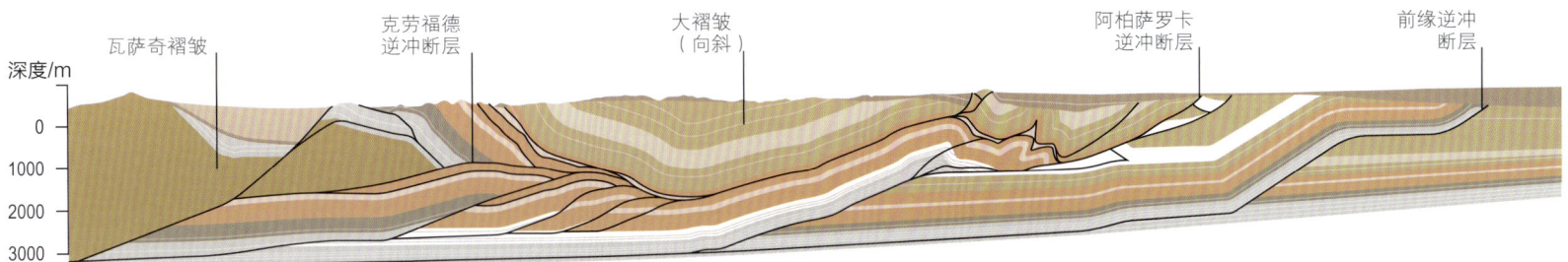

图例：新生界；晚白垩统－始新统；白垩系；侏罗系和三叠系；上古生界；下古生界；新元古界；太古界－古元古界

瓦萨奇褶皱　克劳福德逆冲断层　大褶皱（向斜）　阿柏萨罗卡逆冲断层　前缘逆冲断层

深度/m　0　1000　2000　3000

东非大裂谷

大陆型地壳开始分裂，会形成长凹槽或者洼地，导致裂谷诞生。裂谷的两侧趋于向上弯曲，形成了周围是陡峭悬崖的断裂山。东非大裂谷作为地球上最大的断层系，可以从太空清楚地看到，犹如陆地上一道巨大的伤疤。

东非大裂谷

沿着非洲的东部，从北部的阿法尔州到南部的卡拉哈里沙漠，非洲大陆上有一条巨大的裂谷。这条裂谷中分布着非洲的很多大型湖泊，使得某些地方被分隔成为两个部分。地震和火山活动表明开裂今天依旧在继续，平均每年会增宽10毫米。事实上，裂谷是一片夭折的海洋，开始形成于3500万年前。在远离裂谷的东非的高原地区，这里升高为一个巨大穹丘的地形遗骸，海拔高度达到2000米。地质学家相信穹丘是被从地球内部深处升起来的高温、易浮的地幔岩柱推高的。随着穹丘向上凸起，它削弱了上覆地壳，使其开始分裂。

倾斜的正断层形
成了陡峭的悬崖

在岩石圈下面
是不断上升的
热地幔

谷底充满了
湖水

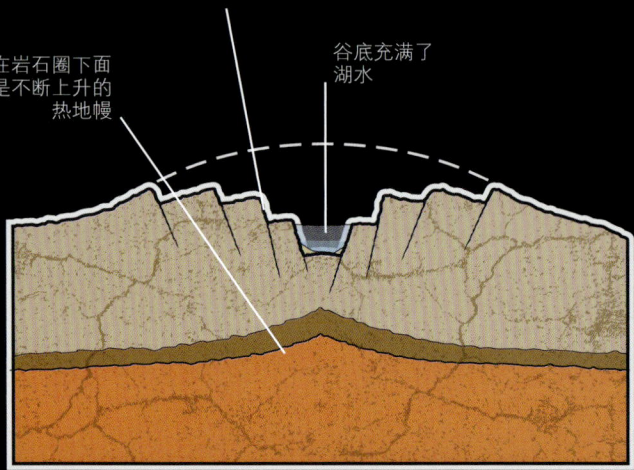

裂谷的形成
裂谷通常形成于岩石圈穹状隆起在其顶部沿着陡峭倾斜的正断层裂开的地方。断层的运动导致一侧下沉，另一侧的断裂山抬升。河流把两侧高地的雨水输送到裂谷内，很快充满谷底形成湖泊。

空中拍摄的东非大裂谷地貌
这张图片展示了东非三个最大的湖泊——爱德华湖、基伍湖和坦噶尼喀湖。它们位于刚果民主共和国、卢旺达、布隆迪、乌干达和坦桑尼亚，填充了东非大裂谷系统的西部狭长地段。裂谷两侧已经向上翘曲，而远处相对平坦的高地构成了地球表面上一片巨大凸起的一部分。

东非大裂谷	
位置	东非
年龄	3500万年，活跃至今
长度	3500千米
地层类型	大陆张裂

50	大裂谷的平均宽度，以千米计

人类的摇篮

东非大裂谷似乎为人类祖先的进化提供了有利的环境。有化石证明，在湖泊和平原地区，陡峭的山谷壁有岩石居所并能避免极端天气，使原始人类的人口兴旺。裂谷沿线的火山活动帮助掩埋并保存了这些化石证据。其中最著名的化石之一是在埃塞俄比亚的裂谷地带发现的，为保存完好的骷髅"少女露西"，或叫南方古猿阿法种。可以从露西骨架证实人类在320万年前是用双腿直立行走的。与此同时，在更南边的坦桑尼亚，残留的脚印向人们证实了曾有一家人徒步穿越了靠近奥杜瓦伊峡谷的泥泞平原。

埃塞俄比亚裂谷，埃塞俄比亚
水平的层状岩石暴露在峭壁上，峡谷的侵蚀面是大约3000万年前地幔热柱上的一次巨大火山喷发的残留物，当时地壳正开始裂开。

" 走出非洲，看到的永远都是一些新的事物。"

老普林尼（公元23-79年），罗马作家和自然学家

其他断裂山

贝加尔湖是大陆板块上最深的地方，湖床有1637米深。它也是一条裂谷，在大约2500万年前西伯利亚地区开始分裂时形成。部分位移是由走滑断层和裂谷断层（正断层）的移动共同引起的，这些运动将地壳向东方推动，推离了印度板块前进的道路。

从空中看贝加尔湖
冰雪覆盖的贝加尔湖边缘平直，可以很清晰地从卫星影像上看见。整个湖超过600千米长，80千米宽，沿着地壳分裂处的断层线分布。两侧的山脉海拔高度约2800米。

死海裂谷
沿死海的转换型断层分布着一系列裂谷。在这里，阿拉伯板块越过非洲板块向北移动，形成了像死海一样被湖水填充的深谷。这里的海岸线大约低于海平面400米。

巨型花岗岩

布兰德山矗立在纳米布沙漠之中。这个花岗岩侵入体形成于1.2亿多年前。它宽15千米，海拔2573米。卫星影像图中可见的黑色圆环是环绕山体的边缘陡峭的岩石。

阿尔卑斯山脉

对于很多人来说，位于欧洲的冰雪覆盖的阿尔卑斯山脉代表了典型的山脉。但是，地质学家花费了近100年时间才弄清形成它们的一系列复杂的地质事件。

阿尔卑斯山脉	
位置	欧洲
年龄	1.4亿年前~2000万年前
长度	750千米
地层类型	俯冲和大陆碰撞

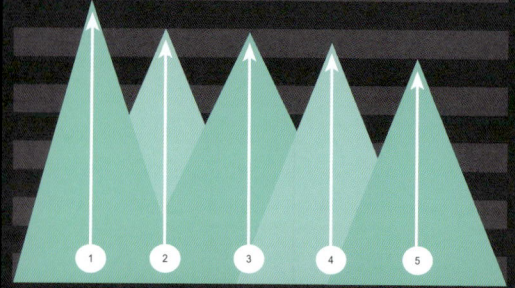

高峰

1. 勃朗峰　　4809米
2. 罗莎峰　　4634米
3. 多姆峰　　4545米
4. 韦斯洪峰　4505米
5. 马特洪峰　4478米

阿尔卑斯山脉的隆起

欧洲阿尔卑斯山脉是由欧洲和非洲构造板块的汇聚产生的，板块汇聚导致了使这两个板块分隔开的古老的特提斯海的闭合和潜没。构成阿尔卑斯山脉的岩石来自原本构成欧洲和非洲部分地壳的岩石以及部分海床。

造山运动至少存在两个阶段，最初的碰撞发生在1亿年以前的晚白垩世，在非洲和阿普利亚区的微板块之间，东阿尔卑斯山脉生成了奥地利阿尔卑斯山脉。随后，狭窄的彭尼尼洋俯冲到北部地区，导致了第三纪6000万年前至2000万年前期间主要的造山运动。所有的这些运动从两板块的地壳深部将一系列的裂片向上推，因此称这些裂片为推覆体。这产生了在或高或低的温度或压力下变形的岩石，也造成了山脉的显著弯曲。另外，在特提斯洋北部边缘沉积的大量中生代石灰岩和其他沉积物被推高形成今天的北阿尔卑斯山脉和南阿尔卑斯山脉。在阿尔卑斯山脉的中部，河流和冰川的侵蚀深深地切割进岩石的内部，岩屑大片地沉积在阿尔卑斯山脉边缘，如今那里有重要的石油和天然气矿藏。

阿尔卑斯山脉的形成

阿尔卑斯山脉形成的最后阶段在3000万年前，形成了独特的山脉隆起地貌。

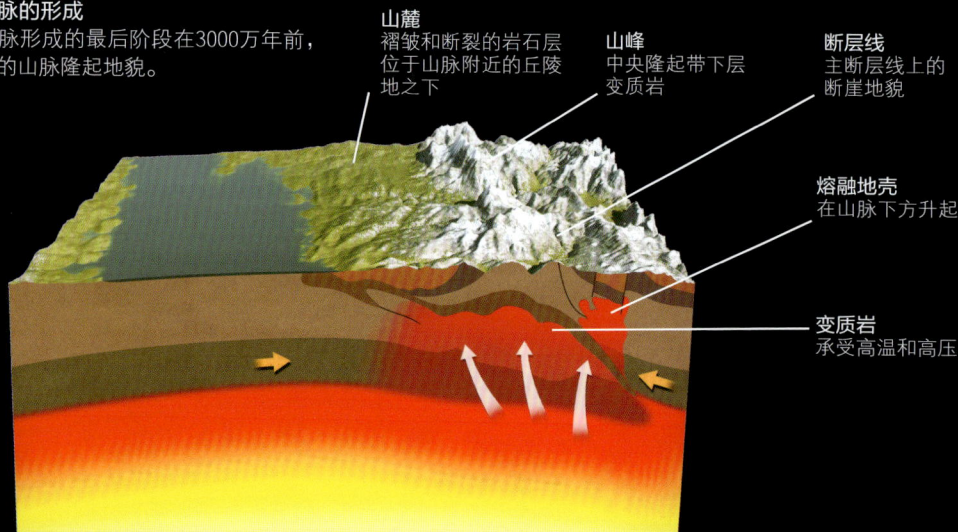

山麓
褶皱和断裂的岩石层位于山脉附近的丘陵地之下。

山峰
中央隆起带下层变质岩

断层线
主断层线上的断崖地貌

熔融地壳
在山脉下方升起

变质岩
承受高温和高压

从太空俯瞰阿尔卑斯山脉
阿尔卑斯山脉的卫星影像图展示了阿尔卑斯山脉与众不同的外形。最高的部分已经被严重侵蚀，露出了在地壳数十千米深处形成的变质岩。

南针峰
这些尖锐的岩针是大陆型地壳深处形成的一种熔融结晶岩冰雪侵蚀后的残留物。这些岩石在地质运动期间沿着逆冲断层被带到地表形成了阿尔卑斯山脉。

岩石类型

构成阿尔卑斯山脉的最著名的变质岩是蓝片岩，它是由蓝闪石、硬柱石和绿帘石矿物组成的。当古特提斯洋边缘的沉积物或火山岩被带到数十千米深的俯冲带时，形成了这类岩石。在高压但相对低温的条件下，硬柱石和蓝闪石结晶且岩石变形。在之后的阿尔卑斯山脉地质运动期间，这些岩石被向上推举，暴露在地表。该地区的其他变质岩类包括绿泥石矿物和石榴石晶体。

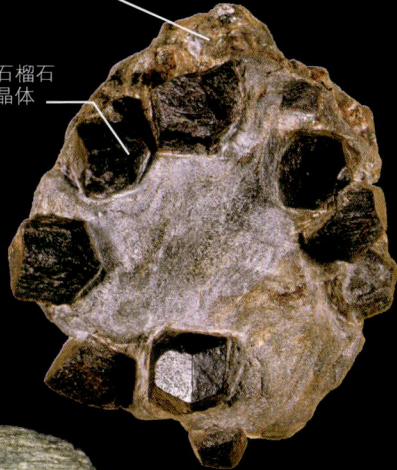

变质岩

石榴石晶体

硬柱石晶体

蓝片岩
这种变质岩有明显的叶理，是被地球内部深处的巨大压力压缩所致。

石榴石
奥地利的阿尔卑斯山脉以出产大块的红石榴石而闻名，这种完美的晶体形状是在岩石的内部缓慢生长而来的。

绿泥石
绿泥石是一种在变质岩中常见的扁平状的矿物。这块样品来自瑞士策马特的马特洪峰，它是在这些岩石隆起的较晚时期形成的。

奥地利阿尔卑斯推覆体
图中可以看见这座山上有一个巨大的褶皱。此处，欧洲南部边缘在阿尔卑斯山脉板块碰撞早期的构造作用下褶皱、扭曲，使地壳向北移动。

乌拉尔山脉

乌拉尔山脉通常被看作欧洲和亚洲的自然分界线。它沿南—北方向延伸2500千米，从北冰洋一路到里海。它还是俄罗斯矿产资源的一个主要来源地。

形成

乌拉尔山脉的形成记录了5亿年前至4亿年前一个海洋闭合的最后阶段。这个海洋由盘古超大陆的分裂所形成。在距今3亿年前至2.2亿年前，发生了如今的欧洲和西伯利亚间的碰撞，这个海洋碎片，包括火山岛链，推高了乌拉尔山脉。从地质学角度来说，从那以后没有什么大的变化，除了河流和冰川的侵蚀把高山降低到了它们如今相对较低的海拔。侵蚀暴露出石英岩、片岩和辉长岩构成的基岩，以及丰富的金、铂、铬铁矿、磁铁矿和煤沉积物。宝石和次等宝石，如祖母绿和钻石，在此地也有发现。

乌拉尔山脉	
位置	俄罗斯
年龄	3亿年前~2.5亿年前
长度	2500千米
地层类型	大陆碰撞

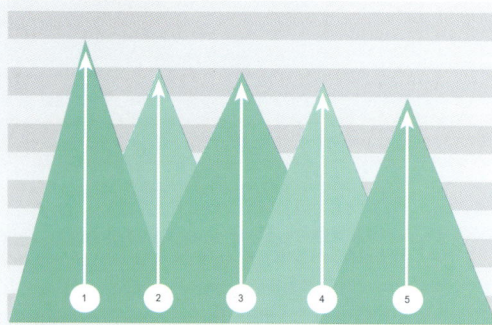

高峰

1. 纳罗达峰 1895米
2. 卡尔平斯克峰 1878米
3. 曼那罗格峰 1820米
4. 亚曼托峰 1640米
5. 捷尔波斯伊兹峰 1617米

新地岛的卫星影像
看起来像乌拉尔山脉在北方近海上的延续。多山的新地岛记录了始于约2.2亿年前的一次大陆碰撞事件，侵蚀将地壳深处的岩石暴露出来。

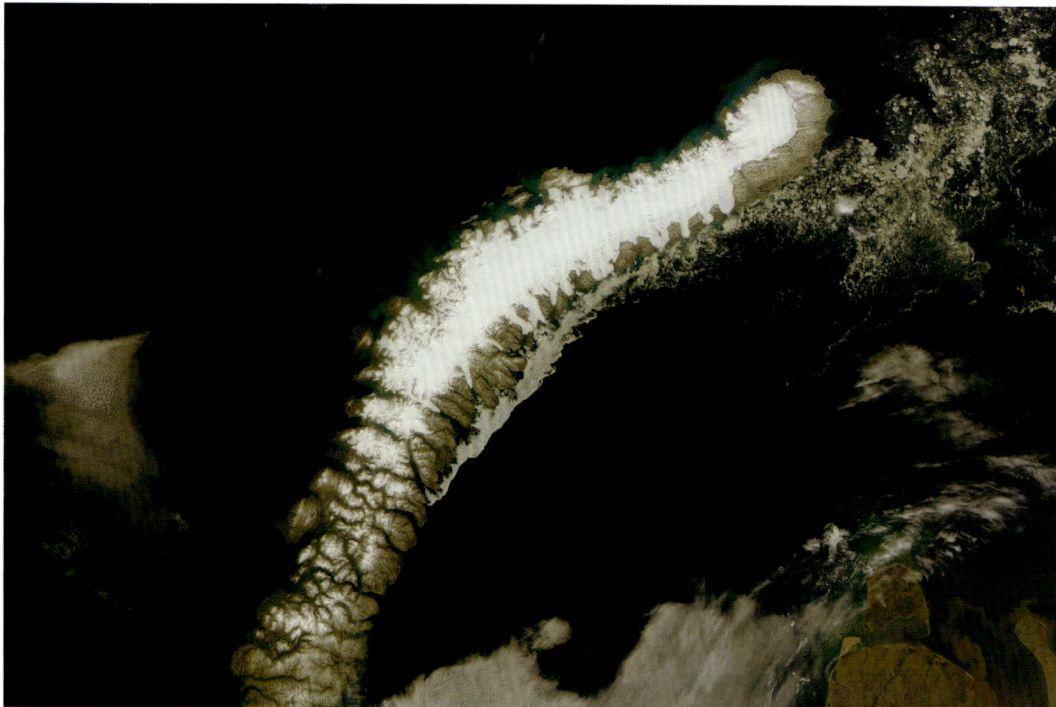

副极地的乌拉尔山脉
副极地乌拉尔山脉构成了乌拉尔山脉最高的部分。当冰原退缩到上一次冰期的边缘，由裸露的沉积岩和变质岩构成的被侵蚀的荒凉地貌展现出来。

莫因冲断带

在苏格兰西北的丘陵地带还存在另一个古老的山脉，下层起源于元古宙、寒武纪和奥陶纪的岩石。这些岩石沿着逆冲断层，如沿着苏格兰高地西部边缘延伸的莫因冲断带，被推高形成一个巨大的山脉。这发生于大约5亿年前至4亿年前，劳伦大陆、波罗地大陆和阿瓦隆尼亚大陆碰撞之时，这次碰撞也决定了古老的巨神海的最终命运。今天，山脉的大部分已经被河流和冰川的运动侵蚀掉，裸露出曾位于这个古老海洋边缘或沉积于河流中的火成岩、变质岩和沉积岩。

莫因冲断带是由两位维多利亚时代的地质学家——本·皮奇和约翰·霍恩在19世纪末期发现的。他们的研究发现了导致这条山脉形成的大规模的地壳运动。

逆冲断层面缓缓向东南倾斜，将下层的托里东砂岩和刘易斯变质岩与上覆的沉积于巨神海侧面的沉积岩的残余物分隔开。逆冲断层面上的岩石移动了数十千米。

古尔摩尔山
这座位于苏格兰西罗斯的山峰在前寒武纪由河流沉积的独特的托里东红砂岩组成。在大约4亿年前，当如今构成苏格兰高地大部分地区的变质岩沿着莫因冲断带被推高时，这些岩石埋藏于深处。侵蚀使托里东砂岩再次暴露出来。

格伦科尔逆冲断层
逆冲构造的作用在苏格兰的格伦科尔逆冲断层可以明显看到。较老的岩石堆叠在较新的岩层之上。

纳罗达峰
乌拉尔山脉的最高峰——纳罗达峰，由原本形成于前寒武纪和寒武纪的微变质的沉积岩，诸如石英岩和板岩组成。

光明天使点
在大峡谷之内，科罗拉多河从红色砂岩中切割出了超过440千米长的深深的峭壁，如图中从一个名为"光明天使点"的景观点看到的一样。

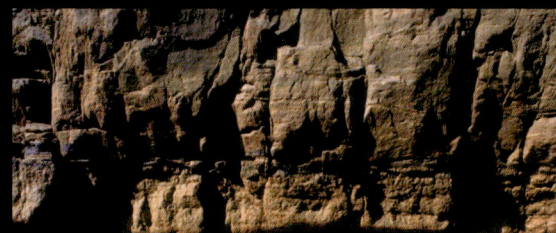

沉积岩
大峡谷的岩石很多是该地区处于海平面之下时堆积的沉积岩。这张图展示了两个沉积岩层的接合处。

大峡谷
托洛维点（Toroweap Point）比科罗拉多河高出914米。从这个绝佳的位置望出去，裸露岩层展现出的17亿年的地质历史尽收眼底。

科罗拉多河
在这张假彩色卫星影像图中，科罗拉多河沿着大峡谷蜿蜒而行，周围是黄色和灰色的陡峭峡谷壁和植被覆盖的红色高原。

横贯南极山脉

在世界的最南端，部分掩埋在冰雪之下的横贯南极山脉是地球上最与世隔绝的山脉，它将南极洲一分为二。它发现于20世纪初期，其起源对于地质学家来说仍然是个谜。

巨大的分界线

约100年以前，早期的南极探险者们发现他们去往南极点的路被横贯南极山脉挡住了。罗伯特·斯科特船长在他的探险中，费力地取道有深深裂缝的比尔德莫尔冰川翻越了横贯南极山脉。在那里，从南极高原流下来的冰在山脉中切割出了一个巨大的山谷。令人惊讶的是，斯科特的团队还从冰川的侧面采集了岩石标本，包括煤、砂岩和火山岩的碎屑。现在人们认定这些岩石来自古生代和中生代，是在南极还没有冰的时候形成的。这些岩石构成了大部分横贯南极山脉山脊的一部分。它们下方是构成古代山脉深部根系的更古老的变质岩，那些古代山脉早已被侵蚀殆尽。

横贯南极山脉	
位置	南极洲
年龄	约6000万年
长度	3200千米
地层类型	裂谷

高峰

1. 柯克帕特里克峰，亚历山德拉皇后岭　　4529米
2. 卡普兰峰，毛德皇后山脉　　4230米
3. 明托峰，维多利亚地　　4166米
4. 李斯德山，阿尔伯特－麦克默多王子山　　4023米
5. 福尔峰，霍利克山脉　　2810米

龙尼冰架

东南极洲

毛德皇后山脉

西南极洲

比尔德莫尔冰川

南极点

亚历山德拉皇后岭

霍利克山脉

罗斯冰架

横贯南极山脉

李斯德山

伊丽莎白皇后岭

干谷

皇家学会岭

维多利亚地

俯瞰南极

这张红外卫星影像图显示了南极洲的地形，它被横贯南极山脉中许多结满冰的、多岩石的山岭分成两部分。

亚历山德拉皇后岭
高耸于冰雪之上的是亚历山德拉皇后岭，它拥有横贯南极山脉的最高峰。

皇家学会岭
皇家学会岭位于横贯南极山脉的罗斯海段，由斯科特船长以他的探险赞助商命名。

干谷
切割横贯南极山脉的古老山谷揭露出形成于古生代和中生代的近乎平伏的沉积岩层和火山岩层。

形成

横贯南极山脉还标识出了冈瓦纳古陆边缘的两个拥有不同地质历史的地壳板块的分界线。在古生代和中生代，从东南极洲和西南极洲高地流淌而出的河流将沉积物堆积在广阔的内陆盆地，保存在如今的横贯南极山脉中。即使到了今天，这些抬升的沉积岩层仍基本保持水平，没有普通山带的褶皱或逆冲断裂现象。但是，现代地质测绘揭露出切割岩石的陡峭倾斜的正断层，表明横贯南极山脉是断裂山，它在1.4亿多年前，作为冈瓦纳古陆分裂过程的一部分开始隆起。南极洲的断裂持续到了第三纪，当时山脉在裂谷两侧隆起得更高。但是这也不能完全解释这些山脉为什么会有今天的高度。有人提出，山脉之下存在异常高温、低密度的地幔岩石，这些岩石让山脉升得更高。

毛德皇后山脉
横贯南极山脉陡峭的山前带表明这是一个裂谷崖。从南极高原流出的冰川，如比尔德莫尔冰川，切割出了深深的山谷。

3

<< 喷发

这场引人注目的火山喷发发生于富尔奈斯火山的侧翼，它是印度洋留尼汪岛上的一座盾状火山。

火山

什么是火山？

火山是地壳的一个裂口，岩浆——一种炽热的熔融态红色岩石、矿物晶体、岩屑和溶解气体的混合物——从地球内部喷发到地表。这种岩浆质火山是目前最有名的一类火山，还有第二种没那么出名的火山，这类火山喷发的是泥浆而不是岩浆。

岩浆与火山

岩浆是由地球上层地幔和下层地壳的岩石熔化产生的。这种现象只在特定地方出现，尤其是在汇聚型和离散型板块边界以及热点或地幔柱的地方出现。岩浆通常比周围岩石密度小，因为它更热（物体受热膨胀），因此它会上升，穿过地壳内部脆弱和断裂的地方并一路汇聚周围的基岩（称为岩屑）。最终，岩浆聚集在地表下几千米处被称为岩浆库的一个巨大的空洞里。从那里，岩浆通过通道上升，直到它到达地表，如果是海底火山，则到达大洋底部。在那里，岩浆通过喷发口的开口或者裂缝逃逸出来。岩浆逃逸被称为火山爆发，它有不同的形式——既有熔岩喷泉或熔岩流式的平静的流泻式火山爆发，也有高度爆发性的火山爆发。高度爆发性的火山爆发时岩浆和包含其中的气体被猛烈地射入空中并以火山碎屑流（高温岩石、气体和火山灰的混合物）的形式高速冲下火山斜坡。

火山的成长

火山的成长主要源自其本身喷发物质——凝固的熔岩、火山渣和火山灰的堆积。熔岩是指流出火山的岩浆。这种熔融物质最终冷却并凝固形成固体岩石。火山渣和火山灰是被吹到空气中冷却后以固体碎屑形式沉积的岩浆。各种类型的火山都是由一种主要物质如熔岩流灰渣或者几种火山产物共同形成的。火山局部还可以通过侵入作用生长——岩浆在火山内部向上移动并在内部凝固，将覆盖在上面的岩石向上推形成隆起。随着它们的生长，许多火山发展为经典的火山形状——一种边缘陡峭的锥形。但也不是所有火山都是锥形体：有些是宽阔的、坡度平缓的盾状构造，有些则由地面上的巨大浅火山口或被水充满的洼地组成。火山的活动非常多样化，所以它们的生长也是间歇性的。有些火山能在岩浆补给耗尽之前持续生长千百万年，然后才熄灭。

生长的顺序

喷发产物
地表堆积的熔岩、火山灰和火山渣

喷发口
岩浆由地表的开口处被挤压出来

岩浆通道
岩浆穿行的通道

岩浆
从地壳深处升起的熔融岩石

1 初次喷发
一座火山的生长是由地球表面的喷发口或裂隙以熔岩、火山灰或火山渣的形式喷射出岩浆开始的。随着这些物质在地表的聚积，通常会形成一个锥形的小丘。

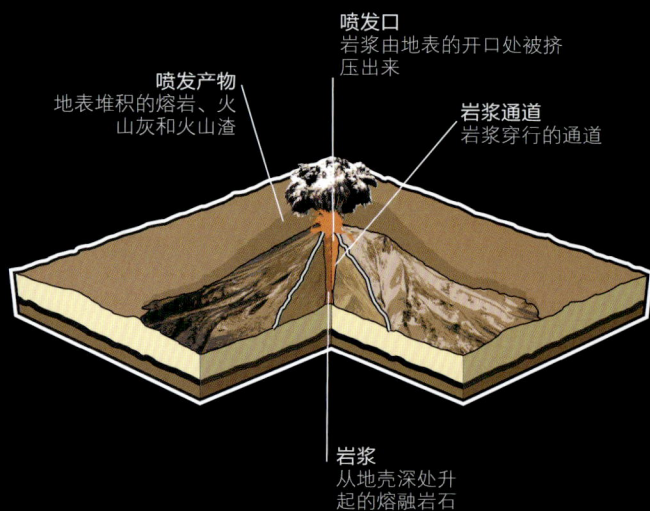

2 快速生长阶段
初期，火山高度快速增加。因为相对于年轻火山的大小，每一次新的喷发都为火山的锥体增添了许多新物质。

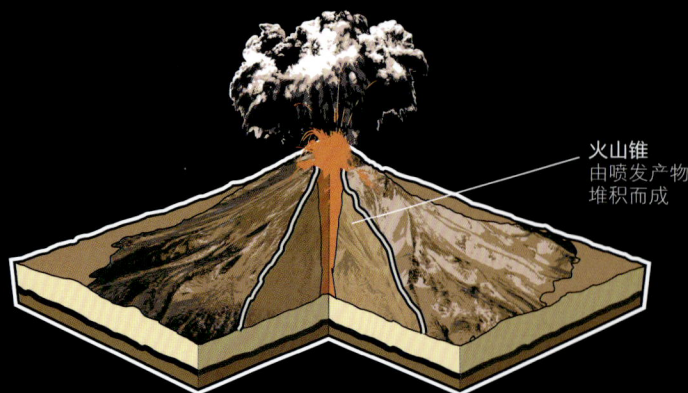

火山锥
由喷发产物堆积而成

熔岩、火山灰和火山渣
喷射的物质分散在更大的表面上，因此会需要更多物质来增加火山的高度。

碗口状火山口
由火山顶部在喷发期间不时塌陷形成

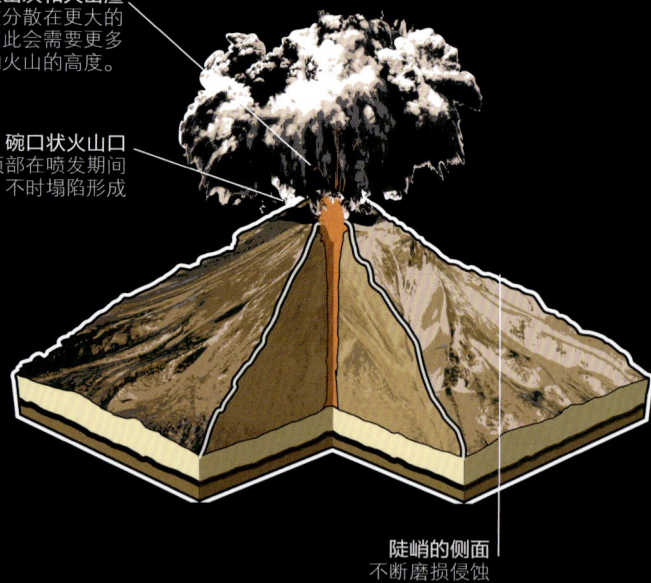

陡峭的侧面
不断磨损侵蚀

3 成熟阶段
一座成熟的火山，高度增长得较慢。这是因为它巨大的锥体需要更多的喷射物质来增加它的高度，其侧面也因侵蚀而损耗，顶部也会发生坍塌。

火山灰云
由喷入空中的高温气体和细
小的岩浆碎屑形成

火山碎屑流
在喷发过程中被喷射出的一
股火山灰和高温气体流

锥体
火山主体，由喷
发产物堆积而成

岩浆流
从火山侧面流下的
熔融的岩浆

裂隙
岩浆喷发的地表裂缝

岩脉
一条垂直的
熔浆通道

主喷发口
岩浆喷发的主要出口

火山口
在锥体顶部的碗口状
凹陷

主要通道
也称火山管，携
带岩浆到达主要
喷发口

次喷发口
岩浆溢出的辅
助出口

寄生火山锥
在次喷发口生
长的一堆喷发
物质

次火山管道或
分支管道
携带岩浆到次
喷发口

岩盘
使上覆岩层隆起的
大量岩浆

岩床
岩层之间的一片岩浆

基岩
先于火山存在的岩层

岩浆库
一个充满熔融岩石和
溶解气体的腔体

熄灭的岩浆库
含有已经冷却和凝固
的岩浆

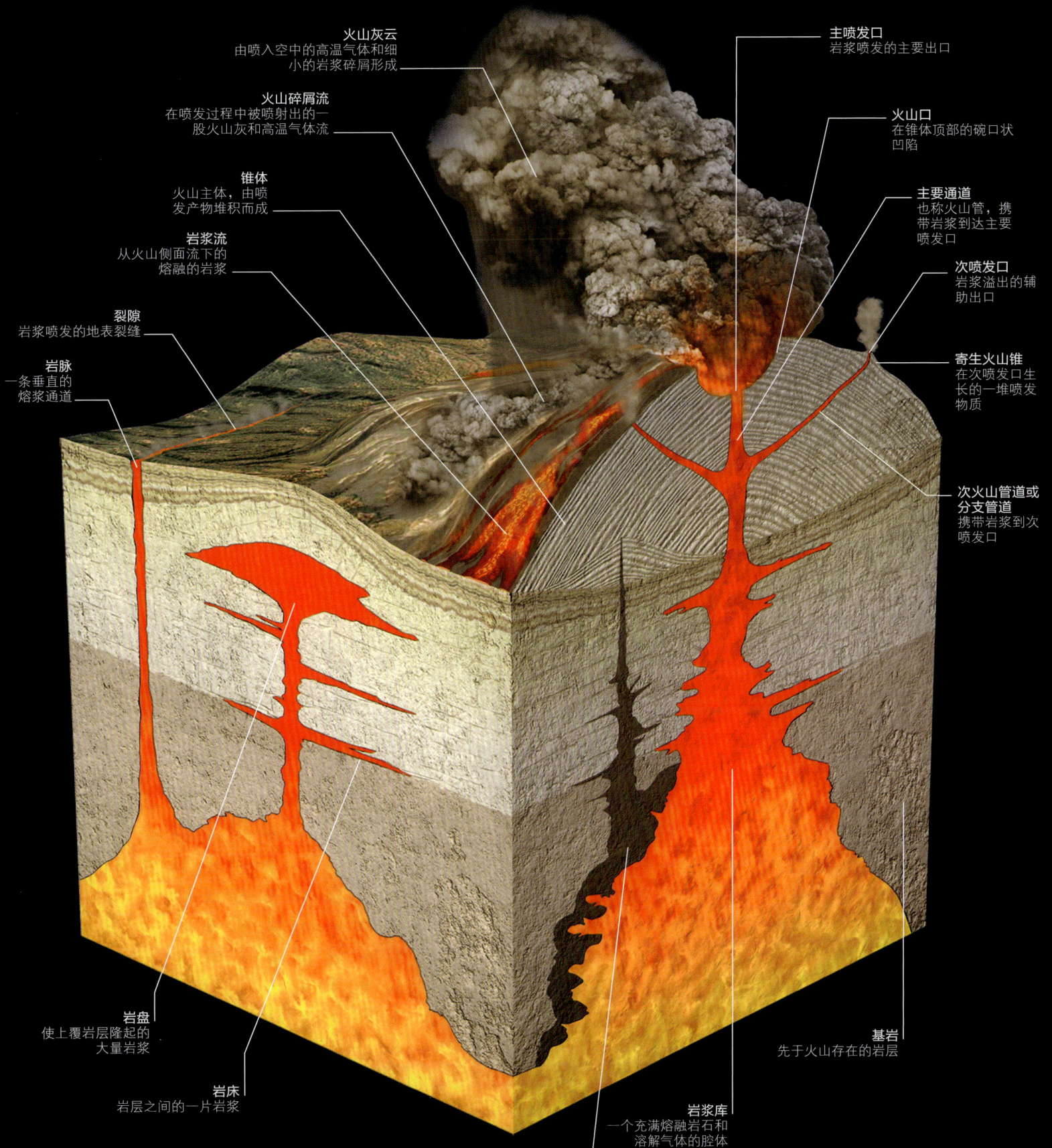

复式火山的内部

火山活动源自岩浆库——位于地表下1~10千米的一个容纳熔融岩石
和气体的腔体。一座火山通常只有一个主要的通道，岩浆通过此通道
从岩浆库到达地表。但是岩浆也可能通过次喷发口或侧喷发口喷出形
成寄生火山锥，又或者从表面裂隙喷射出来。岩浆也可能不到达地表
而侵入围岩，形成岩脉、岩床和岩盘之类的地下结构，这些最后都会
冷却形成固态实体。

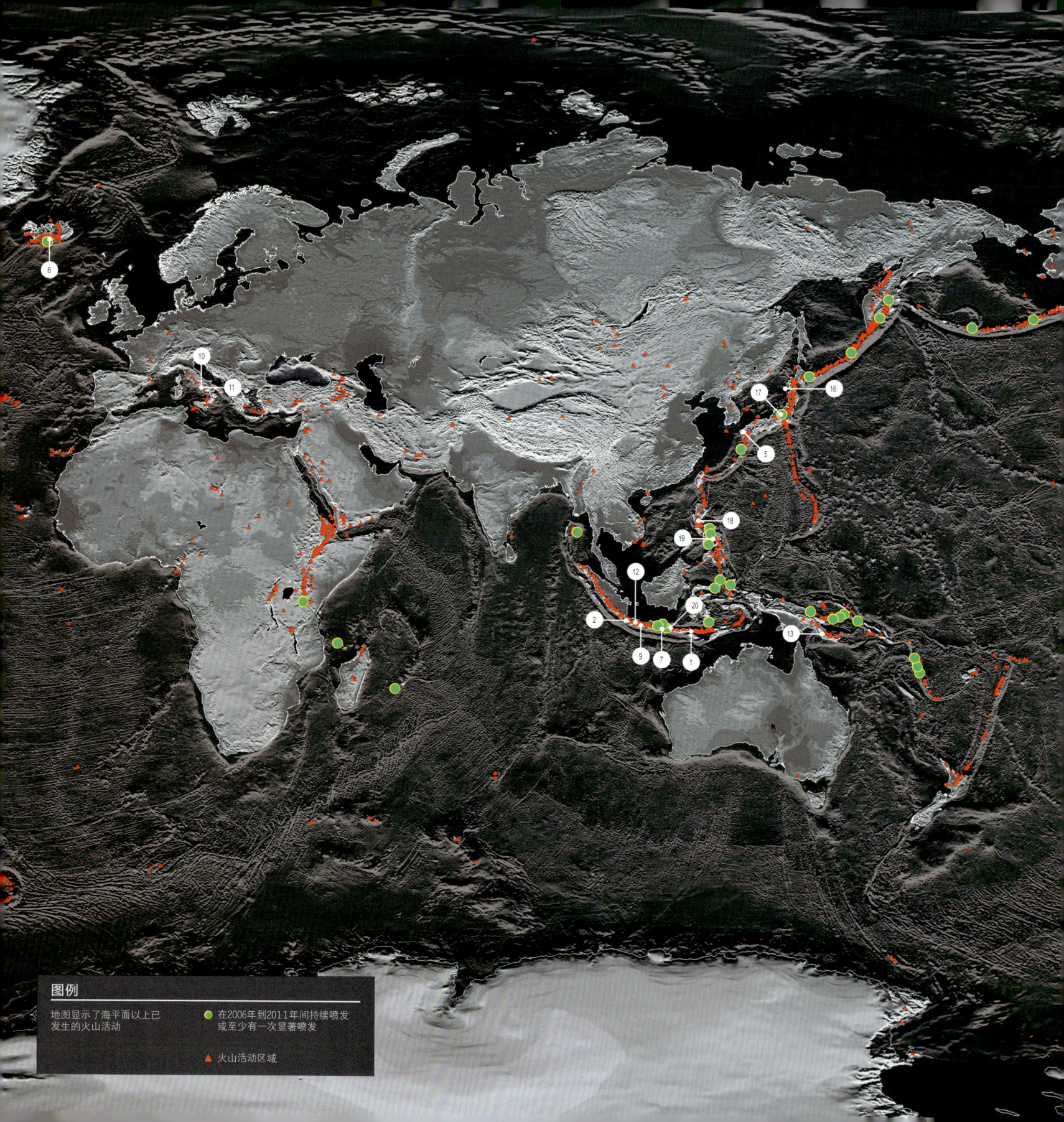

火山主要集中在板块边界附近，特别是环太平洋火山带。其他一些集中在冰岛、东非、东加勒比海、太平洋中部的夏威夷"热点"地区以及东太平洋的加拉帕戈斯群岛。

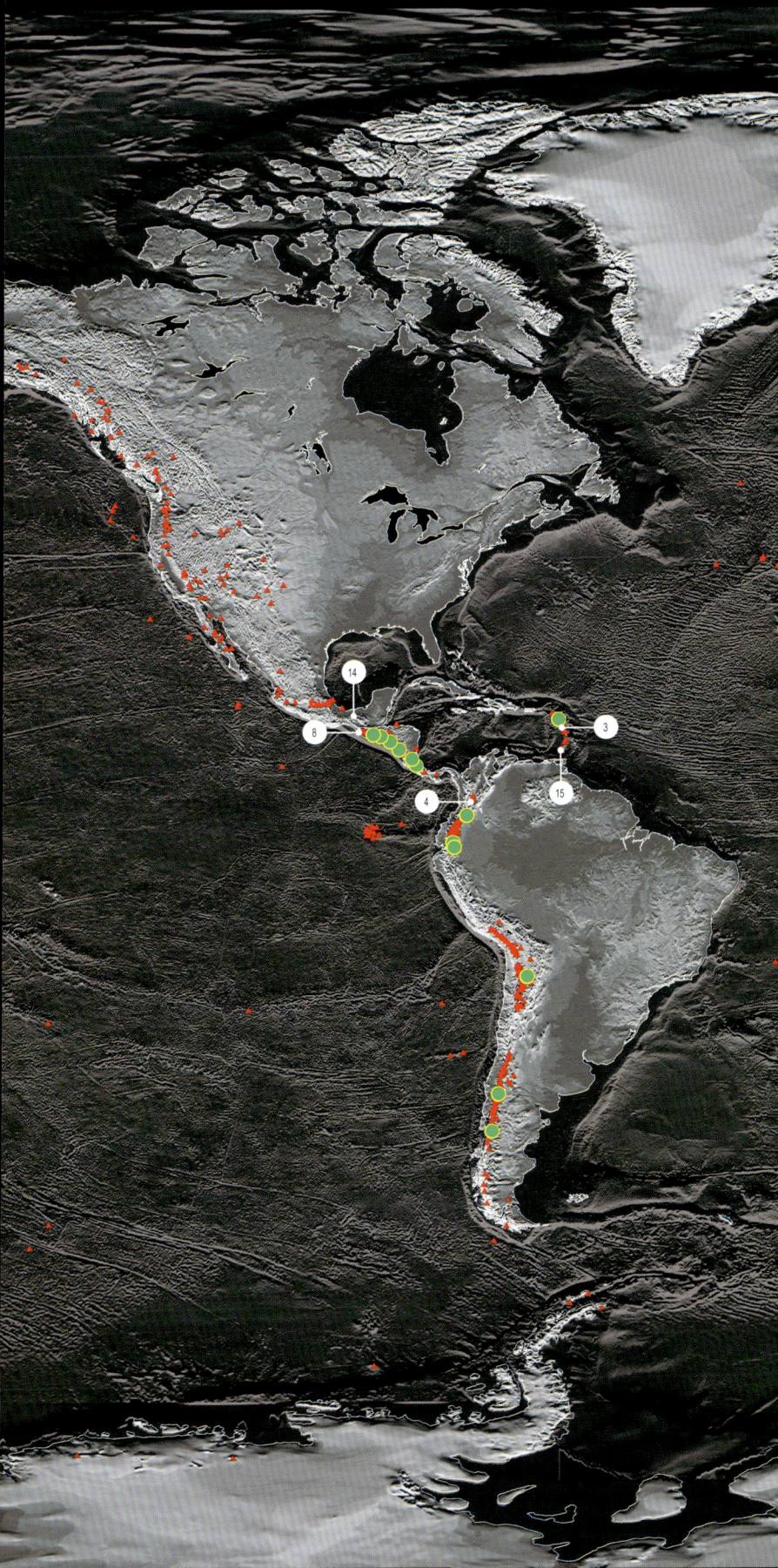

历史上最致命的火山爆发

① 坦博拉火山

国家	印度尼西亚
时间	1815年
死亡人数	约60000

② 喀拉喀托火山

国家	印度尼西亚
时间	1883年
死亡人数	36417

③ 培雷火山

国家	法国（海外省马提尼克）
时间	1902年
死亡人数	约29000

④ 内华达德鲁兹火山

国家	哥伦比亚
时间	1985年
死亡人数	约23000

⑤ 云仙岳

国家	日本
时间	1792年
死亡人数	14300

⑥ 拉基火山

国家	冰岛
时间	1783年
死亡人数	9350

⑦ 克卢德火山

国家	印度尼西亚
时间	1919年
死亡人数	5110

⑧ 圣地亚古多火山

国家	危地马拉
时间	1902年
死亡人数	约5000

⑨ 加隆贡火山

国家	印度尼西亚
时间	1882年
死亡人数	4011

⑩ 维苏威火山

国家	意大利
时间	1631年
死亡人数	约3000

⑪ 帕潘达扬火山

国家	印度尼西亚
时间	1772年
死亡人数	2957

⑫ 拉明顿火山

国家	巴布亚新几内亚
时间	1951年
死亡人数	2942

⑬ 维苏威火山

国家	意大利
时间	公元79年
死亡人数	约2100

⑭ 埃尔奇琼火山

国家	墨西哥
时间	1982年
死亡人数	约1900

⑮ 苏弗里耶尔火山

国家	圣文森特和格林纳丁斯
时间	1902年
死亡人数	1680

⑯ 渡岛大岛

国家	日本
时间	1741年
死亡人数	1475

⑰ 浅间山

国家	日本
时间	1783年
死亡人数	约1500

⑱ 塔阿尔火山

国家	菲律宾
时间	1911年
死亡人数	1335

⑲ 马荣火山

国家	菲律宾
时间	1814年
死亡人数	1200

⑳ 阿贡火山

国家	印度尼西亚
时间	1963年
死亡人数	约1100

火山爆发

火山爆发充满趣味性和潜在的危险性。火山爆发可以分为两大类——喷发型和爆炸型。在喷发型火山爆发中，熔岩会相对安静地流出。爆炸型火山爆发的特征是爆炸，灼热的气体和岩浆因爆炸冲向空中。

成因和触发因素

有很多因素影响火山会在何时爆发或者将以哪种形式爆发。这些因素包括火山内部岩浆（熔融岩石）的含量，岩浆的成分和黏性（厚度），溶解气体的含量和岩浆库中的压力大小。很多事例显示，导致喷发的是新岩浆的上涌。岩浆上涌时，其内部的压力减小，溶解的气体形成气泡并快速地扩散，引起岩浆进一步向上涌。如果岩浆中基本不含气体，尤其当它是一种无黏性的（易流动的）岩浆时，它可能只会单纯地流到火山表面。但在很多火山中，岩浆既含有大量的气体，黏度又高，这意味着它可以容纳这种气体，直到外部压力下降到几乎为零。当这种类型的岩浆到达地表和上覆压力迅速下降时，被困的气体一下子全部逸出。其结果是一种极具爆

炸性的喷发，溶解在被困岩浆中的气体变成大量膨胀的气泡。这导致岩浆碎裂为火山灰颗粒并被向上排出。如果上升的岩浆接触到地表水或地下水，其结果可能是一场水蒸气和岩浆突然解体形成的火山灰的剧烈爆炸。这就是所谓的射气岩浆喷发。

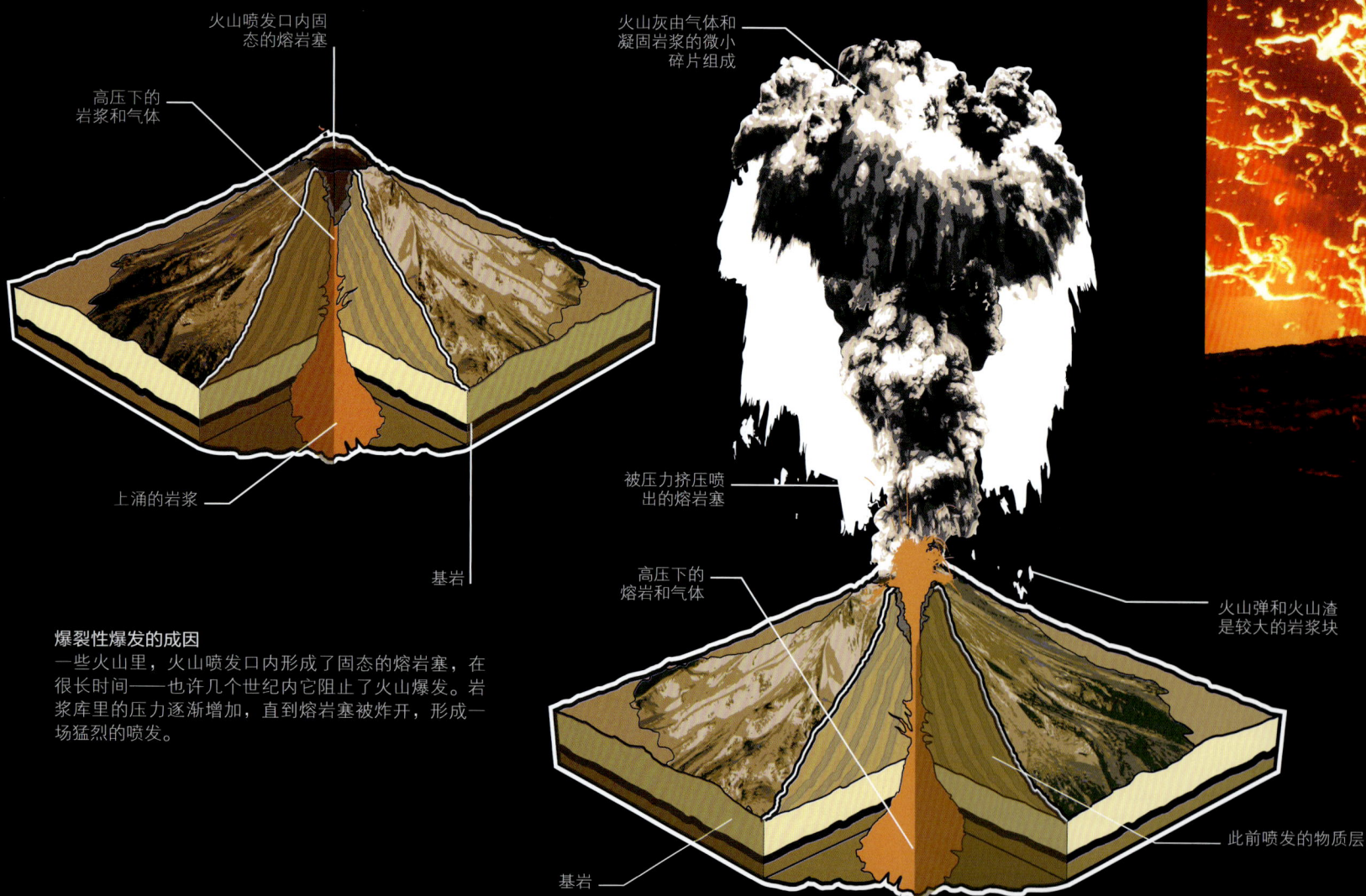

火山喷发口内固态的熔岩塞

高压下的岩浆和气体

上涌的岩浆

基岩

火山灰由气体和凝固岩浆的微小碎片组成

被压力挤压喷出的熔岩塞

高压下的熔岩和气体

火山弹和火山渣是较大的岩浆块

此前喷发的物质层

基岩

爆裂性爆发的成因

一些火山里，火山喷发口内形成了固态的熔岩塞，在很长时间——也许几个世纪内它阻止了火山爆发。岩浆库里的压力逐渐增加，直到熔岩塞被炸开，形成一场猛烈的喷发。

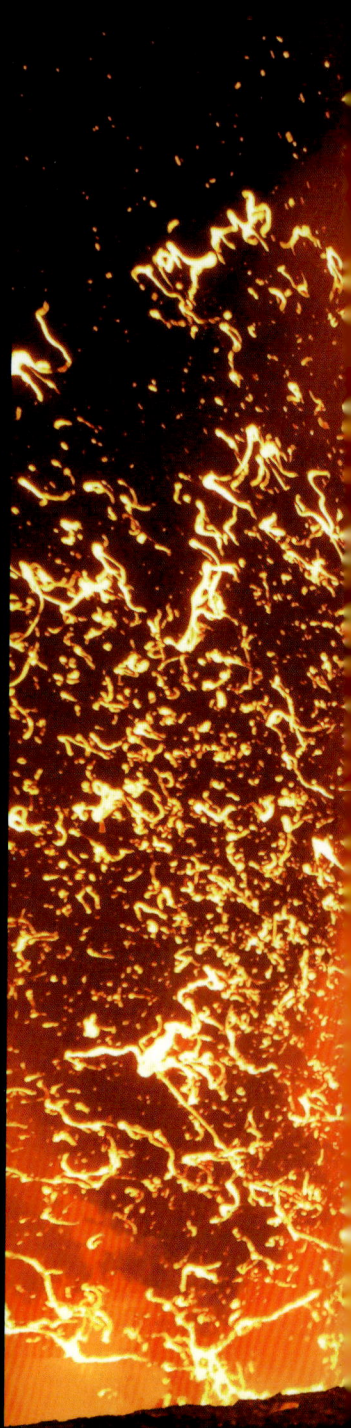

> " 起火是因为在山内存在大量硫黄……　"

托马斯·鲍勃·布朗特爵士 1693

岩浆爆裂

火山喷口处岩浆的爆裂性喷发，如图中所示夏威夷的基拉韦厄火山，是由压力突然释放时气体的膨胀驱动的。

火山的活动

根据其爆发的频率，火山曾被归类为活火山、休眠火山和死火山。但现在火山学家不再使用这种分类。确定没有熔岩补给的火山仍归为死火山，其他所有火山都归为活火山。在活火山中，又划分为两种不同的类别。有些火山在历史记载中至少爆发过一次，被称为历史上的活火山；有些火山仅有证据显示在过去的1万年里有过爆发，被称为全新世活火山。世界上大约有1550座全新世活火山，其中573座历史上有过喷发。

爆发规模

火山爆发的强度用火山爆发指数或VEI量表衡量（见下图）。VEI值基于火山爆发时火山灰柱的高度和喷出物质的体积。特殊的喷发类型通常具有相似的VEI值。例如，斯特隆博利式喷发的VEI值通常是1或2，而普林尼式喷发的VEI值是5或6。

火山爆发的测量

火山爆发指数相当于火山的"里氏震级"。小VEI值的喷发很常见，大VEI值的爆发很少见。自1800年以来，VEI值是6或7的火山爆发仅发生过5次。VEI值为8的火山爆发10万年里仅有一次。

火山爆发指数（VEI）

VEI	描述	喷发柱	喷发物质体积	例子	年份
0	非爆发性	最高100米	最多1万立方米	冒纳罗亚火山	多个年份
1	温和的	100~1000米	1万~100万立方米	斯特隆博利火山	多个年份
2	爆裂性的	1~5千米	100万~1000万立方米	特里斯坦-达库尼亚群岛	1961年
3	剧烈的	3~15千米	1000万立方米~0.1立方千米	埃特纳火山	2003年
4	灾难性的	10~25千米	0.1~1立方千米	艾雅法拉火山	2010年
5	突然爆发的	大于25千米	1~10立方千米	圣海伦斯火山	1980年
6	大规模的	大于25千米	10~100立方千米	喀拉喀托火山	1883年
7	巨大规模的	大于25千米	100~1000立方千米	坦博拉火山	1815年
8	超大规模的	大于25千米	大于1000立方千米	多巴火山	7万年前

喷发类型

人们通常认为火山喷发是以突然的、灾难性的、爆裂的形式产生大量的熔岩、火山灰和其他火山产物。事实上，火山有几种不同的喷发方式。一座单独的火山在不同的喷发期，甚至一个喷发期的不同阶段都会有不同形式的喷发。

普林尼式喷发

这些极其猛烈的喷发会产生庞大的气体和火山灰柱。一些罕见的、超大喷发被称为超普林尼式喷发。

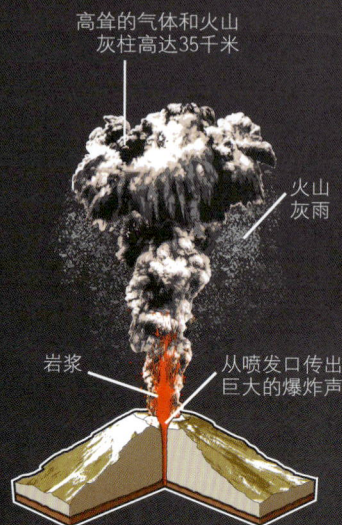

高耸的气体和火山灰柱高达35千米

火山灰雨

岩浆

从喷发口传出巨大的爆炸声

1991年皮纳图博火山喷发
1991年6月菲律宾皮纳图博火山喷发（见上图）是20世纪发生的少数普林尼式火山喷发之一。它产生了34千米高的灰柱，死亡人数超过800人。

乌尔卡诺式喷发

这种形式的喷发起初会伴随着嘈杂的爆裂声和特有的火山弹以及火山灰柱，随后常有熔岩流。

中等高度的火山灰柱

火山弹

叙尔特塞式喷发

叙尔特塞式喷发起因于水下火山的顶部到达海平面并产生剧烈的爆裂。

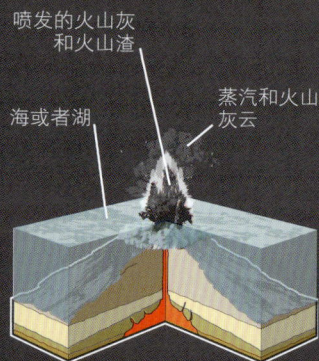

喷发的火山灰和火山渣

蒸汽和火山灰云

海或者湖

蒸汽喷发

这是由火山作用加热的岩石与冷的地下或地表水接触所引起的。蒸汽喷发的特点是水蒸气、火山灰、火山弹以及岩石的爆炸。另一种由岩浆和水之间的相互作用产生的相关喷发是射气岩浆喷发。不论是上述哪种情况，都没有炽热的熔岩和熔岩流产生。

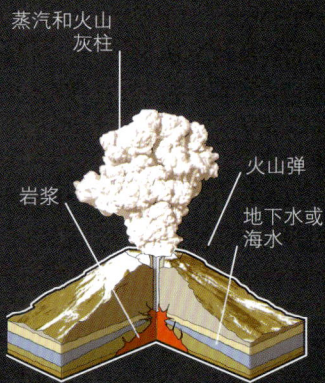

皮钦查火山蒸汽喷发
1999年，在厄瓜多尔，蒸汽和火山灰形成的巨大蘑菇云从皮钦查火山上升起（见上图）。

蒸汽和火山灰柱

岩浆

火山弹

地下水或海水

基拉韦厄熔岩喷泉
夏威夷式喷发源于夏威夷的两座大型火山——冒纳罗亚火山和基拉韦厄火山（见右图）。它们经常以这种形式喷发。

培雷式喷发

这种喷发类型的一个重要特征是火山碎屑流（热气体和火山灰的混合物）以高达160千米/小时的流动速度冲下火山的侧面。

火山碎屑流或涌流

火山灰柱

火山灰和气体流，蒙特塞拉特
火山碎屑流——热气体混合着火山灰和岩石碎屑——从加勒比海的蒙特塞拉特岛上的苏弗里耶尔火山斜坡上流下来（见上图）。这类事件是培雷式喷发的标志。

克拉夫拉火山裂缝

裂隙喷发也被称为冰岛式喷发，因为它们通常发生在冰岛，如冰岛克拉夫拉火山喷发（见左图）。

夜晚的斯特隆博利火山

斯特隆博利式喷发是以西西里岛沿海的一座小型复式火山斯特隆博利（见下图）命名的。这座火山几乎不间断地进行喷发。

裂隙或冰岛式喷发

这种喷发的主要特点是在地面上出现一条又长又直的裂缝。大量熔岩流安静地从裂缝流出，有时形成一条熔岩喷泉。

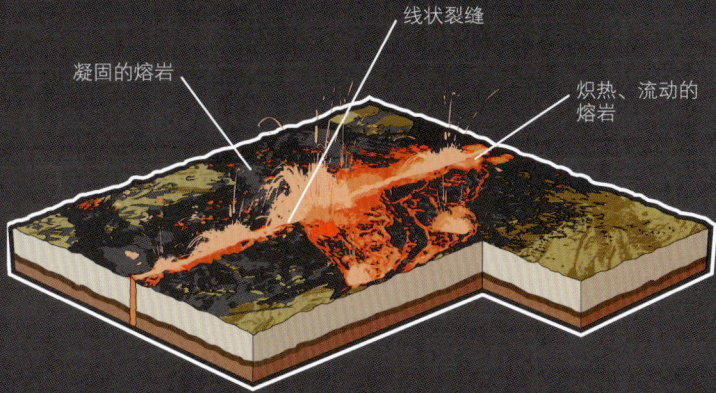

凝固的熔岩

线状裂缝

炽热、流动的熔岩

冰下喷发

在冰帽下或其他类型的冰川下发生的火山喷发被称为冰下喷发。

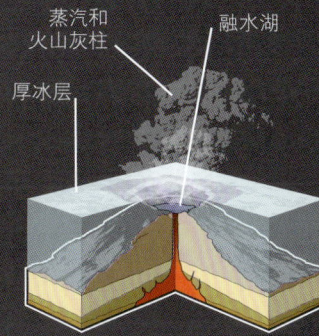

蒸汽和火山灰柱

融水湖

厚冰层

斯特隆博利式喷发

这种类型的喷发在有节奏的时间间隔里喷射出熔岩喷泉和小的熔岩弹，有时还夹杂着熔岩流。

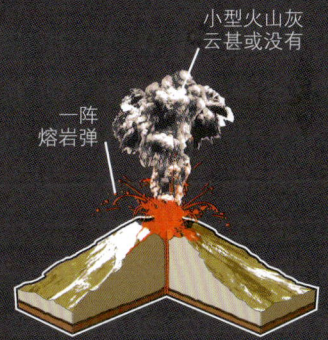

小型火山灰云甚或没有

一阵熔岩弹

夏威夷式喷发

在夏威夷式喷发中，熔岩通常以溪流和喷泉的形式相对安静地从火山侧面的裂缝中流出。有时，熔岩也会从山顶火山口内的熔岩湖中溢出。

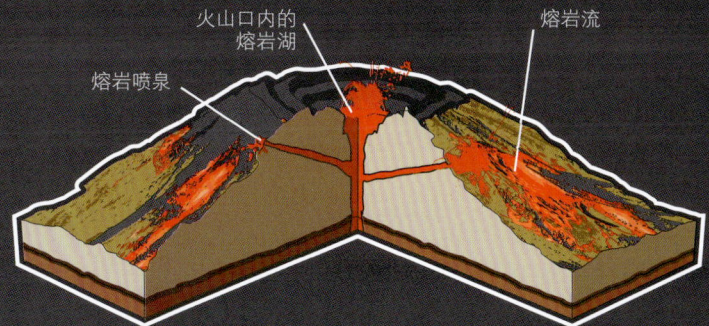

火山口内的熔岩湖

熔岩流

熔岩喷泉

埋葬在熔岩里
一辆生锈校车的顶部暴露在一片已经凝固的绳状熔岩里，这些熔岩是1990年夏威夷的盾状火山基拉韦厄喷发形成的。这些熔岩几乎埋葬了两座小城——卡拉帕纳和凯姆。此次熔岩流仅仅是一场持续了30多年的火山喷发中的一个阶段。

火山的类型

除了喷发方式不同，火山还具有不同的形态。最常见的一种类型是陡倾的、巨大的锥形，但也有很多其他类型，从小的锥形到广阔的坡度平缓的熔岩区和充满水的洼地。火山类型取决于该地区地壳内形成的岩浆的类型及其他一些因素。

盾状火山

盾状火山是火山世界的"巨人"，形状像宽阔的、向上翘的盾牌。盾状火山由一层又一层的易流动的熔岩在火山表面流淌后凝固所形成。盾状火山通常在热点之上形成。

富尔奈斯火山

右图中可见雄伟的富尔奈斯盾状火山侧翼上的一个小型次火山锥。富尔奈斯火山是印度洋留尼汪岛的一部分。

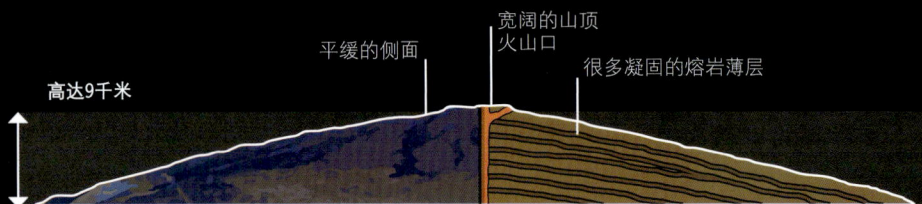

平缓的侧面　　宽阔的山顶火山口　　很多凝固的熔岩薄层

高达9千米

里道特火山

位于阿拉斯加海岸的里道特火山是一座巨大的复式火山，它在1989年到1990年间以及2009年曾剧烈爆发过，产生了巨大的火山灰云（见左图）。

复式火山

由不同类型火山产物的连续层组成的高大、陡峭的火山称为复式火山或成层火山。作为一种常见的火山类型，复式火山形成于黏滞岩浆抵达地表的地方。这类火山的爆发通常非常剧烈。世界上很多著名的火山，例如圣海伦斯火山和埃特纳火山就是这种类型的火山。

逐渐变细的陡边圆锥形　　山顶火山口　　层层的凝固熔岩、火山灰、浮石和火山渣

高达5.5千米

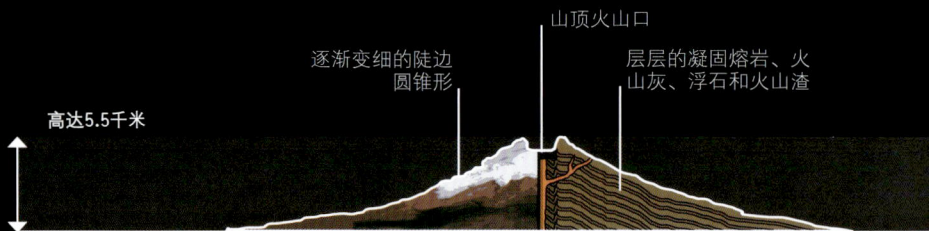

破火山口

如果复式火山的上部在一场灾难性的喷发之后塌陷，就会形成破火山口。它由一个既宽又深的火山口构成，其下方（在一个活火山里）是一个岩浆库。很多破火山口被水充填甚或部分没入水下。一些破火山口的内部包含了新火山锥或其他的火山特征。

基洛托阿破火山口

大约800年前，伴随着一座复式火山的局部塌陷，厄瓜多尔安第斯山脉形成了这座破火山口（见右图）。现在，它形成了一个被溶解的矿物质染成绿色的深湖。

破火山口的边缘　　岩浆库　　母复式火山的残存火山锥

高达1.5千米

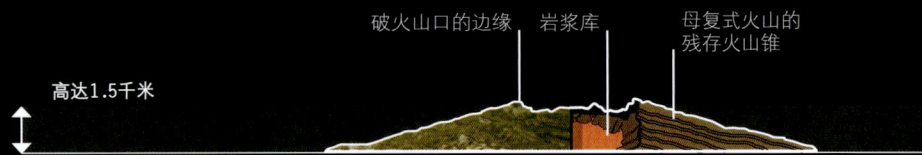

祖尼盐湖

位于美国新墨西哥州的祖尼盐湖大约2000米宽，120米深，占据着一座玛珥火山的下部（见左图）。作为美洲原住民的一个圣地，这座湖经常干涸到只留下盐滩。在其边缘处有两座小的渣锥火山。

玛珥火山

玛珥火山是由轻微陷入地面下的相对较小、较浅的碗口状火山口组成的。它们通常充满了水以致形成湖，在沙漠地区也有一些干的玛珥火山。岩浆在向地表上升的过程中与地下水或永久冻土接触并爆发形成了这些玛珥火山。

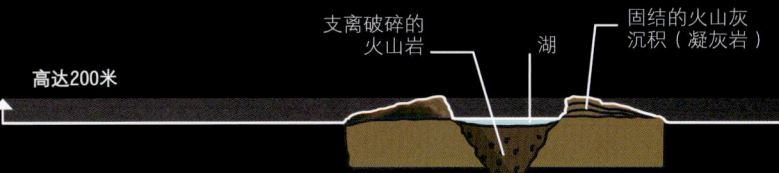

高达200米

支离破碎的火山岩　湖　固结的火山灰沉积（凝灰岩）

夏威夷火山锥

这座在夏威夷瓦胡岛的凝灰岩锥名为可可火山口。像大多数凝灰岩环和凝灰岩锥一样，它在一个独立的喷发阶段内形成，预计不会再次活跃了。

凝灰岩锥和凝灰岩环

这些是有碗口状中心火山口的小型火山。它们形成的方式和玛珥火山相似——通过上升岩浆与地下水或者海水接触，由此产生反应生成大量的火山灰，累积形成锥形或环形，并固结形成名为凝灰岩的岩石。

凝灰岩锥/环的边缘　固结的火山灰（凝灰岩）

高达400米

火山渣锥

相对较小的火山渣锥主要是由松散的火山渣（凝固熔岩的玻璃质碎片）和火山灰组成。它们有时在较大的火山的侧面形成。

双锥

这两座火山渣锥构成了加那利群岛中兰萨罗特岛上名为火焰山的火山地貌的一部分（见上图）。

陡峭的圆锥形　碗口状火山口　层层的火山渣、火山灰和少量熔岩

高达800米

熔岩

从火山喷发到地表的融熔岩石或岩浆叫作熔岩。刚喷出时，岩浆是红色的、炽热的，温度一般在700℃~1200℃。虽然比水更黏、更稠，但在重力的影响下，只要熔岩的温度足够高，它就能在地面上流动。最后，熔岩冷却形成固体岩石。

熔岩的特性

不同火山会产生不同类型的熔岩，其温度和成分都不一样，尤其是其中的二氧化硅含量。这些特性影响着熔岩流动的距离。玄武质熔岩是最热的熔岩，二氧化硅的含量最少，流动性很高。即使在平缓的山坡上，它们也能够在凝固成玄武岩之前，流淌数十千米。玄武质熔岩可以划分为两大类，即绳状熔岩和渣块熔岩（见下图）。安山质熔岩温度较低，抗流动性较强，在凝固之前流动的距离比较短。英安质熔岩和流纹质熔岩是第三类。它们的流动性最差，只能形成缓慢流动的熔岩流。它们冷却后形成的岩石称为英安岩和流纹岩。

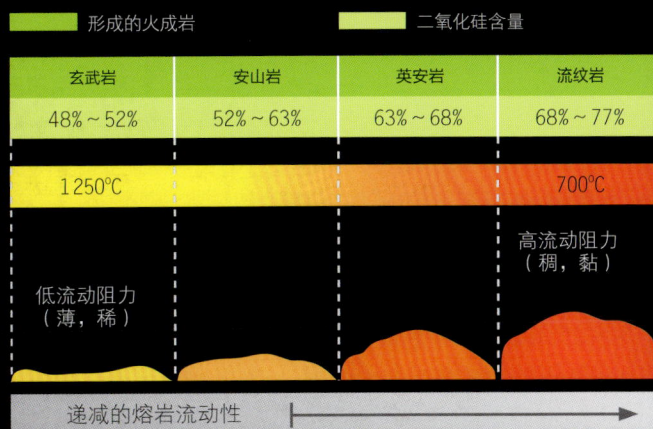

形成的火成岩				二氧化硅含量	
玄武岩	安山岩	英安岩	流纹岩		
48%~52%	52%~63%	63%~68%	68%~77%		

1250℃ ————————— 700℃

高流动阻力（稠，黏）

低流动阻力（薄，稀）

递减的熔岩流动性 →

特性范围

从左到右，从上图表显示了熔岩递增的二氧化硅含量和黏度（流动阻力），以及递减的温度。因为相对更稀，左侧玄武岩类的熔岩比右侧其他类型的熔岩流动的距离更远。

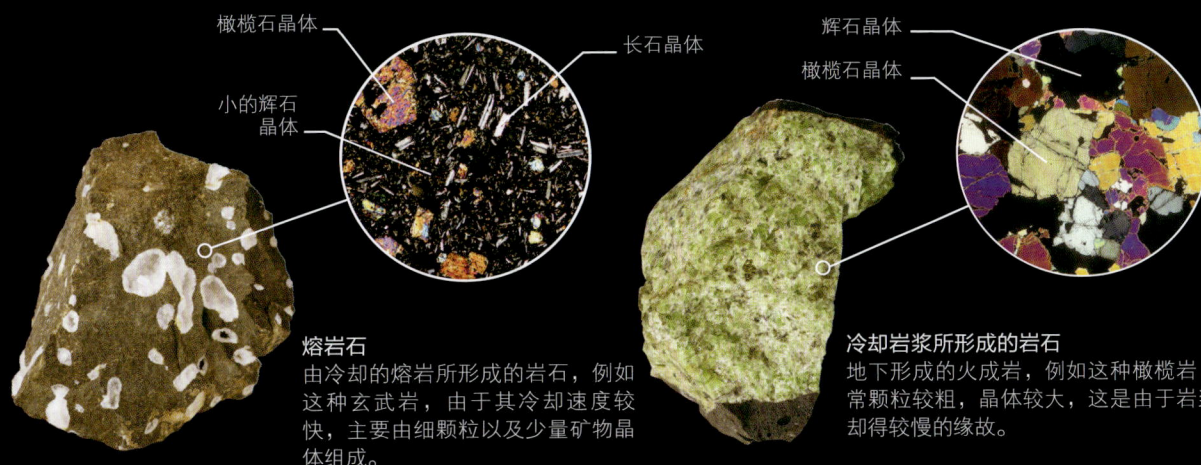

橄榄石晶体 ———— 长石晶体

小的辉石晶体

熔岩石

由冷却的熔岩所形成的岩石，例如这种玄武岩，由于其冷却速度较快，主要由细颗粒以及少量矿物晶体组成。

辉石晶体 ————

橄榄石晶体 ————

冷却岩浆所形成的岩石

地下形成的火成岩，例如这种橄榄岩，通常颗粒较粗，晶体较大，这是由于岩浆冷却得较慢的缘故。

熔岩喷泉

熔岩喷射强烈，但不是爆炸性的，这被称为熔岩喷泉。熔岩喷泉通常存在于夏威夷式喷发中。

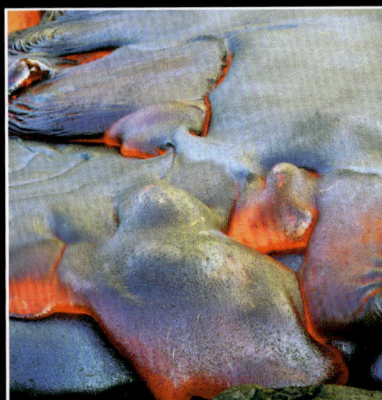

绳状熔岩

成分	玄武质
温度	1093℃~1204℃
前进速度	10~50千米/小时（在沟渠中速度更高）
类型	盾状火山

绳状熔岩在前进的过程中其前缘会分裂，形成脚趾状。随着表面冷却，它会形成一层薄的柔韧的表皮，高温物质在表皮下流动。外皮凝结时形成了绳状纹理。

渣块熔岩（'a'a）

成分	玄武质
温度	982℃~1093℃
前进速度	5~100米/小时
类型	盾状和复式火山

渣块熔岩比绳状熔岩的流动阻力大，温度也更低。渣块熔岩流有着非常粗糙和破碎的表面。它们能快速流动，并且能推倒房屋和森林。

枕状熔岩

成分	玄武质，安山质
温度	871℃~1204℃（内部温度）
前进速度	1~9米/小时
类型	海底火山

当火山在水下喷发时产生枕状熔岩。与水接触后，熔岩凝固成枕头状的岩石。之后，如果海床抬升，枕状熔岩可能会暴露在旱地上（见上图）。

块状熔岩

成分	安山质，流纹质
温度	760℃~927℃
前进速度	1~5米/小时
类型	复式火山，熔岩穹丘

块状熔岩的温度相对较低，流动阻力较大，前进速度慢，形成短而粗的熔岩流。在凝固后，块状熔岩形成表面较光滑的大致呈立方体形的块状岩石（见上图）。

急流
这张长时间曝光的照片展现了快速流动的绳状熔岩。在适度的斜坡上，绳状熔岩的速度能达到50千米/小时或更高。

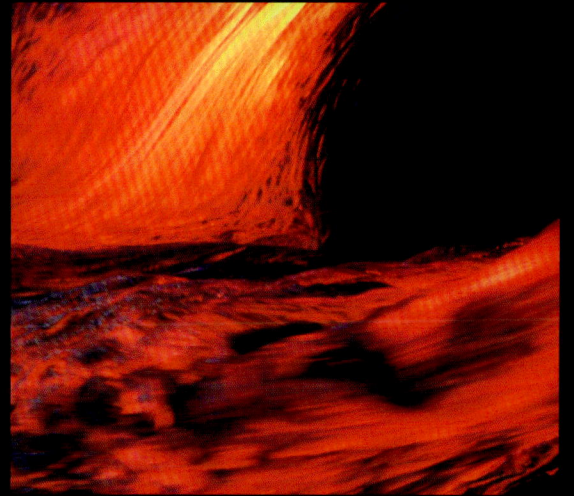

进入大海
熔岩进入夏威夷大岛的岸边时，蒸汽升腾起来。这里的陆地都是由凝固的黑色熔岩组成的，熔岩流使这片岛屿的面积持续扩大。

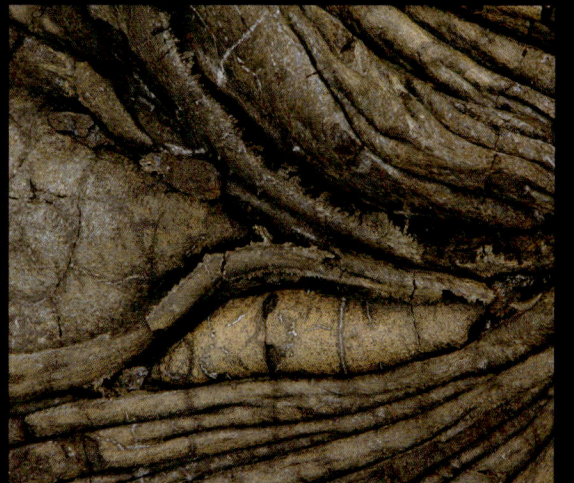

凝固的绳状熔岩
来自印度洋留尼汪岛上的富尔奈斯火山的绳状熔岩，在凝固时形成了典型的绳状纹理。

新喷发的岩浆
刚喷发出的熔岩流，其表面部分凝固（黑色部分），穿过夏威夷基拉韦厄火山的火山口。其下是一个较老的熔岩壳（灰色部分），该熔岩壳的一部分（图中的前景部分）刚刚塌陷下去。

空中产物

除了在地面上流淌的熔岩，火山喷发的主要产物是气体（其中一些是有毒的），以及来自被喷入空中的岩浆和岩石的固体颗粒。这些都可能对附近甚至远处的人造成伤害。

固体产物

由火山喷射到大气中的物质形成的固体产物称为火山碎屑。火山碎屑有不同大小。较大的是火山弹——坠落时凝固的岩浆团，以及一种叫作浮石的岩石块——它是由喷出到空气中的岩浆形成的，以含有气泡的泡沫的形式。中等大小的碎片被称为火山渣，最小的被称为火山灰。尽管大多数这类小尺寸的物质来自高度碎片化和固化的岩浆，在猛烈的喷发中，有些是来自在火山喷口附近已预先硬化的熔岩，有些则来自一起被炸向天空的火山深部的炽热岩浆。

火山碎屑会对火山爆发区域的人造成不同程度的危害。火山弹由于体积大，危害也大。落下非常厚的火山灰会造成人窒息死亡，如果与暴雨结合则会形成危险的泥石流，而湿火山灰积压在屋顶上会造成房屋倒塌。吸入微量的火山灰便会引发人的呼吸系统疾病。火山渣的危险性较小，但如果你在火山渣区域（见下文），就会有被下落火山渣击中的危险，造成烧伤或头部受伤。

火山气体

火山爆发期间排放出的气体包括水蒸气、氮气和多种使人窒息的、有毒的刺激性气体，如二氧化碳、一氧化碳和二氧化硫。在火山口附近有害气体的危害最大，因为那里气体浓度最高。在很少数情况下，它们会对居住在火山下风处的人造成危害。火山喷发的二氧化碳曾造成很多人窒息死亡。另外，火山气体会造成空气污染。二氧化硫与空气中的水蒸气反应形成酸雨，破坏植被，并危害老年人和体弱者的健康。

散落距离

火山弹
远至距火山口
1千米

火山渣
远至距火山口25
千米

火山灰
可飘落至距
火山口数千
千米远

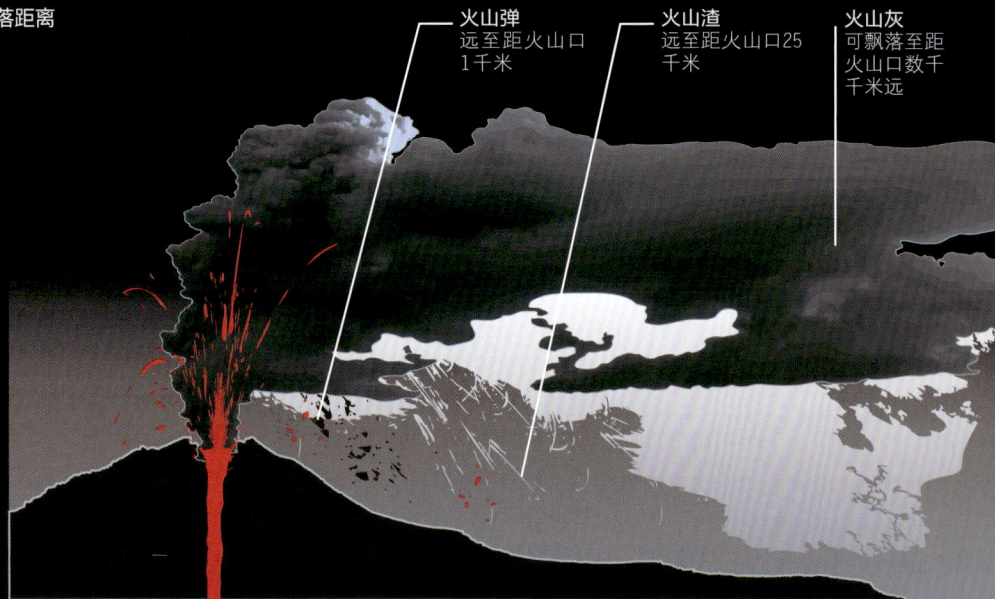

由于大小不同和随风传播特性的不同，不同类型的火山碎屑会降落到距爆发地点不同距离的地面上。最重的火山弹坠落点离火山口最近，通常在1千米范围内。次重的火山渣，降落距离会远一些。最轻的火山灰，根据风力的大小，能降落到数十、数百或数千千米远。在1883年，位于今天的印尼的喀拉喀托火山爆发的火山灰最后降落至世界各地。

炽热的火山灰

2010年冰岛艾雅法拉火山爆发向大气中喷入了大量细小的玻璃质碎屑，高浓度的碎屑造成飞机航班取消。

火山渣

火山渣，又叫火山砾，是直径2毫米~6.4厘米的固体颗粒。它们通常呈泪滴状或纽扣状，像雨一样降落，当它们撞击地面时有时会融合在一起。

火山弹

这些熔岩块和熔岩弹的直径可以从6.4厘米至像卵石般大小。较大的熔岩弹在撞击地面时，表面是固态的，但中心仍然是熔融状的。

火山灰

最小的颗粒——直径小于2毫米——像羽毛一样被带进大气，能够影响航空运输。火山灰最终降落时，会形成像灰尘的层。

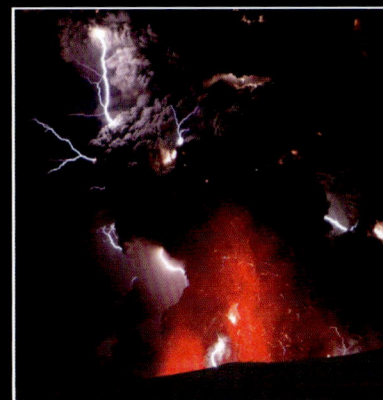

闪电

火山灰柱中经常发生闪电，原因是充满火山灰的云和正常大气之间的摩擦。火山灰和闪电的结合被称为"脏雷暴"。

火山气体

在喷发过程中，岩浆中溶解的气体被释放。这些气体的温度通常超过400℃。地下的岩浆也会释放出气体。

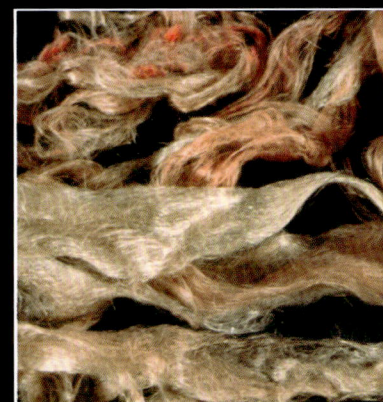

佩蕾的头发

这种古怪的黄色物质是空气中的岩浆颗粒被风捻成了玻璃质的、像头发一样的线。它以夏威夷火山女神的名字佩蕾（Pele）命名。

火山碎屑流和涌流

火山爆发伴随的最危险现象之一与火山碎屑流有关。火山碎屑流是紧贴地面快速移动的高温火山灰、岩石和热气的混合物。与此现象同样具有毁灭性的另一活动是火山碎屑涌流。

火山碎屑流

火山碎屑流，也称火山发光云，会碾平、燃烧和掩埋它遇到的一切。大多数火山碎屑流由一次大爆发产生的火山灰柱的坍塌导致，移动速度约5~10千米/小时。通常，喷发出的火山灰会加热周围的空气，灰-气混合物通过对流上升。但是，如果空气加热不充分，火山灰和气体会落回火山的侧翼。火山碎屑流的其他成因包括火山一侧的大型侧向喷发、火山口处的大型熔岩穹丘的塌陷，或移动缓慢的厚熔岩流前缘的崩塌。

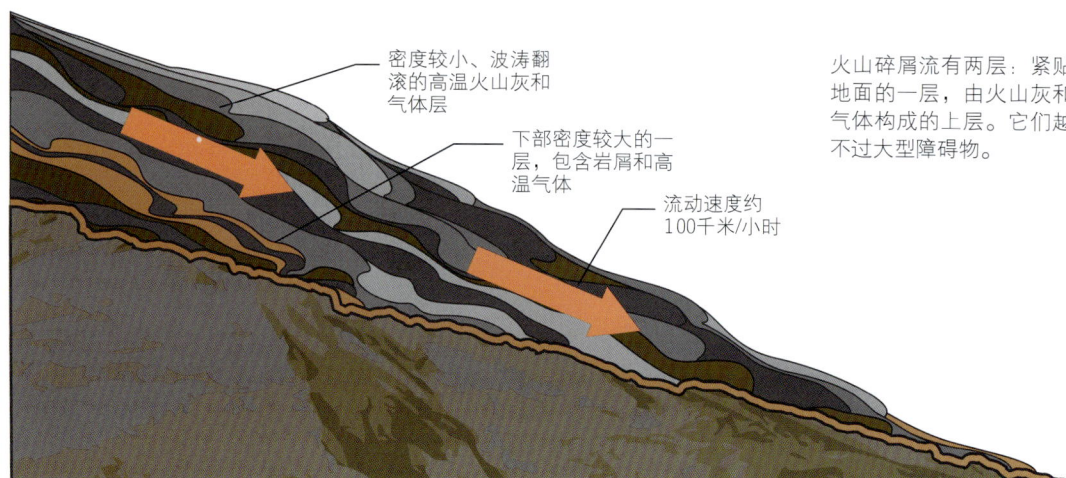

密度较小、波涛翻滚的高温火山灰和气体层

下部密度较大的一层，包含岩屑和高温气体

流动速度约100千米/小时

火山碎屑流有两层：紧贴地面的一层，由火山灰和气体构成的上层。它们越不过大型障碍物。

火山碎屑涌流

火山碎屑涌流包含更多的气体成分并且比火山碎屑流的流动速度更快。高温涌流含有温度达100~800℃的气体和蒸汽。低温涌流的温度通常低于100℃，是在岩浆接触到大量水时形成的，以射气岩浆喷发著称。它们通常含有有毒气体。

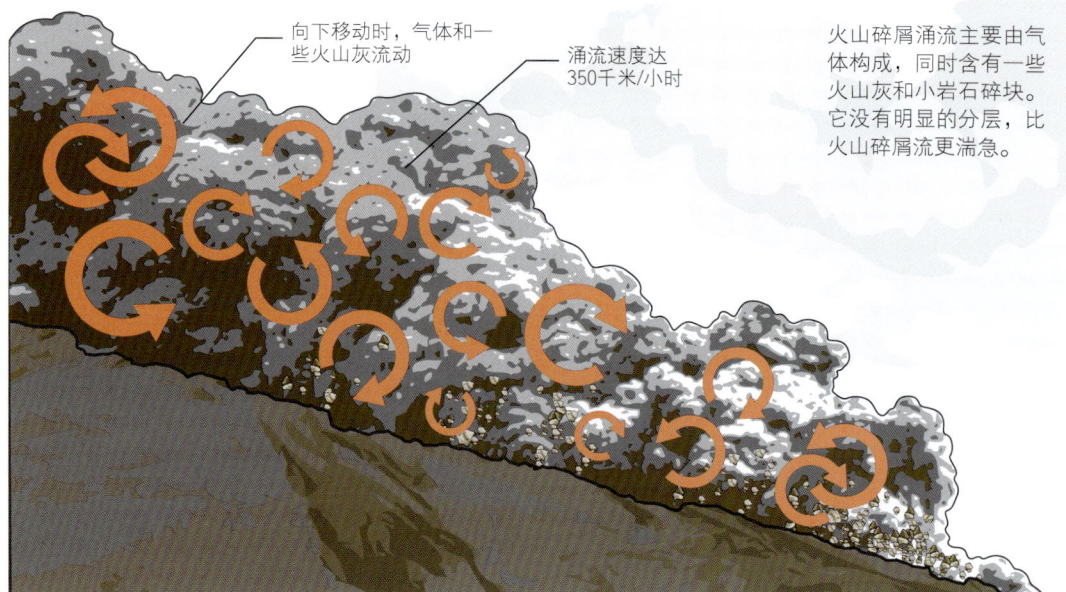

向下移动时，气体和一些火山灰流动

涌流速度达350千米/小时

火山碎屑涌流主要由气体构成，同时含有一些火山灰和小岩石碎块。它没有明显的分层，比火山碎屑流更湍急。

火山碎屑流之后
1997年6月，在苏弗里耶尔火山的一次爆发之后，蒙特塞拉特的房屋被火山碎屑流掩埋。

环境影响

火山碎屑流和涌流会焚烧它们遇到的所有植被，破坏面积巨大。1980年，圣海伦斯火山的一次火山碎屑流，使600平方千米被密林覆盖的区域变得不见任何植物。数以千计的大型哺乳动物、数百万的鱼和鸟也被消灭了。受这些事件影响的地区需要几十年才能恢复原貌，但值得庆幸的是，他们最终做到了。

对人的影响

1951年，巴布亚新几内亚拉明顿火山爆发时的火山碎屑流导致近3000人死亡。1982年，来自墨西哥埃尔奇琼火山爆发的火山碎屑流造成近2000人死亡。除了破坏建筑物，火山碎屑流事件会使人死于烧伤、窒息、中毒。火山碎屑流出现在有史以来一些最致命的火山爆发中，例如，1631年导致约3000人死亡的维苏威火山爆发和1902年几分钟内造成近30000人死亡的马提尼克岛火山爆发。除了导致大量人员死亡，火山碎屑流和涌流也会造成很多人受伤或引发疾病，包括严重烧伤或吸入火山灰导致的呼吸系统疾病等。

崩塌的火山灰云
在加勒比海蒙特塞拉特岛上的苏弗里耶尔火山的一次喷发中，高温气体和火山灰一起冲下山坡。

火山碎屑流
观察1991年菲律宾纳图博火山爆发的摄影者正在逃离向他们席卷而来的火山碎屑流。这次爆发"杀死"了数百人，但这辆车上的人及拍下这张照片的人得以逃脱。

火山泥石流

火山泥石流是由水、火山灰、岩石和其他碎屑组成的剧烈、快速移动的泥浆，像流动的湿混凝土一样从火山的侧翼汹涌而下。大型火山泥石流能将树连根拔起，搬运房子大小的巨石，冲走房屋和人畜，令大片土地掩埋在厚厚的泥浆之下。

发生

凡是能导致大量水与火山上的火山灰和其他碎片等混合的事件都能引发火山泥石流。这包括含水火山口的火山爆发、暴雨、新鲜火山灰沉积上的降雨和导致火山顶附近的冰川崩解和融化的火山喷发或地震。流入高山湖泊或融化冰川的火山碎屑流也会形成火山泥石流。大型火山泥石流的移动速度高达100千米/小时，能沿火山底部的河谷移动数十千米，在它们身后留下数米厚的淤泥沉积。这些沉积物迅速凝结，任何困于其中的人都难以逃脱。历史上，致命的火山泥石流侵袭过世界许多地方。如1919年5月，印度尼西亚克卢德火山的火山泥石流造成5100多人丧生，1998年尼加拉瓜的一次火山泥石流造成1500多人丧生，这次火山泥石流由卡斯塔火山上持续数小时的强降雨所引发。

> **❝ 我们在车里被冲走，大约有5分钟的时间我们陷在厚厚的热泥中。❞**
>
> 1980年圣海伦斯火山爆发引发的火山泥石流的见证者

苏弗里耶尔火山泥石流
这些泥沉积物是蒙特塞拉特岛上的苏弗里耶尔火山在2006年的一次喷发后在其西面形成的。自1995年以来，苏弗里耶尔火山不时爆发，常常产生火山碎屑流和火山泥石流。

紧急援助
除了可能造成死亡，火山泥石流通常会造成许多人受伤或无家可归——内华达德鲁兹火山灾难中这类人数达24000人，因此，提供紧急援助是必需的。

内华达德鲁兹火山

历史上最致命的火山泥石流发生在1985年11月，哥伦比亚的内华达德鲁兹火山爆发后形成了泥石流。火山碎屑流与火山顶部的大量冰川相互作用，导致大量泥浆从火山一侧涌下。由于当地刚下过大雨，因此在顺流而下的过程中，泥流吸收了大量额外的水和岩屑，体积和动量不断增大。阿莫罗镇受灾最严重，23000人溺亡或被埋在泥下窒息而亡。阿莫罗镇成为了灾难中心，因为它恰好位于两股火山泥石流汇聚处的下游洼地。这次灾难造成的经济损失估计达77亿比索。今天，该地区建立了一套火山泥石流预警系统。

毁掉的阿莫罗

1985年，内华达德鲁兹火山的火山泥石流导致位于哥伦比亚中部的阿莫罗镇5000所住宅被毁。在这个黑色的夜晚，数千人在厚厚的泥浆中丧生。

雷尼尔山的威胁

世界上的一些火山被认定为历史上著名的大型火山泥石流的来源，并且在将来也可能形成大型的火山泥石流。雷尼尔山，美国华盛顿州的一座大型复式火山，就是其中的典型代表。尽管自1894年以来，它从未爆发过，但是由于在它斜坡的上部存在几座大冰川，一旦冰川瓦解并融化，就可能造成灾难性的火山泥石流。在大约5600年以前，雷尼尔山最大的一次火山泥石流——奥西奥拉泥流爆发。泥流在现在的华盛顿州前进了100千米，冲到了今天的塔科马市的部分地区和西雅图以南的一些社区所在的位置。这次泥流的沉积物遍布华盛顿州西北部550平方千米以上的土地，有些地方的泥质沉积物达80米厚。此后，雷尼尔山还发生过一些小型的泥流，15万个居住在建在以前的火山泥石流沉积物之上的社区里。如果再发生一次和奥西奥拉泥流同等规模的火山泥石流，这里大部分社区都将被掩埋，泥石流甚至会冲到西雅图中部。

为了保护雷尼尔山周边的人们，这里在1998年装备了一套火山泥石流预警系统。地震仪被安放在火山周边许多地方，用以检测可能预示着大型泥石流开始的振动。警报信号会警告人们在危险解除前到高处避难。

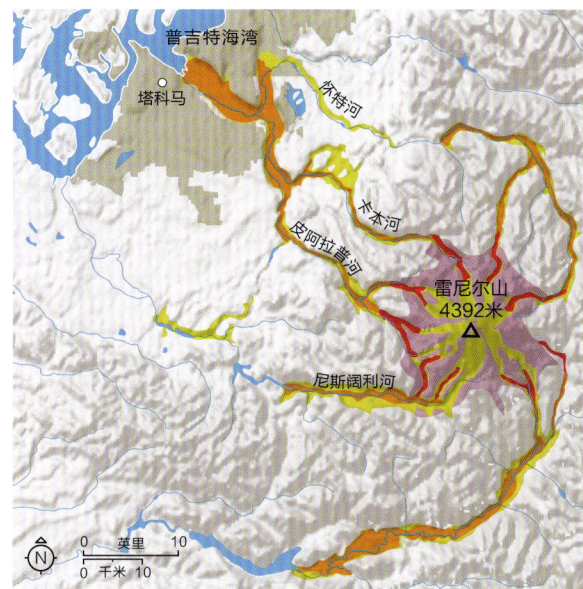

图例

- ■ 重现期小于100年的小型火山泥石流
- ■ 重现期100~500年的中等火山泥石流
- ■ 重现期500~1000年的大型火山泥石流
- ■ 最有可能遭受火山泥石流和火山碎屑流的地区
- ■ 市区

火山泥石流路径

这张雷尼尔山及其周边地区的地图显示了历史上著名的一些火山泥石流的路径。人们认为这些路径也是未来最有可能发生大型泥石流的路径。

大陆火山弧

在东太平洋和北太平洋，在大洋岩石圈板块俯冲到大陆之下的地方，一些著名的系列火山在板块边界的大陆一侧形成。这就是所谓的大陆火山弧。

中美洲陆弧

中美洲的太平洋海岸线上有一条由50多座活火山组成的火山链。从危地马拉到巴拿马西部，这条火山链延伸1500千米。和所有的大陆火山弧一样，这些火山位于离海岸数十千米的内陆并与海岸线平行。它们是西侧的科科斯板块俯冲到东侧的加勒比板块之下时形成的。这条火山链发生过一些大型喷发，包括1902年危地马拉的圣地亚古多火山喷发，这是20世纪4次规模最大的火山喷发之一。

安第斯火山带

在南美洲西部，有一条被许多非火山山脉中断的火山链，这条被隔断的火山链包含近200座火山，是纳斯卡板块和南极板块俯冲到南美板块之下形成的。第一条火山链沿哥伦比亚和厄瓜多尔延伸（北段），第二条沿秘鲁南部、玻利维亚西南和智利北部延伸（中段），第三条位于智利（南段），第四条位于智利南部和阿根廷（南方段）。由于坐落于人口稠密的地区，其中许多火山造成过重大灾害。

四座复式火山
位于萨尔瓦多的这四座火山分别叫作乌苏卢坦、埃尔蒂格雷、奇纳梅卡和圣米格尔火山（左图中从左至右）。它们位于中美洲陆弧的中部。圣米格尔火山的上次爆发发生在2013年。

边境火山
上图这两座复式火山分别是利坎卡布火山和朱利克斯火山，位于智利-玻利维亚边界的南部尽头附近、安第斯火山带的中央区域。

堪察加火山弧

在俄罗斯东部的堪察加半岛，坐落着30余座火山。它们处于太平洋板块下移到鄂霍茨克板块之下的区域。和有的大陆火山弧一样，堪察加火山弧主要由复式火山组成，其中许多火山会剧烈爆发。但是，由于该地区人口稀少，它们对人的威胁较小。堪察加半岛上的克柳切夫火山是欧亚大陆最高的活火山，经常喷射出高6000米的火山灰柱。卡雷姆火山是岛上最活跃的火山，自1996年以来不断喷发。

克柳切夫火山及附近其他火山
前面这座匀称的火山是克柳切夫火山，它左边是卡曼火山，右边是霍夫斯克火山。

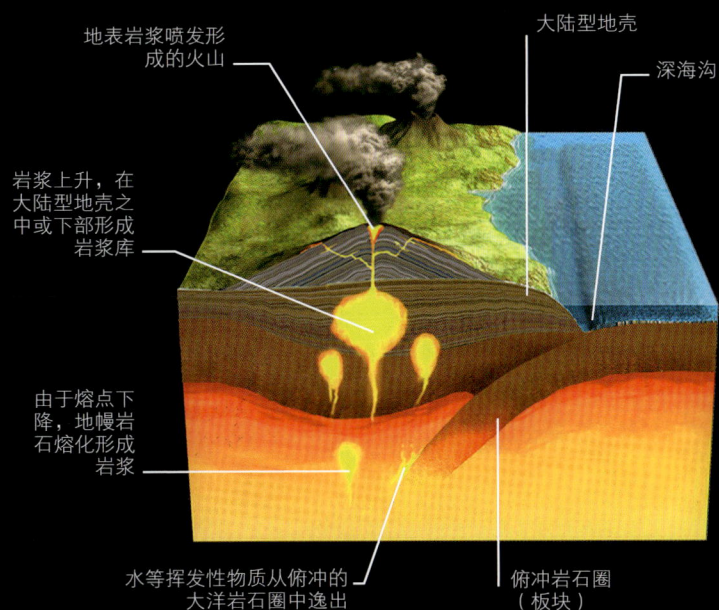

地表岩浆喷发形成的火山

大陆型地壳

深海沟

岩浆上升，在大陆型地壳之中或下部形成岩浆库

由于熔点下降，地幔岩石熔化形成岩浆

水等挥发性物质从俯冲的大洋岩石圈中逸出

俯冲岩石圈（板块）

火山的形成

大洋岩石圈被下拉或俯冲到大陆岩石圈之下的板块边界处，岩浆生成并形成火山。人们认为该过程总是以同样的方式发生。在地下深处，水和其他挥发性物质从俯冲的大洋岩石圈逃逸进入相邻大陆之下的地幔。在这里，这些挥发性物质的存在起到了助熔剂的作用，并降低了地幔岩石的熔点。结果，地幔岩石熔化形成岩浆——一种高温、熔融的岩石和气体的混合物。岩浆上升，在上覆的大陆型地壳之中形成岩浆库。岩浆从这些岩浆库中喷出地表，形成火山。

岩浆的形成
形成大陆火山弧的关键一步是深处地幔岩石的熔化，这发生于挥发性物质从俯冲板块逸出之时。

喀斯喀特火山弧

喀斯喀特火山弧是北美洲的一条火山弧，又叫喀斯喀特山脉。这条火山弧包括约20座白雪覆盖的火山，从北加利福尼亚向北通过俄勒冈州和华盛顿州，进入加拿大不列颠哥伦比亚省，延伸1100多千米。它拥有一些著名的山峰，如美国的圣海伦斯火山和雷尼尔火山，以及加拿大的加里波第山。这里许多火山都有潜在危险，因为它们坐落在人口稠密的地区附近，如波特兰、西雅图和温哥华。它们位于胡安·德富卡板块（太平洋东北部的一小块构造板块）俯冲到北美板块之下的区域。在这些火山之中，圣海伦斯火山爆发次数最多，它的上一次爆发是在2008年。

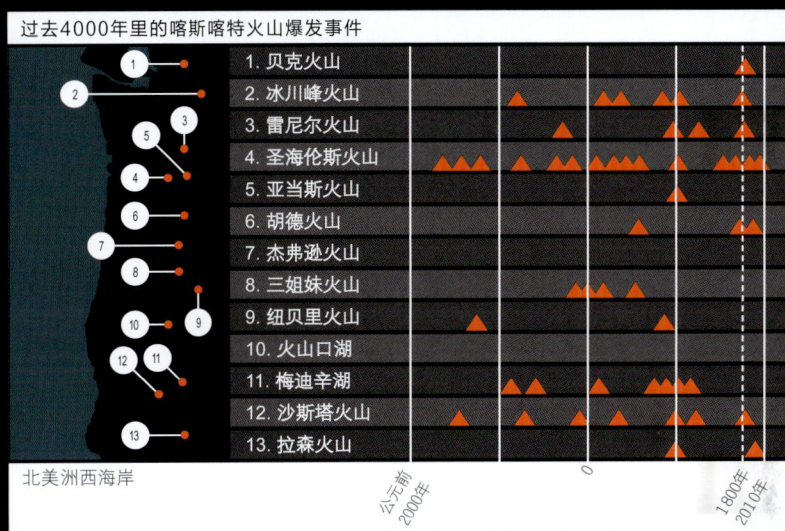

过去4000年里的喀斯喀特火山爆发事件

1. 贝克火山
2. 冰川峰火山
3. 雷尼尔火山
4. 圣海伦斯火山
5. 亚当斯火山
6. 胡德火山
7. 杰弗逊火山
8. 三姐妹火山
9. 纽贝里火山
10. 火山口湖
11. 梅迪辛湖
12. 沙斯塔火山
13. 拉森火山

北美洲西海岸　公元前2000年　0　1800年　2010年

喀斯喀特火山爆发
由这张美国境内的喀斯喀特火山爆发表可知，尽管只有圣海伦斯火山和拉森火山在近年爆发过，但在过去的4000年里，其他许多火山也曾反复爆发。

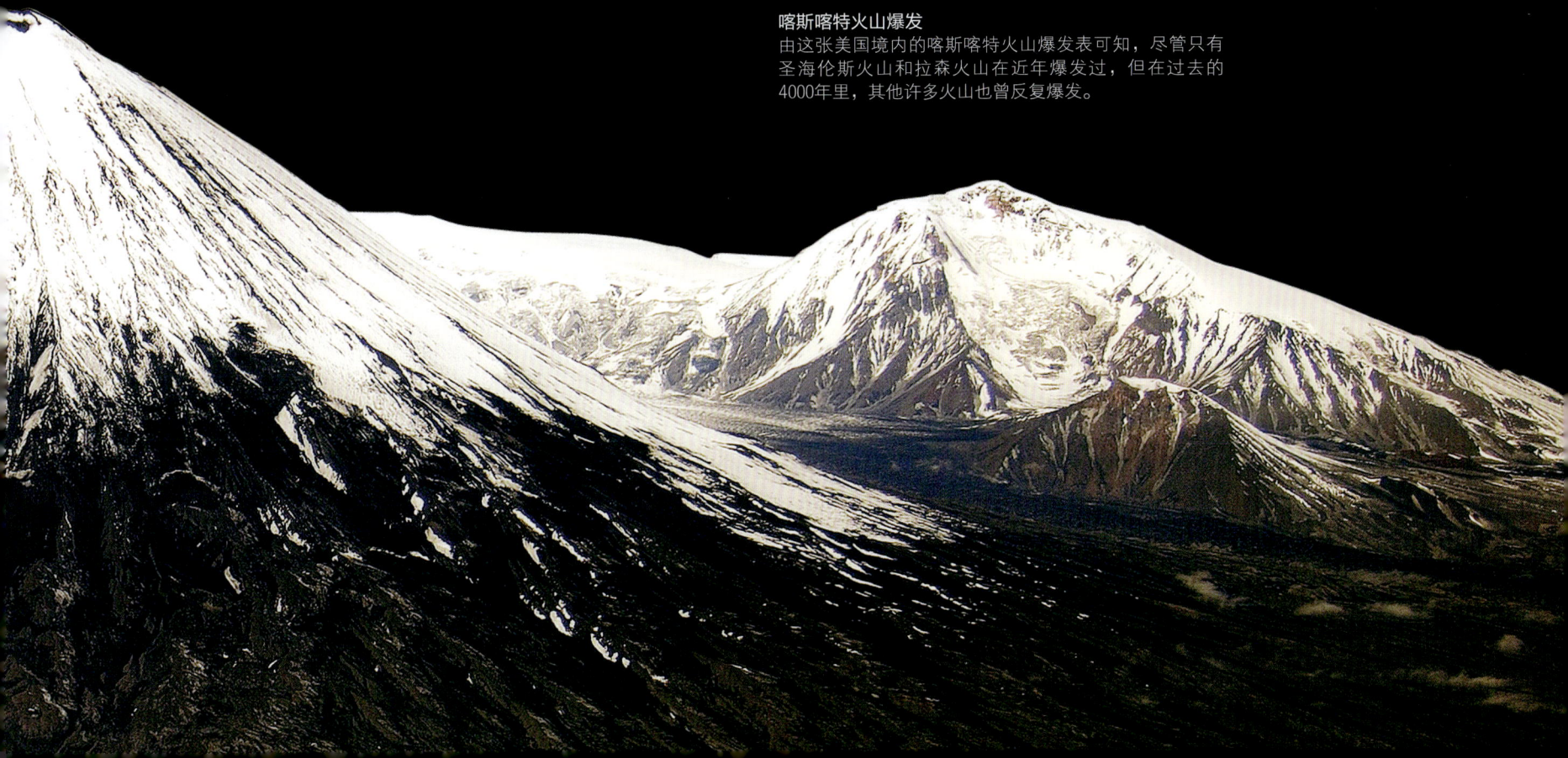

火山岛弧

在世界上的许多板块边界处，不同板块上的大洋岩石圈结合或汇聚在一起，其中一块板块的边缘俯冲到相邻板块之下。结果，在海底形成了一条深深的海沟，以及一条由火山岛组成的平缓的弧线，这条线距离海沟约200千米，并与海沟平行。这些岛链被称为火山岛弧。

岛弧的形成

和大陆火山弧一样，岩浆在地下深处、俯冲板块附近生成之后上升并喷出地表形成火山岛。唯一的区别是，在大洋环境下岩浆喷发到海床之上（而不是地表），之后慢慢形成火山岛弧。小安的列斯岛弧是一个典型的例子，北美板块和南美板块俯冲到加勒比板块之下时形成了该岛弧。它包含十几个小岛，这些小岛沿着加勒比海东部的一条完美曲线排布。其中一些岛屿在过去200年间发生过毁灭性的喷发。另一条火山岛弧——巽他岛弧，是澳大利亚板块俯冲到欧亚板块之下所形成的。这条岛弧包含印度尼西亚许多重要岛屿。70多座不同的火山形成了爪哇岛和苏门答腊岛这两座巨大岛屿的核心部分，以及许多较小的岛屿。巽他岛弧拥有臭名昭著的坦博拉火山和喀拉喀托火山，它们造成了历史上最剧烈、最致命的两次火山爆发。

> ❝ 火山的形成也遵循宇宙秩序的准则。❞
>
> 约翰·肯尼迪，《火山：历史、现象和成因》，1852年

岛串
这张太空照片显示了千岛群岛的一部分岛屿以及背景中的日本北海道岛。它们都是火山岛弧的组成部分。

岛屿的形成

在水下约100千米处，挥发性物质从大洋岩石圈逃逸，并扮演着助熔剂的作用，降低了上方地幔岩石的熔点。地幔岩石熔化形成岩浆并上升至地表，形成海底火山喷发，最后形成岛屿。

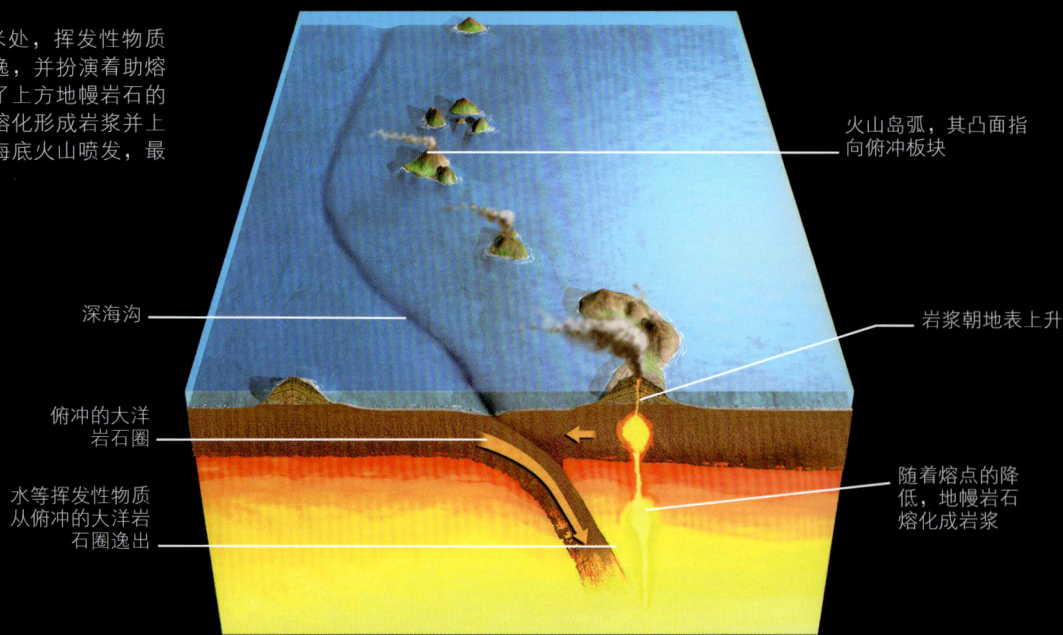

火山岛弧，其凸面指向俯冲板块

岩浆朝地表上升

深海沟

俯冲的大洋岩石圈

水等挥发性物质从俯冲的大洋岩石圈逸出

随着熔点的降低，地幔岩石熔化成岩浆

温弥古丹岛

温弥古丹岛是沿日本北部和俄罗斯堪察加半岛延伸的千岛群岛岛弧的一部分。它包含两座相连的火山，较大的一座叫陶-鲁斯伊尔火山，这是一个中心有火山口湖型破火山口，其中还坐落着一座正在生长的小型复式火山。另一座火山是尼莫火山，上一次爆发时间为1938年。

太平洋上的岛弧

除了小安的列斯岛弧和巽他岛弧，大多数火山岛位于太平洋边缘，这里是更大的太平洋火山带的组成部分。其中最长的一条——阿留申岛弧，坐落于北太平洋。在这里，太平洋板块潜没于北美板块之下。在它的西南部是千岛岛弧，更西南处是日本岛，它本身也是一条火山弧。南方更远处是750千米长的马里亚纳岛弧，它位于世界上最深的深海沟——马里亚纳海沟以西约180千米处。其他大量太平洋岛弧包括日本的伊豆和琉球群岛、菲律宾群岛、所罗门群岛和瓦努阿图群岛。俾斯麦火山弧也是一例，它位于巴布亚新几内亚东北海岸沿海，拥有危险的乌拉旺火山和拉包尔火山。

小安的列斯岛弧

这条加勒比海上的岛弧约850千米长。几乎每个岛上都有一座火山，其中，多米尼克岛上有9座火山。

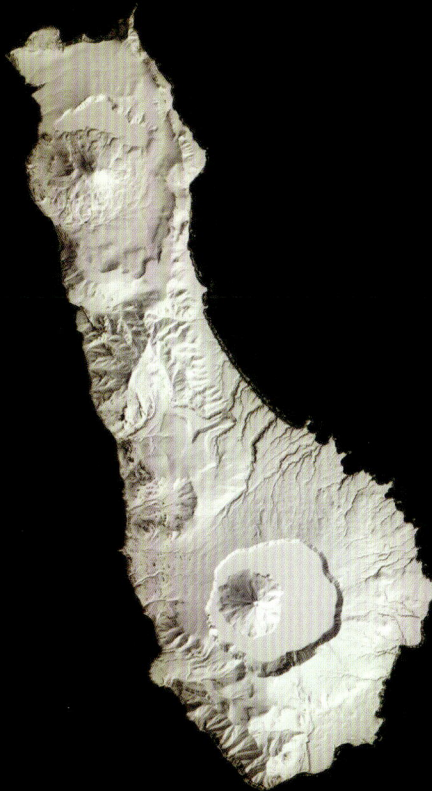

拉包尔火山

拉包尔火山是俾斯麦火山弧最东部的一座火山，火山口被水淹没。在它边缘有两座复式火山，其中之一是塔乌鲁斯火山，即上图所示。1937年，这两座复式火山的一次联合爆发导致500多人丧生。

火山岛链

如果一个包含大洋岩石圈的板块在地幔顶部的一个热点上方移动，它就会创建一条岛链。在热点上方常有一座火山或火山群在积极地生成岛屿，而岛链上的其他岛屿则展现出该热点过去的火山活动证据。

夏威夷岛链

太平洋中央的夏威夷岛链是一条典型的火山岛链。夏威夷的大岛，特别是它的两座活火山——冒纳罗亚山和基拉韦厄山，以及夏威夷南海岸外一座名为罗希的年轻的水下火山，都位于太平洋板块下一个强大、活跃且持久的热点之上。其他大部分岛从大岛起向西北呈线状延伸。除此之外是一些较小的岛屿、环礁、礁石和水下的海山（大多是水下死火山），延伸2500千米直到一个叫作库雷环礁岛的地方。整个夏威夷岛链是在过去3000万年间太平洋板块移经一个热点的过程中形成的。中太平洋和南太平洋的其他一些火山链，如土阿莫土群岛，也显示出类似的特征。

加拉帕戈斯群岛

加拉帕戈斯群岛是东太平洋纳斯卡板块上的一组火山岛。地质学家们认为它们是由纳斯卡板块向东移经一个持续的热点所形成的。与夏威夷岛链的简单模式不同，在过去500万年~1000万年间，加拉帕戈斯热点形成了几条不同的火山链。这种复杂的模式归因于加拉帕戈斯群岛的位置——它靠近大洋扩张脊，即新板块生成的地方。洋中脊的不同活动可能造成了加拉帕戈斯群岛与众不同的群组模式。

> " 我们相信，在一个从地质学角度来说的近期，完整的海洋在这里张开。"

查尔斯·达尔文，《贝格尔号旅行记》，1845年。这句话指的是加拉帕戈斯群岛相对近代的起源。

尼华岛形成于600万年前~400万年前

考艾岛形成于550万年前~380万年前

瓦胡岛形成于330万年前~220万年前

莫洛凯岛形成于180万年前~130万年前

毛伊岛形成于不到100万年前

夏威夷大岛形成于50万年前至今的时期内，它含有5座盾状火山

冒纳罗亚山是夏威夷的盾状活火山之一，是全世界最大的火山

板块移动方向

大洋岩石圈构成太平洋板块的一部分

热点位于岩石圈之下

夏威夷群岛的年龄
依据热点理论，夏威夷岛链中距离热点越远的岛屿年龄越大。

地幔柱将热的地幔物质搬运至地表

加拉帕戈斯火山口
加拉帕戈斯热点造成的近代或过去的火山活动的痕迹，在加拉帕戈斯群岛各处都能见到。图中央的火山口名为贝格尔，是以1835年查尔斯·达尔文到该岛时乘坐的船命名的。

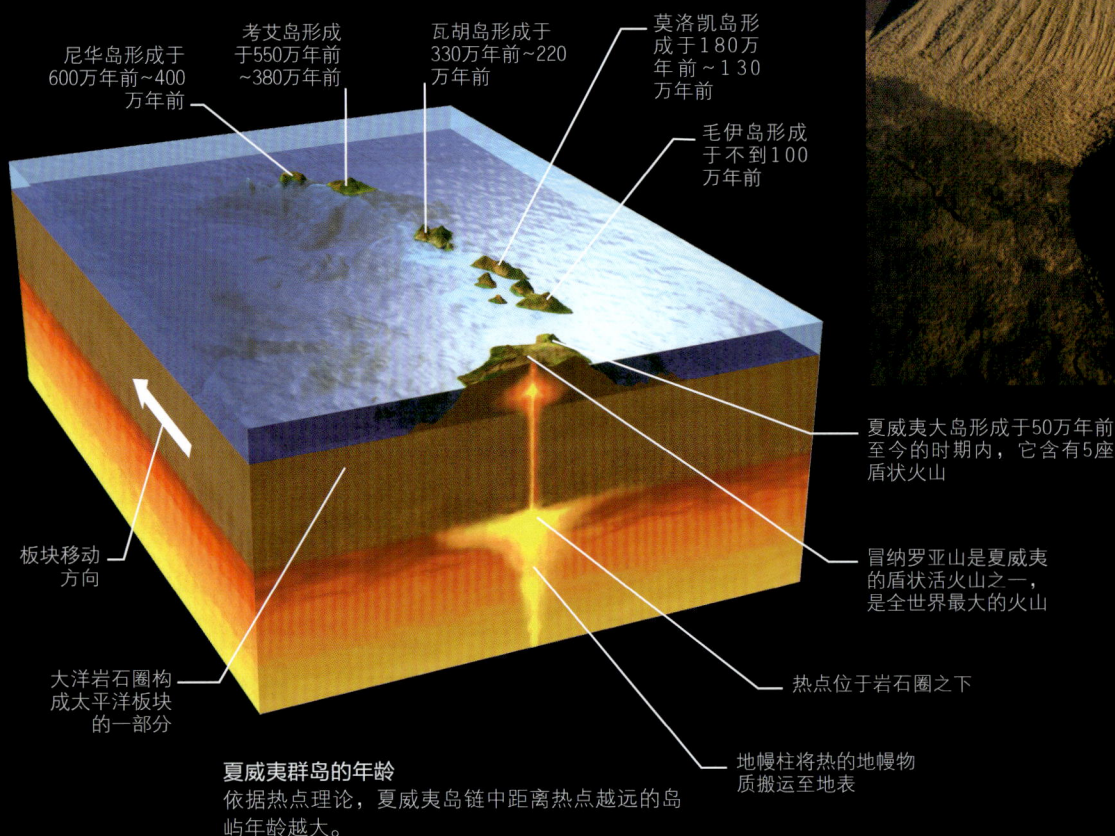

夏威夷岛链
这个3D模型显示了5个夏威夷岛屿，包括毛伊岛和瓦胡岛，这两个岛屿是持续的火山活动形成的水下山丘露出水面的部分。

印度洋火山链

最壮观的火山链之一是由印度洋的一个热点创建的。在约6700万年前，板块运动使印度板块移经该热点，形成了厚熔岩流，进而形成了德干地盾。后来，随着印度板块向东北方向移动，印度洋上形成了更多的火山岛。约3000万年前，一条洋中脊移经同一个热点。自那时起，非洲板块处于该热点之上，并相对该热点大致向东移动。在沉寂了一段时期之后，该热点形成了更多的岛屿，包括毛里求斯群岛和最近形成的留尼汪岛。

图例
— 洋中脊
● 热点路径
○ 沉寂阶段热点的假定路径

热点路径
人们认为，过去6700万年来，如今留尼汪岛下方的热点之上的板块运动创建了德干地盾、马尔代夫群岛、查戈斯群岛、毛里求斯群岛和留尼汪岛本身。

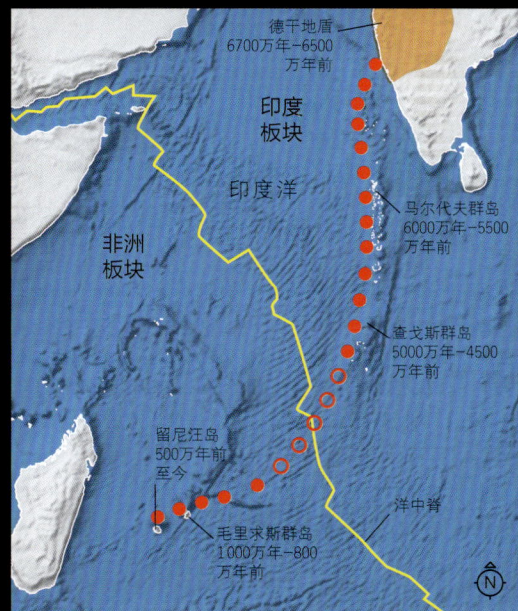

莫纳布拉班特山，毛里求斯群岛
毛里求斯群岛有许多过去火山活动的痕迹，包括这块名为莫纳布拉班特的巨大玄武岩，它很可能是由留尼汪热点形成的。

盾状火山

盾状火山是宽阔的、盾状的火山,由火山喷发出的多层流动熔岩在火山侧翼流动、凝固形成。盾状火山数量有限,尽管它遍布世界各地,却只在夏威夷、冰岛、加拉帕戈斯群岛和东非裂谷带等地方最为常见。

结构和形成

盾状火山形成于玄武质成分的岩浆上涌并以熔岩形式喷出地表的地方,通常是地壳下存在热点之处。这样的热点位于大洋型地壳、洋中脊或大陆断裂带之下。玄武质熔岩流动性高,在凝固之前能够流动很长的距离,这是盾状火山外形宽广的原因。虽然

一些盾状火山是死火山,但是其他则几乎不停地进行夏威夷式火山喷发。在这类喷发中,大量的熔岩静静地被喷到地面上,在极少数情况下,才有大爆炸或火山灰柱。

盾状火山爆发
在爆发期间,流动的熔岩通常从火山侧翼的裂缝或寄生火山锥以熔岩喷泉的形式喷涌至火山表面。山顶火山口也会溢出一些熔岩。熔岩通道逐渐形成,并将喷发物质扩散到广大区域。

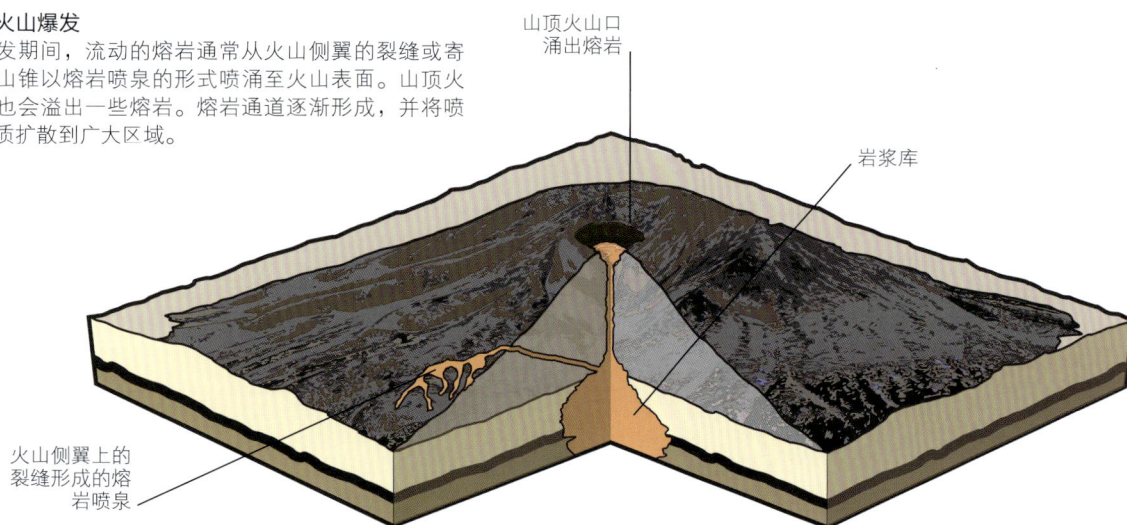

山顶火山口
涌出熔岩

岩浆库

火山侧翼上的
裂缝形成的熔
岩喷泉

费尔南迪纳岛
这座大型盾状火山占据了整个费尔南迪纳岛 —— 加拉帕戈斯群岛中最年轻、火山活动最活跃的岛。在它的顶部是一个部分塌陷的破火山口,宽6千米,深数百米。费尔南迪纳岛火山上一次大爆发是在2009年。

爆发中的基拉韦厄火山锥
熔岩正从基拉韦厄火山侧翼上的一个寄生火山锥中喷涌而出。基拉韦厄火山是夏威夷的一座盾状火山,是世界上最活跃的火山之一,自1983年以来不断爆发。

熔岩湖

埃塞俄比亚的尔塔阿雷火山山顶有多个熔岩湖。湖表面有一层黑色的固体熔岩，但是其间的裂缝表明其下有灼热、明亮、熔融的岩浆。

显著特征

在盾状火山顶部有一个宽阔的火山口，有时可能是部分塌陷的破火山口。在少数情况下，山顶火山口拥有一两个红-热熔岩湖。有时，近期没有爆发的火山，其火山口会局部充水。火山侧翼通常坡度平缓并覆盖着凝固的黑色熔岩流，还有裂缝和寄生火山锥，这是过去的或正在喷发的熔岩喷发地。一些盾状火山的熔岩流动的通道被封闭在熔岩管内。一旦熔岩排空，会留下长长的穴状地下隧道。

寄生火山锥

这些喷发的火山锥被称为寄生火山锥，于2010年拍摄于留尼汪岛一座名为富尔奈斯火山的盾状火山之上。它们由被喷入空中后在撞击地面时凝固成堆的熔岩块形成。

最大的盾状活火山			
地点	形状	峰高	底部最大宽度
冒纳罗亚火山，夏威夷		4170米	95千米
尔塔阿雷火山，埃塞俄比亚		613米	80千米
谢拉·内格拉火山，加拉帕戈斯		1500米	50千米
尼亚穆拉吉拉火山，刚果民主共和国		3058米	45千米
基拉韦厄火山，夏威夷		1247米	50千米

火山渣锥

火山渣锥，又称火山灰锥或火山碎屑锥，是主要由松散的火山灰（玻璃质的凝固熔岩碎片）组成的相对较小的火山。一些火山渣锥含有数量相当可观的火山灰或熔岩。火山渣锥通常形成于大型火山的侧翼，有时是单个，有时是多个。

形成与喷发

最初，地面突然出现裂缝并开始喷射火山渣和熔岩弹。之后的几个月或几年里，裂缝不断变大，形成斯特隆博利式或乌尔卡诺式喷发，喷出火山渣、火山弹和一些熔岩流。在一段时期的强烈活动之后，它们平息下来。一个典型的例子是墨西哥的帕里库廷火山，它于1943年由一片玉米田里的一条裂缝发展而来。在一年的时间里，这条裂缝长到300米高。1952年，在达到424米的最大高度后，它停止了喷发。

火山渣锥的构造
火山渣锥由火山渣，有时还有层层的熔岩和火山灰组成，拥有陡峭的斜坡。其顶部的火山口喷出火山渣和火山灰。熔岩喷出后，常从火山口一侧的缺口流出。

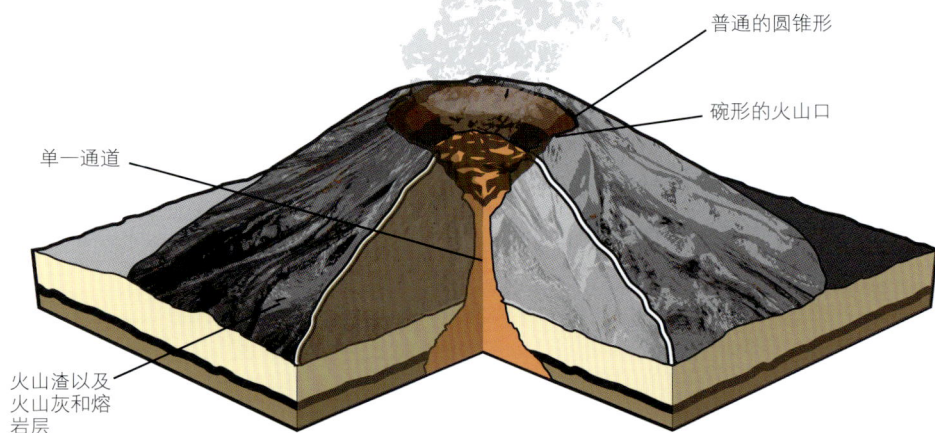

普通的圆锥形

碗形的火山口

单一通道

火山渣以及火山灰和熔岩层

活跃度

大多数火山渣锥在几年内出现、喷发和成长，之后就平息下来。世界上许多这样的火山只有一个主要喷发阶段，这样的火山被称为单成因火山。剩下的是复合成因火山，它们有不止一个喷发阶段。例如，尼加拉瓜的一座名为塞罗内格罗的大型火山渣锥自1850年以来爆发了超过23次，并威胁着住在它附近的人。

取样
一位穿着防护服的科学家正在夏威夷基拉韦厄火山的普奥奥火山口边缘采集熔岩样本。

形状规则的火山锥
伊芙火山锥是几近规则圆锥形的火山渣锥，是位于加拿大不列颠哥伦比亚省的一座盾状火山侧翼上的30座火山渣锥之一。它形成于大约1300年前，从地质学角度来说时间较近。它高172米，宽450米。

火山锥群
这群火山锥位于沙特阿拉伯西北部的哈拉特·卢奈伊尔火山活动区。这片地区在离散型板块边界附近，这里阿拉伯板块正在远离非洲板块，有一条标志性的断裂带。板块活动导致了这里的火山活动。将来，这里会有更多的火山爆发。

普奥奥火山渣锥
这座寄生火山锥坐落在一座更大的母火山——夏威夷基拉韦厄盾状火山的侧翼上。自1983年以来，普奥奥火山口不断喷发，生成火山渣、熔岩喷泉和熔岩流以及火山气体。

马达加斯加火山渣锥
这座大面积被植被覆盖并部分被侵蚀的死火山渣锥是伊塔西火山场的一部分。它位于马达加斯加伊塔西湖附近的一个还拥有许多温泉的火山区内。这里的上一次火山喷发发生于大约8000年前。

复式火山

复式火山，也叫成层火山。当岩浆爆炸喷向空中，会产生硬化的熔岩和火山灰、火山渣等物质，复式火山就是由这些岩浆物质层构成的大型锥状火山。这类火山包括了世界上最著名的、景象最壮观的火山，也包括了世界上最危险的火山。

形成与活动

有些火山形成于热点上，而大部分火山则形成于海洋-大陆或者海洋-海洋板块交接边缘附近。与形成盾状火山（另外一种主要的大型火山类型）流动性较强的岩浆相反，复式火山喷发的岩浆流动距离通常较近，它们更倾向于在主火山口附近或者内部凝固，不时地形成一些块体。因此，复式火山喷发的大部分物质不是在表面流动覆盖的岩浆，而是火山清理主火山喷口时爆炸性喷发产生的火山碎屑（火山渣、火山灰、浮石和火山弹）。这不仅很好地解释了复式火山的结构，还解释了复式火山喷发周期长的行为：火山剧烈活动的阶段穿插着静默期，静默期的持续时间从几年到几千年不等。

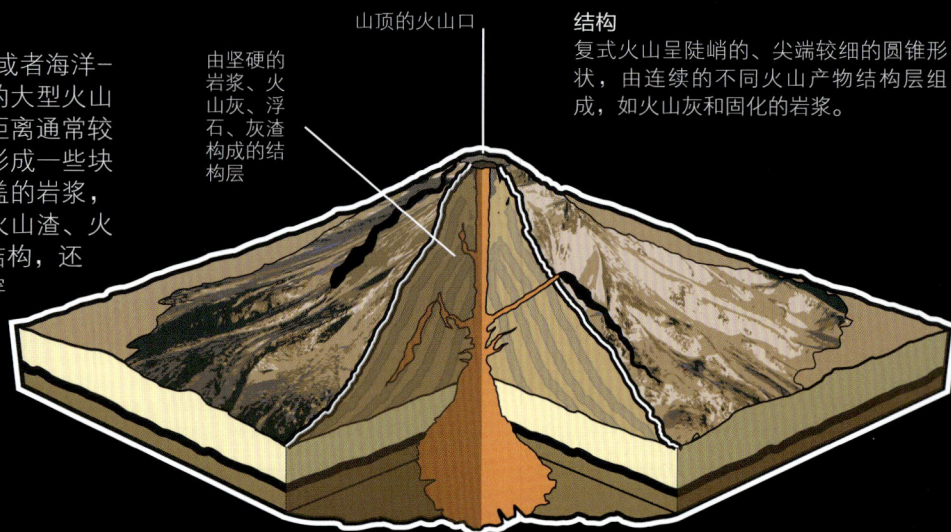

由坚硬的岩浆、火山灰、浮石、灰渣构成的结构层

山顶的火山口

结构
复式火山呈陡峭的、尖端较细的圆锥形状，由连续的不同火山产物结构层组成，如火山灰和固化的岩浆。

科多帕希火山
厄瓜多尔安第斯山的这座几乎完全对称的复式火山海拔高达5911米。自1738年以来，它喷发了50多次，最近一次喷发是在1940年。科多帕希火山喷发最主要的危险来自山顶融化的冰川和雪，它们可以形成毁灭性的泥流。

喀拉喀托火山：以危险而著名的复式火山

历史上最致命的火山喷发之一，发生于1883年8月，来自印度尼西亚喀拉喀托岛上的一座复式火山。喷发接近尾声时的一个爆炸将喀拉喀托炸开了。大量的岩石和火山灰被喷射到大气中，或者以火山碎屑流的形式送往附近的岛屿，接着还引起了一系列剧烈的海啸。据官方记录，有165座城镇和村庄被毁，36000人丧命，而这些主要是由海啸所导致的。喀拉喀托最后一次爆炸因其爆炸声是有记录以来最响的而著名，它的爆炸声在3100千米以外的澳大利亚珀斯都能清楚地听到。

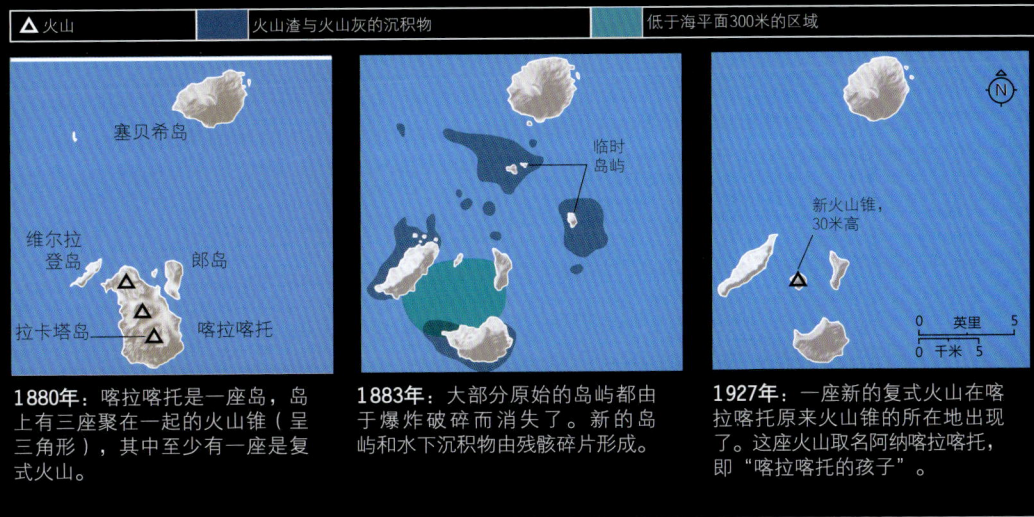

△ 火山	火山渣与火山灰的沉积物	低于海平面300米的区域

1880年：喀拉喀托是一座岛，岛上有三座聚在一起的火山锥（呈三角形），其中至少有一座是复式火山。

1883年：大部分原始的岛屿都由于爆炸破碎而消失了。新的岛屿和水下沉积物由残骸碎片形成。

1927年：一座新的复式火山在喀拉喀托原来火山锥的所在地出现了。这座火山取名阿纳喀拉喀托，即"喀拉喀托的孩子"。

特征

复式火山可以以各种各样的方式喷发，从温和的斯特隆博利式喷发到非常危险的乌尔卡诺式、培雷式或者普林尼式喷发。它们能够产生广泛的影响，包括伴随着巨大爆炸声的熔岩弹和火山渣雨，到大规模的火山灰云和火山灰流。由于它们的山顶海拔较高，很多复式火山在山坡上部有大量的冰川和雪场，当火山喷发时，将会带来危险的火山泥石流。火山喷发可以持续几小时或者几天到几十年。过去最具破坏性的喷发中，很多来自复式火山，包括喀拉喀托火山。

阿雷纳尔火山喷发
哥斯达黎加的这座年轻的复式火山在安静了几个世纪后，自1968年以来一直有规律地喷发。近些年来，几乎每天晚上都能看到灼热的岩浆泉和岩浆流。

鲁阿佩胡火山喷发
新西兰最大的活跃火山鲁阿佩胡火山于1996年发生了非常壮观的喷发，产生了很高、很暗的火山灰柱。之后，2007年的喷发引发了强大的火山泥石流。

埃特纳火山

作为欧洲最大的火山，埃特纳火山覆盖了西西里岛东部1190平方千米的区域。它的高度为3329米，是一座结构复杂的复式火山，拥有四个独立的山顶火山口，在山体两侧还有300多个寄生的火山口和火山锥。埃特纳火山于50万年前形成于地中海的海底，于10万年前开始露出海面。在过去的几千年里，它几乎一直都处于活跃状态，其喷发类型主要有两种。一种是来自一个或者多个山顶火山口的壮观的、爆炸性的喷发，产生了火山弹、火山灰雨和大型火山灰云。另一种是埃特纳火山会从火山口和山体两侧裂缝中产生夏威夷式喷发和斯特隆博利式喷发。两种喷发类型的主要特征是会形成熔岩喷泉和大量玄武质熔岩流，玄武质熔岩流可以是绳状熔岩或渣块熔岩。

2008年9月	
位置	意大利，东西西里岛
火山类型	复式火山
喷发类型	夏威夷式喷发/斯特隆博利式喷发
火山爆发指数	1~2级

417　喷发口持续产生熔岩的天数

山顶火山口

埃特纳火山拥有四个独立的山顶火山口，这张照片中能看到其中三个。从左起，它们分别是东北火山口、拉沃瑞金（卡兹姆）火山口与博卡诺瓦（新口）火山口。这些火山口宽300~400米。此外，在埃特纳火山的山坡上有成百上千个较小的火山口和火山锥。

埃特纳火山喷发
在这张夜晚的照片中，可以看见埃特纳火山北侧明亮的熔岩喷泉和熔岩流。背景中是卡塔尼亚市，它在过去遭受过大规模熔岩流的入侵。

熔岩流
这张地图显示了熔岩流抵达和超过埃特纳火山每一侧底部的不同时期。

△ 埃特纳火山的山顶

■ 峰顶的火山岩

侧面的熔岩流
- 21世纪
- 20世纪
- 19世纪
- 18世纪
- 17世纪
- 16世纪以前
- 有历史记载前的火山岩
- 埃特纳火山喷发以前的沉积物

0 英里 5
0 千米 5

> " ……这座可怕的山，我站立在它烧焦和颤抖的地面之上——你，同样地，站在生命的最边缘！ "
>
> 马修·阿诺德，英国诗人，选自他的诗《埃特纳山上的恩培多克勒》，1852年

喷发时间线

1637年 长期的喷发
从1634年持续到1638年的一次喷发估计产生了1.5亿立方米的熔岩。这张版画出自德国学者阿塔纳修斯·基歇尔的一本书，他在1637年目睹了这次喷发。

1766年 重塑埃特纳火山
这次喷发产生了约1.15亿立方米的熔岩，部分重塑了埃特纳火山并威胁到它南侧的尼科洛西镇。这幅描绘当时喷发场景的作品出自法国雕刻师让·巴蒂斯特·查普。

烟圈
埃特纳火山的山顶火山口偶尔会喷出"烟圈"。这些烟圈其实是由蒸汽构成的。在2002年2月，瑞士火山观察者看到了一系列这样罕见的烟圈从博卡诺瓦火山口喷出。在向上飘散的过程中，一些烟圈持续存在了10分钟。

冒烟的埃特纳火山
这是2002年2月埃特纳火山山顶排放出的蒸汽圈中的一个。它的直径大约200米。

2002年 全面毁坏
火山两侧喷发出口喷涌出岩浆，地震晃动着火山的东翼，而一个高4千米的灰柱从它南侧的火山口中升起。熔岩流破坏了一座森林的部分地区以及一座旅行者综合滑雪站。

2008年 大规模熔岩流
在5月，埃特纳火山山顶附近的一条裂缝发生了一次强烈的喷发，几条熔岩流涌向里波斯托市。几天之后，超过200场地震导致了一条侧翼裂缝首次喷发，这次喷发持续了14个月。

默拉皮喷发，2010年

默拉皮火山是印度尼西亚爪哇岛的大型复式火山，它在2010年末的一次喷发是21世纪最严重的火山喷发之一。这座危险的复式火山的喷发引发了一系列的地震、爆炸、火山灰柱、炽热的熔岩崩落、火球、火山泥石流和火山碎屑流，导致300多人死亡。数亿立方米的火山灰和其他火山物质散落在周围。印度尼西亚最活跃的火山——默拉皮火山（意为"火焰山"）位于世界上人口最稠密的地区之一。它有着2968米的高度，影响着日惹市以北的区域。默拉皮火山有一个特别的问题：它的山顶有一个边缘陡峭的活跃熔岩穹丘，该穹丘容易出现局部坍塌。当穹丘发生坍塌时，所产生的火山碎屑流和火山泥石流会对生活在火山斜坡上耕作肥沃土地的人构成巨大的威胁。从9月份出现早期危险迹象到12月初喷发平息下来，默拉皮火山2010年的喷发历时3个月。其中，喷发最致命的阶段是从10月25日开始的。

2010年10—11月	
位置	印度尼西亚，爪哇岛中部
火山类型	复式火山
死亡人数	353

350000

无家可归的人数

喷发
2010年11月，在喷发的地方，白炽灯般的光芒弥漫在默拉皮火山山顶，大量滚烫的火山灰和熔岩涌向火山的斜坡下部。

灾难的形成

1 喷发开始
2010年10月25日，默拉皮火山山顶的熔岩穹丘出

2 气体与火山灰流
至10月26日，一系列火山碎屑流沿默拉皮火山

3 大规模疏散
在接下来的几天里，随着大量火山灰柱进入大

追踪

追踪

2010年10月25日，在日惹市火山监测中心，一位政府科学家正在监测默拉皮火山的活动。同一天，火山学家建议火山附近的一个地区进行疏散，并将警戒等级升至最高级。

影响和伤亡

接近10月底，当监测到默拉皮火山附近的小型地震激增而且熔岩穹丘发生膨胀时，居住在默拉皮火山10千米范围内的村民被建议撤离该地区并到紧急避难所寻求庇护。至11月5日，建议的疏散区已经扩大到20千米。不幸的是，许多村民没有遵从疏散建议，他们要么一直留在家中，要么在喷发持续时返回家中。死亡人数上升至353人，其中大部分人的死因是窒息和烧伤。火山喷发的火山灰笼罩了大面积的森林、农场和种植园，火山灰柱还造成整个爪哇岛航空交通的大混乱。

" 下起了火山灰雨，天很黑，能见度只有两米。"

贝姚·苏吉托，一位居住在日惹市的39岁的司机

4 搜救行动

至11月初，随着喷发进入最强烈的阶段，许多人受伤或死亡。

5 破坏

火山泥石流流经距离达16千米，淹没了日惹市附近的村庄，造成了一些非常严重的破坏。

6 后果

在斯莱曼县乌母布哈拉村的火山喷发遇难者的葬礼上，他们的亲属正在祈祷。

破火山口

"破火山口"（caldera）这个词是大锅的意思，在这里指的是由于大量岩浆喷发形成的宽1千米~100千米的、一般呈圆形的凹陷。它通常用于描述火山的两种不同构造类型，一是指火山的一种类型，二是指大型复式火山或盾状火山的一个特征。有的破火山口非常大，例如美国阿留申山脉的阿尼亚查克火山拥有一个宽10千米、从边缘到最深处深408米的破火山口。

阿尼亚查克破火山口

这个火山口湖型破火山口位于美国阿拉斯加州的阿留申山脉。它形成于3400年前的一次巨大喷发，宽10千米。

破火山口的类型

"破火山口"常用于描述大型复式火山经历了灾难性的普林尼式喷发和塌陷（通常发生在数千年前）后形成的地貌。这些地貌结构本身就是火山。它们没有统一的称谓。一类破火山口以美国俄勒冈州的一座破火山口的类型命名，称为火山口湖型破火山口，但这个称谓并没有得到普遍认可。第二类，有时称为沉降式破火山口，由盾状火山山顶近期的逐渐沉陷形成。一些机构还定义了第三类破火山口，这类破火山口过于巨大，是由不止一个复式火山的塌陷形成的。这类火山构造很少，有时也被称为"超级火山"。过去，它们都曾有过毁灭性的喷发。

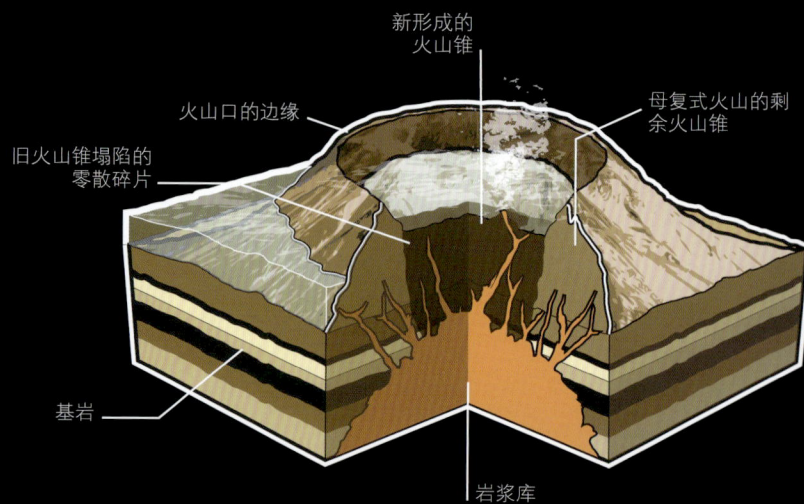

新形成的火山锥

火山口的边缘

母复式火山的剩余火山锥

旧火山锥塌陷的零散碎片

基岩

岩浆库

破火山口结构

火山口湖型破火山口是一个又宽又深、已形成一座湖泊的火山口。它的底部有复式火山，以前在塌陷时形成的碎片。

火山口湖型破火山口

这类破火山口表现为宽阔的、通常为近圆形的火山口，典型宽度为5~20千米，边缘通常比周围地面高出数百米。美国俄勒冈州的火山口中的湖水深约600米，是北美洲最深的淡水湖，但并不是所有的火山口湖型的破火山口都含有湖泊。少数火山口湖型破火山口，如坦桑尼亚的恩戈罗恩戈罗火山口，确定是死火山口；但其他大多数这类火山口下方仍有充满岩浆的巨大岩浆库，在未来可能再次喷发。许多这类火山内部生长着新的复式火山或火山渣锥火山。

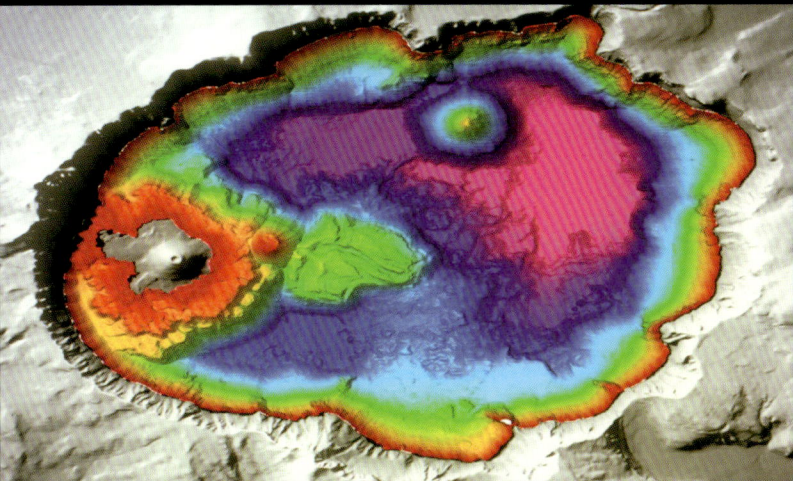

火山口湖，俄勒冈州，美国
这里用彩色3D浮雕描绘的是火山口湖。从红色（最浅）到紫色（最深），上图中不同的颜色代表火山口湖底在水面下的不同深度。此处的火山口湖形成于约6850年前一座巨大的复式火山——梅扎马火山的剧烈喷发和塌陷。

火山口湖型破火山口的形成

这种类型的破火山口通常形成于复式火山的塌陷。这种塌陷可能是单一的毁灭性普林尼式喷发的结果，也可能是一系列喷发的结果。总塌陷面积能达到数百平方千米。

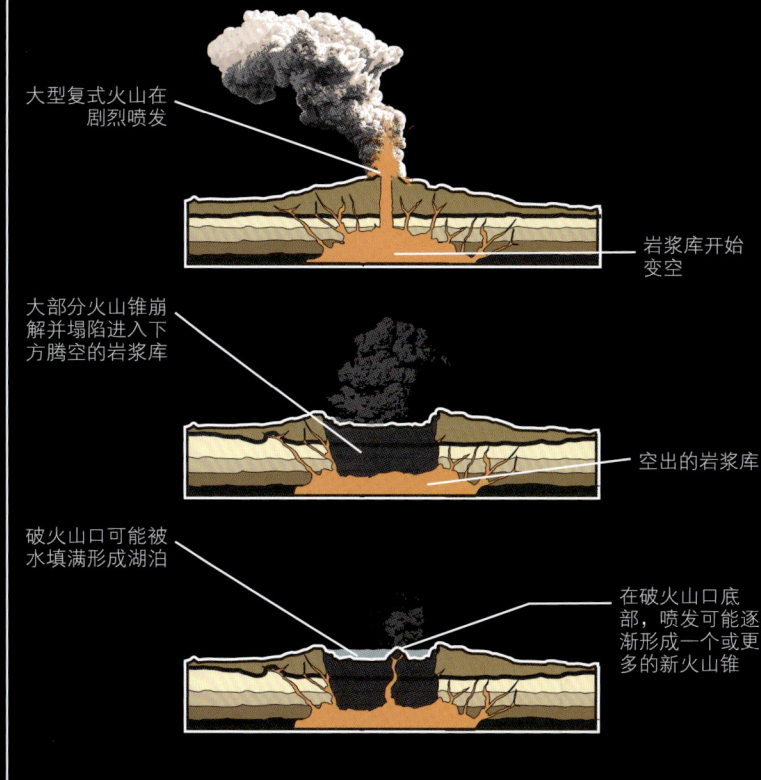

大型复式火山在剧烈喷发

岩浆库开始变空

大部分火山锥崩解并塌陷进入下方腾空的岩浆库

空出的岩浆库

破火山口可能被水填满形成湖泊

在破火山口底部，喷发可能逐渐形成一个或更多的新火山锥

盾状火山破火山口

这类破火山口本身不是一座火山，只是随着时间不断沉降的盾状火山的顶部区域。夏威夷的基拉韦厄火山正是一例。它顶部的各种各样的塌陷形成了一个近似圆形的洼地，深165米，宽5千米，底部相当平坦但铺满了粗糙的熔岩。在它的内部，还有一座小得多的名为哈雷茂茂的圆形火山口。这里间或呈现为一座熔岩湖或者爆炸性地排放出气体、熔岩和火山灰。

圣托里尼破火山口

位于希腊东南部、爱琴海南部的圣托里尼岛是至少被四个重叠的破火山口切割的一系列重叠的盾状火山。在过去几十万年间，它爆发过很多次。最后一次大爆发发生在约3600年前，是有史以来最大的火山爆发事件之一。60多立方千米的物质被炸到空中，引发了一场毁灭性的海啸，这场海啸可能是附近克里特岛上的米诺斯文明衰落的原因。

爱琴海的破火山口
圣托里尼破火山口，如右图这张俯瞰照片所示，大小约为7千米乘12千米。构成它2/3边缘的岛屿被称为锡拉岛。

基拉韦厄破火山口
左图的视角是从基拉韦厄山山顶破火山口的一侧边缘看向对面的垂直岩壁。

超级火山

地球上少数一些被称为"超级火山"的火山，过去曾出现过真正的灾难性爆发，并且有可能在未来爆发，从根本上改变地貌并严重影响全球气候。

特点

超级火山是指已经发生过至少一次火山爆发指数达到8级的大爆发，并且有可能在将来发生类似爆发的火山。这种规模的火山爆发比我们最近几个世纪以来的任何一起火山爆发——如1980年圣海伦斯火山爆发——的规模大1000倍左右。全世界只有极少数的火山够资格称为超级火山，且它们全都是下层活跃岩浆库的大型破火山口。黄石破火山口是一个典型的例子，它构成了美国怀俄明州黄石公园的很大一部分。它上一次大爆发在64万年前，约1000立方千米的岩石和岩浆被喷向空中，美国西部的一大片区域都覆盖在火山灰之下。尽管地质学家认为它在短时间内不会再爆发，但它的确有可能在将来某一时间再次喷发，给当地和全球气候造成灾难性后果。另外两个超级火山位于新西兰北岛的陶波湖和苏门答腊的多巴湖两个风景优美的湖泊之下。陶波火山最大的一次喷发发生在22600年前，估计有1170立方千米的物质被喷入空中，造成数百平方千米的地面塌陷，而多巴火山的最大喷发规模更大（见右上图）。

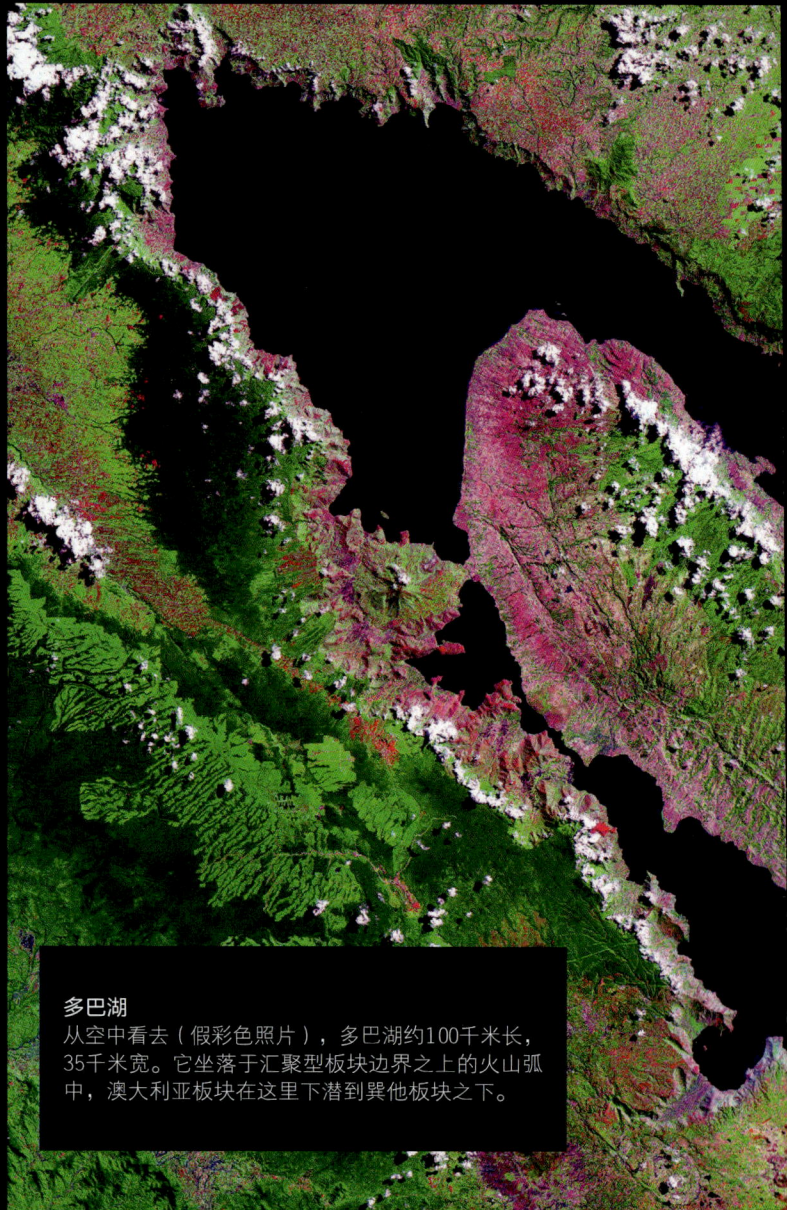

多巴湖
从空中看去（假彩色照片），多巴湖约100千米长，35千米宽。它坐落于汇聚型板块边界之上的火山弧中，澳大利亚板块在这里下潜到巽他板块之下。

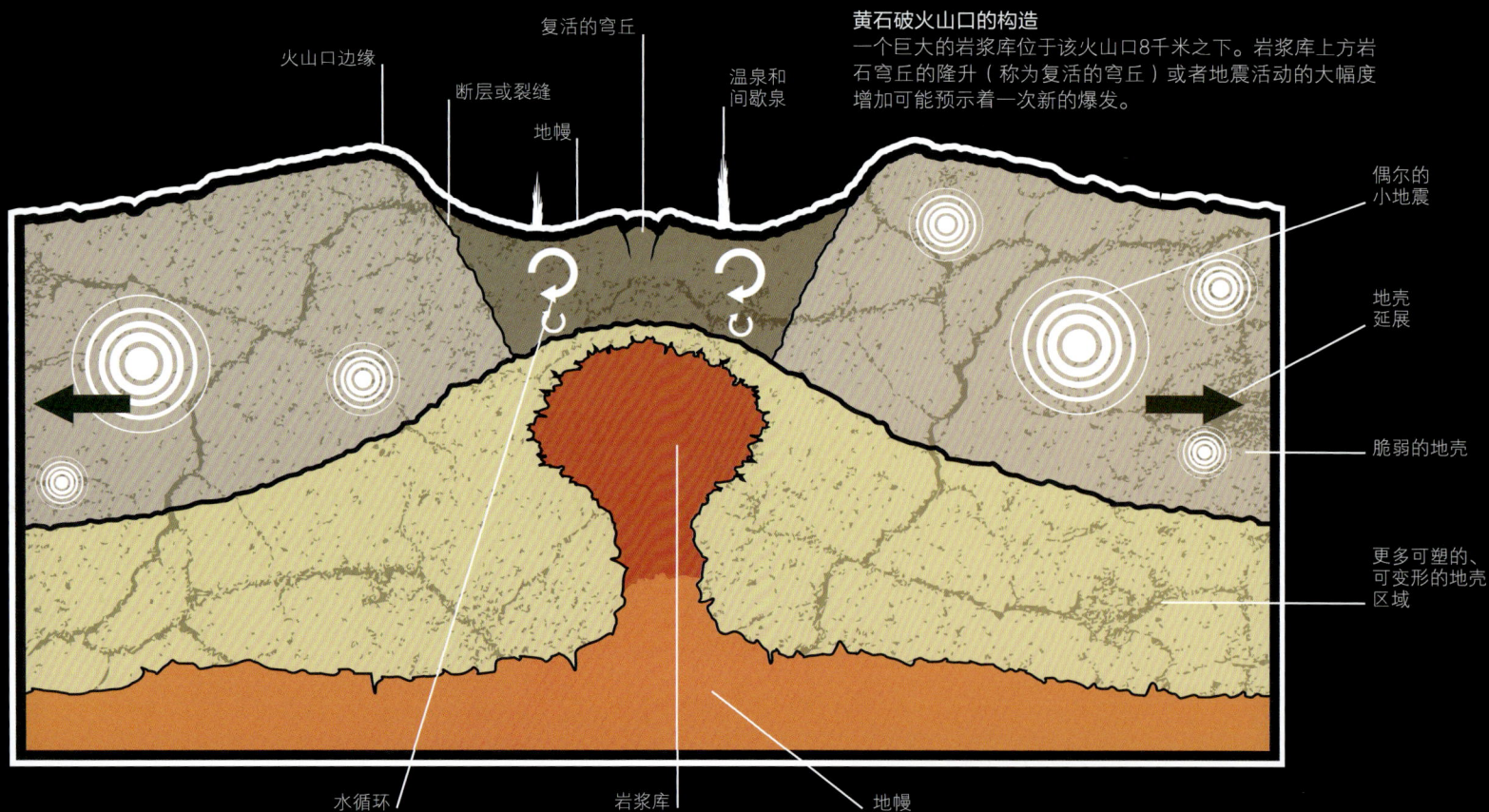

黄石破火山口的构造
一个巨大的岩浆库位于该火山口8千米之下。岩浆库上方岩石穹丘的隆升（称为复活的穹丘）或者地震活动的大幅度增加可能预示着一次新的爆发。

火山口边缘

复活的穹丘

断层或裂缝

地幔

温泉和间歇泉

偶尔的小地震

地壳延展

脆弱的地壳

更多可塑的、可变形的地壳区域

水循环

岩浆库

地幔

多巴爆发

在约7.4万年前，苏门答腊岛的多巴湖发生了过去200万年间最大的一次火山爆发。这次爆发事件是从它留下的广布南亚的火山灰沉积中推断出来的。据估计，2800立方千米的粉状岩石在此次爆发中被喷到空中。火山灰云飘向世界各地，遮蔽了阳光，它很可能导致气温下降了3℃~5℃左右。有一些证据（来自遗传研究）表明这次火山爆发导致当时的世界人口锐减了约1万人。今天，在多巴湖下方仍有一个巨大的岩浆库，而且20世纪在它附近发生了多次地震。将来，它有可能再次大爆发。

风景区

面对如此宁静优美的景色，很少有人想到多巴的灾难史，也不会想到它将来可能发生的灾难。

始良破火山口，日本

大约2.2万年前，40立方千米的物质被喷出地面，形成了这个破火山口，它有可能进入超级火山状态。

超级火山的分布情况

黄石破火山口、多巴湖和陶波湖是超级火山的三个最典型的例证。其中，黄石公园位于大陆热点之上，而多巴湖和陶波湖位于板块边界附近。此外，有少数火山临近超级火山状态，它们过去已知的最大爆发达到了火山爆发指数7，没有达到最大的8。这类火山包括美国加利福尼亚州的长谷破火山口和日本的始良破火山口。世界上还有许多其他地方曾经是超级火山，但现在基本已成为死火山。

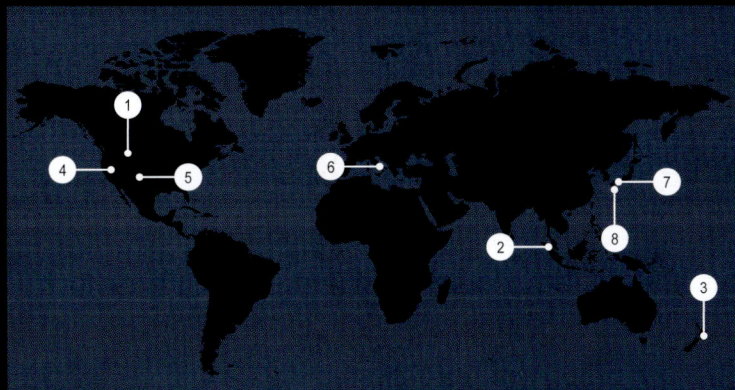

1. 黄石破火山口，怀俄明州，美国
2. 多巴湖，苏门答腊岛
3. 陶波湖，新西兰
4. 长谷破火山口，加利福尼亚州，美国
5. 瓦勒斯破火山口，新墨西哥州，美国
6. 佛莱格瑞破火山口，意大利
7. 始良破火山口，日本
8. 喜界破火山口，琉球群岛

黄石破火山口

上图中右侧是该火山口的边缘，在中间位置是它的底部。地质学家们持续监测着它的基底，关注任何可能预示着即将喷发的膨胀隆起。

玛珥火山

玛珥火山，因其火山爆炸口而知名。它有较浅的碗口状火山口，通常轻微陷入地下。这些相对较小的火山口经常会积水，形成圆形的湖。"maar"（玛珥）是个德语词汇，源自拉丁语中的"mare"，即海。

形成和大小

岩浆达到地表并与地下水或在极地地区与结冰的永冻层（冻土）相互作用，形成的蒸汽驱动力爆炸后形成一个直径60米甚至更大的浅火山口，形成玛珥火山。最宽的玛珥火山，位于阿拉斯加西部的西沃德半岛，直径达2千米。它们是由岩浆遇到永冻土造成的特大爆炸所形成的。尽管在一些沙漠地区有少数干燥的玛珥火山，但大多数玛珥火山被湖水填充，深度从10米到200米不等。

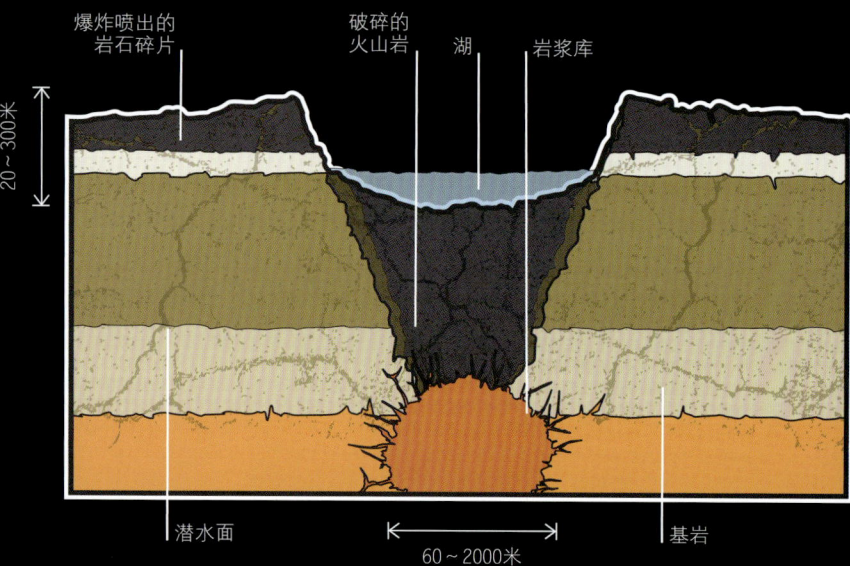

高湖，法国

爆炸喷出的岩石碎片　破碎的火山岩　湖　岩浆库

20～300米

潜水面　　　60～2000米　　　基岩

玛珥火山的构造
玛珥火山口是一个倒锥形构造，其下部含有大量的岩石碎片。再往下是一个死的（有时也可能是活的）岩浆库。火山口被一个由火山爆发时喷出地面的火山灰和松散岩石碎片组成的低矮圆环所包围。

分布与活动

玛珥火山能够存在于岩浆与地下水或永冻土发生相互作用的全球任何地方。一些玛珥火山位于板块边界附近的火山区，另外一些位于经历了古代或近代热点活动的地方。例如，德国艾费尔地区的玛珥火山群是由艾费尔热点形成的。许多玛珥火山是死火山，但是这并不排除将来发生火山活动的可能性。喀麦隆有两个非常可能发生气体喷发的玛珥火山，被称为"爆炸湖"。

> **"我们同样忘了，在地球上的这些寒冷地区，我们并没有处在地下之火的危险之外。"**
> 发布于国家杂志《一种可能事件——我们星球的危险》，1854年

高湖，法国
这座玛珥火山是法国中部死火山群火山带的组成部分，形成于距今7万年前～7000年前。它的名字反映出它所处纬度较高，在法国中央高原上，海拔1239米。

普尔瓦湖，德国
边缘完全被森林覆盖的普尔瓦湖是德国艾费尔火
山区的几个玛珥湖之一。尽管形成这片地区的火
山喷发结束于1.1万年前，人们认为该地区仍有可
能发生喷发。

维蒂湖，冰岛
这座直径约150米的冰岛玛珥湖形成于1875年，附近的一座层状火山——阿斯恰

达洛尔火山口，埃塞俄比亚
这座彩色的玛珥湖位于阿法尔洼地，形成于1926年达洛尔火山的一次

爆炸湖

西非喀麦隆高地上有两个不同寻常的湖泊——尼奥斯湖和莫瑙恩湖，它们位于玛珥火山口。在20世纪80年代，它们以"爆炸湖"而闻名，原因是它们会突然喷发出巨大的二氧化碳云，造成灾难。

尼奥斯湖灾难

在湖泊喷发而造成的两次灾难中，更致命的一次发生于1986年8月21日，由两湖中较大的一个——尼奥斯湖造成。在一个原本平静的日子，居住在村子里靠近尼奥斯湖的1750余人突然死亡，死因明显是窒息，窒息物质怀疑来自湖泊。之后的科学调查揭露出了事件的真相。在火山区的尼奥斯湖底部深处有岩浆库，会释放二氧化碳（CO_2）和其他气体。这些气体溶解在地下水里，并进入湖中，因此湖底的水里在压力下含有高浓度的CO_2。最终，当上覆水的压力不足以容纳太多的CO_2时，气泡开始形成，低密度的气-水混合物使湖水翻转，导致CO_2在湖水表面突然释放。在尼奥斯湖，大约有1立方千米的气体被释放出来，这些气体比空气重，几乎贴着地面扩散。气体溢出玛珥湖的边缘并顺势流入附近的山谷，令所经之处的人和动物窒息而死。

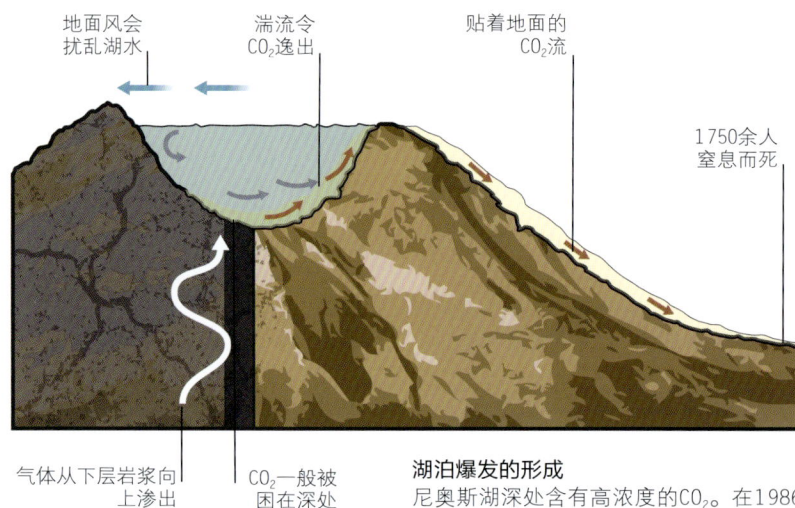

地面风会扰乱湖水
湍流令CO_2逸出
贴着地面的CO_2流
1750余人窒息而死

气体从下层岩浆向上渗出
CO_2一般被困在深处

湖泊爆发的形成
尼奥斯湖深处含有高浓度的CO_2。在1986年的灾难中，由于某些原因，湖水被扰乱，释放出大量的CO_2气体。

尼奥斯湖，喀麦隆
使这个湖泊变得非常危险的原因是它坐落于一个比周围地势高的火山口上。因此，如果形成二氧化碳云，它就会向下泻入周围的山谷。

为尼奥斯湖排气

尼奥斯湖下层的岩浆库持续向湖中释放CO_2，因此除非能够阻止过量气体在湖中累积，否则灾难有可能再次发生。1995年，一种排气方法开始初期试验。人们在湖底和地表之间放置了一根垂直的坚固的塑料管，最初用泵来抽取湖水。这触发了一个自续过程，上升湖水中气泡膨胀驱动气体饱和的底部湖水不断上升。在地表，气体被释放出来。尼奥斯湖的人工排气始于2001年，21世纪10年代末，它的CO_2含量已经大幅度下降。但是，关于尼奥斯湖还有一些新的担忧，地震可能使尼奥斯湖局部崩溃，导致灾难性的洪水以及剩余危险性气体的释放。

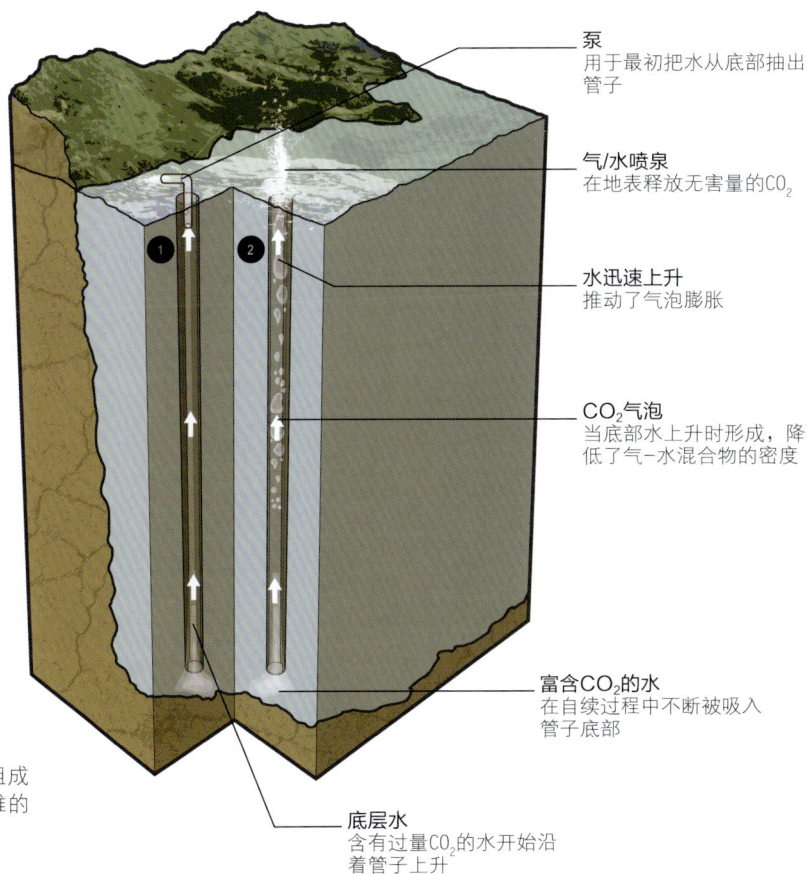

抽气技术
竖立了一根塑料管，水被泵抽到顶部，使深层的水开始上涌。由于上升水流中气泡的形成和膨胀，上升流能够自我维系。

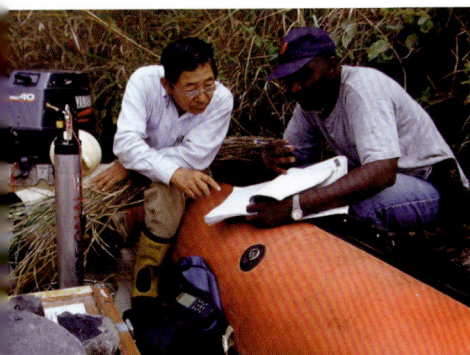

科学家们研究尼奥斯湖
一个国际科学家小组对尼奥斯湖的化学组成和周围地质的调查最终揭开了1986年灾难的原因。

泵
用于最初把水从底部抽出管子

气/水喷泉
在地表释放无害量的CO_2

水迅速上升
推动了气泡膨胀

CO_2气泡
当底部水上升时形成，降低了气-水混合物的密度

富含CO_2的水
在自续过程中不断被吸入管子底部

底层水
含有过量CO_2的水开始沿着管子上升

莫瑙恩湖和基伍湖

当尼奥斯湖灾难的原因明确之后，人们意识到，在它之前在1984年的莫瑙恩湖还发生过一起相似但规模较小的灾难，其死亡人数是37人。2003年，莫瑙恩湖开始进行气体释放工作，至2008年，大部分气体已经释放。科学家们还找到了其他一些可能造成相似危险的湖泊。其中确认的主要一个是基伍湖。这个湖泊不是玛珥湖，但它位于东非大裂谷西支的火山区。有一些证据显示，基伍湖过去可能经历了大型湖泊喷发，居住在它附近的200万人处于危险中。现在，这里还没有安装除气系统，但2010年开始从湖中抽取甲烷的计划也在一定程度上减少了CO_2。

为莫瑙恩湖排气
日本科学家准备安装三个排气管中的一个，在这之前，在一个新组装的救生艇上进行最后的测试。目前，这些排气管在莫瑙恩湖顺利运转。

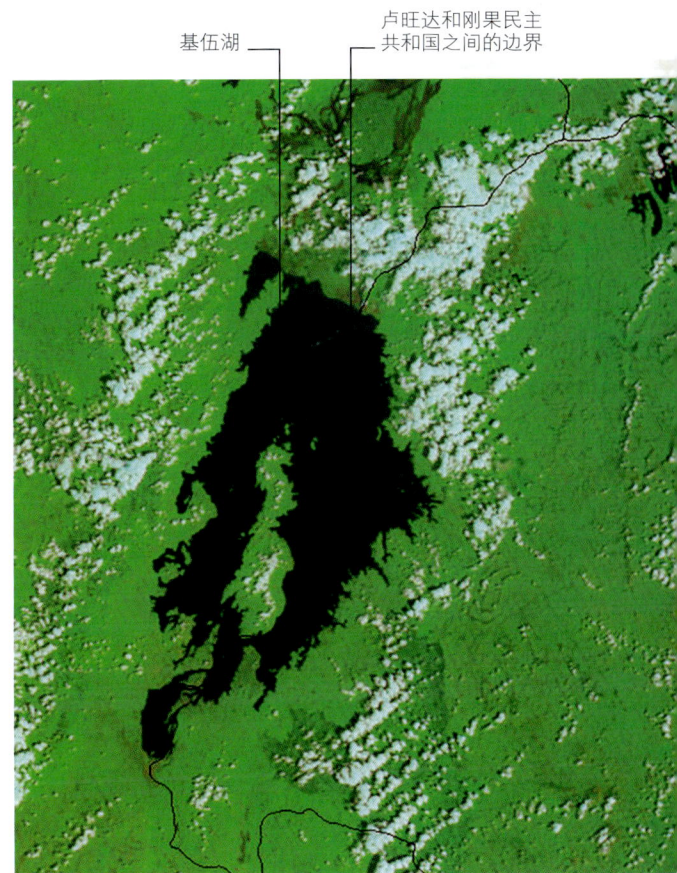

基伍湖

卢旺达和刚果民主共和国之间的边界

基伍湖
这座大湖位于东非大裂谷的西支上，这里，地壳由于岩浆入侵在缓慢延伸。

凝灰岩环和凝灰岩锥

两种相对较小且简单的火山形成的地貌是凝灰岩环和凝灰岩锥。像玛珥火山的其他特征一样，它们是由岩浆和水之间剧烈的相互作用形成的。这二者之中，凝灰岩锥更紧密，但凝灰岩环的火山口边缘更高。

形成与构造

凝灰岩环和凝灰岩锥发现于火山活动频繁（或者曾经频繁）的地方，也就是板块边界和热点附近，以及上涌的岩浆与地下水或湖、沼泽或浅海等地表水发生相互作用的地方。相互作用导致剧烈的喷发，产生的火山灰下落形成环绕喷发口的圆环，之后固化成一种被称为凝灰岩的岩石。参与形成环或锥的水不久后消失。凝灰岩环拥有边缘较低的宽广火山口，直径一般在1~2千米。凝灰岩锥比它小，更加呈锥形，火山口边缘更高。尽管与玛珥火山形成方式相似，但凝灰岩环和凝灰岩锥通常不陷入地面，没有积水。

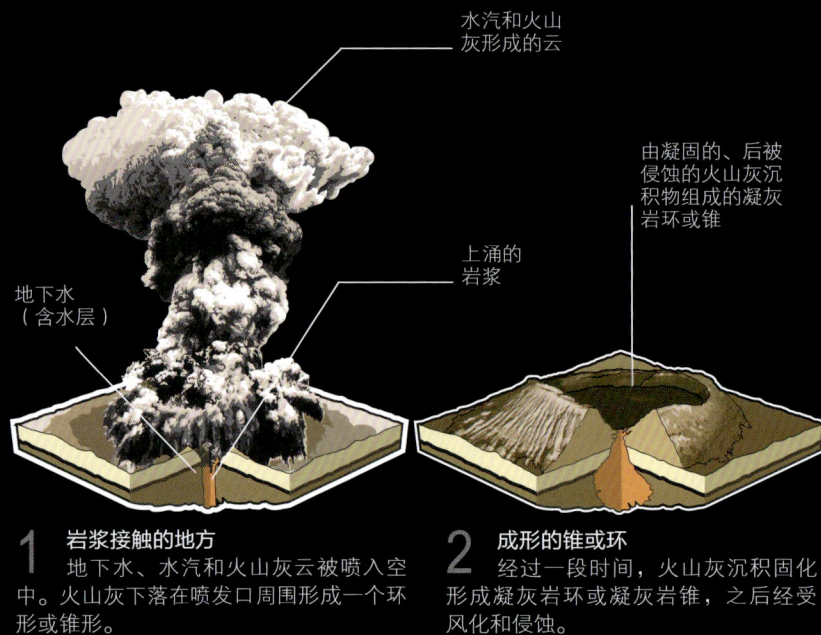

水汽和火山灰形成的云

地下水（含水层）

上涌的岩浆

由凝固的、后被侵蚀的火山灰沉积物组成的凝灰岩环或锥

1 岩浆接触的地方
地下水、水汽和火山灰云被喷入空中。火山灰下落在喷发口周围形成一个环形或锥形。

2 成形的锥或环
经过一段时间，火山灰沉积固化形成凝灰岩环或凝灰岩锥，之后经受风化和侵蚀。

达芬梅杰岛

左图中的小岛是位于东太平洋的加拉帕戈斯群岛的一部分，是一个被严重侵蚀的凝灰岩锥，其火山口边缘目前海拔120米。人们认为它形成于180万年前。

堡垒岩，俄勒冈州，美国

上图中的凝灰岩环形成于数万年前，当时上升的岩浆遇到一个古代湖泊底部的湿润泥土。凝灰岩环一形成，湖水的波浪就侵蚀了它的外壁，形成阶崖。

沙漠凝灰岩锥

左图中的凝灰岩锥位于墨西哥西北部索诺兰沙漠，拥有1千米宽的火山口。被称为塞罗科罗拉多峰的它是一个火山区（小火山群）的组成部分。

熔岩穹丘和熔岩棘

熔岩穹丘是黏性熔岩渗出时，在火山口形成的崎岖的、呈球根状、生长缓慢并有潜在危险的凝固熔岩块。熔岩棘是有时从熔岩穹丘垂直长出的形状奇特的物体。

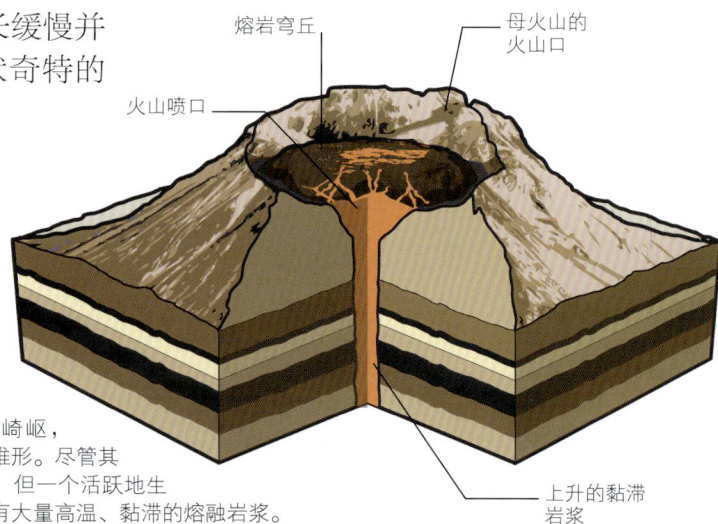

熔岩穹丘
母火山的火山口
火山喷口

结构
熔岩穹丘表面崎岖，并呈典型的土堆形。尽管其表面是固态的，但一个活跃地生长着的穹丘含有大量高温、黏滞的熔融岩浆。

上升的黏滞岩浆

熔岩穹丘的形成

熔岩穹丘形成于流出高黏滞性熔岩的火山口，如流纹质或英安质熔岩。这类熔岩从火山口流出后流不远。相反地，这些熔岩逐渐堆积，形成一个生长缓慢的熔岩堆，封锁住火山口。尽管熔岩穹丘可形成于侧火山口，或者甚至可能发展为一座单独的大火山，大多数穹丘则是在一座大规模火山的主火山喷口形成并坐落于此的山顶火山口。一座熔岩穹丘形成并生长到它的最大规模所花费的时间从几个星期到数千年不等。

新形成的穹丘
2008年，这座大约120米高的新熔岩穹丘出现在智利一座名为柴滕的破火山口，当时，这座火山在其休眠9500年之后再次喷发。

危险的穹丘

在世界各地，一些熔岩穹丘是死火山的残余，但另一些是活跃的、进化的结构体，经历着生长、侵蚀、偶尔坍塌以及再生长的过程。当一座穹丘增大时，它的边缘向外蔓延，如果其中的一个边缘变得过度陡峭，穹丘会部分坍塌，导致炽热碎石组成的危险山崩——火山碎屑流。1792年，在一次地震之后，日本云仙岳上的一座熔岩穹丘部分坍塌，造成了一次大山崩。山崩又触发了海啸，导致约15000人死亡，是日本历史上与火山相关的最严重的灾难。

炽热的穹丘
在2007年印度尼西亚克卢德火山喷发时，这个灼热的穹丘出现于一个火山口湖的中央。在裂开之前，它长到120米高。炽热的岩浆渗入湖中，产生巨大的蒸汽柱。

熔岩棘

熔岩棘是引人注目的尖塔或手指状的凝固熔岩，通常呈圆柱形，是在复式火山的熔岩穹丘中推升出的。熔岩棘是由高黏度的、膏状的熔岩在火山通道中部分凝固，然后被向上挤出而形成的，就像从牙膏管中挤出变硬的牙膏。马提尼克岛的培雷火山山顶的一个熔岩棘，在1902年喷发之后，达到300米高，体积与胡夫金字塔（埃及最大的金字塔）相当。

在过去的30年中，显著的熔岩棘在诸如美国的圣海伦斯火山、日本的云仙岳和菲律宾的皮纳图博火山等火山上形成。在生长了几个星期或几个月后，熔岩棘会变得不稳定，并开始在自身重力作用下坍塌，最终崩解成一堆碎石。

圣海伦斯火山

在2004年至2008年间，美国圣海伦斯火山上的熔岩穹丘中生长出一系列熔岩棘，其中一些高达90米。

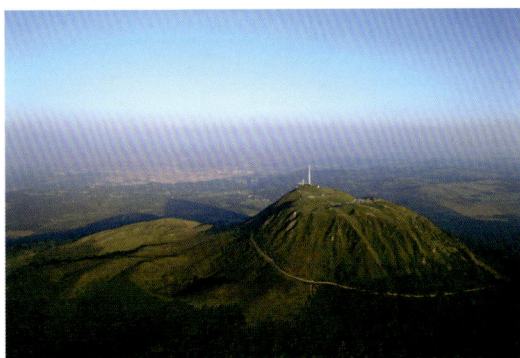

手指状的熔岩棘

1994年，日本的云仙岳——一群复式火山的一座熔岩穹丘上推升出这个存在时间不长的熔岩棘。

多姆山

多姆山（意为穹丘状的山）是法国中部的一座大型熔岩穹丘，山顶高度841米。它的上一次喷发约在10700年以前。1875年，一个物理实验室建在山顶上，1956年，山顶又立了一架电视天线。

科利马熔岩穹丘

这座位于墨西哥科利马火山山顶的熔岩穹丘已经生长了近一个世纪。在2010年初，它几乎填满了这座火山的山顶火山口。穹丘偶尔会发生岩浆的爆炸式喷发，形成火山碎屑流和火山灰柱。

火山区

火山区是包含小火山群的古代或现代的火山活动区域。从空中看，它们很像地表上的皮疹。和一般火山一样，火山区通常位于板块边界上或附近地区，或位于地壳下存在或曾经存在热点的地方。

皮那卡特火山区
墨西哥的皮那卡特国家公园，如这张卫星影像图所示，包含300余座小火山，包括火山渣锥、玛珥火山、凝灰岩环和小型熔岩流。

形成

岩浆在地壳下上升，但上升到地表的众多通道分布的范围较小或者岩浆供给过少不足以形成一个单一的大火山。相反，尽管不一定都在同一时间，许多较小的火山的特征形成了，就形成了一个火山区。根据岩浆类型和许多其他因素（例如在喷发点是否有大量的地下水或地表水），可能形成火山渣锥、玛珥火山、熔岩穹丘、小型复式火山或几种这些不同类型的火山的混合。

一些著名的火山区

1. 霍皮巴茨，亚利桑那州，美国
2. 蒂曼法亚国家公园，兰萨罗特岛
3. 马萨比特火山区，肯尼亚
4. 多姆山链，法国
5. 哈里特·海拜尔，沙特阿拉伯
6. 米却肯-瓜纳华托，墨西哥
7. 皮那卡特生物圈保护区，墨西哥
8. 西埃菲尔火山区，德国

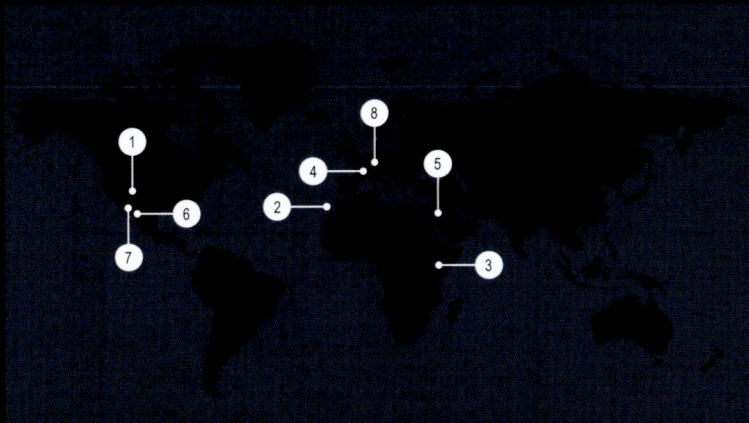

活动水平

在大多数火山区，每一座火山是单成因火山——即它仅喷发一次，喷发时间相对短暂（从几天到几年不等），之后平息下来。如果在同一区域后来发生再次喷发，会形成新的火山锥和其他特征。许多单成因火山是死的，预计不会再喷发，如法国的皮伊链火山区。其他的则仍然活跃，可能还会喷发，如兰萨罗特岛的蒂曼法亚国家公园。在这个公园的某些地方，地面下13米处的土地温度高达600℃。这表明地下储存着高温岩浆。

兰萨罗特火山口
兰萨罗特岛（加那利群岛之一）的蒂曼法亚国家公园包含超过100座火山，主要是1730年至1736年间喷发的火山渣锥。

哈里特·海拜尔
从国际空间站看这里，沙特阿拉伯的哈里特·海拜尔火山区包含一座小型复式火山以及凝灰岩锥和熔岩穹丘。这里的上一次喷发距今约1400年。

皮伊链
这座被植被覆盖的火山渣锥是位于法国中央高原的皮伊链（意为"火山丘链"）里70多座死火山之一。

古代火山残余

霍皮巴茨火山区包含约300座抗侵蚀的火山残余，散布在美国亚利桑那州东北部2500平方千米的区域。形成于800万年前~400万年前，它最突出的特征是散布的黑色火山塞，混在众多的玛珥火山（形成于岩浆和地下水爆炸性交互的浅火山口）之中。

黑色的火山塞
这些山丘原先是在地下形成的硬化的熔岩柱或黏合的火山岩碎片。当周围较软的岩石被侵蚀后，它们被暴露出来。

火山复合体

尽管很多火山结构组成非常简单，就是在一个火山锥顶有一个主通风口和火山口，然而，一些火山却有更为复杂的结构。它们可以有重重叠叠的火山锥，可以有多个火山口，还有一些火山锥可以长在古老的复式火山遗址当中。

复合型火山

复合型火山又叫作层状火山，它们由两个或者更多的火山组成，通常是相距较近的复式火山。它们拥有独立的主通道和火山口，而且部分火山锥会相互覆叠。复合型火山主要是由于上升的岩浆在地表某处喷发的同时产生一定的位移而形成的。通常，复合型火山的每个独立火山锥是在不同的时期形成的。典型的复合型火山锥都有多个山顶火山口。有座非常奇怪的火山叫作克里穆图火山，它位于印度尼西亚的佛罗勒斯岛上。克里穆图火山有三个山顶火山口，而每个火山口都有一个不同颜色的湖。

重叠的火山锥

复合型火山可能有两个或三个（图中所示）甚至更多个火山锥，它们喷发的活跃程度各不相同。这里如图所示，两个火山是活跃的火山，一个是死火山。

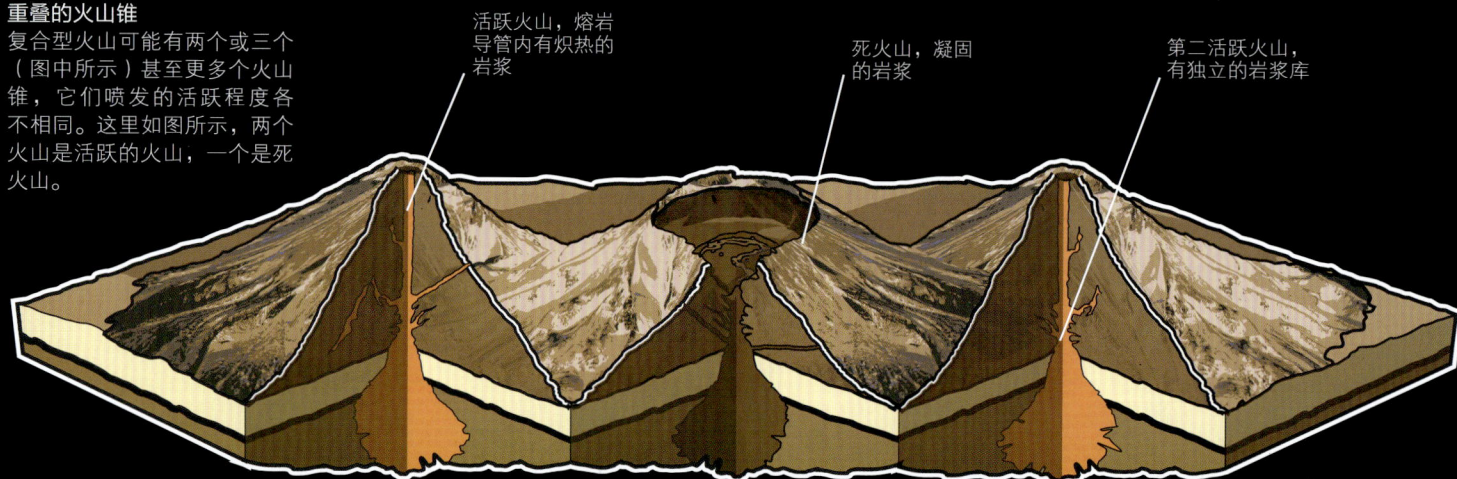

活跃火山，熔岩导管内有炽热的岩浆

死火山，凝固的岩浆

第二活跃火山，有独立的岩浆库

外轮山火山

古老的、坍塌的复式火山中会有一些破火山口保存下来，新的复式火山会占据这些破火山口的大部分面积，这样一个或者多个新的复式火山就会形成外轮山火山。世界上最著名的外轮山火山是意大利南部的维苏威火山和索马山的复合体。这个复合体主要是由维苏威火山构成的，而维苏威火山就是在更大、更古老的索马山的破火山口上成长起来的。因此，人们就用索马山的英文"Somma"来命名外轮山这类火山复合体。外轮山火山并不常见，最典型的外轮山火山在西北太平洋偏远的千岛群岛和俄罗斯东部的堪察加半岛。还有一个比较经典的例子就是加那利群岛特纳里夫岛的泰德峰−比科别霍−拉斯加拿大斯火山复合体。这个外轮山火山中的两个复式火山——泰德峰和比科别霍，都是过去15万年间在拉斯加拿大斯破火山口上形成的，而古老的拉斯加拿大斯破火山口则形成于350万年以前。

破火山口复合体

破火山口复合体由一个或多个大型破火山口组成，这些破火山口内还包含几个新生长的火山。如果某个地方不只有一个破火山口，那么它们就会相互重叠。新形成的火山——可能是复式火山、火山灰锥、岩浆穹丘——就可能合并在一起，像菲律宾的塔阿尔破火山口那样。尼加拉瓜的马萨亚破火山口复合体是世界上最大的破火山口复合体之一，它由一对火山锥顶的几个部分重叠的火山口组成，而这对火山锥就位于马萨亚破火山口内。

泰德峰，特纳里夫岛

由特纳里夫岛的卫星影像图可以看到，泰德峰和比科别霍火山位于岛屿中央，周围是拉斯加拿大斯火山耸立的、粗糙的椭圆破火山口。特纳里夫岛完全就是一个火山岛，而且是世界上体积第三大的火山岛。

塔阿尔破火山的火山锥

塔阿尔火山是一个火山群，位于一个非常大的、被湖水填满的破火山口内。上图中的火山锥只是其中一部分。这个火山锥和其他的火山锥一起形成了一座火山岛，此处火山频频喷发。

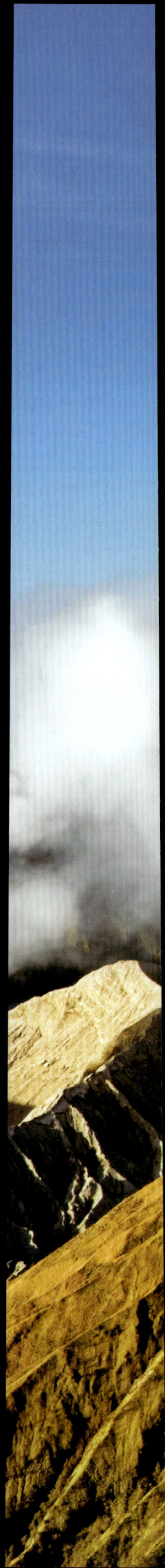

腾格尔火山复合体
这个大型的火山群位于印度尼西亚爪哇岛，主要由一个古老的破火山口上的五个复式火山组成。在这个火山群的边缘，也就是图上最远的那座火山，是一座活跃着的火山，叫作斯摩鲁火山。

裂隙式喷发

裂隙式喷发或者冰岛式喷发都伴随着大量的岩浆、有毒气体等倾泻物的产生，这些喷出物从地表长长的线性缝隙（也就是裂隙式喷发口）中喷出。这些火山爆发形式一般比较安静，没有强烈的爆炸声，但是它们的影响是巨大的。历史上，这类火山喷发曾经引起过气候变化、大量物种灭绝等。

洪流玄武岩的产物

裂隙式火山喷发主要发生在地壳断裂开或者拉伸的地方，通常是板块间的边缘地带，或者发生在一个火山热点的地幔柱上方的地壳处。喷发出来的岩浆一般是流动的玄武质熔岩，它们在凝固前，可以流过很远的距离，可达几十千米。在过去的30万年间的裂隙式火山喷发在全世界很多地方都形成了相当厚的坚硬的玄武质沉积层和高原。其中，最大规模的洪流玄武岩就是人们所知的"西伯利亚地盾"，它于2.5亿年前形成，覆盖了俄罗斯北部200万平方千米的地方。其他的洪流玄武岩还有：印度中西部的2000米厚的德干暗色岩（形成于6800万年前~6000万年前）、美国西北部的哥伦比亚河玄武岩群（形成于1500万年前）、加拿大不列颠哥伦比亚省的奇尔科廷高原玄武岩和爱尔兰北部的安特里姆高原等。

裂隙式喷发

很多小的熔岩喷泉会沿着地壳的裂隙出现，它们会产生大量的有毒气体，但是通常没有大规模的火山灰和爆炸。这些熔化的岩浆在凝固形成玄武岩之前，能够流动相当远的一段距离。

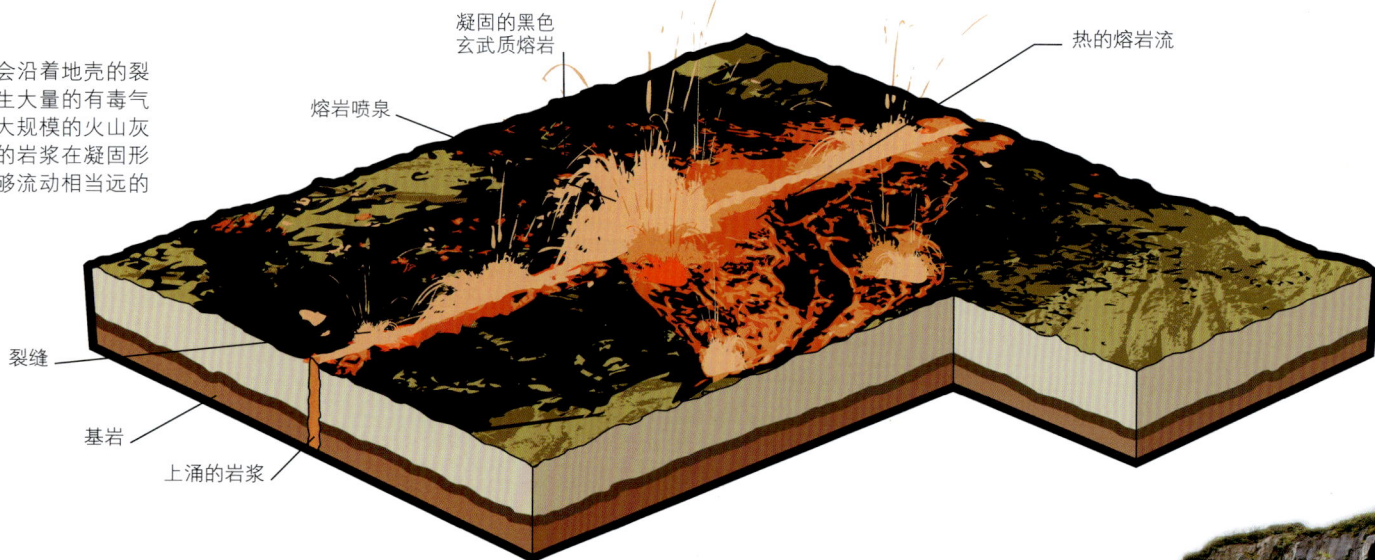

凝固的黑色玄武质熔岩
热的熔岩流
熔岩喷泉
裂缝
基岩
上涌的岩浆

拉斯林岛

这个小岛位于英国北爱尔兰安特里姆外海岸，是一个洪流玄武岩组的一部分，这个洪流玄武岩组形成于6000万年前~5000万年前的地壳断裂过程，此过程还导致了北大西洋开口的形成。

奇尔科廷玄武岩

过去的1000万年间，在加拿大不列颠哥伦比亚省，裂隙式喷发导致了大量的洪流玄武岩，形成了奇尔科廷高原。右图中的峡谷是由河流侵蚀高原形成的。

斯瓦蒂佛斯瀑布

冰岛的这个瀑布，因深色的六边形玄武岩柱而著名。这些玄武岩柱在悬崖的两边悬挂着就像管风琴，它们形成于1500万年前的熔岩冷却。

拉基火山喷发

1783—1784年间，一次裂隙式喷发形成了冰岛的拉基火山，它导致了世界范围内600多万人死亡，被认为是近代史上最致命的火山灾难。从裂隙中产生的有毒气体云杀死了冰岛上超过一半的牲畜，导致该国1/4的人口死于饥荒。一团尘埃和气体在欧洲北部蔓延，进一步扩散到整个北半球，导致很多人直接死于呼吸道疾病，也引起了气温降低、农作物歉收和饥荒等诸多问题。同时，法国农业的中断，以及由此产生的贫困和饥荒，被认为是1789年法国革命的诱因。

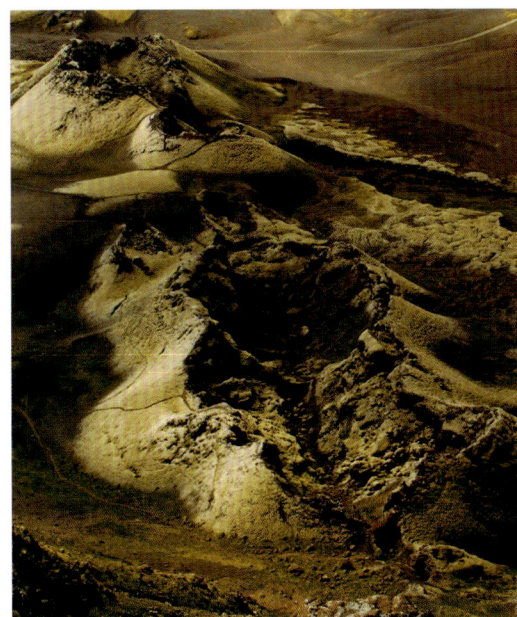

拉基裂隙

冰岛南部的这条火山锥线标记了1783—1784年拉基火山喷发的裂隙。在8个月的时间里，大约有14立方千米的岩浆涌出来淹没了周围的地区。

> " 罕见的薄雾或烟雾覆盖了整个岛屿，甚至扩散到岛外，形成了非常奇特的景观。"

吉尔伯特·怀特，博物学家，描述拉基火山喷发对英国的影响

菲姆沃罗豪尔斯爆发

这个熔岩流是2010年3月从冰岛南部一条长300米的裂缝中流出的。这个裂隙式喷发仅仅只是4月份又雅法拉火山喷发的开端。

夏威夷式喷发

夏威夷式火山喷发是比较典型的温和的爆发，通常伴随着流动的熔岩喷泉和熔岩流。这种类型的火山喷发除了在夏威夷，在世界其他很多地方也有发生。这些火山可能发生更大规模的喷发。近些年来，夏威夷大岛上最活跃的三座火山就是以这种方式喷发的。

特征

当玄武质岩浆的含水量和气体含量较小时，夏威夷式喷发就会发生。当火山岩浆来自地壳下的热点或地幔柱时，这种火山喷发方式比较常见，而在汇聚型板块边界就不是那么常见了。夏威夷式喷发会形成辽阔的盾状火山，比如夏威夷的冒纳罗亚火山和基拉韦厄火山。在夏威夷式喷发之前，火山会先膨胀或抬高一点儿。接着，会有一些气体释放出来。而真正的喷发通常是从火山一侧出现裂缝并且熔岩像小型喷泉一样喷涌而出开始。之后，可能有更大型的熔岩泉从次生火山锥中喷出。高温熔岩像溪流一样沿坡而下。火山的侧面可能形成熔岩管，使得熔岩流得更远。

夏威夷群岛
这张卫星影像图显示了夏威夷的六座火山岛。大岛上最著名的火山就是右下角的冒纳罗亚山。

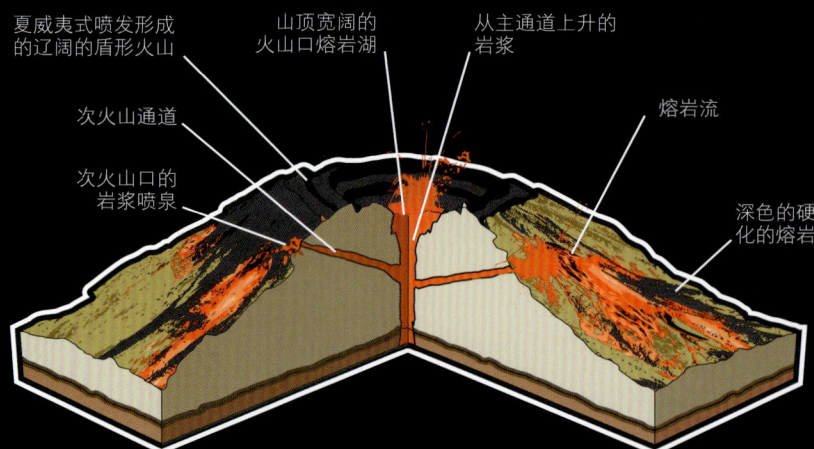

夏威夷式喷发形成的辽阔的盾形火山

山顶宽阔的火山口熔岩湖

从主通道上升的岩浆

次火山通道

熔岩流

次火山口的岩浆喷泉

深色的硬化的熔岩

喷发特点
在夏威夷式喷发中，会有稳定的岩浆喷泉从裂缝和火山两侧的火山锥中喷出，岩浆很少会从火山中央的火山坑中溢出或者以射流形式喷出。

冒纳罗亚火山爆发
1984年，夏威夷的冒纳罗亚盾状火山爆发，炽热的岩浆沸腾起来，然后从巨大的火山口流出。在火山爆发期间，短短三个星期内就产生了2.2亿立方米的熔岩。

火山爆发的发展过程

1 熔岩喷涌
　　就像图中基拉韦厄火山口喷发那样，大量的熔岩喷泉和熔岩喷射，是夏威夷式火山喷发的一个标志。这些熔岩喷泉和喷射一般发生在火山爆发刚刚开始的时候，它们可能在短时间内喷射，也可能持续几个小时。

2 广阔的熔岩流
　　一些熔岩从火山喷发口流出后形成很宽广的熔岩流。它们通常由最热、最厚的玄武质熔岩组成，又叫作绳状熔岩。这类熔岩可以流经很远的距离，甚至流过典型的盾状火山的浅层边坡。

3 熔岩管
　　厚的熔岩流有时会形成周围被凝固熔岩围起来的通道。在熔岩管的顶部可能形成一个"天窗"，能让观察者向下看到岩浆的流动。熔岩管最深可能在地表下方15米处。

潜在的危害

夏威夷式火山喷发的岩浆流动性强、缺乏气体，这就意味着产生的爆炸次数较少，难以产生较大的火山弹或者火山碎屑流。所以，相对而言，这类火山危险性并不是很大。在夏威夷，冒纳罗亚山和基拉韦厄火山的喷发虽然导致了很多房屋被毁坏，但是人员伤亡非常少。

4 流入大海
　　夏威夷或者其他岛屿火山喷出的熔岩，有时能像瀑布那样直接垂直落进海洋，当它与海水接触的瞬间，还会产生大量的水蒸气。

岩浆泡沫的破灭

夏威夷大岛上，一个火红炽热的岩浆泡从基拉韦厄盾状火山的火山口喷出。可以看到黏性的岩浆团被火山口喷出的气体吹到旁边。这些岩浆被风吹成长长的玻璃质的纤维，又被叫作"佩蕾的头发"。

岩浆弹喷雾
从这张长时间曝光拍摄的斯特隆博利火山夜间喷发的照片中，可以看到从火山口喷射出来的小火山岩浆弹。每一个岩浆弹都以抛物线的路径落到地面。还可以看到一些喷发的蒸汽，它们被岩浆炽热耀眼的光反射映照成了红色。

斯特隆博利式喷发

向空气中喷射出像小炸弹似的阵雨一样的岩浆，这类低强度的片段式喷发就是斯特隆博利式喷发。它是以意大利西西里岛北海岸外的一座小型复式火山——斯特隆博利命名的。

特征

斯特隆博利式喷发通常是由火山渣锥和一些特定的复式火山产生的，斯特隆博利火山也被称作"地中海的灯塔"。

斯特隆博利式喷发主要是一系列短时的、爆炸性的喷发，将岩浆像阵雨一样喷到周围的空气中。每一次喷发都伴随着嘈杂的爆炸声，但又不是大型的爆炸。

有些科学家认为，斯特隆博利式喷发是由于气泡在火山管中的黏稠岩浆里不断上升最后在顶端爆炸而形成的。气泡是由于火山口周期性变化的气压所导致的。由于喷发系统的自身重置，斯特隆博利式喷发活动可以持续较长的时间。

斯特隆博利式喷发
这种火山喷发的主要特征是突然短暂的爆发，黏稠的岩浆以炽热的灰烬和岩浆弹的形式像阵雨一样被喷出。斯特隆博利式喷发从来不会产生持续的火山灰柱。

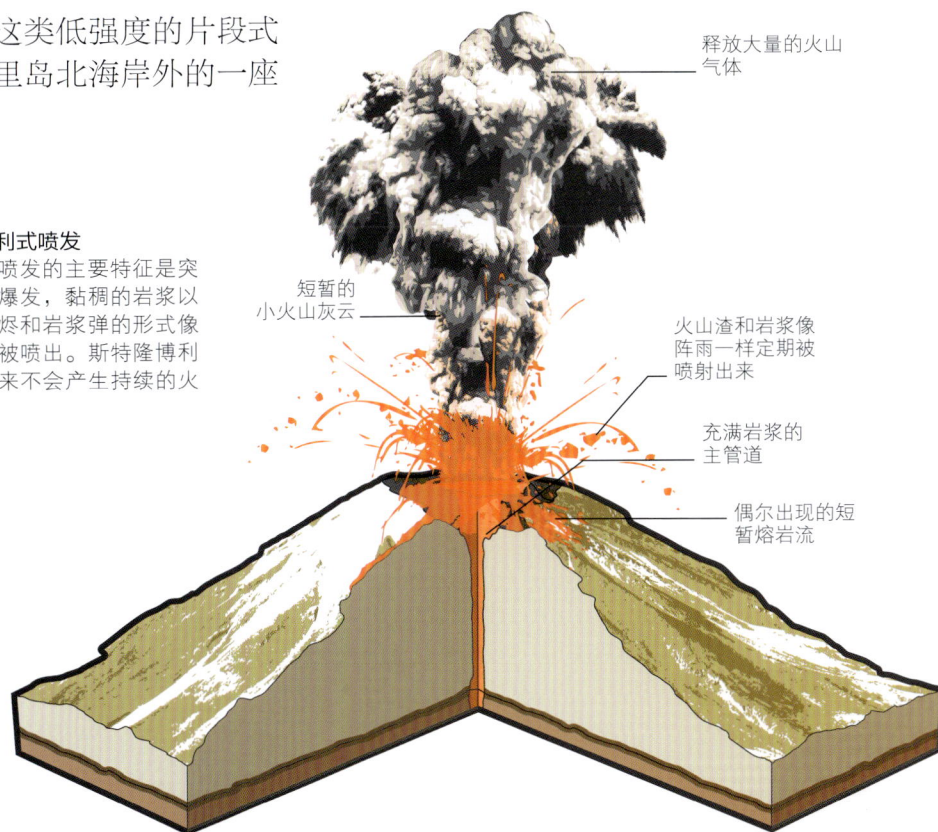

释放大量的火山气体

短暂的小火山灰云

火山渣和岩浆像阵雨一样定期被喷射出来

充满岩浆的主管道

偶尔出现的短暂熔岩流

潜在威胁

虽然斯特隆博利式喷发时的噪声比夏威夷式火山喷发大很多，但是它们并没有那么危险。不过，观众观看火山喷发时，还是需要站在远离火山弹降落的区域。尽管这些火山弹通常不大，但一部分火山弹从几百米的高空落下来时会有相当快的速度，所以它们很可能在落地的时候造成人员受伤。和夏威夷式喷发不同，斯特隆博利式喷发很少有持续的熔岩流覆盖在地表，从而大大降低了它的潜在危险。斯特隆博利火山本身偶尔才会出现一次更为剧烈和危险的乌尔卡诺式喷发，这时才会造成人员伤亡。例如，1930年的一次喷发，产生的岩浆弹毁坏了几栋房屋，形成的火山灰流夺去了4个人的性命。

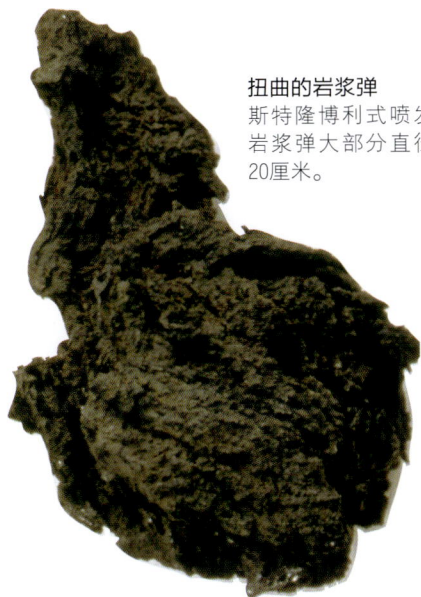

扭曲的岩浆弹
斯特隆博利式喷发产生的岩浆弹大部分直径不超过20厘米。

瓦努阿图群岛伊苏尔火山
伊苏尔火山位于南太平洋瓦努阿图群岛的塔纳岛上，斯特隆博利式喷发已经持续了数个世纪。1774年，正是它发光的山顶吸引库克船长来到了塔纳岛。

日间的斯特隆博利火山
斯特隆博利火山高约900米，几千年以来每隔5~20分钟就会喷发一次。这一现象使得斯特隆博利火山成为地中海中部地区吸引游客的一道重要风景线。

乌尔卡诺式喷发

乌尔卡诺式火山喷发是一种中等强度的火山喷发，一般以炮轰一样的爆炸开始。这种喷发形式的命名源自地中海的一座小岛，叫作乌尔卡诺岛（volcano）。乌尔卡诺火山在1890年爆发过一次乌尔卡诺式喷发。人们将"volcano"这个词作为"火山"的意思应用到了很多欧洲各国的语言中。

特征

根据火山爆发指数划分，乌尔卡诺式喷发的强度通常是2级或者3级。只有产生中等到高等黏度岩浆的复式火山是以这种方式喷发的。火山内部压力不断增加，最终导致猛烈的爆炸，使堵塞在火山口的熔岩被炸开，这一爆炸通常预示着即将爆发乌尔卡诺式喷发。接着，火山口上空会产生火山灰柱，更剧烈的爆炸也会不断发生，爆炸的间隔时间可能是几分钟，也可能是一天。同时，还会产生大量的火山弹，通常在一次喷发后能在地面上看到很多"面包皮状的火山弹"，之所以这么叫它们是因为它们龟裂的表面让人想起某些面包的外皮。

大多数情况下，乌尔卡诺式喷发持续几个小时或几天就安静下来了。有时，最后以一股熔岩流结束。还有一些情况下，短暂的爆炸性的喷发与长时间岩浆蒸汽喷射相互交替发生，火山活跃期能持续几年时间。

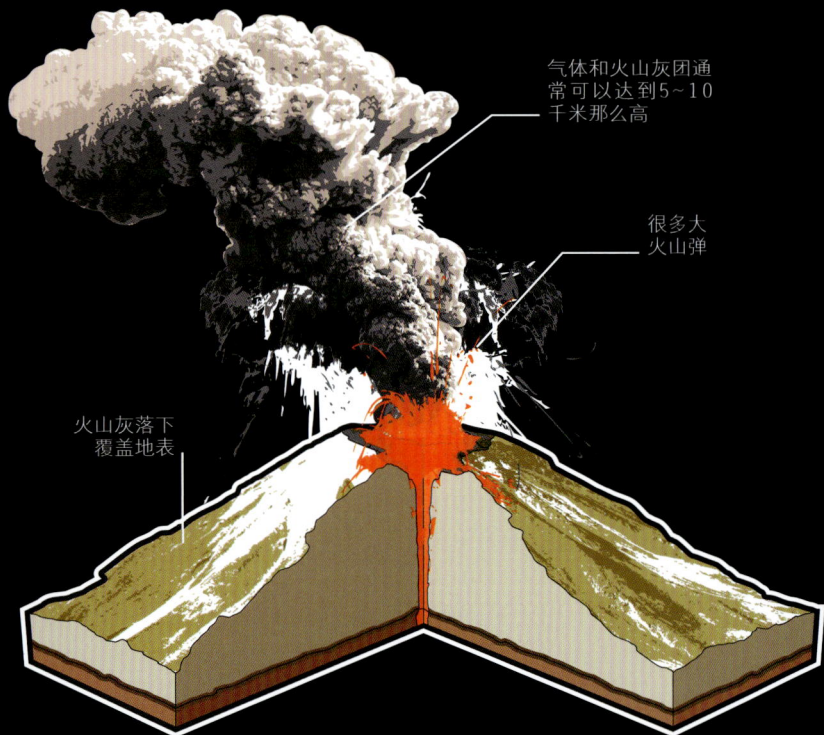

气体和火山灰团通常可以达到5~10千米那么高

很多大火山弹

火山灰落下覆盖地表

喷发特点

每一次爆炸，含有火山灰的浓密气团云就会从火山口喷射而出，上升到山顶上方高空中，然后形成一个相当大的火山灰喷发柱，最后飘到附近广阔的地面上。此外，还会有很多高速喷射出的大型火山弹。

潜在危险

乌尔卡诺式喷发对于在火山喷发口几百米距离内的人是十分危险的。因为喷发产生的火山弹直径可达2~3米，尽管产生的火山弹数量很少，但是一旦产生了，就很具爆炸性。由于这些火山弹在落下来的时候仍然是火红的，甚至是白炽的，通常可以点燃建筑和植被，所以，这些火山弹会造成很严重的破坏。产生乌尔卡诺式喷发的火山通常会形成不断增长的熔岩穹丘。这些熔岩穹丘一旦被爆破瓦解，就会产生危险的火山碎屑流沿火山山体周围流下。正因为这样，任何来研究或观看乌尔卡诺式喷发的人都被要求待在与火山喷发口相距几千米的地方。例如，在印度尼西亚阿纳喀拉喀托火山乌尔卡诺式喷发的过程中，任何想要参观阿纳喀拉喀托火山的人都被要求待在距离喷发火山锥3千米远的地方，不允许登上阿纳喀拉喀托火山岛。

伊拉苏火山
图中的火山灰云是由哥斯达黎加最高的火山——伊拉苏火山在1963年的一次乌尔卡诺喷发产生的。后来，大量的火山灰像下雨一样落在了24千米以外的首都圣何塞。

面包皮火山弹
火山弹撞击到地面的时候，内部还是液体状态，而气体却不断地膨胀，所以这种类型的火山喷发产生的火山弹表面是皱裂的。

哥伦比亚火山杀手

哥伦比亚的加勒拉斯火山在过去40年间爆发过多次乌尔卡诺喷发。1993年，一次突然喷发产生的火山弹和毒气夺去了9个人的生命，其中包括6名科学家。抛开这一事件不说，加勒拉斯火山也被认为是十分危险的火山，因为它的地理位置距离拥有45万人口的帕斯托市只有8千米。

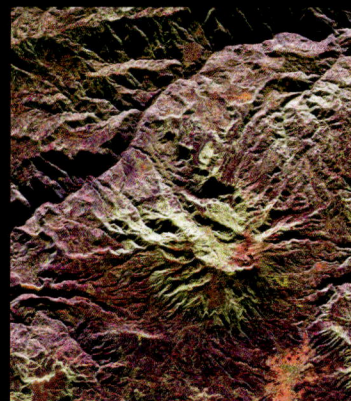

加勒拉斯火山的雷达图像
在微型雷达图像上，我们可以看到，中间的绿色区域就是加勒拉斯火山，而右下方的黄色区域就是帕斯托市。

阿纳喀拉喀托火山
2007年，印度尼西亚的这座火山开始爆发，产生非常壮观的乌尔卡诺式喷发。1883年，喀拉喀托火山发生了一次非常剧烈的爆发，阿纳喀拉喀托火山就是从喀拉喀托火山岛的一部分上新长出来的。

培雷式喷发

在有些火山喷发中，最关键的是熔岩穹丘坍塌导致的炽热的气体、岩石和火山灰的崩落，进而形成火山碎屑流，从山坡席卷而下。这类喷发就叫作培雷式喷发。1902年，西印度群岛中马提尼克岛上的培雷火山爆发就是最典型的这类火山喷发，因此把这类火山喷发叫作"培雷式喷发"。

特征

培雷式喷发是所有火山喷发类型中最具危险性和破坏性的一种，它们的火山爆发指数通常为3~4级。培雷式喷发的破坏性主要是由热的气体、岩石火山灰形成的大量火山碎屑流横扫山坡而下产生的。这还可能衍生出更危险的火山碎屑涌流。火山碎屑涌流比火山碎屑流包含更多的气体，而且流速更快。

只有产生高黏度岩浆的复式火山会以这种方式喷发。培雷式喷发的一个典型特点就是它喷发前熔岩穹丘在火山山顶不断发展。当熔岩穹丘崩塌的时候，岩浆会被喷射到四周产生火山碎屑涌流，将流经路上的一切都烧成灰烬。接着，一个新的熔岩穹丘会在山顶生成，然后产生另一次崩塌和新的火山碎屑涌流。

培雷式喷发的发展过程
火山内部压力不断升高或者发生像地震一样的事件，接着引起山顶熔岩穹丘部分崩塌，这些情况都是触发培雷式喷发的典型诱因。

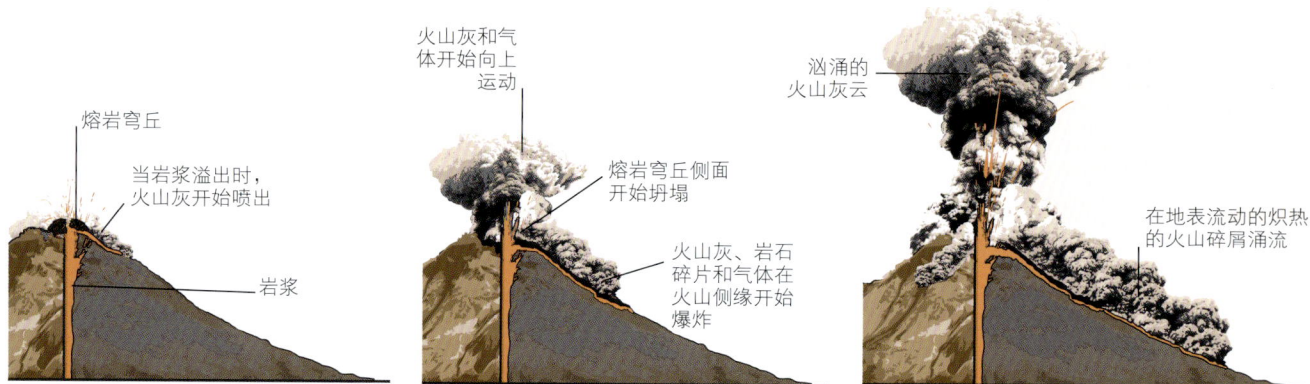

火山灰和气体开始向上运动

汹涌的火山灰云

熔岩穹丘

当岩浆溢出时，火山灰开始喷出

岩浆

熔岩穹丘侧面开始坍塌

火山灰、岩石碎片和气体在火山侧缘开始爆炸

在地表流动的炽热的火山碎屑涌流

1 局部坍塌
强大的压力迫使气体和岩浆从坍塌的熔岩穹丘下面喷出，岩浆以火山灰的形式被喷发出来。

2 喷发
突然，作为熔岩穹丘的一部分，大量的岩浆、气体、岩石碎片被爆炸喷出。

3 火山灰云涌
火山灰云可以翻滚到5~10千米高。同时，火山碎屑涌流可以流至火山山脚。

云仙岳的火山碎屑涌流
日本的云仙岳在1991年至1995年间经历了几次强烈的培雷式喷发。图中所示为1993年5月，一股火山碎屑涌流从云仙岳流下来。

近期爆发的培雷式火山喷发

1. 1902年，马提尼克岛，培雷火山
2. 1948—1951年，菲律宾，希博希博火山
3. 1951年，新几内亚岛，拉明顿火山
4. 1956和1985年，堪察加半岛，别济米安纳火山
5. 1968和1984年，菲律宾，马荣火山
6. 1995—1999年，蒙特塞拉特岛，苏弗里耶尔火山
7. 1991—1995年，日本，云仙岳

菲律宾，马荣火山

蒙特塞拉特岛，苏弗里耶尔火山

培雷火山的灾难

位于加勒比海马提尼克岛上的复式火山——培雷火山，在1902年5月8日发生了一次喷发，这次火山喷发是20世纪最致命的火山喷发，也是历史上五次致死率最高的火山喷发之一。这次喷发产生的火山碎屑流流速超过了600千米/小时，直接导致火山碎屑涌动，很快覆盖了离培雷火山山顶6.5千米的港口城市——圣皮埃尔市，使全市3万人口几乎全部丧生。在火山碎屑流流经的路径上，只有3名幸存者，其中一人因为被困在一个封闭的地牢似的监狱里面而侥幸逃过一劫。一位法国的火山学家——阿尔弗雷德·拉克鲁瓦在火山喷发不久后来到马提尼克岛上，他将这个事件描述为发光云。1929年，培雷火山又爆发了一次，现在已经有火山学家在密切地监测这座火山，人们相信，未来它还会爆发。

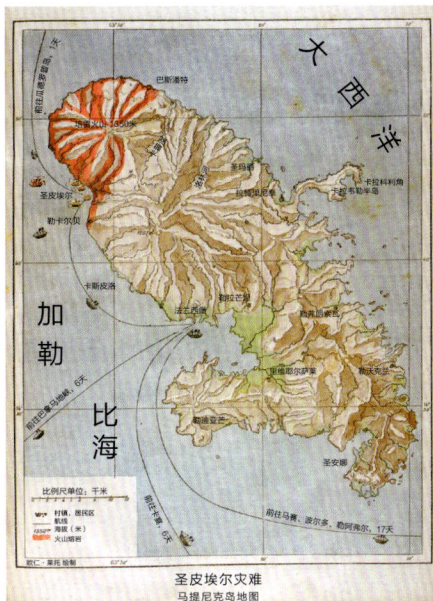

圣皮埃尔灾难
马提尼克岛地图

马提尼克岛地图
这幅地图是灾难发生后绘制的，培雷火山上喷发的各种熔岩沉积物和火山碎屑物（包括火山灰和岩石碎块）为红色部分。从图上可以看到圣皮埃尔市是火山南侧山脚的一个小海湾。

火山碎屑涌流
这张照片拍摄于1902年12月，画面呈现的是从培雷火山上涌出的火山碎屑涌流，和1902年5月悲剧性地吞没了圣皮埃尔市的涌流很像。它也是灾难发生几个月后连续产生的火山碎屑流中的一个。

> **我看到圣皮埃尔市被摧毁了。整个城市在一团火光下模糊不清。**

罗赖马号上的一位助理乘务长描述道。而位于圣皮埃尔市港湾的罗赖马号当时尽管在燃烧着，却还浮在水面上。

圣皮埃尔市的毁灭
灾难发生后，整个城市燃烧了好几天。几乎所有的建筑都被摧毁了。今天圣皮埃尔市的人口只有4500多人。尽管这座城市再也没有回到昔日的繁华，但是，之前被火山摧毁的建筑很多都得到了重建。

普林尼式喷发

所有火山爆发中最具爆炸性、最强烈的就是普林尼式或超普林尼式喷发。这种火山爆发会向空气中喷出一股强劲而稳定的气体和熔岩碎屑流，同时产生典型的巨大蘑菇形或花椰菜形的气体和火山灰云。

发生

罗马作家老普林尼在一次火山爆发事故中身亡，小普林尼观察到这次火山爆发并在后来的信中有提及，所以这类喷发就以普林尼命名，叫作普林尼式喷发。由于普林尼式喷发和公元79年发生的致命的维苏威火山喷发很像，所以，普林尼式喷发又叫维苏威式喷发。这类喷发的火山爆发指数通常为4~6级。火山爆发指数超过6级的普林尼式喷发又叫作超普林尼式喷发。一般，能够产生像流纹质那样特别黏稠的熔岩的复式火山或者破火山口才可能产生这种喷发。只有很少的几座复式火山能够持续地产生这种喷发。例如，维苏威火山，自从公元79年后，它产生过大约12次这种喷发。再例

如，圣海伦斯火山，在过去的600年间，产生过四五次普林尼式喷发。通常情况下，产生这些喷发的火山会有一个几百年或几千年的休眠期。智利的柴膝火山于2008年喷发了，它在过去的9500年间，都没有任何火山活动。这表明，产生这类喷发，需要大量的岩浆和压力在火山内部积累相当长的一段时间。有些普林尼式喷发过程中，岩浆喷发量非常大，以至于山顶的坍塌可以形成一个巨大的破火山口。

历史上的普林尼式喷发

火山名称	时间	火山爆发指数
意大利，维苏威火山	公元79年	5
印度尼西亚，坦博拉火山	1815年	7
美国，诺瓦鲁普塔火山	1912年	6
冰岛，赫克拉火山	1947年	4
美国，圣海伦斯火山	1980年	5
菲律宾，皮纳图博火山	1991年	6
智利，柴膝火山	2008年	4
俄罗斯，萨雷切夫火山	2009年	4
冰岛，艾雅法拉火山	2010年	4

萨雷切夫火山爆发
2009年6月，国际空间站的航天员观测到俄罗斯千岛群岛的萨雷切夫火山爆发。火山灰柱的高度一度达到12千米。

普林尼式喷发的发展

普林尼式喷发的主要标志是产生气体和火山灰柱，并延伸到高空大气中去。它们的关键特征包括岩浆碎屑在膨胀气体的推力下和大量浮石（含气泡的凝固岩浆）的喷射下发生剧烈的爆炸。短时间的爆发可能不到一天就结束了，但是长时间的可能持续一周。

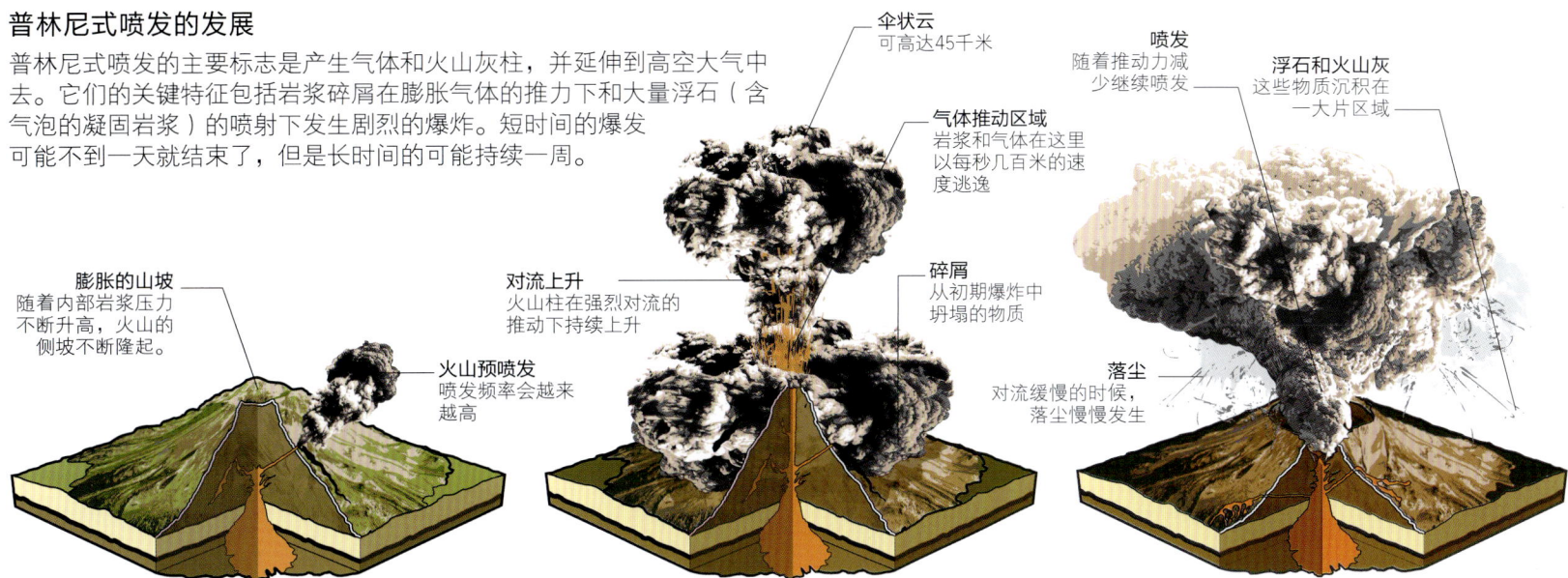

伞状云
可高达45千米

气体推动区域
岩浆和气体在这里以每秒几百米的速度逃逸

对流上升
火山柱在强烈对流的推动下持续上升

碎屑
从初期爆炸中坍塌的物质

喷发
随着推动力减少继续喷发

浮石和火山灰
这些物质沉积在一大片区域

落尘
对流缓慢的时候，落尘慢慢发生

膨胀的山坡
随着内部岩浆压力不断升高，火山的侧坡不断隆起。

火山预喷发
喷发频率会越来越高

1 爆发开始
火山内部上升的岩浆和压力，导致地面变形、气体或蒸汽释放，或者小火山灰喷发，同时伴随着巨大的爆炸声。

2 主要爆发阶段
猛烈的爆发开始时，会产生大量岩浆并喷向空中，通常还伴随着巨大的爆炸声。火山灰和浮石被吹到山体两侧。

3 火山灰沉降
随着爆发的继续，喷发力度减小。这时，风将火山灰云吹到几百千米之外，扩散到周围一片宽广的区域。

坦博拉火山爆发

1815年，印度尼西亚坦博拉火山的爆发可以算得上是1800年以来最大的一次火山爆发。它也是历史上造成人类死亡最多的一次地方性事件。这次爆发非常猛烈，所以它被归类为超普林尼式喷发。在爆发的主要阶段，可以看到三股剧烈的火山灰柱上升到空中，然后合并。据估算，大约有160立方千米的火山灰和岩石被喷射进入大气，接着又有毁灭性的火山碎屑流产生。10000~11000人由于喷发直接死亡，另外有49000~90000人死于发生于喷发后的饥荒和瘟疫。进入大气中的火山灰使全球温度降低。在北半球，牲畜死亡、农作物歉收导致了19世纪最严重的饥荒。

坦博拉破火山口
位于松巴哇岛的坦博拉火山，已经回归到休眠状态，就像它在1815年喷发以前保持了5000年的状态那样。坦博拉火山的破火山口宽6千米，深1.1千米。在它的表面，仍然有一些活跃的喷气口和蒸汽口。

维苏威火山

维苏威火山是世界上最危险的火山之一，它是意大利火山带的一部分，这个火山带是非洲板块向欧亚板块下方推挤形成的。尽管维苏威本身是复式火山，它形成于更古老、更大的索马山的破火山口遗址上。坐落在那不勒斯海湾的维苏威，在过去的几千年间，经历了各种活跃的状态和休眠期。在1631年至1944年间，这里发生过多次强烈的喷发，但是后来就很少喷发了。现在必须对这座火山严格监控，因为如果它爆发时人们只提前几天得到预警，就很容易造成成千上万的人员伤亡。

公元79年的爆发	
位置	意大利，那不勒斯海湾
火山类型	复式火山
火山爆发指数	5级

2100

死亡人数

公元79年的爆发

维苏威火山过去3500年间最大的一次爆发，也是维苏威最著名的一次爆发，发生在公元79年。这次爆发产生了大量的火山灰云、落灰和火山碎屑涌流，夺去了罗马庞贝和赫库兰尼姆两座城市中约2100人的生命。过去200年间，对这些城市的挖掘让人们对当时罗马人的生活情况有了更多的认识。

> ❝ 火山灰云从维苏威山上升起，我能想到的最形象的比喻就是它像一棵松树。❞

小普林尼这样描述发生于公元79年的这场夺走了他叔叔老普林尼生命的火山爆发。

从太空看维苏威火山
在这张假彩色红外卫星影像图上，正中心的维苏威火山锥和火山口呈现出蓝绿色。周围的红色区域是维苏威–索马山复合体的其他部分。亮蓝色区域是高楼林立的城市，而那不勒斯海湾则呈现出黑色。

出自庞贝古城的头骨
这具头骨是在挖掘庞贝古城时被发现的，其主人是公元79年维苏威火山爆发的一名受害者。

保存完好的蛋
这个木碗以及保存下来的蛋和蛋壳，都是在挖掘庞贝古城时被发现的。科学家还挖掘到一些其他食物，比如坚果、无花果等。

人体铸件模型
这个铸件模型展示的是一个倒在地上死去的庞贝人。他正捂住自己的脸部，可能是想试图保护脸部使其免受火山碎屑涌流的伤害。这股火山碎屑涌流温度极高，也正是这股涌流埋葬了他。

爆发时间线

1631年 大量熔岩流
这场突然的大型火山爆发，主要特点就是产生了大量的岩浆蒸汽和火山碎屑流，并夺去了约3100人的生命。后来，人们开采挖掘那些熔岩用来做建筑材料。

1906年 火山灰云
伴随着地震的发生，一场剧烈的火山爆发产生了13千米高的火山灰柱，同时喷发的岩浆量非常多，比以往的记录都多，并造成至少200人丧生。

1944年 飞机摧毁
这次爆发喷射出5千米高的火山灰柱，产生的熔岩流侵袭了几个村庄。沉重的火山落灰摧毁了驻扎在附近机场的美国飞机。

诺瓦鲁普塔火山，1912年

1912年6月，20世纪最具威力的火山在人口稀疏的阿拉斯加地区爆发了。这次喷发的火山之前不被人知晓，可能是新产生的，后来人们叫它诺瓦鲁普塔火山（意思为"新的喷发"）。在60个小时内，大约13立方千米的岩浆被喷到大气当中。数百平方千米内都覆盖上了厚厚的一层火山灰。接下来的三天时间里，黑暗笼罩着整个区域。这次火山喷发没有造成人员死亡，因为火山爆发地点十分偏僻。诺瓦鲁普塔火山口的位置和卡特迈火山的复式火山很近。喷射的岩浆大部分来自卡特迈火山下方的岩浆库，并耗尽了这个岩浆库，使得卡特迈火山上部瓦解。诺瓦鲁普塔火山口自身则形成了一个大型的岩塞丘。

爆发后的事件

1 卡特迈山上的火山云
这张照片拍自火山爆发的几个月后，可以看到仍然有一片蒸汽云和火山灰云从卡特迈火山坍塌的部分升起。

2 工作中的科学家
科学家们于1916年至1921年间在万烟谷和周边地区展开调查。

1912年6月6—8日	
位置	阿拉斯加，阿拉斯加半岛
喷发类型	普林尼式喷发
火山爆发指数	6级

300亿立方米

该地区沉积的火山灰、火山尘和火山渣

万烟谷

这次诺瓦鲁普塔火山爆发的一个主要特征就是产生大量的火山碎屑流。这些火山碎屑流涌入了火山喷发点北部的一个山谷，沉积了一片面积约100平方千米、厚达200米的火山碎屑。大量的蒸汽从渐渐冷却的火山灰上升起。第一支科学探险队是在四年之后到达这里的，那里蒸汽羽流仍然十分明显，所以，其中的一名科学家罗伯特·吉格斯将这个山谷命名为"万烟谷"。

冰冻下的卡特迈破火山口
这个被湖填满的破火山口大约宽4.5千米，它是卡特迈复式火山在诺瓦鲁普塔喷发中历经灾难性的爆炸后留存下来的残址。

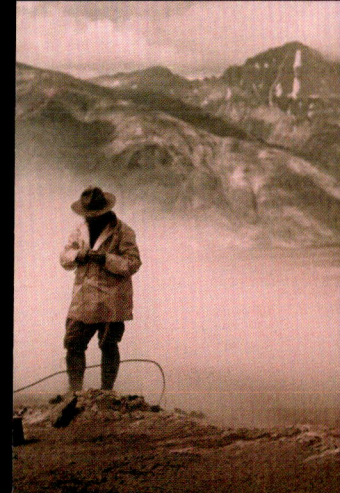

3 冒着蒸汽的熔岩穹丘

在卡特迈复式火山和充满火山灰的山谷之间，有人发现一个炽热但不活跃的熔岩穹丘正在释放着蒸汽团。后来，这个穹丘被认定为喷发火山口的一个岩塞丘。

4 裸露的火山灰沉积物

几十年来，小溪和河流侵蚀着厚厚的红色火山灰沉积物。图中所示的山谷有40米深。

5 今天的熔岩穹丘

堵塞住诺瓦鲁普塔火山口的熔岩穹丘是一片崎岖的，约90米高、360米宽的黑色山丘。

"到达卡特迈山顶后，万烟谷的烟渐渐地都散去了……我的第一反应就是，我们到了现代地狱。"

詹姆斯·海恩，一位第一次到达火山喷发点探险的动物学家

圣海伦斯火山

1980年5月，20世纪最著名的火山爆发发生在美国华盛顿州，复式火山圣海伦斯火山失去了它大部分的北翼。由于岩浆的膨胀，几个星期内火山顶部附近出现了大量的突起部分，同时频繁地发生蒸汽爆炸。人们得知，一场火山爆发即将来临。但是，后来真正发生的事件震惊了每个人。5月18日早上8点32分，一场地震使圣海伦斯火山顶和北部侧翼的一大块山体突然坍塌、滑落，这是历史上最大规模的一次山崩。山崩使岩浆暴露在外，这些岩浆直接在山体侧面毁灭性地爆炸了，这也叫作定向爆炸。

1980年5月18日

位置	美国 华盛顿州 喀斯喀特山北段
火山类型	复式火山
喷发类型	普林尼式喷发

1600

这次火山喷发释放的能量相当于1945年投放到日本广岛的原子弹的1600倍

爆炸前后
1980年火山爆发后，曾经美丽的圣海伦斯火山锥和山顶变得伤痕累累，北面山坡（和下面）布满了难看的火山口。

山坡爆炸

在火山喷发的高峰期，由于火山内部气体的膨胀，一股巨大的火山灰上升到约24千米的高空。大部分的火山灰最终落到了美国西北部地区。

圣海伦斯的监测

自从1980年5月的爆发之后，圣海伦斯火山进入了新一轮的爆发活跃期，直到2008年，它才沉寂下来。来自美国地质调查局（USGS）和其他组织的科学家对这个火山开始监测。这些科学家十分密切地关注着火山附近的地震活动，因为这些地震可能预示着岩浆新的运动迹象，或者是地壳变形的一个信号。大部分的火山监测工作是由分布在火山内部及周围的自动传感器来完成的。

持续观测

远程监测圣海伦斯火山形变的一个方法就是，测量一个固定点与安装在火山两侧测量仪之间的距离。图中这位地质学家正在安装仪器进行测量。

> ❝ 我准备开车去往高架桥上，正好看到这一幕，感觉就像是世界末日慢慢来临一样⋯⋯❞
>
> 李·哈里斯，火山爆发时，他正开车在离圣海伦斯火山120千米的华盛顿州奥本路附近。

影响

最初爆炸产生的冲击波立刻压倒了从火山山顶往北连绵30千米的一片扇形区域中的所有树木。同时，山崩产生的物质和爆发的岩浆形成巨大的火山碎屑流，这股火山碎屑流以1000千米/小时的速度移动，将600平方千米区域内的物体都压毁或者烧成灰烬。火山碎屑流在流经一个湖时，湖里的水和火山灰一起变成了蒸汽，从而产生了第二次更大的爆发，这个爆炸声在几千千米外的加利福尼亚州北部都能听到。

几分钟之内，火山山顶上几百吨的融冰与火山灰和坍塌的岩石一起形成了具有毁灭性的火山泥石流。这些火山泥石流向下涌入当地河流，摧毁路上的一切物体，包括桥、树和建筑等。直到一切平息下来的时候，一共有57人因此丧生，他们中的大部分都是由于窒息丧生或者被火山碎屑流烧死的。同时，这次灾难也造成了数十亿美元的损失。

火山泥沉积

火山泥石流涌向当地河流，横扫路上的一切物体，然后变成小股泥流速度才缓缓慢下来，最终形成厚厚的火山灰和火山泥的沉积物。

圣海伦斯火山

1980年5月18日火山爆发后，圣海伦斯火山周围区域都是燃烧的、枯萎的或者烧成灰烬的树木。火山爆发初期，山体两侧喷射的热气、火山灰、岩石摧毁了大约600平方千米的森林，所有的树木在60秒内被毁。

蒸汽喷发

当炽热的火山岩遇到地下水或其他地表水，就可能导致蒸汽喷发。这种喷发主要产生蒸汽和岩石碎片。另外一种类似的喷发类型叫作蒸汽岩浆喷发，它通常发生在岩浆和水接触的时候。

成因和特点

蒸汽喷发，也叫作蒸汽爆炸或者强火山作用喷发。一般当地下水或者其他地表水遇到炽热的火山岩或者刚沉积的火山灰，这种喷发就可能会发生。这类喷发在规模和强度上有很大的差异性，有一些预示着更大的爆发。例如，1980年5月，圣海伦斯火山几次蒸汽喷发就发生在它著名的普林尼式喷发之前。通常，它喷发出的灰柱是白色的，这是因为里面水蒸气含量非常大。蒸汽喷发不产生熔岩喷泉或者熔岩流，但是经常会飞出火山弹。

当大量的地下水、海水或者其他地表水与岩浆接触时，会形成蒸汽岩浆喷发。引发蒸汽岩浆喷发最常见的情况就是岩浆上升进入一个含有饱和地下水的岩层。1883年印度尼西亚喀拉喀托火山的喷发是历史上最大的火山喷发之一，常被怀疑是一次蒸汽岩浆喷发——火山一部分壁体裂开，使海水涌进了它的岩浆库。

蒸汽驱动喷发

在蒸汽岩浆喷发中，热的岩浆与凉的地下水或地表水接触。岩浆释放大量的热使水沸腾变成蒸汽。

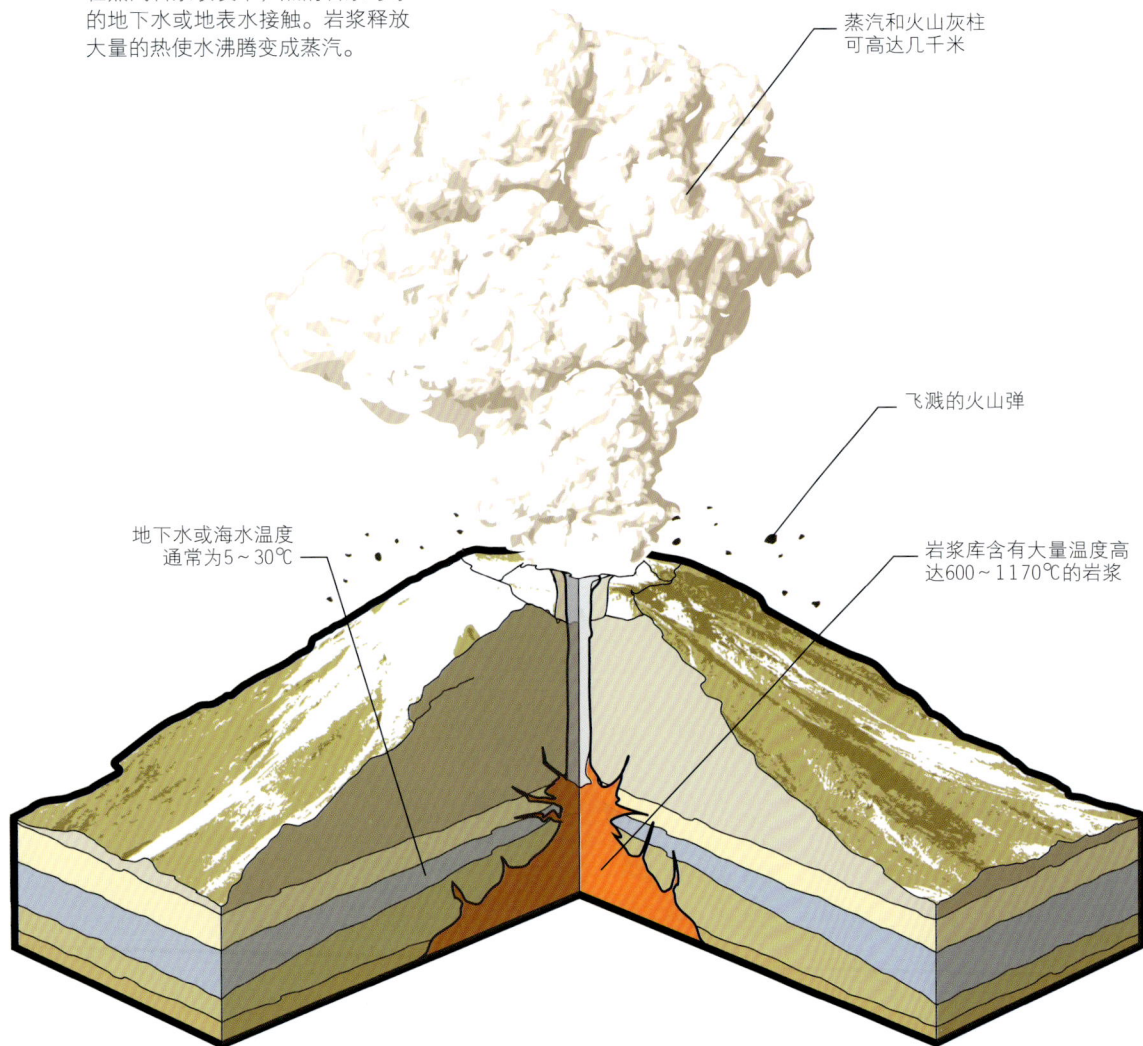

蒸汽和火山灰柱可高达几千米

飞溅的火山弹

地下水或海水温度通常为5~30℃

岩浆库含有大量温度高达600~1170℃的岩浆

有毒的水
图中火山的蒸汽喷发通常来自这个火山口湖，它位于印度尼西亚的伊真火山，是世界上最大的酸性火山湖。

皮钦查火山
皮钦查火山离厄瓜多尔首都基多比较近。这座
火山近几个世纪来，产生了很多次大规模的蒸
汽喷发。1999年10月的那次喷发（如图所示）
导致了大量的火山灰沉降，基多被火山灰覆盖。

危害

蒸汽喷发和蒸汽岩浆喷发会带来很多危害。其
中一个主要的危害就是释放大量二氧化碳和有
毒的硫化氢气体，使人在高温下窒息。例如，
位于印度尼西亚爪哇岛中心高地的迪昂火山，
于1979年2月发生过一次蒸汽喷发，导致149
人因二氧化碳窒息而死。火山口的湖泊会经历
反复蒸汽喷发，它们的湖水通常呈现强酸性。
这是由于湖水与火山灰中的硫黄类化合物发生
反应产生硫酸，硫酸溶于湖水使湖水呈酸性。
像这样的湖水喷发时，也会形成强酸雨。这类
喷发的另外一个危害是火山岩攻击。1924年，
夏威夷盾状火山基拉韦厄火山在一次喷发中从
火山口向1千米外喷射巨大的岩石。

易于产生蒸汽喷发的火山

波阿斯火山
波阿斯火山，这座位于哥斯达
黎加的极度活跃的复式火山，
最近，尤其是在2009年，频繁
地产生蒸汽喷发。它的火山口
表面有世界上酸性最强的火
山湖。

樽前山
樽前山，位于日本北海道支
笏破火山口内。这座活跃的
复式火山已经在过去的几个
世纪里发生了很多次蒸汽
喷发。

冰川下的火山

世界上有一些火山位于以冰盖或冰原形式存在的巨大冰川之下。这类火山大多数存在于冰岛（位于它巨大的冰盖下方）或南极洲。这类火山的爆发十分壮观，偶尔会造成灾难性的后果。

冰下的火山喷发

尽管有些巨大的火山位于西南极洲冰原下方，但它们已经近千年都没有喷发了。近期的冰川下的喷发仅在冰岛发生过。来自火山内部的炽热的气体和岩浆带来的热量使表面的冰层融化，融化的水会使喷发的岩浆迅速地降温，形成枕状熔岩。一旦冰盖融化形成一个延伸到冰川表面的洞，就会形成明显的喷发，热的岩浆和水相互作用，产生巨大的柱状蒸汽和火山灰，喷射而出。

格里姆火山

格里姆火山是一个巨大的破火山口，大部分位于冰岛最大的冰原——瓦特纳冰原之下。右图可以看到格里姆火山南部有一部分火山裸露在冰盖外面。

火山灰

火山

瓦特纳冰盖

这张卫星影像图展示了2004年格里姆火山爆发时从瓦特纳冰盖下升起的火山灰云团。

来自格里姆火山的灰柱

2004年，格里姆火山喷发产生的蒸汽和火山灰柱上升到10千米的高度。人们认为，这次喷发始于冰川下方破火山口的一条裂缝。几天之内，它就在200米厚的冰层中融化出一个洞。

火山喷发和洪水

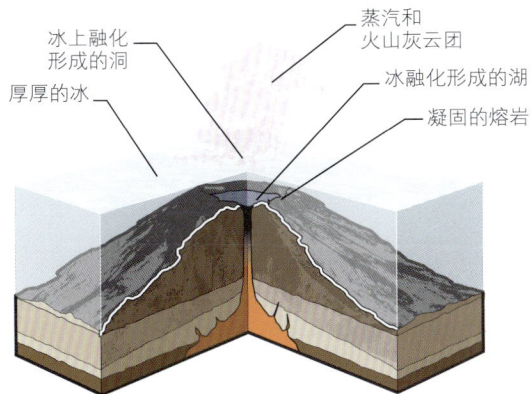

冰上融化形成的洞
蒸汽和火山灰云团
厚厚的冰
冰融化形成的湖
凝固的熔岩

1 冰川下喷发
来自火山内部的气体和岩浆的热量使表层冰川融化形成一个洞。通过这个洞释放出的水使升起的岩浆冷却形成枕状熔岩。

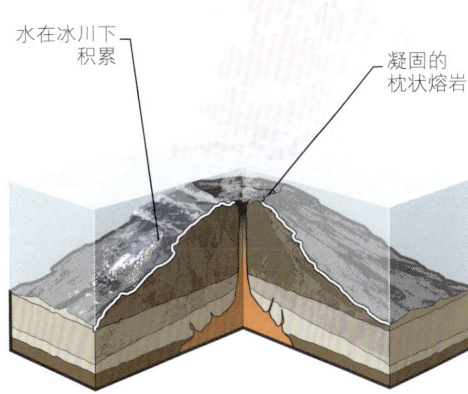

水在冰川下积累
凝固的枕状熔岩

2 水的积累
融水在冰川下方会形成一个湖。随着喷发的继续，湖水的面积越来越大，湖水甚至会轻微地顶起重量达数十亿吨的冰川。

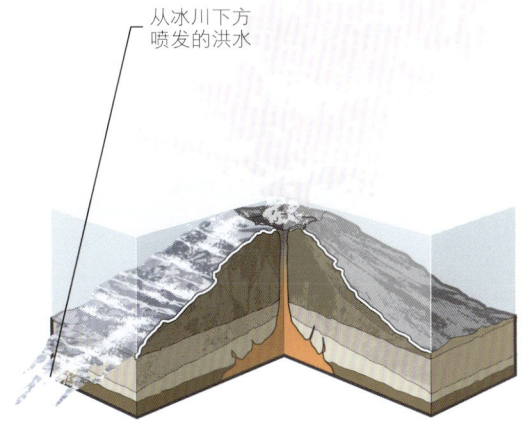

从冰川下方喷发的洪水

3 冰川引发洪水
最终，湖越来越大，压力也越来越大，以至于湖水突然从冰川水下方或者从旁侧喷发出来。

冰川洪水

在大多数冰川下的火山喷发中，冰川融化后的水在火山与表面冰层之间聚集成湖，最终，可能以剧烈的、危险的形式（洪水）释放出来。这类事件在冰岛十分常见，冰岛人通常称之为"冰川洪水"。冰岛历史上最知名的冰川洪水事件之一是1996年由格里姆火山喷发引发的。在三四周的时间内，瓦特纳冰盖下积累了超过3立方千米的融水。这个冰川下的湖水突然爆发，有些水从冰盖下流走了，有些则通过冰川侧面的裂缝喷射出来。由此形成的洪水成为临时性的世界第二大的水流（仅次于亚马孙河）。它导致了1400万美元的损失，遗留了大量10米高的冰山——瓦特纳冰原的冰盖块——分布在冰岛海岸平原上。

平顶火山

海尔聚布雷兹平顶火山，冰岛
岩浆受到冰的约束在火山顶部堆积，堆积的方式决定了冰川下的火山具有陡峭的山坡和平坦的山顶。当火山停止喷发且冰盖后退时，就形成了这种称为平顶火山的地形。

融水急流
在2010年冰岛艾雅法拉火山喷发的时候，融化的水从覆盖在火山上的冰盖边缘流出，形成了湖水和一些冰川洪水。

火山闪电

艾雅法拉火山灰柱频繁地被强烈的放电现象所照亮，这一现象可能是由于不计其数的火山灰和冰粒子之间的碰撞产生静电导致的。

2010年4月到5月的几个星期里，一座之前很少被人知道的冰岛火山成为了欧洲人关注的焦点，因为它向大气层中喷出了大量的火山灰，使欧洲大陆上方的空中交通陷入瘫痪状态。

这次爆发的火山有一部分位于艾雅法拉冰盖之下，爆发之初，在冰川旁边的一条山路附近出现一条裂缝，同时有一些岩浆喷泉产生。但是几周之后，也就是4月14日，喷发点向山顶冰盖下的火山口移动，然后向大气中喷射富含玻璃的细小火山灰，喷射高度达8千米。这就是普林尼式喷发，这次喷发只是强度相对适中的一次喷发。而让冰岛人和其他人真正担心的是，在艾雅法拉火山喷发后不久，另一座更大型、更危险的火山活动了，它就是艾雅法拉的邻居，一座巨大的破火山口火山——卡特拉火山。

2010年4—5月	
位置	冰岛南部
火山类型	复式火山
喷发类型	普林尼式喷发
火山爆发指数	4级
无家可归的人	500个家庭

95000
航班被取消的乘客人数

空中交通中断

火山灰到达欧洲西北部繁忙的航域。2010年4月15日开始，航空当局关闭了该地区的许多空域。这种情况持续了8天，导致1000万名乘客滞留，也给欧洲经济带来了很大的损失。4月23日后，受影响的空域重新开放，但是航班停运在欧洲各个地区还是经常发生。同时，激光雷达（见右图）等技术被用来检测火山灰云的动态。在冰岛，艾雅法拉火山的喷发最后在2010年6月停止，而2011年5月，卡特拉火山才不再喷发了。

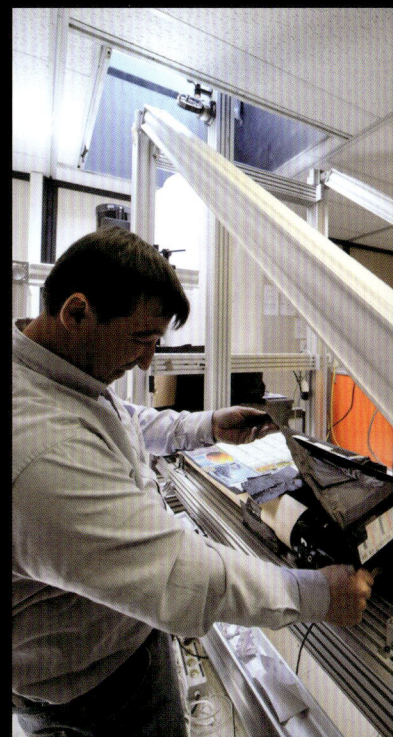

对火山灰的研究

一名工程师正在展示激光雷达（光探测和测距）装置——基于激光技术的设备，它可以用来收集大气中粉尘粒子的数据。事实证明，激光雷达在火山灰柱研究中是非常实用的。

对航空的危害

尽管火山灰不断扩散，浓度下降到了我们肉眼看不到的程度，但是它们的存在还是会给飞机带来毁灭性的威胁。火山灰颗粒会使喷气式发动机磨损，从而导致引擎关闭。它们同样也会磨损挡风玻璃，影响飞机上重要的传感器。

"突然，你会意识到，你早已经习惯了原来一直居住的地球。"

布鲁诺·拉图尔，法国人类学家，
在英国社会学协会2007年主题演讲上对地球科学的呼吁。

火山灰的扩散

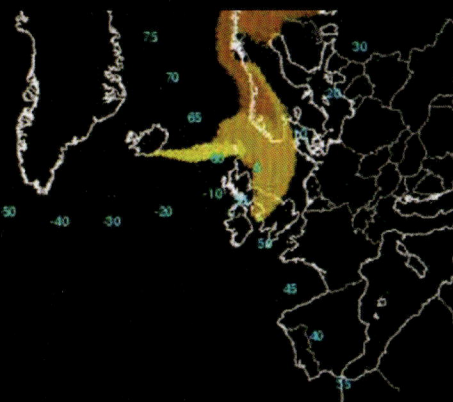

1 2010年4月15日

火山灰扩散覆盖了挪威、英格兰北部的大部分地区，同时继续延伸到其他斯堪的纳维亚国家。不列颠群岛和挪威的大部分空域以及瑞典的部分空域一直都处于关闭状态。

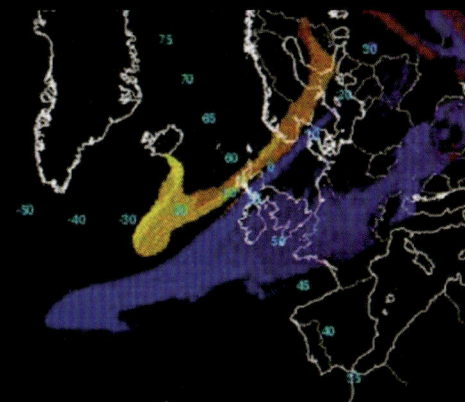

2 2010年4月18日

在不列颠群岛、法国、欧洲中部的大部分空域上，厚厚的火山灰云持续覆盖了两三天。20个国家空域全部或部分关闭。

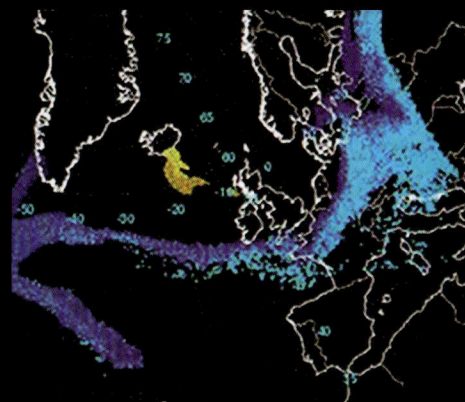

3 2010年4月20日

在火山进入相对平静的时期后，新的火山灰已经大大地减少了，之前产生的火山灰还覆盖在东欧地区上空。几天后，之前关闭的空域大部分都重新开放了。

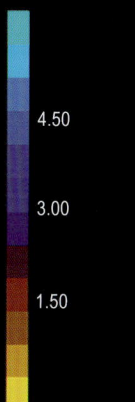

火山灰颗粒存在的平均天数

4.50
3.00
1.50

艾雅法拉火山爆发
一股狂暴的、汹涌的热蒸汽和火山灰柱，通过艾雅法拉冰盖的裂缝，从位于地底下的火山口向上升起，然后水平地被吹向海的方向。裂缝的周围，肮脏的火山灰沉积在冰面上。这次喷发的火山灰颗粒小但坚硬粗糙，且富含玻璃，给航空带来了巨大危险。

南极的火山

南极这么寒冷的地方也有火山似乎有些不可思议。但是对于向地表上升的炽热岩浆来说，南极的寒冷算不上什么阻碍。在这块大陆上，有大约30座火山，但近期处于活跃状态的只有少数几座。

埃里伯斯火山

南极洲最活跃的火山——埃里伯斯火山，也是历史记录上最南端的火山。这座3794米高的复式火山位于南极洲东部海岸外的罗斯岛上，另外还有三座非常明显的不活跃的火山。这四座火山被认为坐落于南极板块下的一个火山热点上。埃里伯斯火山是其中很少几个有山顶火山湖的火山中的一个。1841年詹姆斯·罗斯船长第一个看到当时正在喷发的埃里伯斯火山，这座火山今天仍在喷发。它频繁地在岩浆湖里产生小规模的喷发，偶尔也产生大规模的斯特隆博利式喷发。

冰塔

埃里伯斯火山的两侧有很多喷气孔，这些喷气孔形成了奇怪的冰塔。随着蒸汽在火山口出现，有些蒸汽开始凝结形成水，当它流向地面时，又会迅速地结冰，使冰塔的冰更多。

蒸汽柱

整个埃里伯斯火山都被冰川所覆盖，一小股蒸汽从埃里伯斯山顶散发出来。在它更活跃的时候，斯特隆博利式喷发可以喷出小的熔岩弹投掷到高处的山坡上。

西南极洲的火山

在西南极洲一块叫作玛丽·伯德地的区域，有一个大型的火山群，几乎大部分都掩埋在冰川下面。这个火山群被认为是西南极洲冰盖下方一个大约3200千米长的大陆裂缝所形成的。有些西南极洲的火山可能已经是死火山了，例如汉普顿山。但是另外一些火山还具有潜在活性，例如塔卡黑火山，它被认为在大约7000年前爆发过。2008年，科学家找到了相比较而言时间更近的喷发证明：2000年前南极洲哈得孙火山爆发过。利用冰探测雷达，他们发现在冰盖下方有一层火山喷发产生的火山灰。

汉普顿山
这个大型的盾状火山群唯一可见的部分就是它的山顶区域。其山顶被6千米宽的火山口占据了大部分面积，这个火山口完全被冰所填满。

冰冻大陆上的火山

南极洲的火山主要可以分为三类：一类在南极半岛的顶端，一类在西南极洲，还有一类在南极洲海岸线附近。大型复式火山墨尔本山是南极主大陆上近期唯一活跃的火山。埃里伯斯火山在一座岛上。锡尔冰原岛峰是南极半岛附近的一群冰原岛峰（在冰川上耸立的山峰）。人们认为它是分散的复式火山，或者是大型盾状火山的遗址。

图例	
▲ 从1600年起爆发的火山	① 东南极洲
	② 南极半岛
▲ 其他著名的火山	③ 西南极洲

欺骗岛
欺骗岛由一个被水淹没的马蹄形破火山口构成，它于1969年至1979年间持续喷发，摧毁了两座科学考察站。它位于南设得兰群岛，这里是一个火山岛弧，正好处于南极半岛附近板块交界边缘线上。

非洲大裂谷火山

大陆裂谷是地球表面拉伸裂开的区域。裂谷与从地球内部升起的地幔热柱有关。所以，火山经常会在这些区域形成。位于东非大裂谷的那些火山是地球上最壮观的火山。

东部裂谷火山

这个裂谷系统的东部叫作东部裂谷，这里拥有伦盖火山等少量火山。伦盖火山是世界上唯一喷射钠碳酸岩的火山。这种熔岩是流动性最强、温度最低的熔岩，只有500℃，最初是黑色或褐色的，但是一旦遇到水就会变成白色的。乞力马扎罗火山位于伦盖火山附近，由三座复式火山的复合体构成。尽管没有爆发记录，但是在它的火山口下方400米处，有一个岩浆库，所以不排除未来会发生喷发的可能性。其他火山包括肯尼亚巴瑞尔火山——由五座相互重叠的盾状火山组成，以及一座叫梅鲁的复式火山。

图例

— 断层线
▲ 自1800年以来爆发过的主要火山
▲ 其他著名火山
······ 阿法尔洼地

东非大裂谷系统

这片区域有三个主要的火山活跃区——东部裂谷、西部裂谷和北部的阿法尔洼地。

伦盖火山，坦桑尼亚
在当地马赛族的语言中，伦盖是"神之山"的意思。伦盖火山产生的岩浆非常独特，在晚上会发出鲜艳的橘色光。在这张照片中可以看到岩浆从山顶火山口一个陡峭的火山锥中渗出。

山顶的火山口
伦盖火山口里面充满了固态的岩浆，在白天看起来是白色的。这座火山的爆发活动通常是从火山口流出小股的岩浆流，偶尔会转变为剧烈的喷发，伴随着火山灰团和大量的岩浆流。

维龙加山脉

在维多利亚湖以西的维龙加山脉的西部裂谷,有两座危险的火山,造成了非洲约40%的火山爆发和大多数与火山爆发有关的死亡。尼亚穆拉吉拉山是非洲最活跃的火山,它是一座盾状火山,自1885年以来爆发了40多次。它最显著的特点是产生大量的二氧化硫气体和有毒的火山灰。它附近的尼拉贡戈火山的山顶有一个熔岩湖,被称为"沸腾的地狱之锅"。岩浆不时地从山顶或者从火山侧面的裂缝喷射出来,然后高速向山脚流去,所经之地,寸草不生。2002年的一次爆发是它危害最严重的爆发之一。

尼拉贡戈火山
这座位于刚果民主共和国的复式火山高3470米,从卫星影像图可以看到在山顶有一个宽5千米的火山口。自1892年以来,它至少爆发过34次。由于它山体侧翼陡峭、岩浆流动性高,所以其爆发具有危险性。

阿法尔三角区的火山

阿法尔三角区,也就是阿法尔洼地,是非洲东北部一片贫瘠的地区。它的位置低于海平面,是地球上最热、最干燥和最荒凉的地区之一。这里有一些著名的火山,其中最著名的是尔塔阿雷火山(意为冒烟的山,也叫魔鬼山),它是一座大型的盾状活火山。在它的山顶有一座非常大的椭圆形火山口,尺寸约为700米×1600米,包含两个较小的边缘陡峭的火山口,其中一个拥有非常壮观的熔岩湖。该湖会间歇性地形成一些危险的喷发,但是由于它地处偏僻,监测其活动非常困难。阿法尔三角区其他的火山群和火山区域包括一座名为阿雷塔火山的盾状火山和一片名为达洛尔的拥有温泉和小火山口的区域。在红海海岸线附近有一座复式火山叫作杜比火山,它在1861年发生过一次壮观的爆发。它产生的熔岩流流经了周围22千米内的区域,它喷射的火山灰落到了离火山300千米远的区域。这是非洲地区在过去几百年间最大的一次火山喷发,死亡人数超过了100人。

尔塔阿雷火山, 埃塞俄比亚
尔塔阿雷火山最著名的特征就是有一个炽热的圆形熔岩湖,这个湖直径为150米。当岩浆完全熔融时,会产生熔岩喷泉,同时释放大量的热量。在其他时候,湖表面大部分区域会形成一个固态的外壳。

阿雷塔火山
这座阿法尔洼地西部的非常大的盾状火山占地2700多平方千米。在这张卫星影像图上可以看到,火山大部分表面由于喷发的熔岩而显示为黑色。1907年的一次喷发对土地、财产,以及人们的生命造成了相当大的危害。阿雷塔火山最后一次喷发是在1915年。

尼拉贡戈火山灾害

尼拉贡戈火山2002年的喷发产生了现代史上最具破坏性的熔岩流。尼拉贡戈火山的熔岩流动性非常强，当它从山顶巨大的熔岩湖溢出后，快速从陡峭的山坡流下。2002年，火山边坡出现很多裂缝，200～1000米宽、近2米高的熔岩流涌进了戈马城，带来了大量的火灾和爆炸。45人因此死亡，其中一些人是由于火山灰造成的窒息而死，另一些人死于后续引起的加油站爆炸。造成大约12000人无家可归。

2002年1月	
位置	刚果民主共和国
火山类型	复式火山
喷发类型	夏威夷式喷发
火山爆发指数	1级

350000 被疏散的人数

爆发年表
熔岩流从尼拉贡戈火山裂缝中喷发出来。一部分熔岩流入戈马机场阻断飞机跑道，另一部分涌向城市，到达基伍湖。

图例

熔岩流　　城市区域

✈ 飞机场

2002年的灾难

1 熔岩湖
在山顶拥有火红炽热、熔岩流动性极强的火山湖的火山之中，尼拉贡戈火山是唯一一个边缘陡峭的火山。在这次爆发中，熔岩突然从火山边坡出现的裂缝流出熔岩湖。

2 戈马机场
炽热的熔岩流进入戈马机场，覆盖了它跑道的北端，然后横扫戈马城，摧毁了45000栋建筑，其中包括了这个城市90%的商业区。

3 基伍湖
熔岩进入了基伍湖，人们担忧这可能导致湖底气体饱和状态的水上升，并释放出致命量的二氧化碳。幸运的是，熔岩并没有渗入那么深。

> 今天早上出现了如同世界末日般的场景，熔岩流像一个巨型的推土机一样横扫了整个戈马城，到处都是烟雾。

安得烈·哈丁，BBC的通讯记者，正在现场记录灾难发生的情景。

熔岩瀑布
这张2010年的照片中，熔岩流像瀑布那样从尼拉贡戈火山侧面倾泻而下，和2002年的那次喷发很像，但比那次更为温和一些。

火山遗迹

火山活动通过很多方式在我们的地球上留下印记。除了火山和它们的喷发物，还有古代岩浆体的残余物，这些残余物是岩浆在火山内部或者地下深处凝固，之后由于日积月累的侵蚀而暴露于地表形成的。

希普罗克峰
希普罗克峰由一种坚硬的岩石——煌斑岩（也叫云煌岩）和火山角砾岩组成，是一个具有放射状岩脉群的火山塞。它比周围的沙漠高原高出482米。

火山塞

这些地形的形成，是岩浆在火山喷发口或者其他内部空间凝固形成一个坚硬的火成岩塞（由岩浆形成的）的结果。之后，当火山的其他部分被侵蚀掉，这部分火山塞就暴露在表面。美国新墨西哥州的希普罗克峰就是一个典型的例子，它是2700万年前的一座火山的遗迹。当形成希普罗克峰的岩浆凝固的时候，这个火山塞在地表下约850米处。随后，风化作用和侵蚀作用破坏了火山的熔岩和火山灰层以及下层的软页岩，这时，希普罗克峰就暴露在外，形成了今天的样子。

透镜状的岩基

火成岩侵入体
进入任何裂缝或者现存岩层内的其他可进入空间（有时会把岩层推向两侧）的岩浆就叫作火成岩侵入体。侵入体最后冷却形成固体，并由于侵蚀的结果裸露在表面，形成各种地形特征。

岩脉和岩床

两种通常暴露在表面的、相对较小的侵入体是岩脉和岩床。这两种侵入体通常是由流动的玄武质岩浆组成的，玄武质岩浆可以挤入细小的裂缝并使围岩裂开。这些岩浆通常凝固形成辉绿岩。岩脉是比较薄的直立侵入体，侵入到水平的基岩岩层之中。它们可能有很多种形式，包括以一个点为中心点的辐射状、环状岩脉（环绕火山中心，在岩浆通过环形裂缝向上渗出的过程中形成）或者称为岩脉群的一系列平行构造。岩床是一种水平构造，沿着层面（沉积岩层的边缘）形成。英格兰的暗色岩床就是一个例子，它在几个地方暴露出约30米厚的露头。

暗色岩床
哈德良长城建立在英格兰东北部这个裸露的岩床的上面。这个岩床是在大约2.95亿年前被侵入形成的。

岩基和岩盖

大型火成岩侵入体包括岩基、岩盖和一些较小的类型，如岩盆和岩株等。这些一般都是由花岗质岩浆组成的，而花岗质岩浆和玄武质岩浆组成成分不同，它比玄武质岩浆更黏。这一特点就导致它们通常是在地下形成大规模的岩体，而不是穿透裂隙向上生长。岩基是大型火成岩侵入体中最大的，由花岗岩或相关岩石构成。一旦暴露在表面，岩基面积至少有100平方千米，很多岩基比这更大。具有相似结构的、面积小于100平方千米的侵入体叫作岩株。美国加利福利亚州的内华达山脉岩基就是一个关于岩基的例子，它长约600千米，由100多个独立的深层岩体组成。它们是在2.25亿年前至8000万年前之间的某段时间内由一些分散的岩浆团冷却形成的。在其他的大型侵入体中，岩盖是透镜状的、向上凸起的大型侵入体，通常由辉长岩组成。岩盆和岩盖比较相似，但是它是向下凹陷的。美国犹他州的派恩瓦利山脉岩盖是世界最大的岩盖之一。

埃尔卡皮坦
作为内华达山脉岩基的一部分，埃尔卡皮坦是一块高达910米的岩层，由坚实的花岗岩组成，位于美国加利福尼亚州约塞米蒂国家公园内。它在约1亿年前形成于地下。

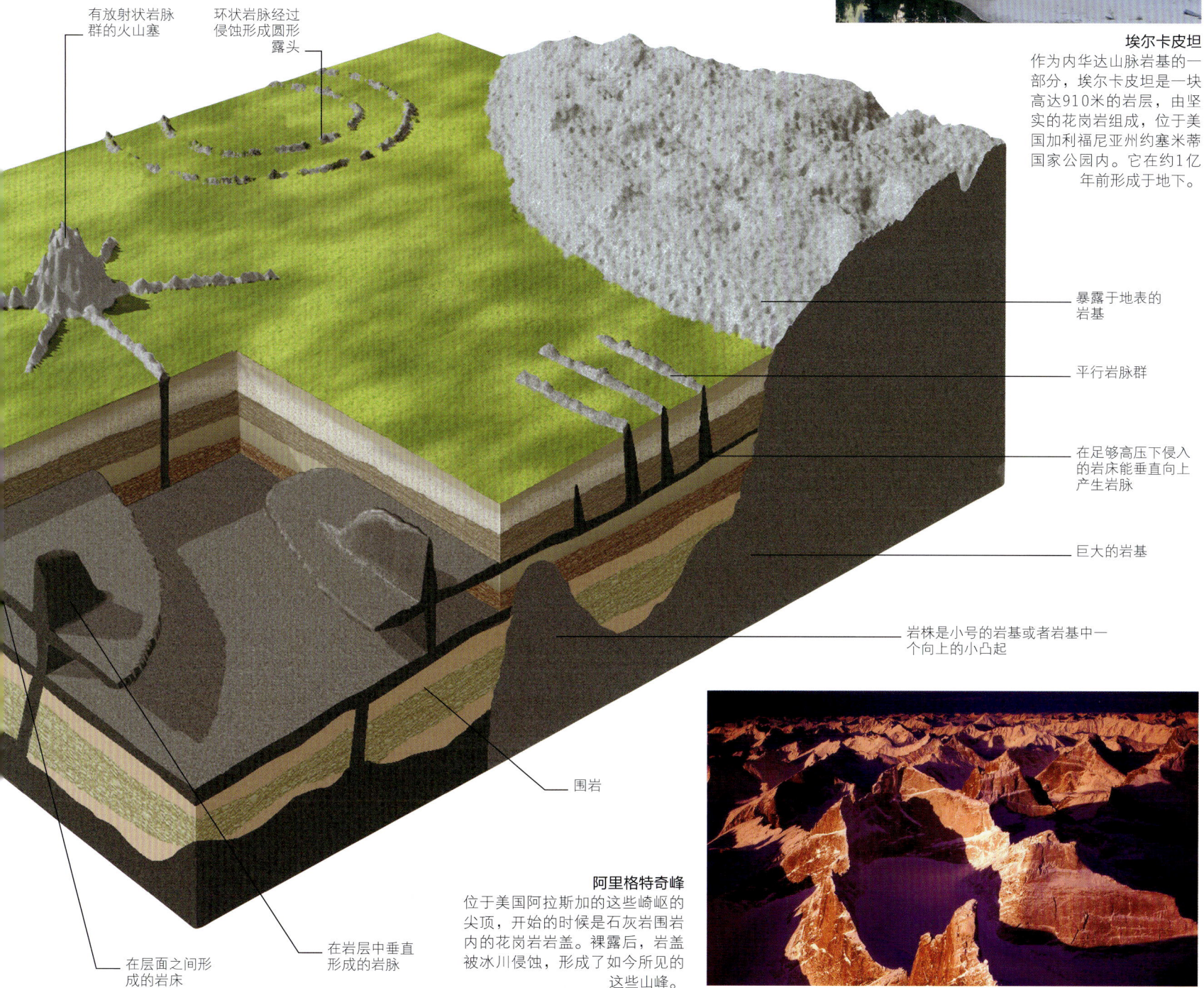

有放射状岩脉群的火山塞

环状岩脉经过侵蚀形成圆形露头

暴露于地表的岩基

平行岩脉群

在足够高压下侵入的岩床能垂直向上产生岩脉

巨大的岩基

岩株是小号的岩基或者岩基中一个向上的小凸起

围岩

在层面之间形成的岩床

在岩层中垂直形成的岩脉

阿里格特奇峰
位于美国阿拉斯加的这些崎岖的尖顶，开始的时候是石灰岩围岩内的花岗岩岩盖。裸露后，岩盖被冰川侵蚀，形成了如今所见的这些山峰。

火山监测

世界上最危险的，尤其是离城市比较近的火山，很多都已经被科学地监测起来了。尽管火山学家不能精确地预测火山什么时候爆发、会如何爆发，但是，他们可以在火山爆发危险增加时发出警报，让人们对火山爆发可能发生的特征有一定了解。

方法与工具

火山学家利用很多不同的方法来监测火山活动。例如，他们分析火山释放出的气体，用地震仪探测火山下的振动，使用一种叫作倾斜仪的仪器测量火山侧翼上的隆起。

某一种特定气体的释放不断增加，地震频率和强度越来越高，或者地表隆起，这些都可能表明岩浆在火山内部向上涌动，是相当可靠的火山喷发即将来临的信号。卫星监测是一种成本更高的方法，用来测量地表的变形。其他方法还包括监测火山附近磁场强度和重力的变化，因为这些可以被用来跟踪岩浆的运动。一旦科学家彻底地研究过一座火山后，他们会绘制风险图，例如，这些风险图会显示出将来熔岩流（或者火山泥石流）最可能流动的路线。当火山爆发的危险增加到某一程度的时候，科学家们会建议人们暂时搬离主要危险区域，甚至撤离整个地区。

监测站
技术人员正在安装仪器，测量苏弗里耶尔山附近地表的形变。这是世界上火山监测最严密的地区之一。

气体取样
火山学家经常测量和分析火山释放的气体，这些气体大部分都具有很高的毒性，所以火山学家们需要戴上防毒面具。

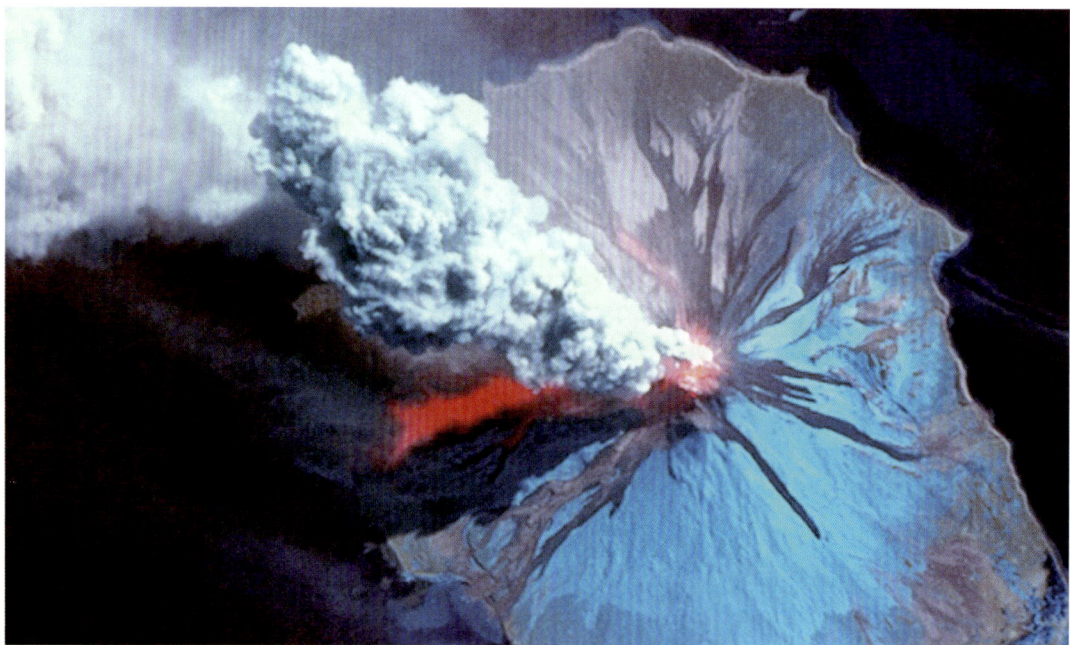

遥感
卫星被用来监测正在喷发的火山，例如，图中所示的就是美国阿拉斯加奥古斯丁火山的喷发。火山灰对航空是非常危险的，卫星可以用来追踪火山灰的规模和运动。

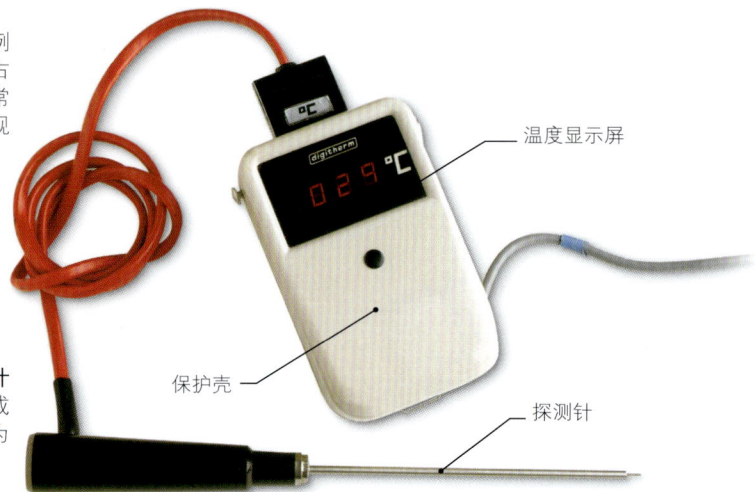

特殊的温度计
热电偶温度计被用来测量地表、熔岩或火山气体的温度，温度计测量范围为−200~1500℃。

温度显示屏

保护壳

探测针

野外工作
这位穿着防热服的火山学家正在埃特纳火山上，从熔岩流中取样。温度的变化和熔岩的组成成分可以为火山未来喷发过程的研究提供一些线索。

特殊观测的火山

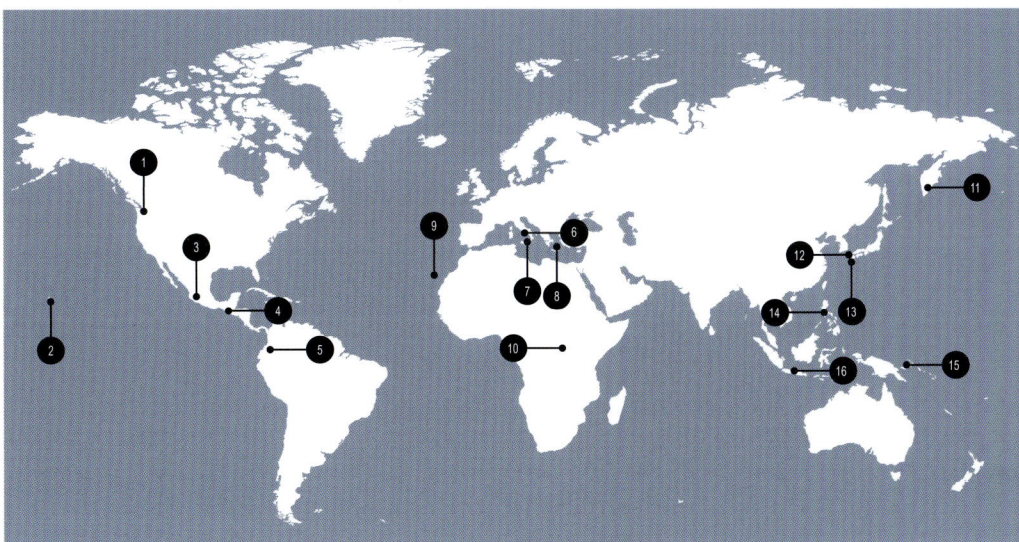

国际火山学与地球内部化学协会（IAVCEI）已经确认了一组共16座火山，也就是大家所知道的"十年火山"作为重点研究和观测对象，因为它们在历史上有过极具破坏性的喷发，而且距离人口密集区域比较近。在选择这些火山的过程中，科学家们还考虑了其他标准，包括多重危险的存在性，例如火山碎屑流、火山泥石流以及各种坍塌带来的危险。目前，由于资金有限，并不是所有火山都有专门监测。

1. 雷尼尔山
2. 冒纳罗亚山
3. 科利马火山
4. 圣地亚古多火山
5. 加勒拉斯火山
6. 维苏威火山
7. 埃特纳火山
8. 圣托里尼火山
9. 泰德峰
10. 尼拉贡戈火山
11. 阿瓦恰火山－科里亚克火山
12. 云仙岳
13. 樱岛火山
14. 塔阿尔火山
15. 乌拉旺火山
16. 默拉皮火山

与火山共存

令人惊讶的是，即便火山爆发的危险性无人不晓，全世界仍有8%的人居住在火山附近。虽然这十分危险，但上千万的人因为经济原因而愿意冒这份风险。

危害

对几百年来火山喷发导致人们死亡的原因分析显示，最大的危险来自火山碎屑流，以及少数火山产生的火山泥石流。有些火山能够产生有毒气体，有些离海岸比较近的大规模喷发能引发海啸。严重的火山灰也是十分危险的，熔岩流一般对经济的损害更大。

捡拾碎片
尼拉贡戈火山喷发后第三天，一个男人在试图恢复他家的镀锌屋顶。

矿业和旅游

和喷发带来的危险相反，火山也有积极有益的一面。在火山区域，来自地球内部的热流（地热）量非常大，这可以被用来作为无碳能源。有一些火山也是其他天然资源的来源，如硫黄和钻石等。它们也可以通过促进旅游带来经济效益。火山喷发时的美丽和刺激每年都能吸引成百上千的观光客。

硫矿
印度尼西亚爪哇岛上的伊真火山支撑起了一个硫黄产业：当地的火山气体被人工转变成硫黄，然后运出火山口。尽管这项工作非常辛苦，对身体健康也有危害，但是它为当地人提供了很多就业机会。

农业效益

火山喷发通常会产生大量的火山灰或熔岩，或者同时兼有。它们在短期内对环境都是有害的，但是长远来说，它们慢慢分解形成非常肥沃的、富含有用矿物质的土壤。在活跃火山附近的区域里，几乎都会有一大批人在这片土壤上种植。在一场大规模的甚至可能致命的火山喷发后，这些人也会返回这片土地重新开始他们的生活。这就很好地解释了为什么在像爪哇岛这样的火山岛上人口密度那么大，为什么危险的火山附近还会有像印度尼西亚默拉皮那样的定居点。

开垦火山
右图中为卢旺达地区，小麦梯田装饰着一座可能已经休眠的小型火山锥。图中火山表面的每一寸土地都被充分利用，这一事实也表明这里的土地是十分肥沃的。

马荣火山
菲律宾马荣火山的对称火山锥周围是一片富饶的农业区。人们为了火山带来的生计和这里的美丽风景，在这座危险的火山附近定居。

目睹火山喷发
图为2010年观光客正非常敬畏地拍摄冰岛火山艾雅法拉喷发的场景。10万多人前往观看这次喷发，其中很多人都来自外地。游客的大量涌入也有力地推动了冰岛的经济。

火山灰和熔岩的重新定殖

尽管火山灰沉降层和熔岩流会带来毁灭，但是，它们也会很快地重现生机。通常，在熔岩流区10年内就会重现生机，火山灰沉降层3~4年内就会重现生机，这个过程主要是增加了土壤的肥力。

熔岩上生长的蕨类
在夏威夷大岛上的普那海岸，可以看到右图中的景象：在绳状熔岩的裂缝里，一些蕨类植物开始生长。

肥沃的火山渣堆
阶梯状的稻田和蔬菜地覆盖了印度尼西亚爪哇岛中部一座火山的斜坡。多亏了火山喷发形成的肥沃土壤，这片土地每年都能够获得大丰收。

火山温泉

当大量的地下水被火山下方的岩浆加热时，温泉就产生了。温泉中含有的矿物质和微生物会使温泉池
呈现出不同的颜色，但火山气体通常会使温泉水的pH值比较极端。

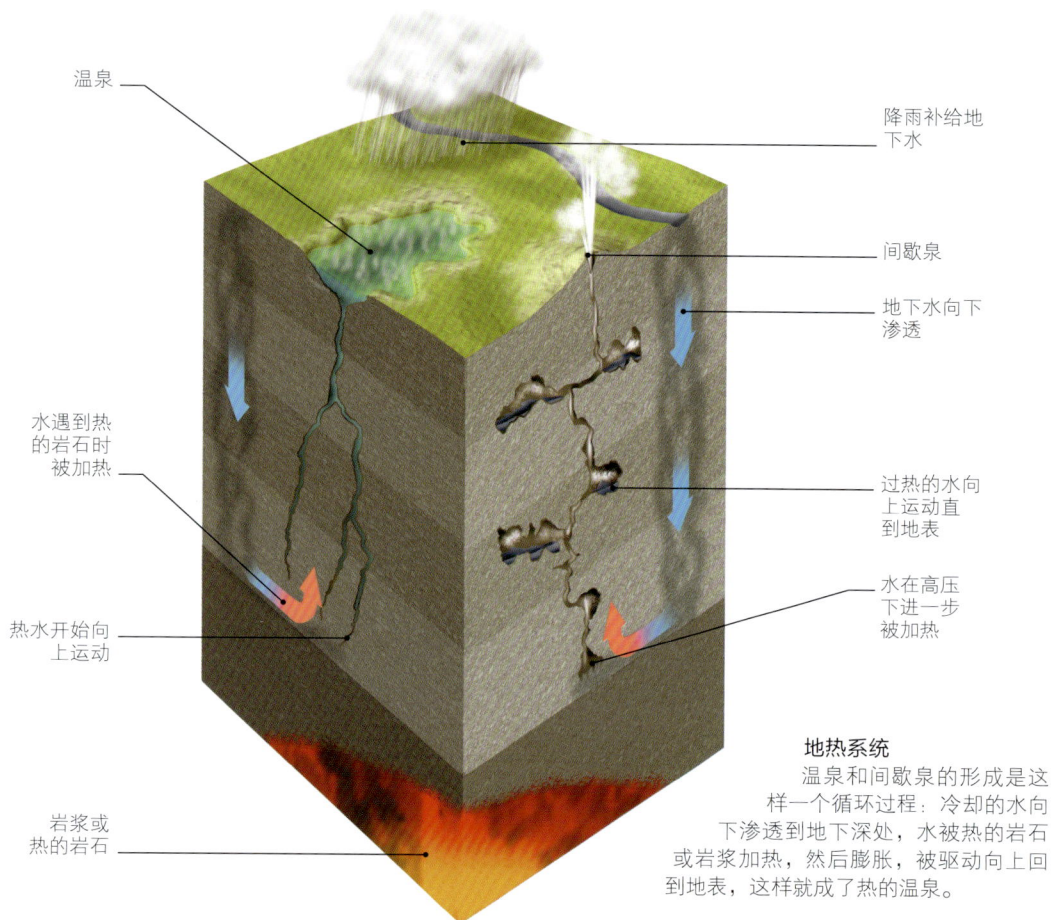

温泉

降雨补给地
下水

间歇泉

地下水向下
渗透

水遇到热
的岩石时
被加热

过热的水向
上运动直
到地表

水在高压
下进一步
被加热

热水开始向
上运动

岩浆或
热的岩石

地热系统
温泉和间歇泉的形成是这
样一个循环过程：冷却的水向
下渗透到地下深处，水被热的岩石
或岩浆加热，然后膨胀，被驱动向上回
到地表，这样就成了热的温泉。

温泉的产生

火山温泉形成于地表水在地壳中慢慢地向下渗
透到岩浆库周围的岩石或者岩浆处。随着水不
断升温，在快要接近沸点的时候，水的密度变
低，接着通过裂缝或者空洞向上升起直达地
表，形成温泉。通常，这类温泉的水温非常
高，多数水温在70～97℃范围内。

治疗能力

有些火山温泉的水不太烫，而是比较温暖的。人们在
这类温泉中沐浴比较安全。像冰岛蓝湖温泉，其浴池
用的水先经过附近地热工厂处理，使水温范围大约在
37～39℃。在富含矿物质的温泉水中沐浴被认为有很
好的疗养价值，例如，缓解一些皮肤病，也有益于心
理健康。

流动速率和矿物含量

通常，火山温泉不间断地产生热的水流，平均温度为97℃，有可能是少量地渗出，也可能是大
量地涌出，例如冰岛的德尔达图赫菲温泉流量达180升/秒。热水在地下的时候，它会从岩石中
溶解一些矿物质。这些矿物质使温泉呈现不同的颜色。当温泉水在地表冷却后，溶解的矿物质
会析出，产生坚硬的沉淀，形成非常壮观的景象，例如美国怀俄明州猛犸温泉的石灰华。

沸腾湖，多米尼克岛
位于加勒比海的一座岛屿上，这滚烫的水体是世界上最
大的温泉之一。沸腾湖表面长期是云雾缭绕的景象。

香槟池，新西兰
香槟池于900年前在怀奥塔普地热区形成，含有大量的
砷酸盐和锑，正因如此，池水呈现出鲜艳的颜色。

达洛尔温泉，埃塞俄比亚
在炎热又多火山的达纳吉尔凹地，这里的温泉由于周围
奇怪的、形状各异的矿物质沉积物而闻名。

绚丽的色彩
由于微生物的存在，温泉可能呈现出鲜艳明亮的色彩。偏好不同温度的不同颜色的微生物，会使一个池子里呈现出一系列的颜色，就像图中看到的美国黄石公园大棱镜喷泉。

火山喷气孔

在世界上很多火山区域都有火山喷气孔，它们是一种地壳缝隙，释放出蒸汽和各种火山气体，如二氧化碳、二氧化硫、硫化氢等。当蒸汽和气体向外释放时，还会产生很大的"嘶嘶"声。很多喷气孔有极难闻的气味。

特征

喷气孔和温泉很像。然而，和温泉不同的是，喷气孔里的水被加热到很高的温度以至于在到达地表前已经变为水蒸气。喷气孔释放的水蒸气主要是地下水被相对靠近地表的岩浆加热所形成的。其他的气体，例如二氧化碳、二氧化硫、硫化氢以及少量的水，则来自岩浆。喷气孔常见于处于两次爆发期之间的相对平静期的活跃火山。如果位于稳定的热源之上，喷气孔可能持续释放几十年或几个世纪；如果它们位于很快冷却的新的火山沉积物之上，几周内就会消失。

安第斯山喷气孔区域
玻利维亚的索得玛娜喷气孔区是到处弥漫着蒸汽和遍布硫黄沉积物的一片荒地，位于玻利维亚与智利交界线附近的安第斯山上，海拔约4870米。这片蒸汽孔区的延伸范围大约为10平方千米，还包含了一些沸腾的泥湖。

硫黄喷气孔

释放大量臭鸡蛋味的硫化氢，或者辛辣味的二氧化硫的喷气孔，叫作硫质喷气孔。硫化氢通常可与其他气体反应生成硫黄，然后沉积在地表呈现为黄色晶体。水蒸气和硫化气体结合可生成稀硫酸。在一些地方，这种稀硫酸可溶解附近的岩石变成大量热泥，同时它对处于下风向居民的健康也是有害的。

旭岳，日本
无数的融雪喷气孔分布在日本北海道岛的复式火山旭岳的边坡上。冬天的时候，山坡被用作滑雪场，营造出非常壮观的景象。

喷气孔的气体

右图图表显示的是一项对喷气孔释放的气体的分析研究。水和二氧化碳是主要成分，其次是有毒的硫化氢，也正是它使大多数喷气孔发出非常难闻的气味。

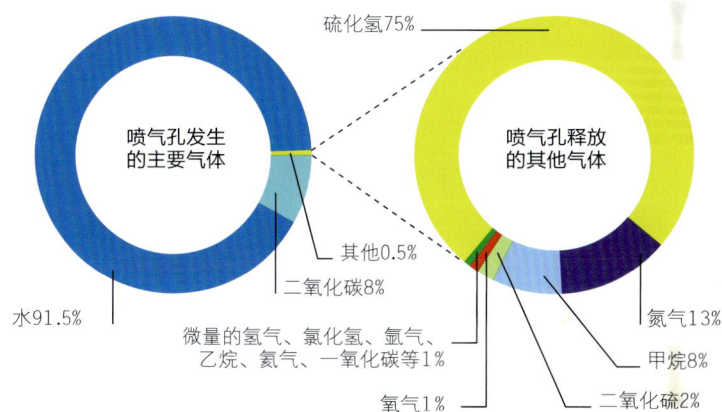

喷气孔发生的主要气体

- 硫化氢75%
- 其他0.5%
- 二氧化碳8%
- 水91.5%

喷气孔释放的其他气体

- 微量的氢气、氯化氢、氩气、乙烷、氨气、一氧化碳等1%
- 氧气1%
- 氮气13%
- 甲烷8%
- 二氧化硫2%

达洛尔喷气孔和酸池
埃塞俄比亚的达洛尔地区，是地球上海拔最低、最热的地区之一，充斥着很多温泉、喷气孔（如图中锥形山丘的顶点处）和硫黄沉积物。地表的液体是稀硫酸。

硫黄晶体

格兰·柯莱特利，乌尔卡诺岛
在意大利西西里岛北部的小火山岛——乌尔卡诺岛上，大量的硫黄沉积物覆盖在格兰·柯莱特利（大火山口）的边缘。火山口内有大量活跃的喷气孔，管理处建议游客避免在此吸入喷气孔释放的难闻的有毒气体。

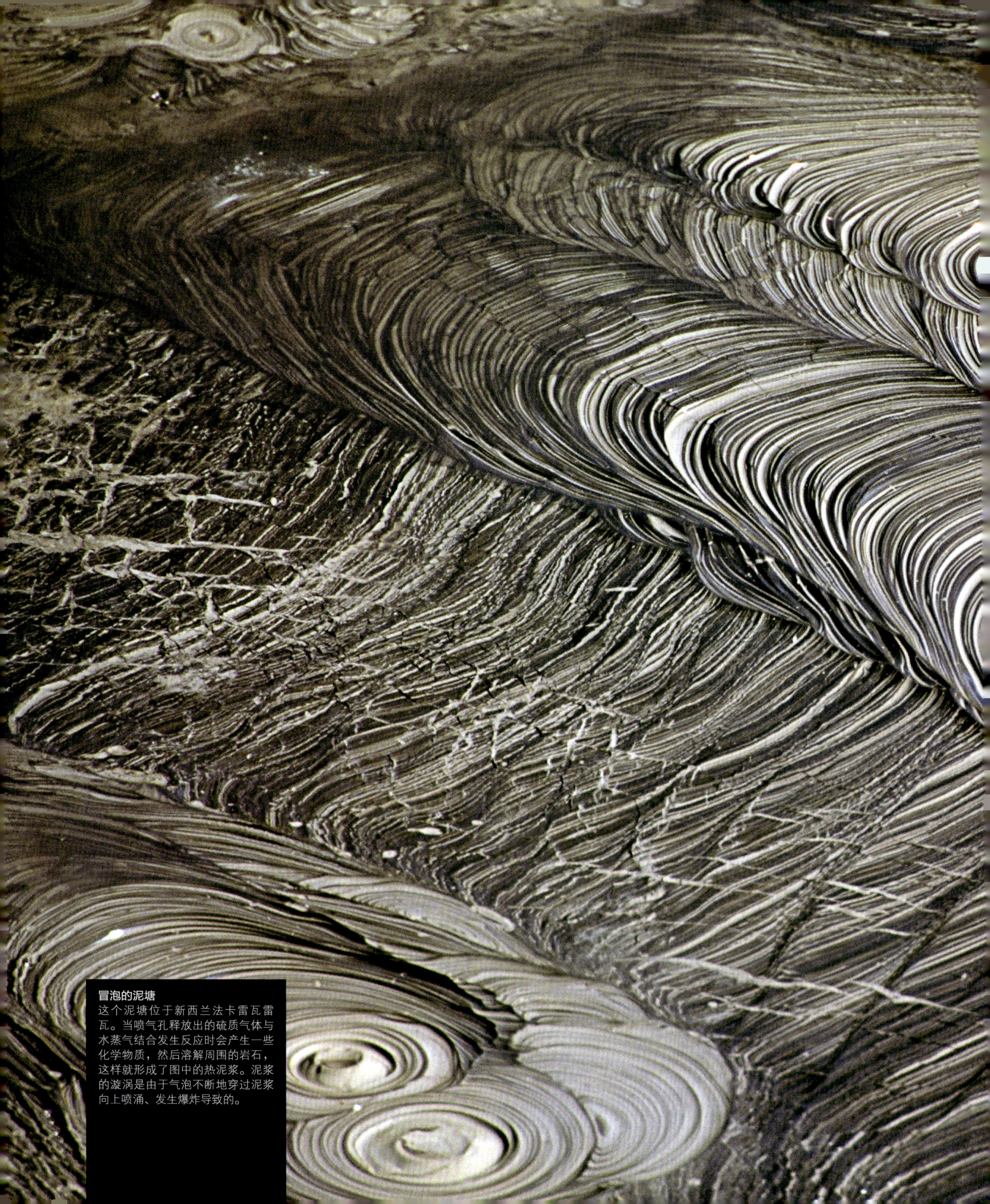

冒泡的泥塘
这个泥塘位于新西兰法卡雷瓦雷瓦。当喷气孔释放出的硫质气体与水蒸气结合发生反应时会产生一些化学物质，然后溶解周围的岩石，这样就形成了图中的热泥浆。泥浆的漩涡是由于气泡不断地穿过泥浆向上喷涌、发生爆炸导致的。

间歇泉

间歇泉是特殊的自然喷泉，在猛烈的火山喷发中，它们间歇性地向大气喷射沸腾的热水和蒸汽。它们在非常罕见的条件下形成，只在世界上很少的几个地方存在。

活动情况和类型

和温泉类似，间歇泉是由于地球内部的热流遇到透水的或者有缝隙的岩石里的液体而形成的。然而，它们之间最关键的区别在于：温泉水自由地从地下流出，不需要压力；而间歇泉却相反，只在其管道系统顶部有一个很窄的开口，限制了水流的运动。结果就是，在硅华的辅助下，产生了间歇性压力。硅华是一种可以密封增压的矿物质，存在于间歇泉的所有地下洞穴和通道中。它是硅的一种形态，一般在温泉或者间歇泉中沉积。

当间歇泉地下内室压力增加时，尽管水温可能升到了250℃，水也不会变成水蒸气。最终，高压爆炸将水冲出堵塞的出口。这个时候，喷泉系统压力会下降，一些热水和火山灰变成蒸汽，然后迅速膨胀。这个过程持续喷发，直到间歇泉内的压力降到接近于零，然后整个循环过程又会重新开始。间歇泉主要有两种类型：锥形的和泉水式的。锥形的间歇泉中，间歇泉在表面形成一个锥形喷口，引导水流喷出。相

反，泉水式的间歇泉的开口是充满水的大坑，所以它的爆发力更分散。间歇泉的活动行为差异性非常大，有时可能会频繁、有规律地喷发，而其他时间则不会。大部分间歇泉只会持续几分钟，有些可能持续几个小时。

> " 喷泉向上喷出的物质又返回到喷泉当中去了。"

亨利·沃兹沃思·朗费罗，美国诗人，在谈到间歇泉的周期循环现象时这么描述。

城堡间歇泉
这是美国黄石国家公园的锥形间歇泉，每10~12小时喷发一次，将泉水喷射到27米高并持续20分钟。碳测年法表明这座间歇泉已有5000~15000年的历史了。

540

这是黄石公园活跃间歇泉大概的数量，占全球间歇泉数量的将近一半。其他的大部分间歇泉在新西兰北岛、智利北部、冰岛或者俄罗斯东部堪察加半岛上的一小片区域。

世界最高的间歇泉

名称	地点	高度（最高）	喷发周期
汽船间歇泉	美国，黄石公园	90米	不规律
巨人间歇泉	美国，黄石公园	75米	不规律
辉煌间歇泉	美国，黄石公园	75米	不规律
盖希尔间歇泉	冰岛	70米	不规律
大喷泉间歇泉	美国，黄石公园	67米	9~15小时
蜂窝间歇泉	美国，黄石公园	60米	8~24小时
大间歇泉	美国，黄石公园	60米	7~15小时
女巨人间歇泉	美国，黄石公园	60米	不规律

史托克间歇泉

史托克间歇泉是冰岛上最壮观的景象之一。它是一个喷泉式间歇泉，每4~8分钟喷发一次，喷射的蒸汽和水最高可达15~20米。第一次报道史托克间歇泉的喷发是在1789年的一场地震之后。

飞翔间歇泉

这个引人注目的景象发生在美国内华达州黑岩沙漠中。三座彩色的锥体，每一座都持续地喷射热水。这个景象不完全是天然形成的，而是1916年一次油井钻探的意外结果。

泥火山

泥火山是岩浆火山（喷发熔岩和火山灰）不太出名的"表亲"，它是大量加压气体、泥浆和咸水从地下深处喷向地表的通道。泥浆一旦干掉，就会形成锥形堆，可达几百米高。

成因和分布

泥火山是地下一些区域气体和水被困，压强增大所导致的。当气体和水沿着地壳的薄弱处被迫向地表运动时，它们会软化在路上遇到的一些岩层，将这些岩层转变为泥。沉积在地壳深处的气体向外释放的压力可能是泥火山形成的一个主要诱因，因此很多泥火山存在于气田附近。泥火山也可形成于构造板块边界和断层线附近。在大陆和浅水区，已经确定有1000多座泥火山，分别位于阿塞拜疆东部、罗马尼亚、委内瑞拉以及其他地方。水下也有泥火山，人们认为大约有10000座泥火山分布在大陆架区域和深海底。

地热火山

尽管泥火山与在地热区常见的泥浆池是两个单独的现象，但泥浆池中有时也会有泥火山存在，如上图中新西兰罗托鲁阿的泥火山。

贫瘠的土地

泥火山喷发的地方，通常会产生像月球表面那样的奇怪地貌。由于大部分植物忍受不了和泥一起沉积在土壤中的大量盐分，所以这里植被稀少甚至于无。

浅泥火山
左图中这座不寻常的小型泥火山位于美国犹他州格伦坎宁，它的边坡坡度平缓并被矿物质染色。从它的喷发口喷出稀泥浆并发展成一个浅的山顶火山口。

泥火山锥
在亚洲西南部的阿塞拜疆，泥火山通常会形成一排小的泥火山锥，它们几乎不间断地将地下深处储存库中的冷的泥、水和气体喷射出来。

更小的尺寸
左图中这座在罗马尼亚贝尔卡的泥火山，呈现和岩浆火山一样的圆锥形，只是在尺寸上小了许多。

汽锅
在美国黄石国家公园中，有一个喷射蒸汽、满是泥浆的地面孔洞，通常被称作泥火山。但它其实是一个喷气孔，是蒸汽和其他气体逸出的地壳缝隙。

喷发特征

不同的泥火山喷射的泥浆，其温度和黏性（流动状态）是不一样的。由于泥浆是从地壳而不是从地幔流出，所以它通常比较凉。但是也有些火山喷出温暖的泥浆。在火山形成的地方地下压力巨大，压力使岩层破裂，将岩石碎块和泥浆一起喷射出去。泥火山也会释放大量的气体，主要是烃类物质，例如甲烷。大型甲烷柱能在泥火山喷发口点燃。在阿塞拜疆，泥火山曾有过爆炸性的喷发，向空中喷射出甲烷燃烧的火焰，高达几百米，在周边地区沉积了几吨的泥浆。

鲁西灾难

2006年5月，印度尼西亚爪哇岛东部的诗都阿佐地区，发生了有记录以来最大的泥火山爆发。这次爆发叫作吉隆坡·诗都阿佐（在印尼语中"吉隆坡"代表"泥"的意思）或者鲁西。爆发一直在持续，人们估计它会持续到2040年左右。喷发出的泥已经淹没了大约10平方千米的土地，导致4万人搬离自己的家园。此外，在2006年11月，泥火山爆发点附近的地面沉陷，导致天然气管道破裂引发爆炸，致13人死亡。附近气体钻井过程中的错误操作被指责触发了这次灾难。专家认为，这口井恰好钻进了地下深处的含水层，使高压下的热水逸出、上升，并和一层火山灰混合，导致了喷发。但是，钻井的公司声称是地震导致了这次喷发。与鲁西灾难相关的法律诉讼还在继续。

2006年5月29日至今	
位置	印度尼西亚爪哇岛东部
火山类型	泥火山
死亡人数	13

40000

无家可归的人数

68

在泥流速率达到高峰的时候，每天流出的泥量可以填满68个奥运会标准游泳池。爆发开始后的前18个月，泥流速率约为7千立方米/小时。

灾难发生

1 爆炸

附近一个新的采气孔钻开后的第二天，在附近的波龙村，一些蒸汽和热硫质泥浆柱突然从地表的裂缝涌出。

灾难应对

迄今为止，所有阻止泥流的努力都失败了，尽管其流动速率有所减弱。人们在火山周围建立了巨大的围墙来限定受影响的区域，但是也会发生一些意想不到的喷发。同时，人们更关注的是，由于泥浆重量不断增加，泛滥区将会沉陷，沉陷可能达150米。

抽泥

人们尝试用泵将泥从泛滥区抽走，运到附近的河里。但是，当越来越多的泥被河流带到下游海岸并沉积下来，人们开始担忧它们会对海滨生态系统产生严重影响。

堵塞喷孔

为了减缓泥流，工程师们试着向最大的喷发口投放数百个巨大的混凝土球——每一个都重达40千克并且都被链子捆在一起。然而，这个举措没有取得明显的成效。

最大的泥火山

蒸汽柱从一个泥火山喷发口中升起。泥火山口本质上是地下的一个简单的圆孔。努力去堵塞泥流的唯一结果就是导致更多的喷发口出现，使泥流继续保持喷发。

> ……需要再等26年，它的喷发才会平息到我们可控的程度，鲁西才会变为缓缓冒泡的火山。

理查德·戴维斯，2011年，英国杜伦大学能源中心主任

2　淤泥覆盖

在两年的时间里，附近的十几个村庄，包含几千座房屋，都陷入几米深的泥中。

3　吞食掉的土地

这张2008年11月的假彩色近红外卫星影像图显示出一个粗糙的矩形区域，是为了抵挡灰泥而建起的防护堤。周围的植被区显示为红色。

地震

什么是地震？

大地可能给人们的感觉很坚固，但是一次地震就能说明事实并非如此——地震发生时，地球剧烈晃动，以致建筑物倒塌、地表开裂甚至山体垮塌。除了这些骇人的事实，地震的发生还毫无征兆，这也恰是我们星球的自然状态的一部分。

为什么会发生地震

地震（又称地动、地震动）是地球内部能量突然释放时岩石的弹性振动。在地表，这种振动表现为剧烈的晃动，持续时间从几秒钟到几分钟不等。几乎所有的地震都是由岩石的突然破碎或断裂触发的，地球上大多数地震多发区域位于构造板块边界附近的板块活动区。地震中可能发生影响深远的地质移位，给地表地貌带来的改变会长久存在。地球内部地震发生的位置称为震源，震源在地表的投影点称为震中。当一次大地震的震中位于近海时，海床会突然移动会造成海啸。地震也会触发滑坡，偶尔还会导致火山活动。地震对震中附近的人造建筑的影响是破坏性的，会导致大量人员伤亡。

地震断层线

地震发生于穿透地表的断层线的下方，通常大多靠近构造板块边界。由于板块向不同方向移动，岩石所受的压力不断增加。运动首先开始于地壳深处的震中。能量波向外辐射，震动着上方的地面。地块在水平或垂直方向上移动。

断层线
地壳上的一条裂缝，两板块在这里交错。

位移区域
地震导致陆地在水平或垂直方向上发生位移。

震中
位于地表，在震源之上。

震源
这是地震的中心，是运动发生的地方，释放出大部分能量。

建筑损害
即使是一次中等规模的地震，震动导致的地面加速度也会轻易超过重力，足以使独立结构倒塌。建筑物和其他缺少内部支撑的结构以及支撑薄弱的屋顶和墙体将会坍塌。

海啸
如果海床由于大地运动发生突然上升或下降，大量的海水就会发生移位，导致海啸，一系列的海浪速度超过700千米/小时，浪高可超过10米。

震级和烈度

地震的强度以修正麦卡利地震烈度表表示，地震烈度反映地震对人或建筑的影响程度。烈度是地震对地表一定地点影响程度的一种度量，其程度取决于地震的深度和地表的性质——坚硬的岩石比柔软的地面晃动得轻。矩震级（MMS）量表，和之前的里氏震级表一样，是对地震中释放的能量多少的一种量度。它是对可能位于地下深处的震源的能量的一种估算。它采用的是对数级刻度，比如说，6级（M6）地震释放的能量约是5级（M5）地震的30倍。但是，矩震级表不能直接反应地震的破坏力，因为地震的破坏力还取决于地震的位置。一次深度几百千米的8级地震不太可能在地表造成多大损害，而一次深度只有几千米的同样级别的地震则可能摧毁一座城市。每年发生的大多数地震的矩震级都较小，少数地震的矩震级较大。总体而言，对于深度小于50千米的地震，矩震级大的地震比矩震级小的地震更具有破坏性，但是其破坏力还取决于断层的长度。

震级 以矩震级计量		烈度 以对人和建筑产生的影响表征的震动的强度	
该地震源释放的能量的量		摇动通过对人和建筑物的影响测量的强度和力量	
1.0 ~ 3.0		I	无感
3.0 ~ 3.9		II ~ III	在高楼层有感
4.0 ~ 4.9		IV ~ V	大多数人感觉到摇晃
5.0 ~ 5.9		VI ~ VII	建筑有一些损坏
6.0 ~ 6.9		VII ~ IX	中度到重度破坏
7.0 +		VIII +	轻度破坏到毁灭性破坏

震动
地震中释放的地震波能量最显著的影响之一是在地表能感受到的震动。在地震中最安全的地方之一是门框下面或桌子下面。

构造板块
巨大的地壳板块的相对运动导致了地震。

地震波
能量波由震中向周围辐射。

滑坡
最易发生地震的地方似乎是山区。地震会破坏山体和山坡的稳定性，导致落石和滑坡。滑坡可能成为地震伤亡的主要原因之一。

火灾
火灾不是由地震直接造成的，但是，当地震剧烈晃动时，城市地下的电缆、天然气管道和石油设施会损坏或断裂。电气故障或过热会导致爆炸和起火。

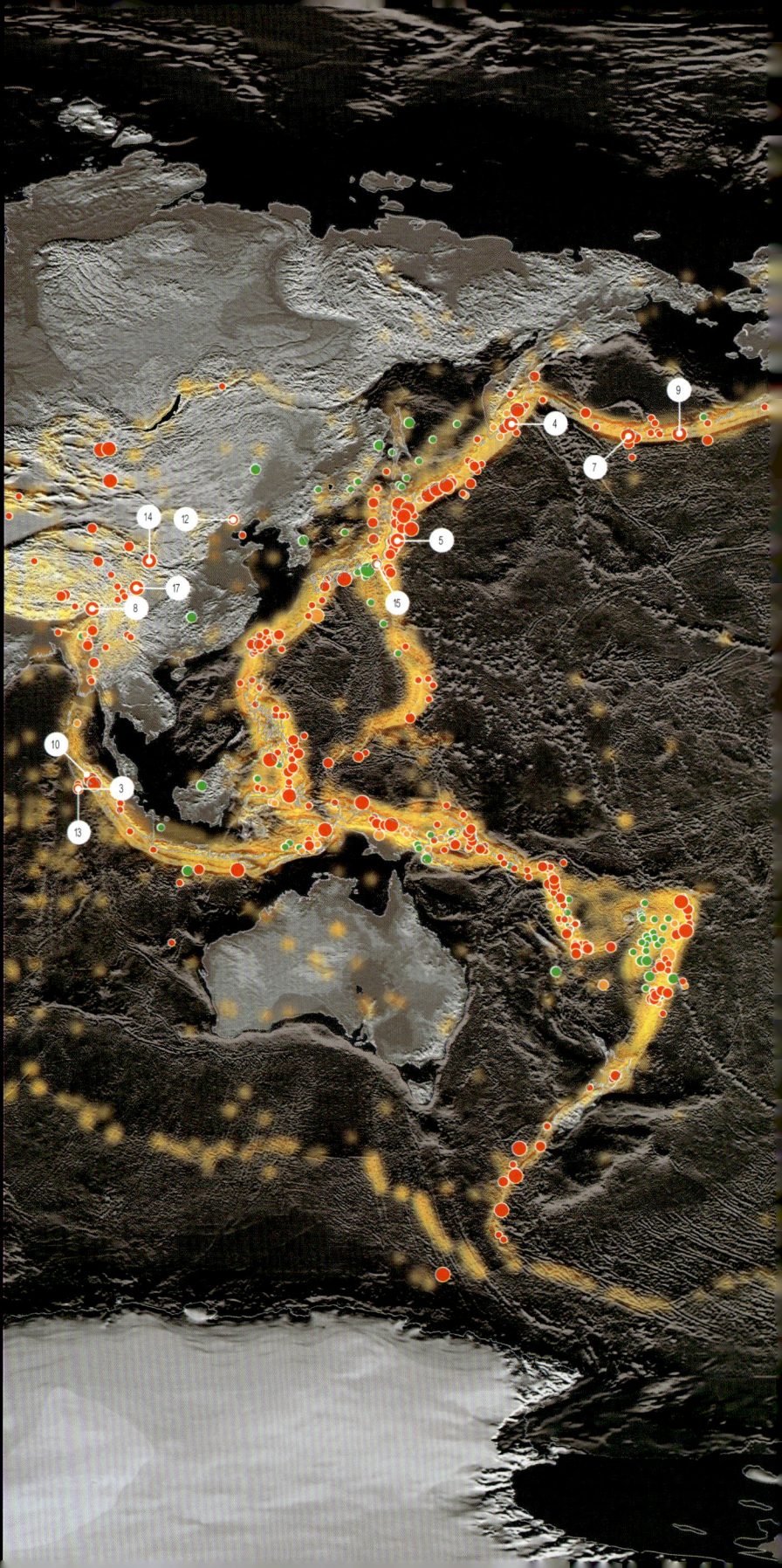

1950年以来震级最大的十次地震

① 瓦尔迪维亚

国家	智利
年份	1960
震级	M-9.5

② 威廉王子湾

国家	美国
年份	1964
震级	M-9.2

③ 印度洋

地区	苏门答腊岛沿海
年份	2004
震级	M-9.1

④ 堪察加半岛

国家	俄罗斯
年份	1952
震级	M-9.0

⑤ 东北（TOHOKU）

国家	日本
年份	2011
震级	M-9.0

⑥ 马乌莱

国家	智利
年份	2010
震级	M-8.8

⑦ 拉特群岛

国家	美国
年份	1965
震级	M-8.7

⑧ 墨脱

国家	中国
年份	1950
震级	M-8.6

⑨ 安德烈亚诺夫群岛

国家	美国
年份	1957
震级	M-8.6

⑩ 苏门答腊岛

国家	印度尼西亚
年份	2005
震级	M-8.6

1900年以来死亡人数最多的十大地震

① 海地

国家	海地
年份	2010
死亡人数	316000

② 印度洋

地区	苏门答腊岛沿海
年份	2004
死亡人数	305276

③ 唐山

国家	中国
年份	1976
死亡人数	242000

④ 甘肃

国家	中国
年份	1920
死亡人数	200000

⑤ 关东

国家	日本
年份	1923
死亡人数	142800

⑥ 阿什哈巴德

国家	土库曼斯坦
年份	1948
死亡人数	110000

⑦ 四川

国家	中国
年份	2008
死亡人数	69000

⑧ 阿扎得，克什米尔

国家	巴基斯坦
年份	2005
死亡人数	86000

⑨ 墨西拿

国家	意大利
年份	1908
死亡人数	72000

⑩ 钦博特

国家	秘鲁
年份	1970
死亡人数	70000

我们关于地球的伟大的地质发现之一是：它到处都有地震。这些地震几乎都发生于构造板块边界的相对狭窄的地带。大多数的大地震发生于太平洋边缘，即"臭名昭著"的"环太平洋火山带"。

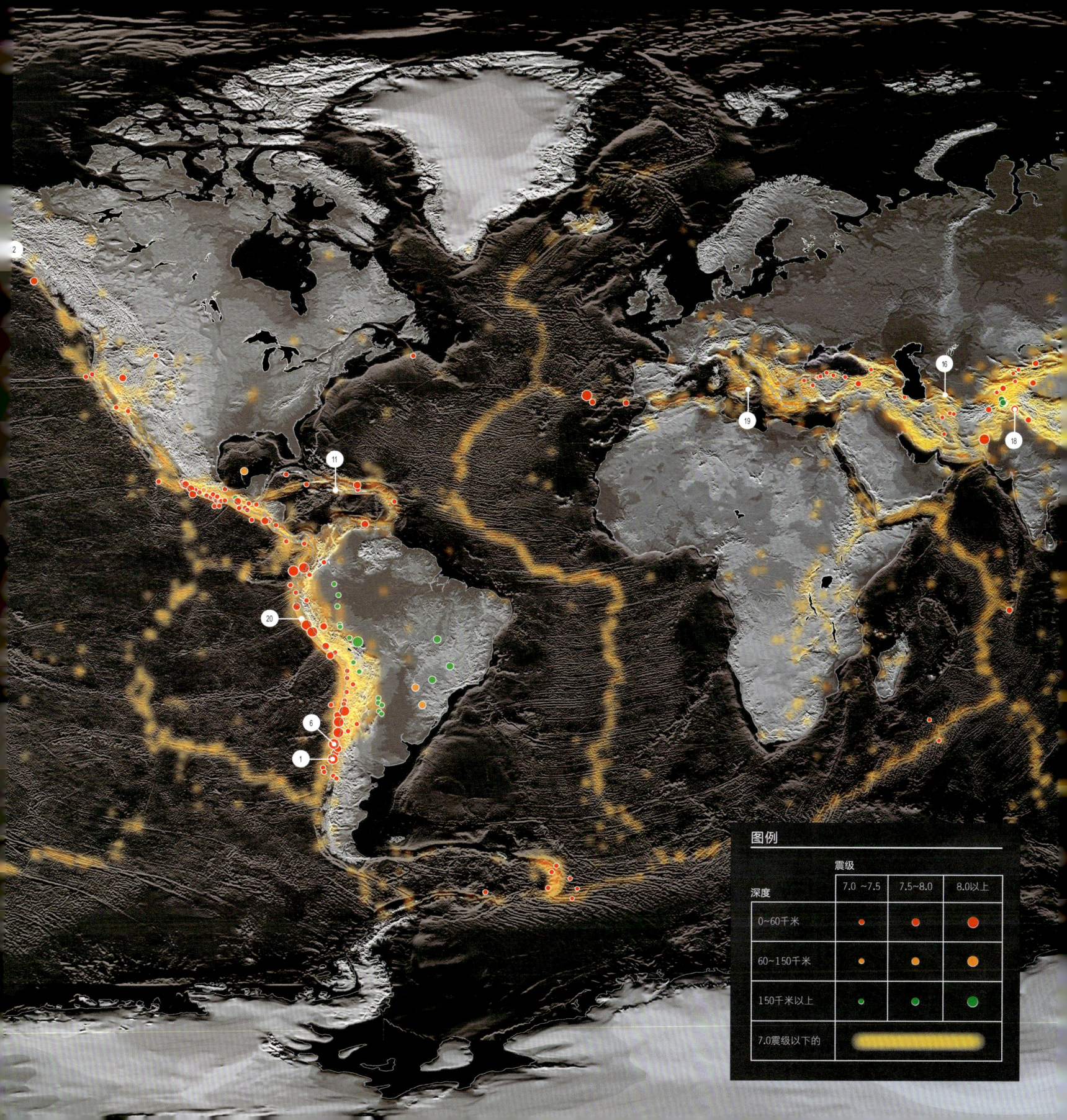

图例			
	震级		
深度	7.0 ~7.5	7.5~8.0	8.0以上
0~60千米	●	●	●
60~150千米	●	●	●
150千米以上	●	●	●
7.0震级以下的			

地震的成因

在构造板块的边界处，岩石在地球内力的作用下像弹簧一样被挤压和拉伸。在接近地表的位置，岩石充分冷却变硬，在内力的作用下最终断裂。如果这种断裂突然发生，就会产生强烈的震动，导致地震的发生。

断层线

地质学家们很早以前就注意到地壳有强烈的折断或断裂，被断层线切断。其中一些断层线绵延上百甚至数千千米，穿越广阔的大陆，有些则只能在显微镜下看到。地质学家们在19世纪晚期已经意识到，沿断层发生的运动和地震存在一定关联，但直到1906年的旧金山地震，科学家们才开始对这种关联进行仔细研究。人造结构，包括铁道线和公路，在地震时会发生水平错断。

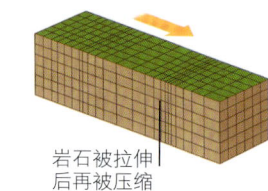

岩石被拉伸后再被压缩

P波
P波能在包括液态的任何物质中传播，例如熔融的岩石。

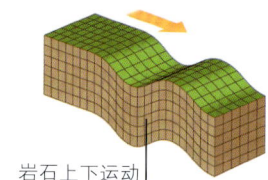

岩石上下运动

S波
S波只能在固态岩石中传播。S波在地球外核的缺失证明外核是液态的。

P波和S波
地震时发生的振动具有不同的模式。一些振动在地球内部传播，称为弹性波，具有两种完全不同的运动形式。P波，又叫压缩波，在地壳中以约6千米/秒的速度传播，是最先到达地震仪的地震波。P波像弹簧一样前后振动，这和声波相同，但它的振动频率低，超出了人耳能听到的范围。S波（次级波），又叫剪力波，运动形式像蛇一样，传播速度相对较慢，在地壳中的传播速度一般约为4千米/秒，晚于P波到达。

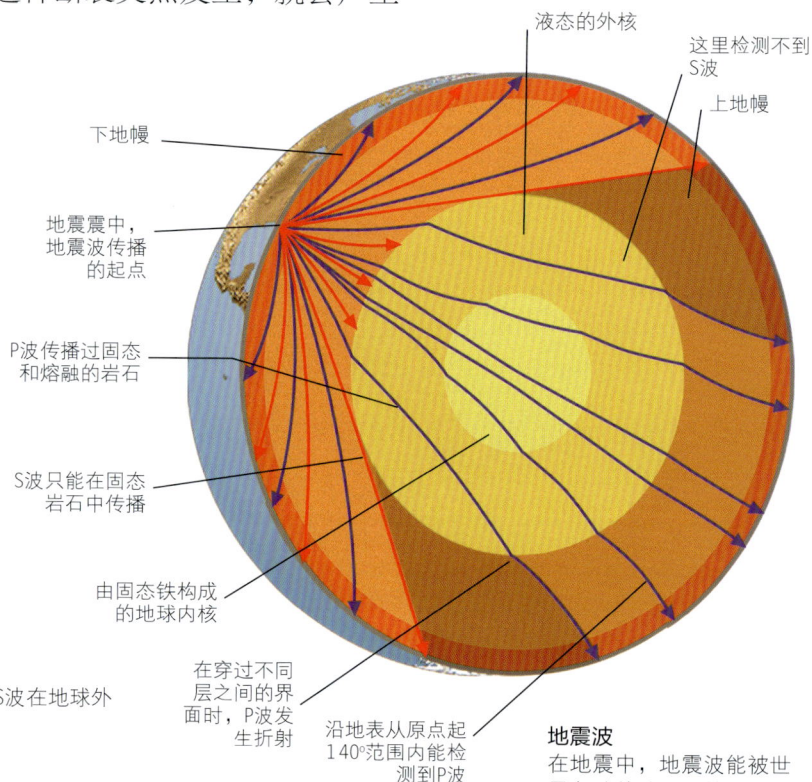

喜马拉雅山脉
喜马拉雅山脉位于一条倾斜平缓的巨大断层线上，每隔几百年这条断层带都会在地震中发生断裂。断层运动使山脉不断升高。

下地幔 · 液态的外核 · 这里检测不到S波 · 上地幔
地震震中，地震波传播的起点
P波传播过固态和熔融的岩石
S波只能在固态岩石中传播
由固态铁构成的地球内核
在穿过不同层之间的界面时，P波发生折射
沿地表从原点起140°范围内能检测到P波

地震波
在地震中，地震波能被世界各地的地震仪检测到。地震学家们利用检测到的地震波分析地震事件发生的顺序，包括地震中产生断层的滑动方向和距离。P波和S波到达的时间间隔能用来确定地震的位置。

断层线和地貌

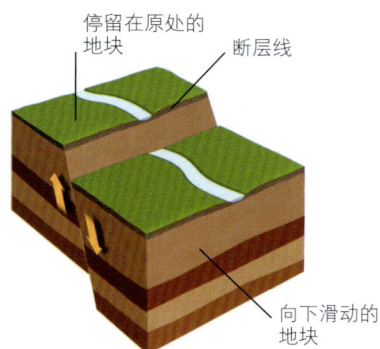

停留在原处的地块 · **断层线** · **向下滑动的地块**

停留在原处的地块 · **向上移动的地块** · **受力向上的被压缩的岩石**

水平向左移动的地块 · **地壳移位** · **停留在原处的地块**

兼有水平与垂直移动 · **水平移动**

正断层
当岩石水平拉伸时，它们会沿正断层断裂。如上图所示，上盘沿着断层向下滑动并远离下盘。

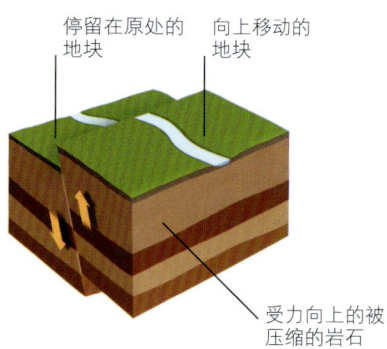

逆断层
上盘向上滑动，形成上升地面或山区。倾角小于45°的断层称为逆冲断层。

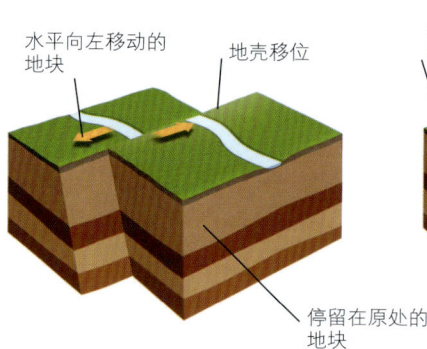

走滑断层
断层两侧水平滑过彼此。如果断层向右滑动，就称为右旋（走滑断层）；如果断层向左滑动，就是左旋（走滑断层）。

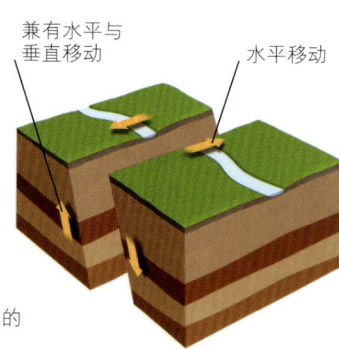

斜断层
当一个走滑断层受到延伸或压缩时，地层会斜向滑动，形成斜断层。

弹性回跳

美国地质学家哈利·菲尔丁·里德研究了1906年旧金山地震，并表示当时岩石的运动表现像一条橡皮筋。在地震之前，断层本身没有运动，但是它周围的岩石却在慢慢地扭曲、变形。最终，这种扭曲超过了岩石能够承受的极限，岩石沿着断层发生断裂。正是这种突然的断裂，或叫"弹性回跳"，导致了地震中的剧烈晃动。1906年地震中断层的运动是走向位移。但是，地震中岩石的这种弹性变形模式以及之后的突然断裂在所有类型的断层上都能观察得到。这种有特色的运动被地质学家们称为"地震周期"。

水平错断的铁道线
1987年新西兰艾基康6.3级地震后，断层两侧的弹性回跳使铁道线弯曲。

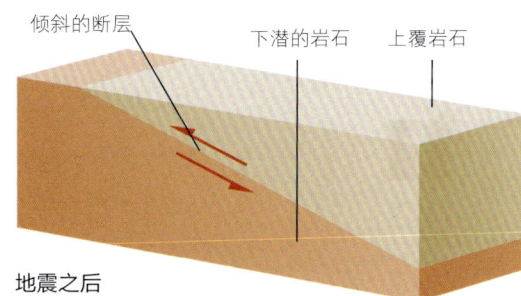

倾斜的断层　下潜的岩石　上覆岩石

地震之后
在断层处一次突然下滑之后，岩石和地表适应了新情况，地震周期立刻重新开始。

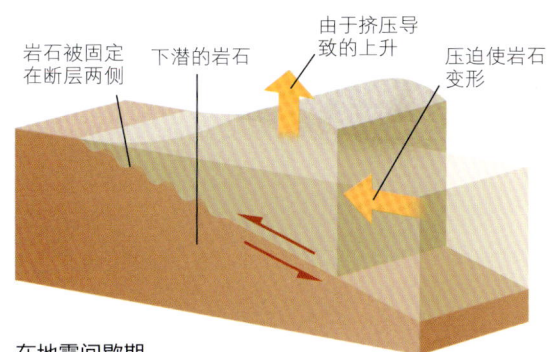

岩石被固定在断层两侧　下潜的岩石　由于挤压导致的上升　压迫使岩石变形

在地震间歇期
板块运动导致压力不断累积。断层虽然未发生移动，但是压力的累积使岩石变形。

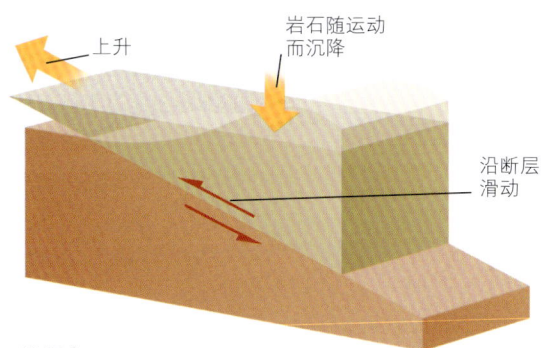

上升　岩石随运动而沉降　沿断层滑动

地震中
沿断层不断积累的应变最终超过了岩石的强度，岩石断裂。岩石板块回弹，产生位移，并导致地震。

海地，2010年

2010年1月12日星期二，当地时间16点53分，一场7.0级的地震袭击了位于加勒比海的海地首都太子港附近。这场地震在巴哈马群岛、波多黎各和美属维尔京群岛的部分地区，甚至美国佛罗里达南部、哥伦比亚北部和委内瑞拉西北部都能感觉到。发生地震的地方处于地质活动区——加勒比板块和北美板块的交界处，这里，加勒比板块沿左旋走滑断层以大约每年20毫米的速度相对于北美板块移动。但是，这次主震并没有在主断层线以及附近的恩利基约加登平原断层上引起任何显著的地面位移，之前也未检测到断层上引起了地面位移。这次地震后，在1月12日至24日期间，发生了52次震级在4.5级之上的余震。

2010年1月12日	
位置	海地
类型	走滑断层
震级	7.0

316000

报告死亡人数

国际救援
来自美国、英国、日本和新西兰等国的搜救队援助海地。

地震前和地震后的总统府
太子港的大部分地区在地震中受损，包括总统府、国民议会和太子港大教堂。海地是个贫穷的国家，建筑抗震设计规范的不足造成了很多损害。

地震之后
清洁饮用水的短缺以及由此引发的疾病是太子港居民面临的一个主要问题，例如蔓延的腹泻。援助组织把水过滤系统作为援助重点。

影响和伤亡

根据官方统计，海地南部太子港地区有222570人死亡、300000人受伤，130万人无家可归，97294所房屋被毁以及188383所房屋受损。统计的数据中，包括死于地区海啸的至少4人。地震摧毁了太子港（一座有近75万人的城市）的主要基础设施，尤其是供水和排水系统。大多数人无家可归，只能住在卫生条件差且缺乏干净饮用水的临时住所中，导致了霍乱和痢疾的蔓延。

> **" 很多房屋被毁，很多人死亡……很多问题。"**
>
> 琼，海地南部市长

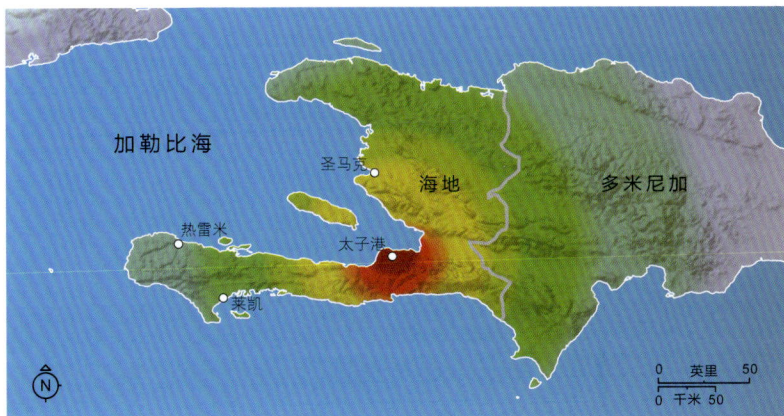

感到的震动	无感	轻微	微弱	中等	强烈	非常强烈	剧烈	猛烈	极端猛烈
可能的危害	无	无	无	非常轻微	轻微	中等	相对严重	严重	非常严重
烈度	1	2 - 3	4	5	6	7	8	9	10+

海地地震图

这张彩色的图显示了人们能感受到的震动的烈度，红色到灰色代表烈度由强到弱。最强烈的震动通常接近震中，其下方深处有断层断裂。但是，震动的烈度还取决于太子港下方当地沉积物的性质。

水的净化

供水和排水系统受损导致水井和自来水管道被脏水和污水污染，最终成为痢疾和霍乱等水传播病的主要来源。为应对这一问题，救援队提供了水净化设备。生命吸管，一款为个人使用设计的简单管状设备，包含一系列过滤器：一些纤维过滤器和一些化学过滤器。网状过滤器能过滤掉灰尘和泥沙，碘层能消灭大多数的细菌和病毒，然后活性炭颗粒通过吸附作用再次对水进行净化，同时也有助于去除碘的不良味道。

生命吸管

这种特殊设计的过滤管能够拯救生命，人们可以像用吸管一样用它，达到安全饮水。

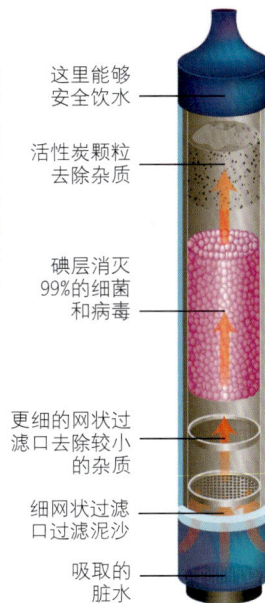

这里能够安全饮水

活性炭颗粒去除杂质

碘层消灭99%的细菌和病毒

更细的网状过滤口去除较小的杂质

细网状过滤口过滤泥沙

吸取的脏水

运动和断层

地震是构造板块运动导致的岩石和地形长期移动的一种剧烈过程的表现。地质学家们通过利用精确的定位系统或研究地形的变化来直接或者间接地监测这些运动。

横向和垂直运动

在地震中，地形的永久改变延伸范围广阔，距离震中可达上百千米。震中附近，如果地震非常浅，地面会突然裂开，呈现为一条在地震中断裂的断层。在矩震级6级及以上的地震中，断层位移一般为几米，而在大地震中（矩震级8级及以上），已观察到的断层位移可达20米。这里所说的位移可能是垂直位移，也可能是水平位移，在漫长的地质年代里，塑造着我们的地球。

垂直运动

沿着美国阿拉斯加威廉王子湾蒙塔古岛的汉宁湾断层，1964年9.2级地震中4米左右的垂直运动形成了图中的新悬崖。在多次地震中重复出现这样的垂直运动能够生成一条新的山脉。

2.5～15厘米

构造板块相对地球内部每年能够运动的距离。

地震断层蠕动

在地震中，一些断层不是静止的。尽管在地表可能感受不到震动，断层却可能正在移动。位于美国加利福尼亚和土耳其的一些断层线被观察到在"蠕动"，即缓慢却持续地移动。在一些情况下，这种蠕动似乎随着时间减弱，并可能代表了地震之后断层持久长期的重新调整。加利福尼亚的海沃断层现在还在移动，使和它的路径相交的建筑、排水沟和公路等发生位移。在土耳其，北安纳托利亚断层接近伊兹米特帕沙的部分，在20世纪70年代到20世纪80年代被观察到了蠕动现象，使得位于它移动路径上的铁路不断扭曲。但在几十千米之下岩石足够炽热和柔软的地方，所有的断层都沿着耐震的、韧性的剪切带不停蠕动。导致地震的断层部分仅位于深度较浅的更冷、更坚硬的岩石区域，这里，断层发生一系列引发地震的猝动。在地震间歇期，这里的运动被大面积的岩石变形所吸收、消解。

移动的体育场

美国加利福尼亚州伯克利纪念棒球场的外墙有轻微的移动。海沃断层穿过这里，体育场的两部分自建造时起就发生了移动。

> ❝ 大量的压力积累。当压力过大时，岩石像弹簧一样被推开……❞
>
> 杰弗里·金，地球物理研究所教授

柏崎，日本
日本柏崎的田野里的右旋位移表明在1995年阪神大地震之后出现了一条断层线。

世界各地的断层线（带）

当20世纪70年代早期第一张陆地卫星影像图呈现在人们面前时，科学家们惊讶于地表那些长长的刀割状的疤痕，有的疤痕长达数百甚至数千千米。保罗·塔波尼尔，一位一直研究中亚卫星影像图的法国地质学家，首先意识到这些疤痕是地壳的断层线，地形沿着这些疤痕发生巨大的变化。塔波尼尔的工作揭露了陆地上最大的断层线之一———中国西藏北部的阿尔金断裂带。如今，我们识别出许多其他巨大的断层线，如美国加利福尼亚的圣安地列斯断层、阿拉斯加的德纳里断层以及新西兰的阿尔卑斯断层。所有这些断层都位于构造板块之间存在相对运动的地方。

比如加利福尼亚海岸沿圣安地列斯断层向北滑动，即右旋运动，其实是反映了太平洋板块相对于北美板块的运动。海洋之下隐藏着更大的断层线，它们生成于海床扩张或海床在相邻的大陆下滑动的地方。地震让我们了解到这些断层的重要意义，因为断层破裂时产生的地震波能告诉我们板块运动的距离和方向。

土耳其的复杂断层线

地中海东部国家的地震活动活跃，大量断层线附近的板块运动触发了许多地震。非洲板块和阿拉伯板块正向北运动，与欧亚板块发生碰撞。土耳其正在成为夹在大板块之间的一个"微板块"，并被迫沿着两个主要走滑断层——北安纳托利亚断层和东安纳托利亚断层——向西朝着希腊弧沿线的大型沉降逆冲断层移动。另外，还有许多小的断层线，尤其是在希腊爱琴海地区。这些地方都面临着致命地震的威胁。

地中海东部的断层
红色线条表示主要的活跃断层线。绿色表示其他一些可能活跃也可能不活跃的断层。所有这些断层的运动都是非洲板块运动的一部分，以每年10毫米的速度向北靠近欧亚大陆。

图例
— 活跃断层线
— 其他断层线
➤ 板块运动

卡伊纳什勒，土耳其
1999年11月12日土耳其北部发生里氏7.2级的强地震，搜救人员正在筛查被倒塌的公寓楼毁坏的房屋和车辆。

测量地震

在地震中，人们都会感觉到地面短时的剧烈晃动。这种晃动只是地震中地震波振动模式的一部分，地震波能够为分布在全球的被称为地震仪的灵敏仪器检测到。波动模式的详细信息能为地震学家提供用来研究地震成因和后果的丰富数据。

震级

地震学家提出了多种用来描述地震所释放的能量多少的方法。最早的里氏震级是在距离震中一定距离处用一种特定的地震仪测得的最大位移。如今，我们使用矩震级，它和里氏震级相似，不同之处在于，它是由任意一个地震仪测得的振动计算得到的。矩震级可以理解为地震触发的断层的滑动距离乘断层的大小（面积）。里氏地震和矩震级都是对数形式的。震级增加1个单位相当于能量增加30倍。

> "迄今为止赋值过的最高震级是大约9级，但这是地球本身的极限，而不是震级度量表的极限。"
>
> 查尔斯·里克特，美国地震学家，1980

地震仪

地震仪是设计用来测量地震中的振动的精密仪器。它的工作原理很简单，它的记录部分能随地面自由振动，而其余部分则被自身巨大的重量牢固地固定在地面，在地震中保持静止。19世纪早期的一个巨大进步是出现了一种灵巧的便携式地震仪，科学家们可以带着它去地震活动区。直到最近，振动才由振动笔记录下来，振动笔在旋转鼓轮上刮出一条轨迹，即振动图。现代数字设备用电子化的方式记录振动，利用小型计算机处理和存储数据。数台地震仪的数据被传递到一台中心记录站进行数据分析。重大地震活动的预警被传送到电台或电视台，

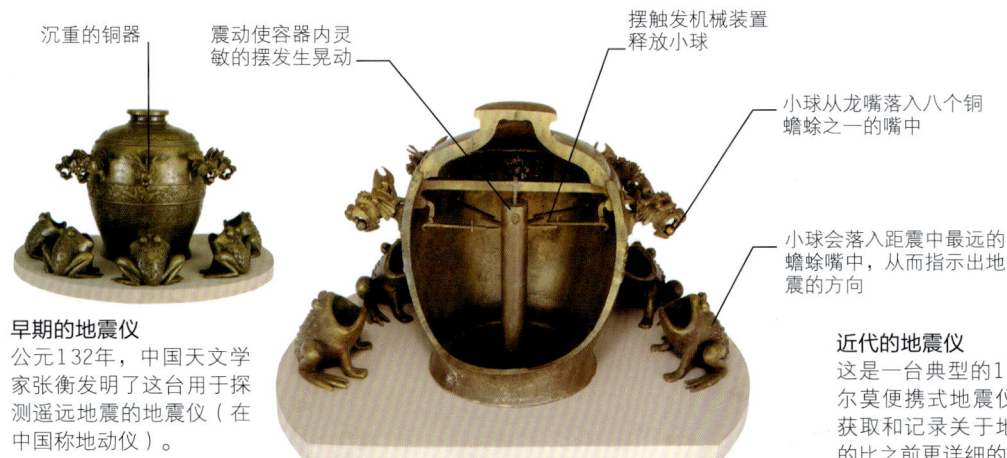

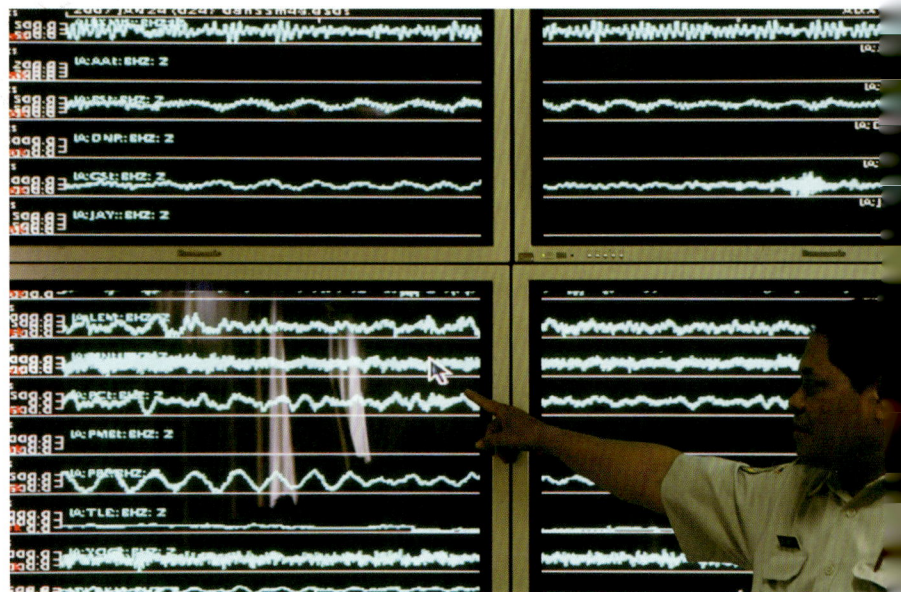

向公众发出警报。GPS设备也能用来测量地震中地表的位移程度。单独的太阳能的观测仪器可以将野外的观测信息传输到研究机构。

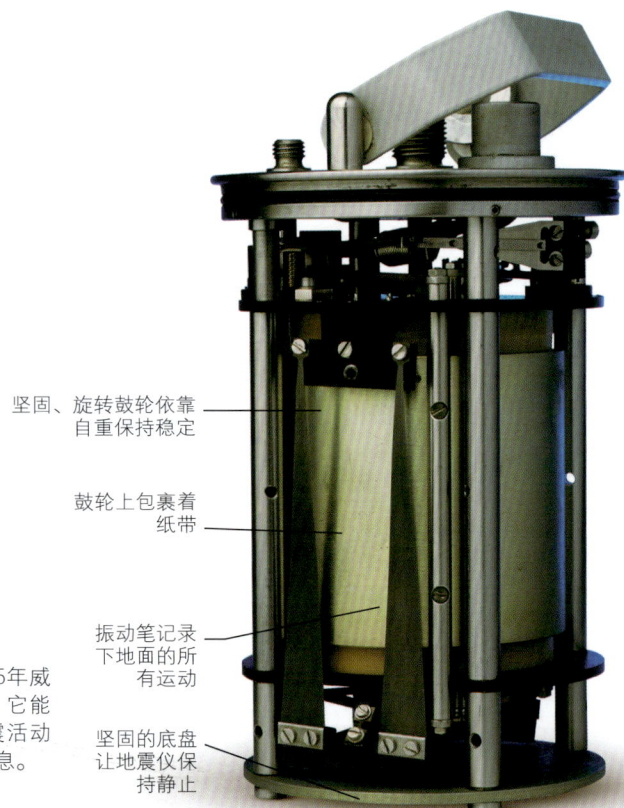

数字震动图
世界各地的地震仪获取的数据被输入到地震研究站的计算机里，正如图中这家菲律宾的研究站的计算机中显示的地震仪获取的数据。

早期的地震仪
公元132年，中国天文学家张衡发明了这台用于探测遥远地震的地震仪（在中国称地动仪）。

沉重的铜器
震动使容器内灵敏的摆发生晃动
摆触发机械装置释放小球
小球从龙嘴落入八个铜蟾蜍之一的嘴中
小球会落入距震中最远的蟾蜍嘴中，从而指示出地震的方向

近代的地震仪
这是一台典型的1965年威尔莫便携式地震仪，它能获取和记录关于地震活动的比之前更详细的信息。

坚固、旋转鼓轮依靠自重保持稳定
鼓轮上包裹着纸带
振动笔记录下地面的所有运动
坚固的底盘让地震仪保持静止

环太平洋火山带东侧的地震活动

2011年3月日本地震点附近的持续活动

智利是地震活动显著的地方

地震活动的震级

8
6
4

今天
昨天
过去2周
过去5年

全球地震监测

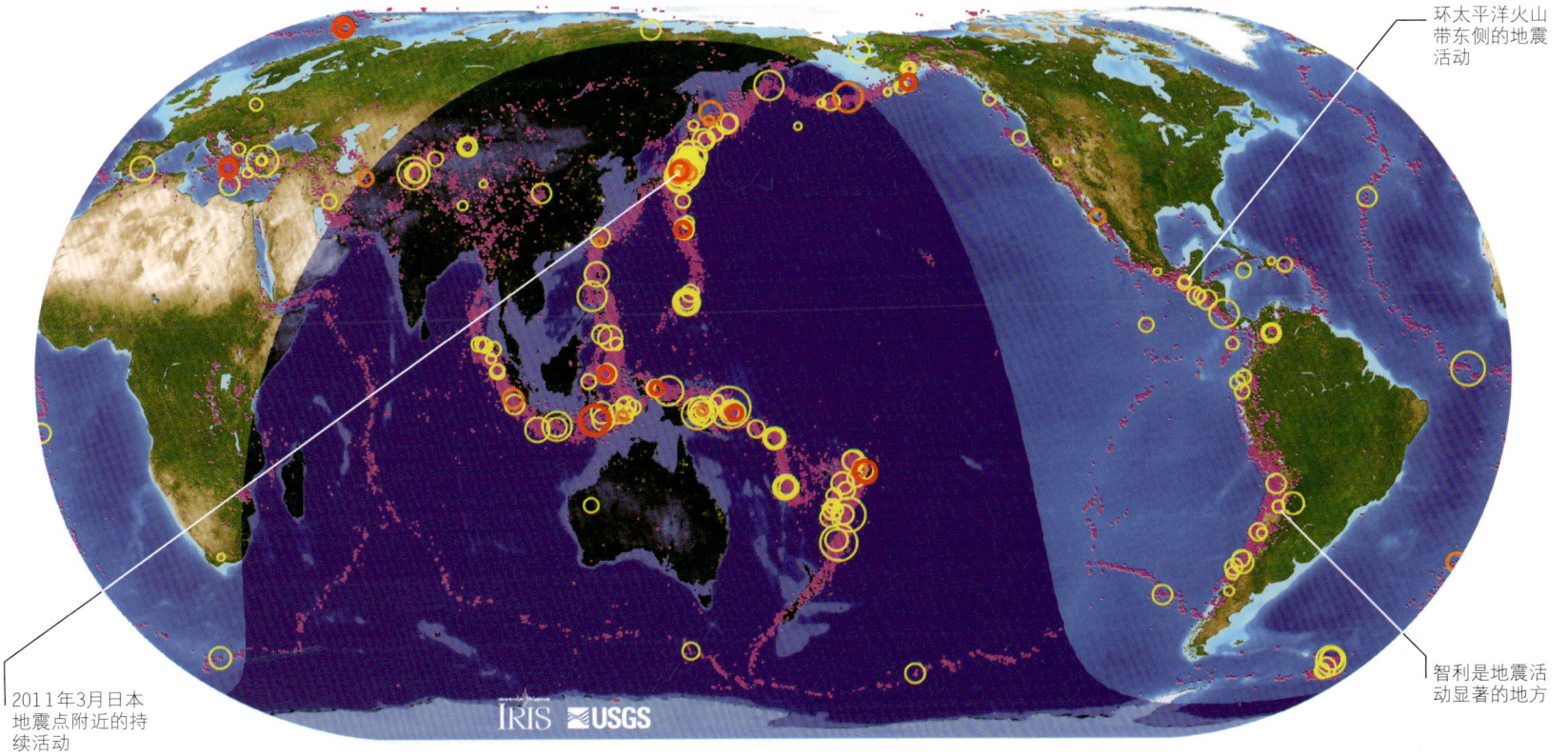

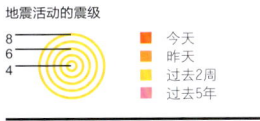

这张2011年4月14日的地震活动的快照是由全球地震网记录的。通过图中记载的信息，能计算出地震的地点和震级。

追踪全球地震活动

由多个国家参与建设的全球地震网是一个全球最先进的数字地震网络，提供免费的实时数据。它能测量和记录所有的地震，包括高频率的、强烈的地面震动到遥远地震传来的最微弱的震动。在美国地质调查局的支持下，该网络是地震地点的主要数据来源。

GPS设备
GPS被用来精确测量标识点在地震前、地震中和地震后的位移。

震源机制

震源机制是一种表明引发地震的断层运动特点的方法。滑动的角度和断层运动的类型——如正断层、走滑断层、逆冲断层和反向逆冲断层——可以从被称为"沙滩球"的图示中推断出来。着色区域表示P波第一次振动的地方，也决定了沙滩球不同的模式。地震学家们在制作断层线地图时使用这些图示，以显示现实断层的移动方向。

震源图
这张图显示了2010年海地地震点附近的断层线及震源机制和矩震级。

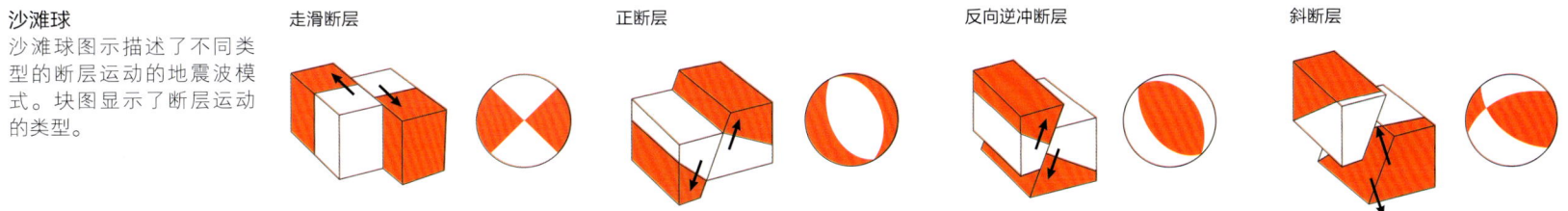

沙滩球
沙滩球图示描述了不同类型的断层运动的地震波模式。块图显示了断层运动的类型。

走滑断层　正断层　反向逆冲断层　斜断层

墨西哥城大地震
1985年墨西哥城发生了里氏8.0级地震，造成9500人丧生。地震位于350千米远的墨西哥太平洋海岸沿海俯冲带。由于地震强烈，且墨西哥城坐落于古代的湖床上，所以它遭到了严重的破坏，有400座建筑倒塌。

俯冲地震

在俯冲带，尤其是海床俯冲到大陆之下的俯冲带，环太平洋火山带的运动会切割
和堆砌岩石，形成像环太平洋火山带上一样的山脉。这些断层还可能突然破裂，
引发地球上最大的地震。

俯冲带和大逆冲断层

太平洋板块正沿着其与大陆边界周围的俯冲带
潜入地球内部。这里，海床与其上覆板块沿着
巨大的、缓缓倾斜的大逆冲断层相互摩擦。在
地震间期，在岩石相对坚硬冰冷之处，两个板
块结合在一起，板块运动被岩石的挤压形变吸
收。最终，压力越来越大，断层在一次大地震
中突然破裂。由此产生的滑动会使海床或地面
上升或下降。这种类型的地震，最大可以达到9
级，如2011年的日本大地震，移动的海水会造
成毁灭性的海啸。

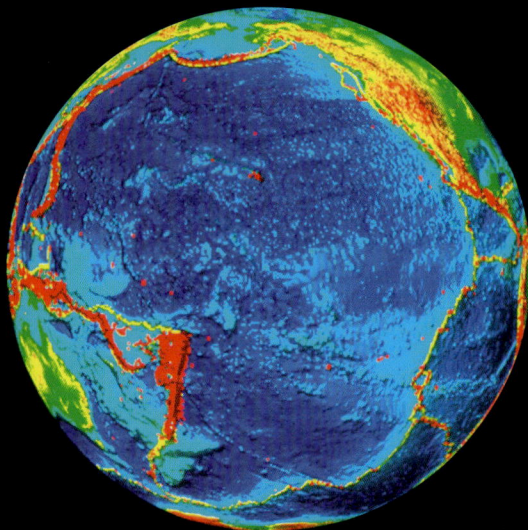

环太平洋火山带
这张图显示了太平洋边缘的海床深度和大陆海拔。一
条深深的海沟和一排活火山位于太平洋边缘，界定出
一系列俯冲带，统称为环太平洋火山带。

图例
- ● 1980年以来震级在5
  级及以上的地震

— 板块边界

太平洋板块

太平洋板块在沿海的海沟处下潜，滑入大陆
板块边缘之下。地壳被挤压上升，形成一系
列山脉。深度不到50千米的地方，岩石温度
很低，只有在地震时才会破裂。熔化的岩石
沿火山上升喷发。

火山
俯冲带典型的独特圆锥
形火山喷发

海沟
在海床潜没入俯冲带
的地方形成的深沟

岩石圈
地壳以及地幔的
最上部

大陆板块
大陆的边缘挤压
变厚，并在更进
一步的火山作用
下堆高

岩浆
火山岩浆的
来源

大洋板块
大洋板块以及地幔的最上部
潜入大陆型地壳之下

大逆冲断层
相对冰冷的、产生地
震的岩石地壳区域

软流圈
柔软的上地幔部分

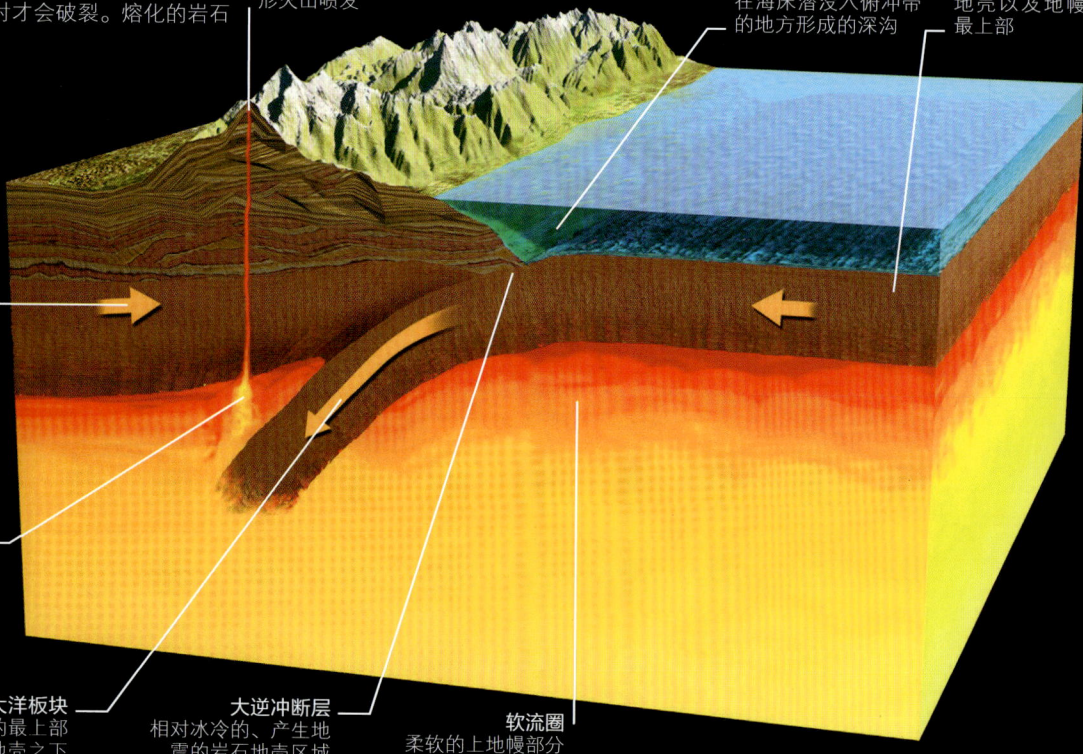

阿拉斯加大地震

1964年3月27日，南阿拉斯加地下一个大逆冲断层的突然滑动引发了北美洲有记录以来最大的一次地震，几乎摧毁了安克雷奇城。这场9.2级地震之后还紧随着一场毁灭性的海啸。

逆冲断层

逆冲断层是指上覆岩石向上滑动且倾斜角度小于45°的断层。这种断层多见于层状岩石，有时它们的倾斜角只有几度，和岩层的倾斜角相同。大逆冲断层是指大型的逆冲断层，沿走向可以绵延数千米。最大的大逆冲断层见于俯冲带中，大型俯冲断层还会构成世界最大的山脉的边缘。

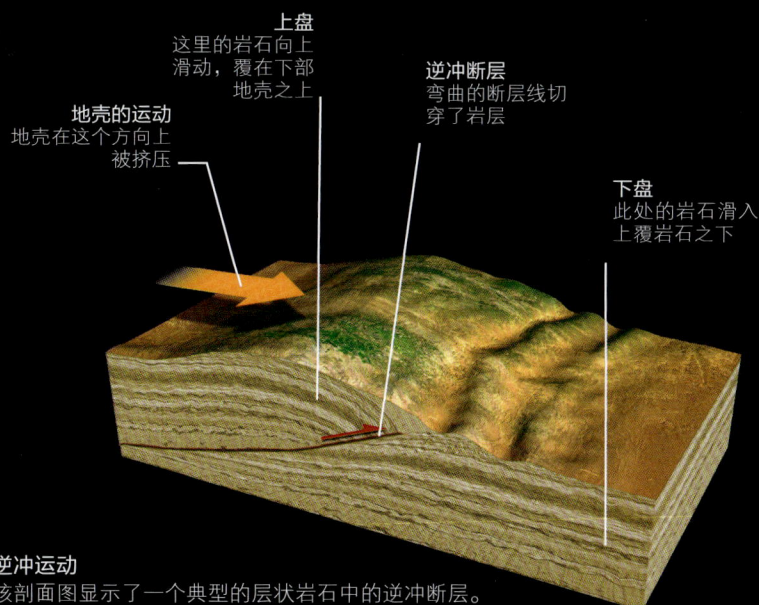

上盘
这里的岩石向上滑动，覆在下部地壳之上

逆冲断层
弯曲的断层线切穿了岩层

地壳的运动
地壳在这个方向上被挤压

下盘
此处的岩石滑入上覆岩石之下

逆冲运动
该剖面图显示了一个典型的层状岩石中的逆冲断层。断层造成更深、更老的岩石位于年轻的岩石之上。

和达清夫-贝尼奥夫带

大洋板块潜入地球内部的俯冲带时，存在强烈的地震活动。但是，地震并非只发生在大洋板块与上覆板块摩擦的大逆冲断层附近。在大约700千米的深处，大洋板块自身也有地震发生。这种现象最早是在20世纪初期由日本地质学家和达清夫和美国地质学家雨果·贝尼奥夫发现的。他们把太平洋的许多小型地震活动与俯冲的大洋板块联系起来，原因是大洋板块在深处被拉伸和挤压。

深部地震
这张图显示了发源于和达清夫-贝尼奥夫带等板块的地震的深度。在环太平洋区，该板块深度可达700千米。

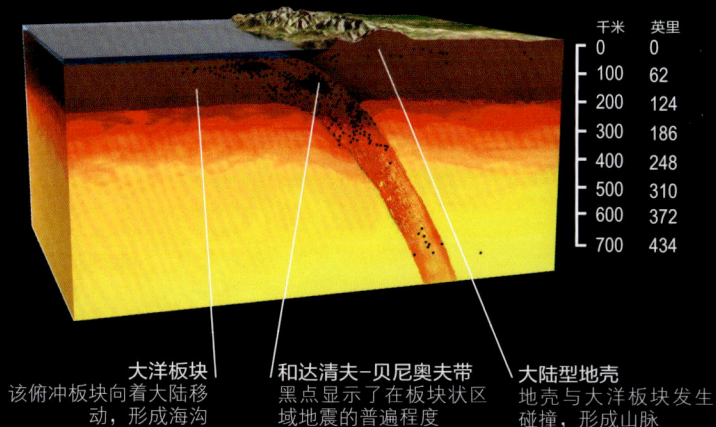

千米	英里
0	0
100	62
200	124
300	186
400	248
500	310
600	372
700	434

大洋板块
该俯冲板块向着大陆移动，形成海沟

和达清夫-贝尼奥夫带
黑点显示了在板块状区域地震的普遍程度

大陆型地壳
地壳与大洋板块发生碰撞，形成山脉

康塞普西翁，2010年

1835年，跟随贝格尔号航行期间，英国自然学家查尔斯·达尔文目睹了智利康塞普西翁附近的一场大地震。许多年后，在1960年，这座城市的居民经历了一次9.5级地震——现代仪器记录下的最大的一次地震。2010年2月27日，星期六，历史再次上演，一场8.8级地震袭击了智利中部沿海地区，同样位于康塞普西翁城镇附近。南美洲的大部分地区都感觉到了此次地震，包括巴西、玻利维亚和阿根廷。它引发了一场席卷太平洋的海啸，导致521人丧生，12000人受伤，以及成千上万人流离失所。海啸损坏或摧毁了康塞普西翁附近海岸的许多建筑和道路，甚至连美国加利福尼亚州圣地亚哥的一座码头和许多船只都受到了破坏。阿劳科附近的海岸升高了2米多。这次地震是由南美板块和纳斯卡板块边界处的大逆冲断层的滑动造成的，其滑动距离为5~15米，造成的断裂带达500千米长。

2010年2月27日	
位置	智利，康塞普西翁
类型	大逆冲断层
死亡人数	521
8.8	震级

大规模的毁坏
地震释放出的巨大力量造成智利圣地亚哥的这些大型公寓建筑以危险的角度弯曲和倾斜。

灾难侵袭

1 地面震动
地震期间剧烈的震动掀翻了智利圣地亚哥一条公路上行驶中的汽车。在康塞普西翁，记录到的一次最大地面加速度是0.65g。

2 海啸袭击
在主震发生后的30分钟，海啸席卷了沿海地区。海啸起因于沿海海床达100千米的突然移动。该图片显示了智利海边城镇塔尔卡瓦诺在海啸中受到的破坏。

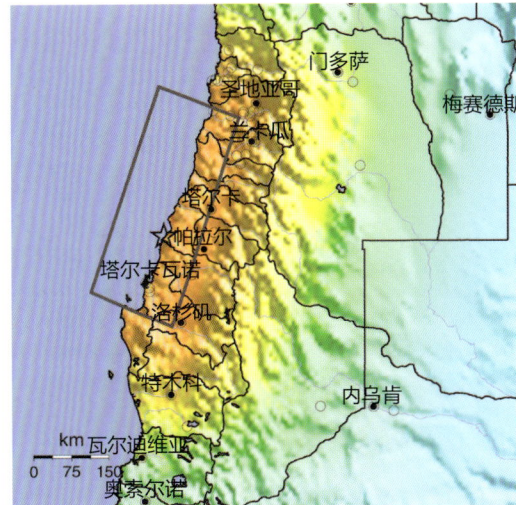

震动图
最大的震动明显位于智利海岸500千米长的区域内。该区域下方是倾斜和缓的大逆冲断层，海床（纳斯卡板块）在此处隐没入部分南美板块之下。地震发生时，大逆冲断层的一次突然滑动释放出大量能量，使这一地区发生了剧烈震动。

感到的震动	无感	轻微	微弱	中等	强烈	非常强烈	剧烈	猛烈	极端猛烈
可能的危害	无	无	无	非常轻微	轻微	中等	相对严重	严重	非常严重
烈度	1	2 - 3	4	5	6	7	8	9	10+

地震救援技术

在地震高风险地区，建筑在建造时要求能控制震动并在地震中保持稳定。但是，地震的毁灭性力量还是能将建筑变成废墟，因此救援技术在搜寻被困在瓦砾下的人员时至关重要。经过高强度训练的嗅探犬能在数分钟内定位废墟深处的人。然后，救援人员使用热成像和监听设备来确认幸存者的存在并与其进行沟通。最近，发明出了一种救援机器人，它配备了轮子可以越过障碍物，配备了相机用以将图像传回给控制者，还配备了红外感应器以探测瓦砾堆下的幸存者。

幸存者探测机器人
这个装置是日本人发明的一个灵活的机器人，用来辅助搜寻在地震废墟中或海啸肆虐地区的幸存者。蛇一样的运动方式使它能在地面和水中滑行。多种传感器使它能探测到幸存者的存在。

3 **寻找幸存者**
救援人员爬进圣地亚哥一座倒塌的建筑内寻找被困其中的幸存者。地震和之后的海啸导致智利大约50万户住宅严重损坏。

> " 那三分钟像是永恒。我们一直担心它（地震）会越来越强烈，就像一部好莱坞恐怖电影。"
>
> 德洛丽丝·奎瓦斯，智利圣地亚哥一位家庭主妇

中国四川，2008年

一场8.0级的地震在2008年5月袭击了四川东部距成都90千米的地方。这是中国30余年来破坏性最大的一次地震，强烈的余震持续了数月。有至少69000人丧生，成千上万人受伤或失踪，还有上千万人失去住所。超过500万座房屋倒塌（中国官方公布的数字为67万座房屋损毁），山崩和落石封锁了公路和铁路。中国大部分地区，甚至远至孟加拉国、泰国和越南都感觉到了这场强烈的地震。地震发生于一个沿龙门山脉东南边缘延伸200千米的逆断层滑动了2~9米之时。这片区域位于印度和中亚广袤碰撞区的东部边缘。这里，两个板块的汇聚还导致了喜马拉雅山脉和青藏高原的隆起。龙门山地区以前也遭受过毁灭性地震：1933年8月，一次7.5级的地震曾导致9300多人丧生。

2008年5月12日	
位置	中国，四川东部
类型	逆冲断层
死亡人数	约69000

7.9	矩震级

毁灭性的力量
地震夷平了四川的一些城市和乡村。震中的北川县，约80%的建筑变为废墟。

四川东部震动图

这张彩色地图显示了震动的烈度，从红色到绿色，烈度由大到小。最强烈的震动发生于从东南部的震中开始沿龙门山脉断层深部断裂线延伸的狭长地带，总长度超过数百千米。

感到的震动	无感	轻微	微弱	中等	强烈	非常强烈	剧烈	猛烈	极端猛烈
可能的危害	无	无	无	非常轻微	轻微	中等	相对严重	严重	非常严重
烈度	1	2 – 3	4	5	6	7	8	9	10+

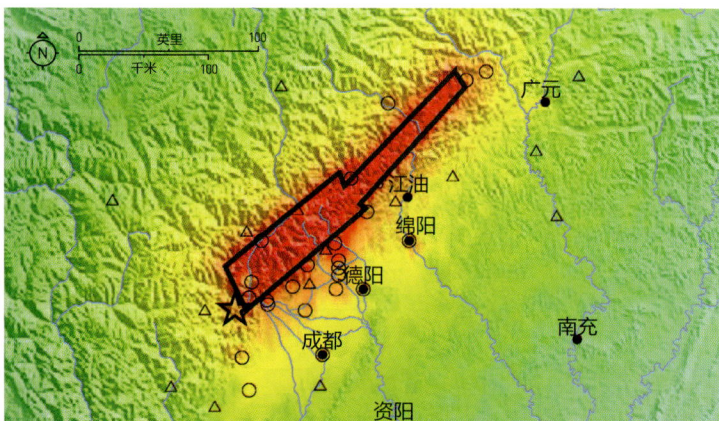

灾难救援

1　奔流的洪水
当地震触发的山崩堵塞河流时形成堰塞湖。上图是从堰塞湖决口涌出的急流经过地震后的北川县城。

2　救援努力
搜救队在北川帮助定位和挖掘倒塌的建筑废墟中的幸存者。

3　临时避难所
在汶川市，为地震受害者准备的预制装配式房屋迅速搭建起来。汶川是距离震中最近的城市之一。

> "这是自中华人民共和国建立（1949年）以来破坏性最大的一次地震，受灾面积也最大。"

一条断层线的诞生

这张航拍图显示了在新西兰克莱斯特彻奇2011年地震中一条新断层线的诞生。农田里被撕开的地面长达30千米。在断层线与一条水渠相交的地方，断层的右旋位移非常明显，水渠在水平方向上移动了数米。

撞击-滑动地震

当两个板块交错滑动时，地壳上会形成撞击-滑动断层线，在地震中会突然断裂。从空中往下看，这些断层线很清晰，就像陆地上的巨大疤痕。

滑动

撞击-滑动断层在地壳上形成深深的断裂，断裂深度可至数十千米。当断层一个板块相对于另一个板块移动时，不论是向左（左旋位移）还是向右（右旋位移）移动，岩石都会严重破裂，有时甚至会被研磨成细的黏土样的粉末。在地震中，由于两个板块碰撞、滑动的交替进行，这种运动表现为一系列的突然搐动。如美国加利福尼亚的圣安地列斯走滑断层在1906年一次地震中断裂，产生了5米的右旋位移。在地质年代上，该断层以每年25毫米的速度滑动，吸收太平洋和北美板块之间的运动。此处断层平均每200年发生一次地震。

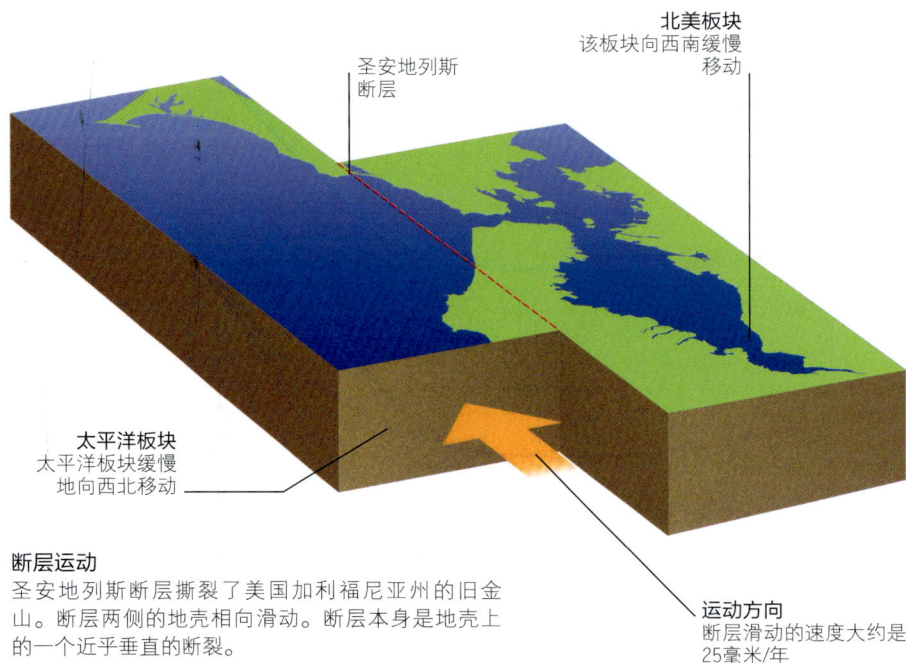

北美板块
该板块向西南缓慢移动

圣安地列斯断层

太平洋板块
太平洋板块缓慢地向西北移动

运动方向
断层滑动的速度大约是25毫米/年

断层运动
圣安地列斯断层撕裂了美国加利福尼亚州的旧金山。断层两侧的地壳相向滑动。断层本身是地壳上的一个近乎垂直的断裂。

移动的地貌

经过上百万年，一次次走滑断层地震位移不断累积。在主要的走滑断层上，这些位移能达到数百千米，以惊人的程度切割并移动基岩。地质学家曾经认为走滑断层上如此巨大的位移是不可能的，因为没人能想象在断层线的尽头究竟发生了什么。现在，有了板块构造理论，人们清楚断层最终与其他板块边界相接，在连接处，要么海床潜没进入地球内部，要么海床正在洋中脊上生成。就这样，在过去的2000万年间，圣安地列斯断层的岩石位移达到了500千米左右，新西兰的阿尔卑斯断层也差不多，这是海洋毁灭与再生的组成部分。

1906年地震，美国加利福尼亚州旧金山市区
旧金山市区霍华德街上的这些多层的木房子在1906年的大地震中严重倾斜，但或多或少地保存下来。

阪神大地震
1995年1月，一次6.8级的撞击-滑动地震袭击了日本神户市，造成数千人死亡和重大损失。日本位于菲律宾海板块、太平洋板块、欧亚板块和鄂霍茨克板块之间的复杂地质构造区。

伊兹米特，1999年

在1999年8月17日凌晨3点，一场7.4级的地震袭击了土耳其西北距伊兹米特市约11千米的地方。500千米远的乌克兰南部海岸都感受到了这场毁灭性的地震。导致这场地震的是该地区一个主断层——北安纳托利亚断层的突然移动，在距离土耳其最大城市伊斯坦布尔50千米的一条绵延120千米的断层的一部分发生了达5米的右旋走滑位移。主震持续了37秒，最大的地面加速度达到了0.4g。至少17118人在地震中死亡，损失约为65亿美元。这次地震既是人道主义悲剧，也是一次经济灾难。伊兹米特地震是过去60年来较为接近伊斯坦布尔的一系列地震之一。而每一次地震都是由某一段北安纳托利亚断层的突然断裂造成的。1999年的灾难填补了这条断层上的地震空白，这条断层成为地球物理学家们认定的易于发生断裂的断层。

废墟中的城市

1 大面积的破坏
灾区的许多城市，包括伊兹米特、阿达巴扎和伊斯坦布尔，在地震中遭受了重大损失，公寓楼、清真寺和历史遗迹都遭到了毁坏。

1999年8月17日	
位置	土耳其，伊兹米特
类型	走滑断层
震级	7.4

85000

被毁的建筑数量

> " 地震来时，我感觉很无助——就像被胡乱扔进了煎锅里。"

厄库曼特·道古康格鲁，海军上校

人间悲剧
人们在混凝土公寓楼的废墟中寻找着财物和幸存者，这些公寓楼在地震中崩塌。

北安纳托利亚断层
北安纳托利亚断层是沿土耳其北部和西部延伸近1500千米的一条重要的走滑断层。它标志着欧亚板块南部边缘，现在每年以右旋位移方式滑动约25毫米。

2 炼油厂大火
图尔帕斯炼油厂的一座塔在地震中倒塌，引发了一场大火，火势几天后才得到控制。当时，该炼油厂储存了70多万吨石油。

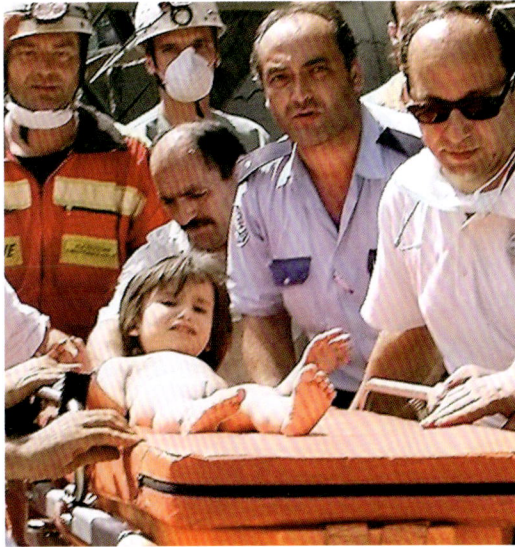

3 受伤者和幸存者
地震清早来袭，人们被困在住所或公寓中，大约5万人在地震中受伤。

4 无家可归与重建
伊兹米特很少有建筑是抗震结构的。在37秒的震颤中，整个城区塌陷，大约50万人失去了自己的家。

克莱斯特彻奇，2011年

2011年2月22日，中午时分，一场里氏6.3级地震袭击了新西兰南岛的重要城市克莱斯特彻奇市，地震震中靠近利特尔顿港口。接近2*g*的地面加速度使中心商业区剧烈摇晃，摧毁了1/3以上的建筑。克莱斯特彻奇东部郊区大量的土地液化，严重损毁了住宅。在海港山出现了朝着克莱斯特彻奇南部的山体滑坡，山石滚过城郊住宅区，所到之处均受破坏。超过100人丧生，约1500人受伤。这次地震是2010年9月4日地震的余震的延续。在那次7.1级的地震中，无人丧生，但是地震造成许多历史建筑受损以及断层线处的地面破裂。

成为乱石的建筑
2010年9月的达菲尔德地震远没有它在2011年2月的那次余震那么致命，但它还是摧毁了克莱斯特彻奇的一些建筑。

格林代尔断层
克莱斯特彻奇和达菲尔德地震以及数不清的余震，都聚集在新近发现的格林代尔断层线上，且各种各样的断层破裂都呈东—西走向。

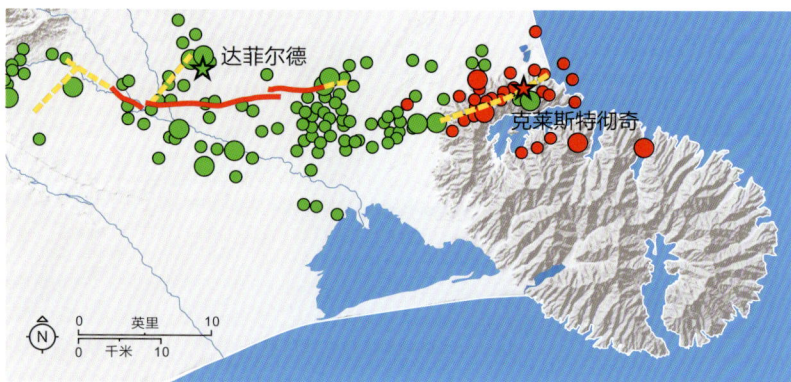

图例

- - - 地下断层裂缝	● 4 - 4.9级地震	★ 余震 6 - 6.9级 2011年2月22日
—— 格林代尔断层	● 5 - 5.9级地震	★ 主震 7 - 7.9级 2010年9月4日
	● 2011年2月22日以后的地震	
	● 2011年2月22日之前的地震	

2011年2月22日

位置	新西兰，克莱斯特彻奇
类型	逆冲断层
死亡人数	约166

100000

受损的建筑数量（大概数目）

致命的余震

尽管克莱斯特彻奇的地震只是一次中等地震，其能量只是2010年9月7.1级的达菲尔德地震能量的1/30，但它的破坏性却更强。地震学家认为这归因于许多因素。首先，在2011年2月22日这次地震中的断层运动距离克莱斯特彻奇较近，且仅在其南部郊区地面之下约5千米处。其次，这次断层破裂的方式将释放出的大部分能量集中在克莱斯特彻奇的中心商业区，而这里坐落于坚固性较差的沉积物之上，地面易于震动和液化。最后，地震发生于工作日的上班时间，克莱斯特彻奇的中心区域都是人。但是，死亡多发生于市中心的两座建筑中，这两座建筑在地震中完全坍塌，许多人被压在里面。

> **"** 没有电话，没有水。道路全面堵塞，整个城市像是被疏散了。**"**
>
> 克里斯托弗·斯滕特，目击者

搜寻幸存者
2011年2月22日的地震发生于上班时间，许多人被困在砖石堆下面。救援人员花费大量精力在其中搜寻幸存者。

15000

这是新西兰每年发生的地震的大致次数。其中大多数比较小，只有10个或更少的地震震级超过5.0级。新西兰位于澳大利亚板块和太平洋板块的交界处，属于板块碰撞区，因此容易发生地震。

克莱斯特彻奇天主教大教堂
2011年2月22日的地震对克莱斯特彻奇的几座标志性教堂造成了不可弥补的破坏，包括克莱斯特彻奇天主教大教堂。教堂前面的两座钟楼倒塌，使得教堂大部分正面损毁。

在砖石堆中搜寻

救援人员在新西兰克莱斯特彻奇市中心的坎特伯雷电视台（ＣＴＶ）大楼中搜寻幸存者。在2011年2月的地震中，CTV大楼完全倒塌，是人们寻找幸存者的重要地点。人们从废墟中找到了94具遗体。

地震的破坏

地震会造成大规模破坏。不仅建筑被毁坏，地表本身也被改变，有些土地被淹没，形成堰塞湖。而且这些变化不仅仅发生在主震中，许多余震也非常剧烈，在脆弱的恢复期造成更多损害。有些情况下，前震警告着人们即将发生什么。

前震和余震

地震不是单一的事件。因为岩石不是仅沿一条断裂破裂，而是沿着许多的断裂或断层破裂，而且每次较大破裂都将触发一次小地震。最大的破裂会触发主震，在这之前的岩石破裂触发的地震就是所谓的前震，它们本身也有成为大型地震的可能，在主震之后的破裂触发的余震可能持续数年。人们希望通过探测到的前震来预测紧随其后的主震，但是实际上，都是在主震发生后前震才被确认。2002年的苏门答腊地震如今被看作2004年印度洋一次超过9级的大规模地震的前震。但2002年的时候，人们并不知道这一点。2010年9月4日，在新西兰克莱斯特彻奇附近，发生了震级7.3的达菲尔德地震，在之后的数月里又发生了许多5级以上的余震。最终，2011年2月22日的一次6.3级的余震摧毁了克莱斯特彻奇中心商业区的大部分地区，导致166人丧生。这整个地震系列被认为是一条向东扩散的断层线造成的。尽管一次地震能减轻一条断层线某部分积累的压力，但它也可意味着断层其他部分更有可能发生别的地震。

过去100年来代价最高的12次地震

排名	年份	地区	损失/重建代价（以美元计）
1.	2011	日本，东北	超过3000亿
2.	1995	日本，神户	1315亿
3.	1994	美国，加利福尼亚州，北岭市	200亿～400亿
4.	2004	日本，新潟	280亿
5.	1988	亚美尼亚	142亿～205亿
6.	1980	意大利，伊尔皮尼亚	100亿～200亿
7.	1999	中国，台湾	92亿～140亿
8.	1999	土耳其，伊兹米特	65亿～120亿
9.	1994	俄罗斯，千岛群岛	117亿
10.	1994	日本，北海道	117亿
11.	2010	新西兰，克莱斯特彻奇	110亿
12.	2004	印度洋	75亿

苏门答腊岛余震
这张照片展示了2005年3月苏门答腊岛离岸岛屿尼亚斯在大地震中遭到的破坏。这次地震是该地区2004年一次大地震的余震。

液化过程

在土壤饱和带，地震期间的震动会使水从土壤孔隙流出，使土壤渗透了大量的水。然后，水会携带泥、沙物质喷出地表——称为喷沙，造成地区性洪水。重型建筑或车辆会沉入含水的土地中。

液态土地
在强烈的震动下，土地可能渗透了大量的水，导致物体沉入土地或从中浮起来。

一辆卡车沉入松散的填埋土

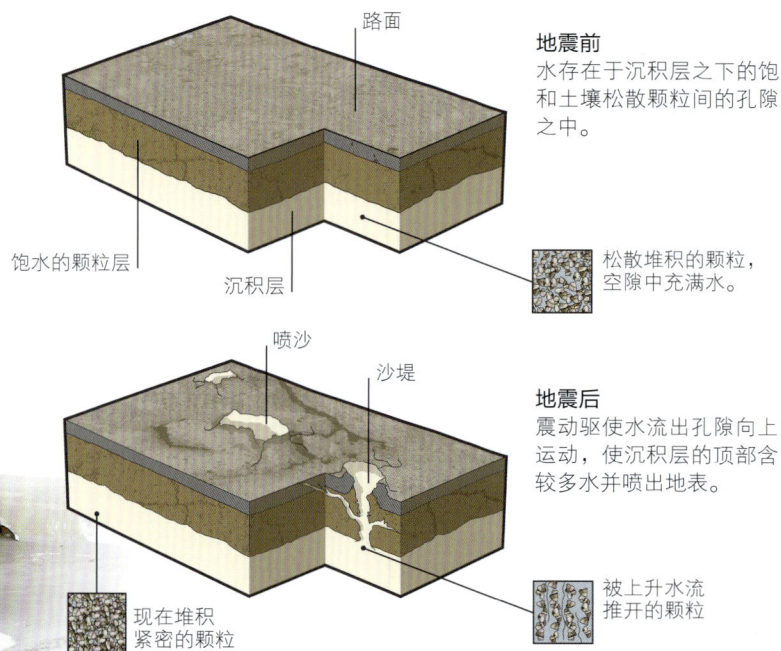

路面

地震前
水存在于沉积层之下的饱和土壤松散颗粒间的孔隙之中。

饱水的颗粒层
沉积层

松散堆积的颗粒，空隙中充满水。

喷沙
沙堤

地震后
震动驱使水流出孔隙向上运动，使沉积层的顶部含较多水并喷出地表。

现在堆积紧密的颗粒

被上升水流推开的颗粒

炼油厂大火
2011年3月日本的地震和海啸导致了东京附近的千叶市一家炼油厂起火。

火灾

火灾是地震区域严重的潜在灾害。举例而言，当地震使城市之下的地面剧烈震动时，电气电缆、天然气管道和石油设施可能被损坏。电弧（一种持续的放电现象）过热往往会导致爆炸和火灾，并可能肆虐全城。1906年，旧金山地震中丧生的大多数人是死于地震导致的失控的火灾。在2011年日本地震中，一种新的灾害逐渐浮现。当时地震和海啸导致电力供给受损，以致日本福岛核电站过热和起火，部分核心熔化，氢气爆炸，导致核辐射泄漏。

损毁的城市
这张照片显示了一座地震后的城市——2008年5月27日的四川省北川县。5月12日的地震摧毁了许多建筑，并且触发了山区的滑坡。

洪水

地震引发山崩可能阻塞河流，导致大范围的洪水。地震中松动的碎石落入河流中阻塞了水流。水流在堵塞的后方逐渐聚积，处于不稳定状态下的水流会突然向周围地区泛滥。中国2008年的四川地震引发的山崩阻断了数条河流。大量的水在坝后方聚积，形成堰塞湖。这些堰塞湖给已经遭受地震袭击的城市带来了洪水威胁，人们得想办法排干这些湖以避免洪水。地震毁坏人工坝也可能引发洪水。如果地震后下大雨，堵塞的排水渠也可能造成城市内涝。

堰塞湖
这张照片拍摄于2008年6月10日，显示了河流被滑坡碎石堵塞后该地区被大水淹没。在碎石形成坝体后，大量水聚积形成堰塞湖，受灾城市再遭水淹。

巴姆，2003年

2003年12月26日，清晨5点30分左右，位于伊朗东南部的丝绸之路古城巴姆发生了一场6.6级的地震。地面剧烈震动，导致至少有2000年历史的世界上最大的砖泥建筑之一——古堡巴姆古城彻底损毁。地震造成3万人死亡，以及相同的人数受伤，10万人无家可归，伤亡如此巨大的原因是，当时人们还在熟睡，屋顶却在地震中坍塌了。除了建筑，道路等基础设施也遭到破坏。巴姆和附近的巴拉瓦特镇感到的震动最强烈。巴姆地区容易发生地震，这次地震的震中在一条已知断层线的附近——巴姆断层，而且当地地表还有一些小的地方性断裂。但是，后来详细的研究表明，主要的断层运动发生于附近一个不为人知的断层深处，与断层的右旋逆向位移有关。巴姆地震源于与欧亚板块碰撞的阿拉伯板块每年约3厘米向北方的移动不断积累的压力。这导致了扎格罗斯山脉的隆起以及伊朗东南部走滑断层沿线地块的移动。

2003年12月26日	
位置	伊朗东南部，巴姆
类型	反向走滑断层
震级	6.6

30000

大概死亡人数

损毁的建筑
糟糕的建造质量和材料意味着大多数的建筑都无法承受地震中强烈的震动，以致大量的房屋倒塌。

地震前的古城
巴姆古堡，是位于现代巴姆城北部的一座古代的防御工事，于2000年以前由砖泥建成。直到2003年地震之前，它保存得都很完好。

地震后的古城
这张照片显示了在2003年12月那次6.6级的地震之后巴姆古堡的毁坏情况。震动损毁了泥墙和拱门，大部分城堡变为废墟。

被夷为平地的巴姆
这是2003年地震之后的巴姆的鸟瞰图。图中被圆圈圈起来的区域是被毁坏的巴姆古城。现代城市的大部分的地区也遭到了严重破坏。

> **❝ 我在这次地震中失去了妻子……我很伤心，但我想巴姆人民需要国际社会的帮助。❞**
>
> 阿斯加尔·卡西米，伊朗德黑兰

地震带

巴姆市位于地震多发区——在伊朗东南部有大型走滑断层，其中就包括巴姆断层——这里有长期的地震史，巴姆西北部曾发生过4次5.6级以上的地震。但是，在2003年以前，巴姆市本身并没有遭受重大地震破坏的记录。因此，这次地震对城市及其周边造成的巨大破坏让当地人民措手不及。这次灾难推动了伊朗国际关系的改变，以美国为首的至少44个国家向伊朗派出了专家队伍，协助救援并提供救济。联合国和国际红十字协会发起了救援呼吁，募集了数千万美元。美国空运了五批物资，包括1146顶帐篷、4448套炊具、10000余条毯子以及68吨医疗物资。

临时避难所
地震的四个月后，伊朗的儿童站设在了他们的临时帐篷居所前面。据估计，该地区大约3/4的建筑被损毁，造成10万人无家可归。

地震引发的滑坡

即使是中等规模的地震，其震动的剧烈程度也足以使地面松动并引发大型滑坡，尤其是地形陡峭的地区。事实上，地质学家们很早就把地震多发区的古代滑坡痕迹看作古代地震的标志。

不稳定的地面

地球表面不是平的，构造动力塑造着地表，河流、冰川在地面雕琢出峡谷、丘陵和山脉，使地表具有不同的坡度。表面的土壤和岩石处于各种力的微妙平衡之中，摩擦力和内聚力使它们附着在基岩上，而重力则使它们下坠。由于断层运动与地震相关，多山地区——有着最陡的地面坡度——经受着最频繁和强烈的地震。地震中的地面加速度轻易就能破坏地表土壤和岩石的平衡。一次大地震之后，地形就可能被滑坡破坏，留下疤痕，尤其是在坡度陡峭的地方。滑坡也表明了哪些地区的地面震动最强烈。滑坡最明显的后果是落石，原本已经被侵蚀削弱、松散地分布在基岩上的岩石从山上滚落。此外，饱水土壤的震动会把水挤压出去，形成一层绵软、液状的底土层，这一过程称为液化。在该软弱层上，土壤和岩石下沉、滑动。最终，地震后的大雨会把大部分松散地面冲下山坡，有时会形成巨大的泥石流。

岩石灾害

悬崖或陡峭地面的顶部和底部在地震中非常危险。巨大的岩石块会发生解体，在坠落的过程中不断加速，直至撞向下方的建筑或人群。2011年新西兰克莱斯特彻奇地震中一块滚落的巨石将位于郊区几座火山脚下的花园和房屋压出了一条路。在崎岖的、易发生地震的地带，地质学家们把落石当作该地区过去发生过地震的标志。

滚落的危险
日本轮岛的居民正带着自己的行李经过一块巨石。这块巨石是在2007年的地震中从悬崖上滚落下来的。

大范围阻塞
2010年中国台湾北部的一次滑坡使3号高速公路一条300米的路段损毁，并堆积了几千吨的岩石。

中国北川
在中国四川省的北川县，在2008年5月的一次地震后，被疏散人员正在一处滑坡点附近搬运自己的行李。

甘肃泥石流

2010年8月，中国甘肃省的舟曲县发生了一场泥石流。2010年灾难性的洪水期间，峭壁上的大雨导致了这场泥石流。尽管不是由地震引发的泥石流，但如果在强烈地震之后下大雨，被地震摇和松动的地面遭受冲刷，就可能发生这样的泥石流。在2010年的洪水中，山区的地形雨造就了淤泥状的条件。大量的泥和岩石从陡峭的坡上滑下，产生泥石流，导致一个村庄彻底被掩埋，约1500人丧生。

被泥土掩埋
这张卫星影像图显示了中国甘肃省一座被大雨引发的泥石流淹没的城镇，很多人失去了生命。

滑坡

作为一种地质活动过程，滑坡在地貌塑造中扮演着重要角色。它是地质学家所说的"边坡失稳"的一种形式。地震充当了导火索，在原本不稳定的地面触发滑坡。因此，根据地质学家的观察和对图片的分析，边坡失稳的所有基本类型都可能在地震中发生。

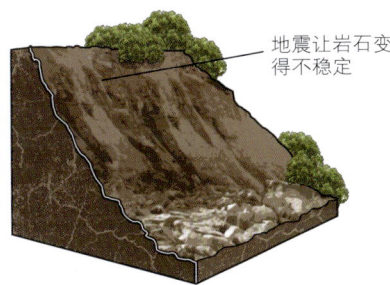

地震让岩石变得不稳定

土流

落石
陡峭地面或悬崖上松动或变弱的岩石最终会滚落，堆积成一座石堆。

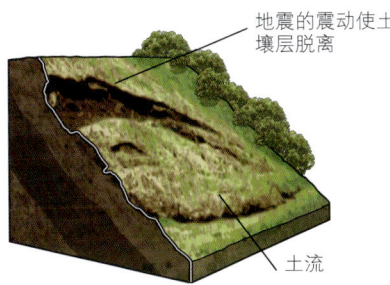

地震的震动使土壤层脱离

土流

土流
当土壤依靠在光滑的岩石表面或者水饱和时，地震很容易引发土流。

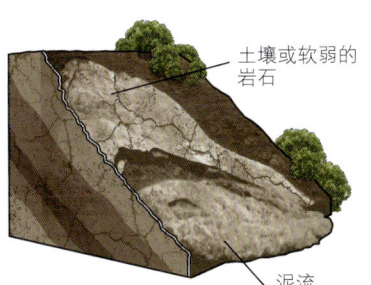

土壤或软弱的岩石

泥流

泥流
陡峭山坡上的大雨，尤其是在地震之后，会造成向下运动的泥流。

与地震共存

世界上大多数的人口居住在位于地震多发区的城市里。工程师们用他们的才华设计出能承受地震中地面强烈运动的新建筑，并加固已有建筑。在适当位置还有预警系统以发现这些地区不同寻常的地震活动。

地震风险

科学家主要的长期目标之一是：预测下一个"大"地震。目前，我们对地震现象的了解表明，如果可能的话，下一次地震是许多年以后的事情，因为地震是一个不确定的过程。地震学家们曾试图通过研究动物行为、天然气泄漏或小型前震的顺序等，这些可能预示着主震的早期地面运动来预测地震，但都没有成功。在地震预测方面，一种更有希望的方法是对某个特定区域以往的地震历史、断层运动的详细研究结合对岩石应变力持续增长的观测。这些研究能让我们了解未来几十年或几个世纪发生大地震的可能性。在预测地震时间方面，大部分注意力集中在主要的断层线上。然而，许多地震发生在未知的断层上，这让地震预测变得更加困难。

旧金山的地震风险

这张美国加利福尼亚州的卫星影像图显示了地震断层（红线）和圣安地列斯断层（黄线）。色带是合成孔径雷达成像，代表圣安地列斯断层上一次模拟地震导致的地震变形。模型估计，在未来20年内圣安地列斯断层发生7级及以上地震的概率是25%。

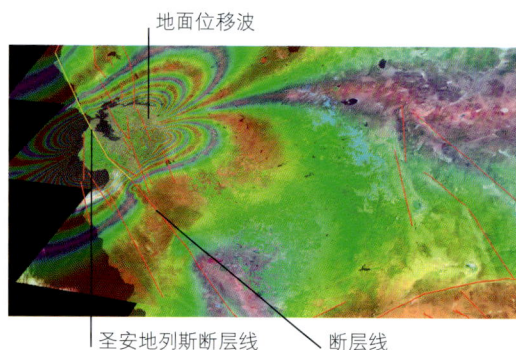

地面位移波
圣安地列斯断层线　断层线

日本的早期地震预警系统

日本气象厅在全日本布置了一个灵敏仪器网络，旨在发现在大型地震最初几秒发生的特有的地面运动。这些特殊的地面运动会触发地震早期预警系统，该系统与城市防护组织、电视台及电台相连，通过它们发布相应的行动计划。

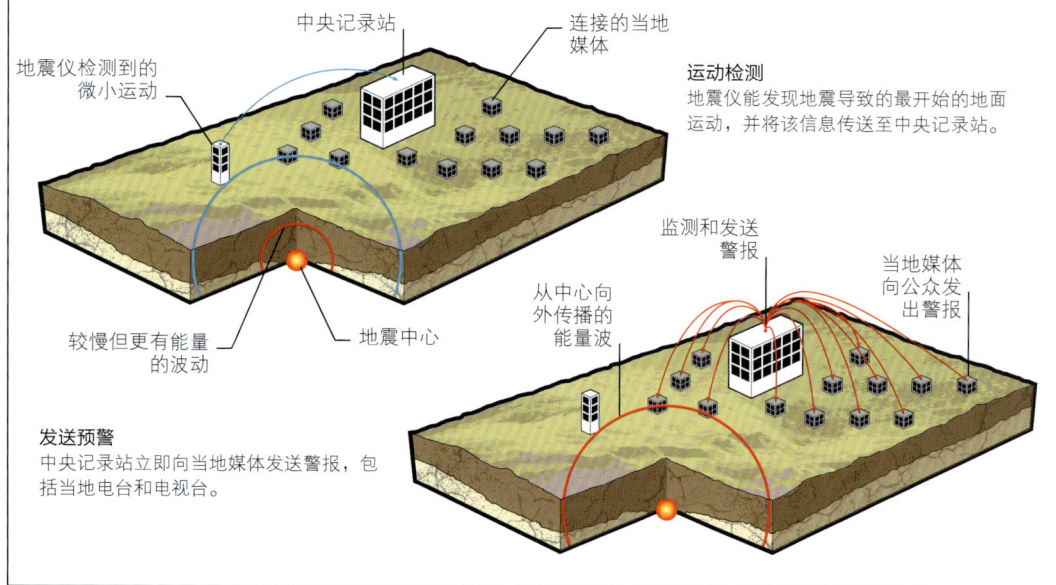

中央记录站　连接的当地媒体
地震仪检测到的微小运动
运动检测
地震仪能发现地震导致的最开始的地面运动，并将该信息传送至中央记录站。
较慢但更有能量的波动　地震中心
监测和发送警报
从中心向外传播的能量波
当地媒体向公众发出警报

发送预警
中央记录站立即向当地媒体发送警报，包括当地电台和电视台。

台北101大楼
作为世界最高的建筑之一，高508米的台北101大楼依靠大型阻尼器来防御强风和地震。

防震建筑

在现实生活中，其实并没有真正的防震建筑，但是简单的加固会大大降低中型地震造成的损害。工程师们研究了大地震中复杂的地面运动对建筑、桥梁和其他大型建筑造成的影响，以寻求降低建筑倒塌风险或是通过内部避险结构，使建筑物以最大限度减少伤亡人数的方式倒塌。一种解决方法是，利用钢筋或混凝土支柱增加建筑内部结构和地基的强度。另一种方法是，通过在地基中由铅一类的软金属制成的所谓的隔振器隔离建筑，或者通过建筑中巨大的平衡物来减少建筑的晃动。自20世纪60年代末期以来，许多国家出台了建筑设计规范，对建筑应承受的最大地面运动作出了详细规定。这些设计规范随着时间不断更新，也根据最新的地震影响研究成果作出调整。

狂风或地震导致的建筑运动

阻尼器抵抗并吸收大部分的运动　重物发生轻微移动

阻尼器平衡重的反向运动

支架允许阻尼器摆回来　重物被拉回来

大型阻尼器是如何工作的
大型阻尼器的摇摆能抵消由风或地震造成的建筑物自身的摆动。从效果来看，它就像一个巨大的震动吸收器。

大型阻尼器
一个重666吨、价值400万美元的钢摆构成了一个巨大的阻尼器。它悬在台北101大楼的第92层至第88层之间。

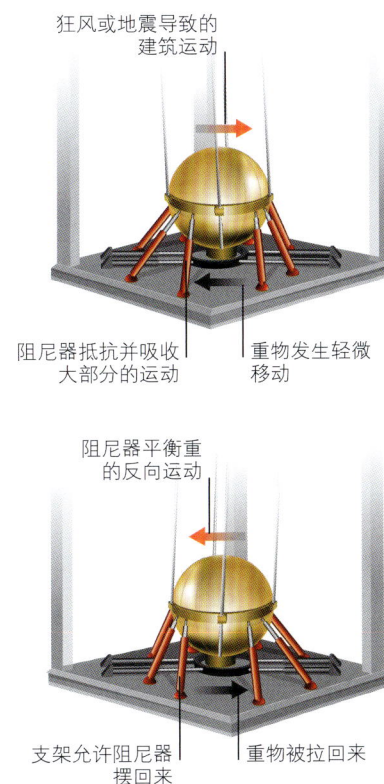

地震改装

在地震多发区的许多人工构筑物是在地震设计规范未出台或不太严格的时候建造的。拆除塔楼、突起等明显较脆弱的部分能够使建筑外部更加安全。增加横向支撑条、新的承重墙或阻尼及隔离系统能阻止构筑物在经历设计规范中规定的最大地面加速时内部塌陷。美国加利福尼亚州、新西兰和日本最近的一些大地震中的经验证实，这些改装措施非常成功。

地震加固
美国加利福尼亚州伯克利市的这座靠近海沃断层的建筑被围上了一个交叉支撑的钢铁笼子，以防止倒塌。

永不平息的海洋

<< 海浪的力量
在太平洋，波浪

海洋的起源

在大陆裂谷作用下，每当陆地裂开时，新的海洋就会形成，而当板块运动使大陆汇聚时，一些海洋则会逐渐缩小并消失。在地球的演变史中，这些过程一次又一次地上演。

裂缝
裂缝在大陆型地壳上发育

大陆漂移

大陆裂谷是大陆型地壳（地壳上部岩石层）变薄、坍塌形成峡谷的地区。这一过程是热点处地球内部不断上升并延展地壳的热流所致。大陆裂缝通常受火山活动的影响。如果裂谷作用演变成显著的地壳扩张，裂谷处就会成为离散型板块边界，并在海水涌入时形成海洋。之后，裂谷就转变为一条洋中脊。

地幔柱
地壳缝隙中上升的炽热的岩浆

1 大陆开裂
地球内部热流的上升会造成该地区大陆地壳裂开或分离。它削弱并拉伸地壳，从而使地壳变薄。地壳上可能发育出一条三岔裂缝。

大陆型地壳
继续变薄、延展，并发育裂隙

活跃裂谷臂
变薄、变宽，火山活动持续

大西洋的诞生

经大陆裂谷作用发展形成新海洋的一个较近的例子是大西洋。它的形成经历了三个主要阶段。第一个阶段，约1.8亿年前，如今的北美洲从非洲分离，大西洋中部和北部的大部分打开。第二个阶段，从约1.3亿年前起，非洲和南美洲分裂开来，形成了南大西洋。这一过程还留下了一个夭折的裂谷臂，即尼日利亚的贝努埃槽谷。第三个阶段，约6000万年前，在如今北欧的部分地区和格陵兰之间，裂谷逐渐扩展形成了大西洋的北部。

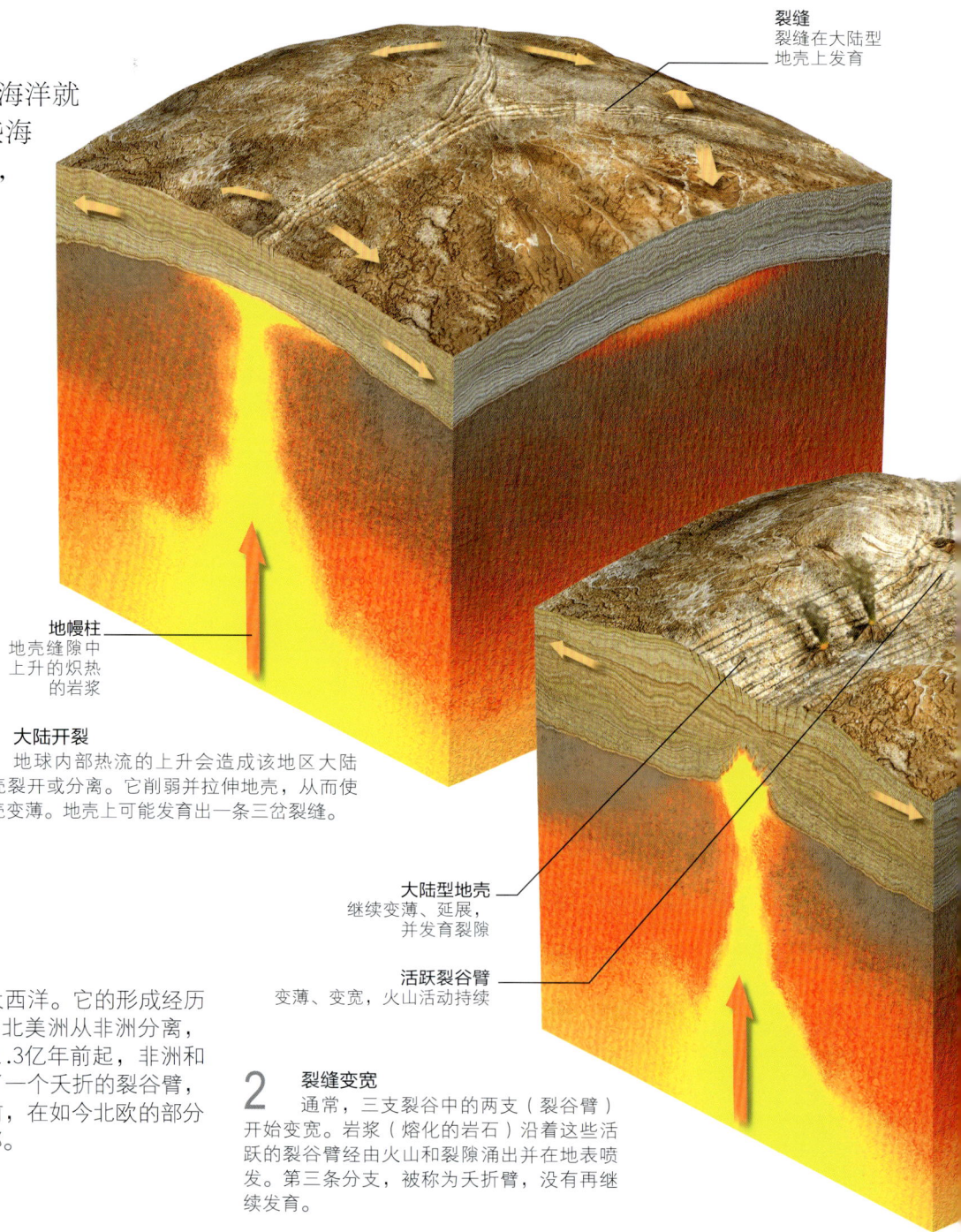

2 裂缝变宽
通常，三支裂谷中的两支（裂谷臂）开始变宽。岩浆（熔化的岩石）沿着这些活跃的裂谷臂经由火山和裂隙涌出并在地表喷发。第三条分支，被称为夭折臂，没有再继续发育。

斯塔法岛
这座苏格兰西部海岸边上由玄武岩熔岩构成的小岛是打开大西洋最北部的裂谷作用的一个遗迹。玄武岩柱环绕着一个海蚀洞——芬戈尔山洞。

非洲的分裂

一个新海洋诞生的过程已经进行到了一定程度，证据显示在非洲东北部。在以埃塞俄比亚的阿法尔三角地为中心的三叉点，一条活跃的裂谷臂已经张开形成红海，另一条裂谷臂——从埃塞俄比亚向南延伸的东非大裂谷——有明显的迹象显示它正在使这片地区的最北部进一步变薄和延展。这些迹象包括地震和火山活动、地面出现裂缝，以及已有裂隙的扩大或延长。研究者们预测该地区分裂的结果是，非洲之角的一大部分——包括索马里、埃塞俄比亚东部和吉布提的部分地区，甚至可能还包括肯尼亚的部分地区——将最终脱离形成一个新的岛屿。在这个岛屿和剩余的非洲大陆间将形成印度洋的一个新分支。有人认为这个新海洋会在100万年内形成。

天折裂谷臂
成为低洼地带

3 新海床的形成
活跃裂谷臂发展成一条扩张的洋中脊，新海床不断在此生成并被推离。在该过程中，海洋不断变宽，两侧的大陆型地壳不断远离。

扩张的海洋中有新的海洋在此形成

大陆架由裂开的地壳边缘形成

大洋型地壳在扩张的洋中脊处新近形成

达巴胡裂缝
2005年，这条500米长的火山裂缝在埃塞俄比亚的阿法尔地区显现。当它张开的时候，喷出了一些浅色的灰、浮石和大块岩石。

特提斯洋的闭合

除了打开和变宽，海洋也会因为板块运动而缩小并最终消失（或称"闭合"）。在大约2.5亿年前~1500万年前，一片名为特提斯洋的古海洋覆盖着今天的非洲东北部到印度尼西亚的这片区域。随着板块运动推着非洲和印度向北移动，特提斯洋逐渐收缩。尽管在黑海等一些地区还存在一些剩余，它的大部分海床被推到欧洲和亚洲之下。其他部分隆起成为干燥的陆地，在这些地方，经常有一些有趣的海洋化石。

鲸鱼谷的化石
这是曾生活在特提斯洋海水中的15米长的鲸的化石。它是埃及东北部一小片区域——著名的鲸鱼谷中发现的众多化石之一。

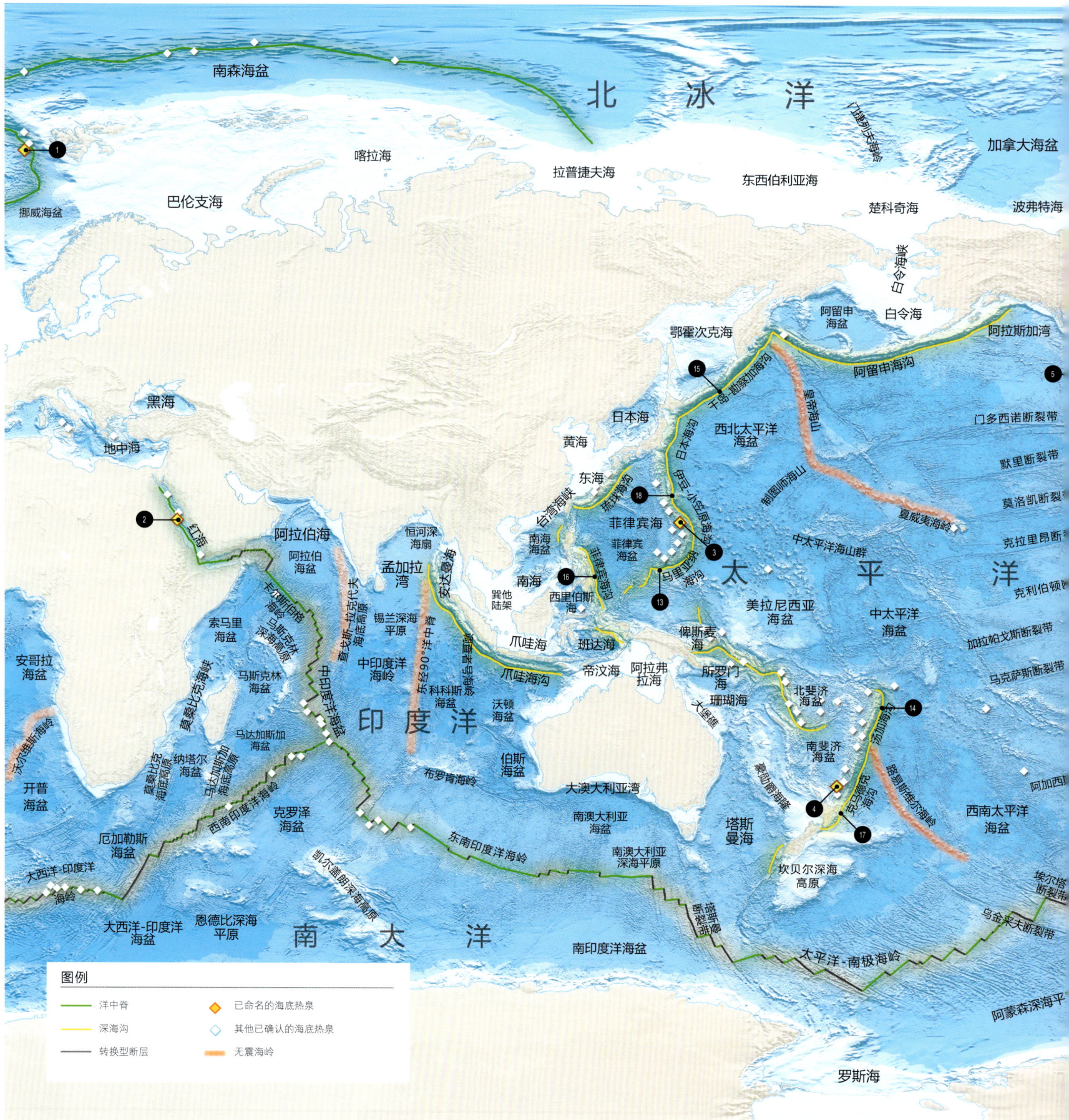

洋底

北 冰 洋

南森海盆

喀拉海

拉普捷夫海

东西伯利亚海

加拿大海盆

巴伦支海

挪威海盆

①

楚科奇海

波弗特海

白令海峡

门多西诺断裂带

阿拉斯加湾

阿留申海盆

阿留申海沟

⑤

鄂霍次克海

阿留申海山

默里断裂带

皇帝海山

黑海

地中海

⑮

千岛-勘察加海沟

日本海沟

西北太平洋海盆

制图师海山群

莫洛凯断裂

夏威夷海岭

日本海

黄海

克拉里昂断

阿拉伯海

恒河深海扇

东海

⑱

琉球海沟

伊豆-小笠原海沟

太 平 洋

②

红海

阿拉伯海盆

孟加拉湾

安达曼海

台湾海峡

南海海盆

菲律宾海

③

菲律宾海盆

马里亚纳海沟

中太平洋海山群

克利伯顿断

加拉帕戈斯断裂带

索马里海盆

卡尔斯伯格海岭

马斯克林海底高原

查戈斯-拉克代夫海底高原

锡兰深海平原

东经90°洋中脊

南海

⑯

西里伯斯海

苏禄海

苏拉威西海

⑬

美拉尼西亚海盆

马克萨斯断裂带

安哥拉海盆

莫桑比克海峡

中印度洋海岭

科科斯海底平原

宁加洛暗礁

爪哇海

班达海

俾斯麦海

中太平洋海盆

印 度 洋

马达加斯加海盆

布罗肯海岭

爪哇海沟

沃顿海盆

帝汶海

阿拉弗拉海

所罗门海

珊瑚海

北斐济海盆

⑭

沃尔维斯海岭

莫桑比克高原

马达加斯加海底高原

西南印度洋海岭

伯斯海盆

大澳大利亚湾

大堡礁

南斐济海盆

⑰

瓦努阿图海沟

汤加海沟

路易斯维尔海岭

阿加西

西南太平洋海盆

开普海盆

克罗泽海盆

厄加勒斯海盆

凯尔盖朗海底高原

南澳大利亚海盆

南澳大利亚深海平原

塔斯曼海

④

克马德克海沟

大西洋-印度洋海岭

东南印度洋海岭

坎贝尔深海高原

埃尔塔宁断裂带

大西洋-印度洋海盆

恩德比深海平原

南 大 洋

南印度洋海盆

太平洋-南极海岭

乌金来天断裂带

阿蒙森深海平原

罗斯海

图例

—— 洋中脊	◆ 已命名的海底热泉		
—— 深海沟	◇ 其他已确认的海底热泉		
—— 转换型断层	▬ 无震海岭		

大洋底部包含许多与构造板块相关的特征。洋中脊是新板块生成的边界，深海沟是板块边缘俯冲或下沉到邻近板块之下的地方。无震海岭是板块移动到热点之上形成的海底山系。

12个已命名的海底热泉

海底热泉是从海底裂缝喷出的热液柱，出现在一些海底火山活动区，基本上都在板块边界附近。这里列出了一些已命名的热泉，除此以外，还有许多已命名和未命名的热泉。

❶ 洛基城堡

位置	大西洋中脊
深度	2352米
特点	黑烟囱

❷ 深度发现

位置	红海
深度	2200米
特点	温暖的卤水池

❸ 香槟喷口

位置	西北永福火山，马里亚纳岛弧北部，太平洋西部
深度	1600米
特点	白烟囱

❹ 兄弟

位置	克马德克岛弧，太平洋西南部
深度	1550米
特点	黑烟囱

❺ 魔幻山

位置	探险家海岭，太平洋东北
深度	1850米
特点	黑烟囱

❻ 美杜莎

位置	东太平洋海隆
深度	2580米
特点	黑烟囱

❼ 动物农场

位置	东太平洋海隆
深度	2660米
特点	贻贝床

❽ 弗雷德的堡垒

位置	东太平洋海隆
深度	2330米
特点	黑烟囱

❾ 皮卡尔

位置	中开曼海隆，加勒比海
深度	5000米
特点	已知最深的海底热泉

❿ 好彩头

位置	大西洋中脊，亚速尔群岛附近
深度	1726米
特点	黑烟囱

⓫ 迷失之城

位置	大西洋中脊
深度	750米
特点	甲烷和氢的喷口

⓬ 墨菲斯托

位置	中大西洋，阿森松岛附近
深度	3047米
特点	黑烟囱

最深的6个海沟

⓭ 马里亚纳海沟

位置	太平洋西部
最大深度	10.91千米
长度	2550千米

⓮ 汤加海沟

位置	太平洋西南部
最大深度	10.88千米
长度	1375千米

⓯ 千岛-堪察加海沟

位置	太平洋西北部
最大深度	10.54千米
长度	2000千米

⓰ 菲律宾海沟

位置	太平洋西部
最大深度	10.54千米
长度	1320千米

⓱ 克马德克海沟

位置	太平洋西南部
最大深度	10.05千米
长度	1200千米

⓲ 伊豆-小笠原海沟

位置	太平洋西部
最大深度	9.78千米
长度	800千米

海床构造

构造板块是在地球表面缓慢运动的巨大的地球外壳块，海床展现出许多与构造板块相关的特征。其中最重要的两个特征是洋中脊和深海沟，前者是新的板块物质生成的地方，后者是板块消亡的地方。

洋中脊

海洋中离散型板块边界交接的地方被称为洋中脊。洋中脊高出海床平均高度，如同坡度较缓的山脉。洋中脊是由从地球内部涌出的岩浆生成新的大洋岩石圈（大洋型地壳）的地方。新的海床生成的同时，向着远离洋中脊的地方移动，这一过程被称为海底扩张。依据新岩石圈的生成速度，洋中脊可以划分为两种主要类型——快速扩张型和慢速扩张型。许多中型和小型的地震发生于洋中脊，洋中脊还是海底热泉和海底烟柱产生的主要地点。

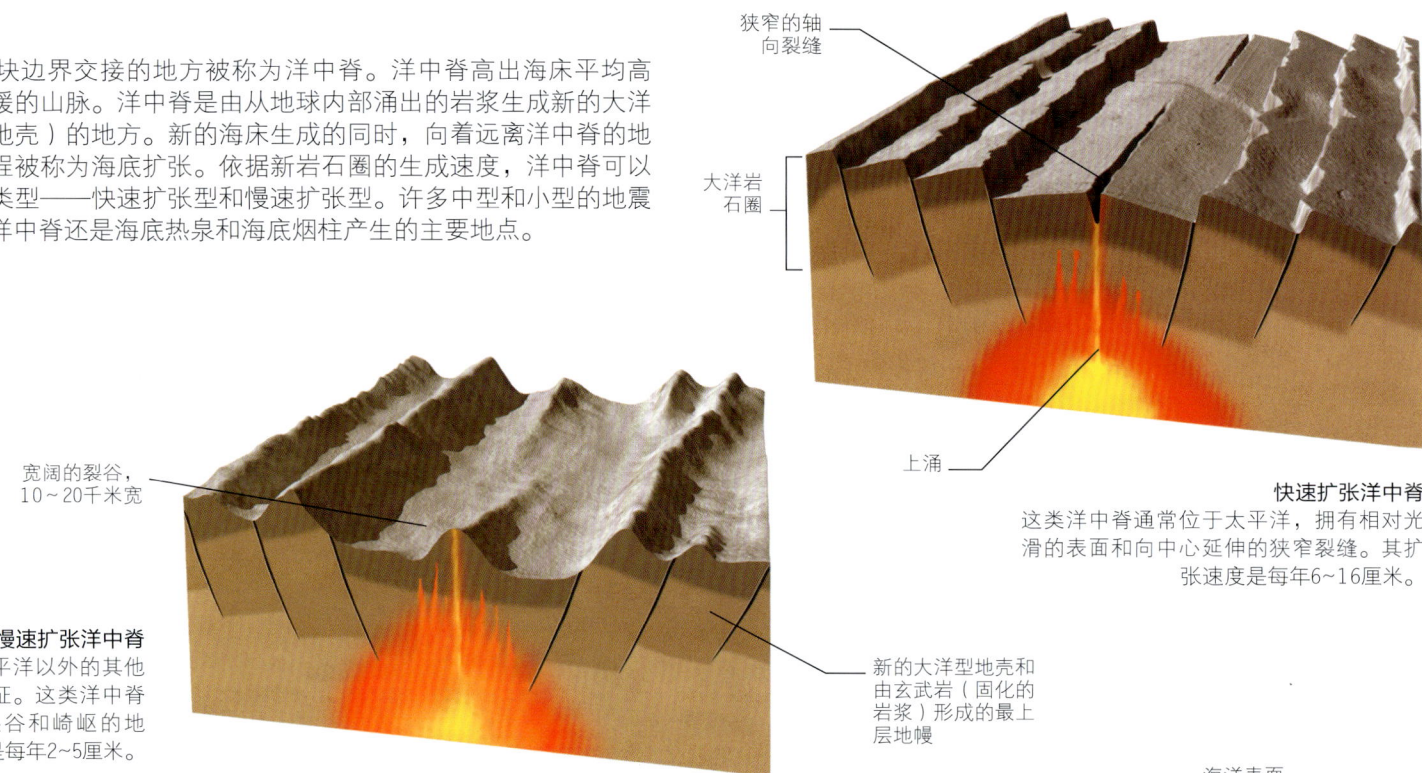

狭窄的轴向裂缝

大洋岩石圈

上涌

快速扩张洋中脊
这类洋中脊通常位于太平洋，拥有相对光滑的表面和向中心延伸的狭窄裂缝。其扩张速度是每年6~16厘米。

宽阔的裂谷，10~20千米宽

新的大洋型地壳和由玄武岩（固化的岩浆）形成的最上层地幔

慢速扩张洋中脊
这类洋中脊是除太平洋以外的其他海洋的一种常见特征。这类洋中脊拥有宽阔的中央裂谷和崎岖的地形。扩张速度通常是每年2~5厘米。

海底扩张

作为板块运动的基本后果，海底扩张对各种类型的板块活动都非常重要。在20世纪60年代，美国科学家哈利·赫斯首先提出了海底扩张学说。后来，通过测量大洋型地壳中的地磁模式，海底扩张学说被证实。这一发现对于板块构造学说的发展至关重要。

图例
深度

2700米
2750米
2800米
2850米
2900米
2950米
3000米
3050米
3100米
3150米
3200米
3250米
3300米
3350米
3400米
3450米
3500米
3550米
3600米
3650米
3700米
3750米
3800米

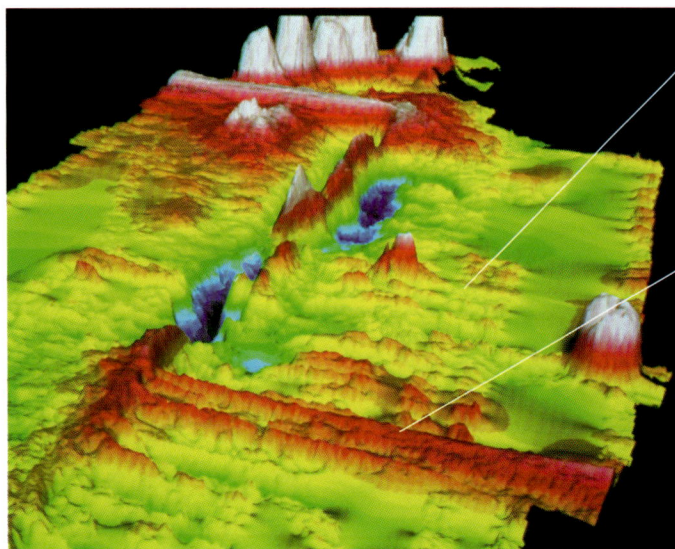

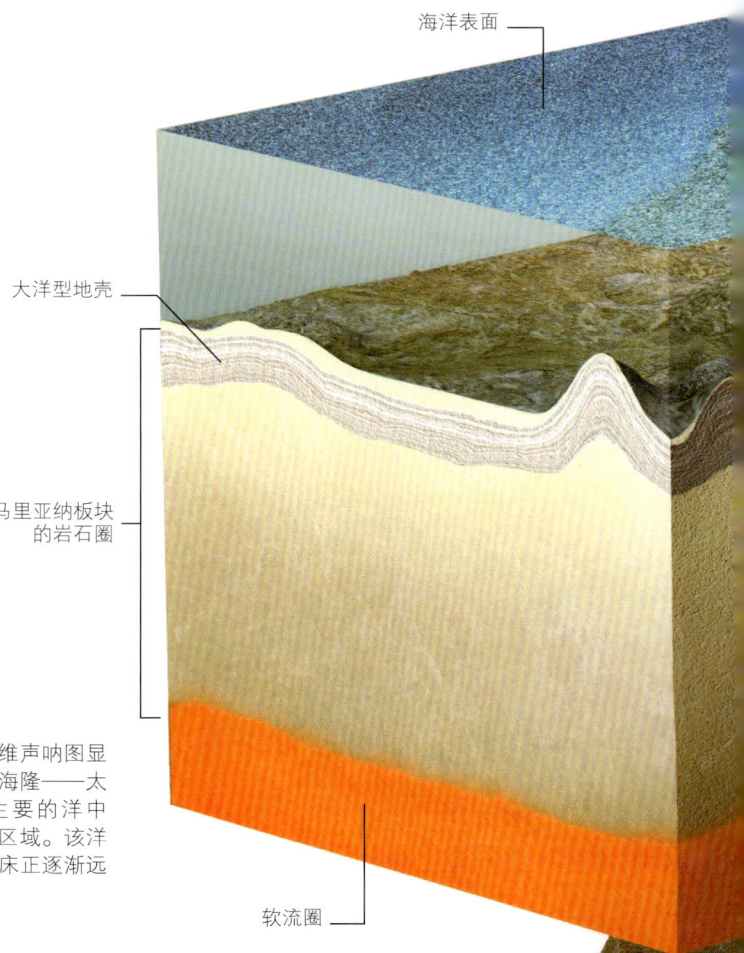

海洋表面

大洋型地壳

太平洋海床

形成马里亚纳板块的岩石圈

东太平洋海隆

太平洋海床
这张假彩色三维声呐图显示了东太平洋海隆——太平洋中一条主要的洋中脊——的部分区域。该洋中脊两侧的海床正逐渐远离它。

软流圈

深海沟

海沟（或叫深海沟）是海床上不对称的V形谷。它们位于由大洋岩石圈组成的板块下推或俯冲到一个相邻板块之下的边界处，该相邻板块可能同样是大洋岩石圈（在洋–洋汇聚型边界），也可能是大陆岩石圈（在洋–陆汇聚型边界）。海沟是板块缓慢消亡的地方，其深度通常是5千米~10千米。海沟最深点（同时也是地球表面的最低点）是位于马里亚纳海沟的挑战者深渊，其深度为10.91千米。海沟的底部一片漆黑，海水几乎冻结。然而，一些不寻常的生物生存在那里。这些海沟也普遍受地震影响，当相互研磨的板块间积累的压力突然释放时就会爆发地震。

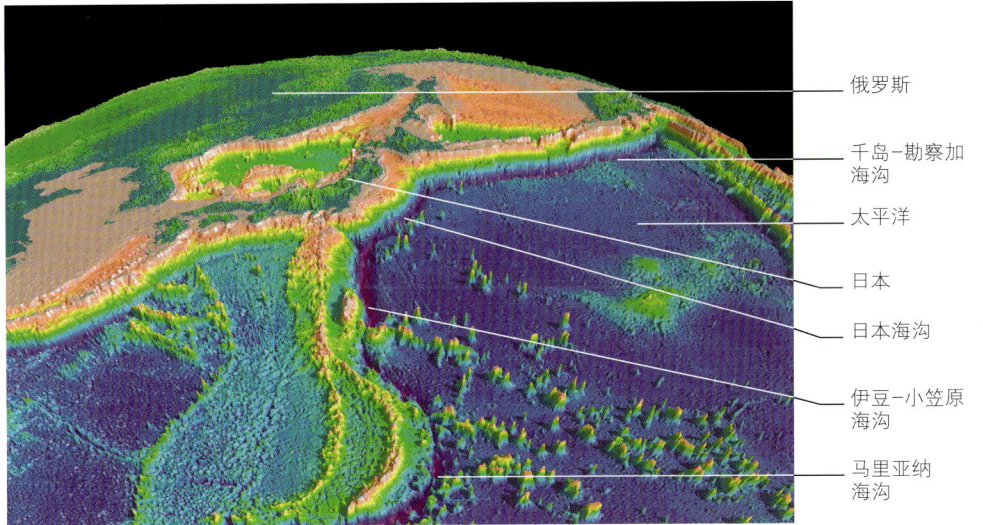

俄罗斯

千岛–勘察加海沟

太平洋

日本

日本海沟

伊豆–小笠原海沟

马里亚纳海沟

太平洋西北部海沟
太平洋西北部的海底以一组深海沟为特征。这些深海沟标识着太平洋板块边缘被推到各种相邻板块之下的地方。

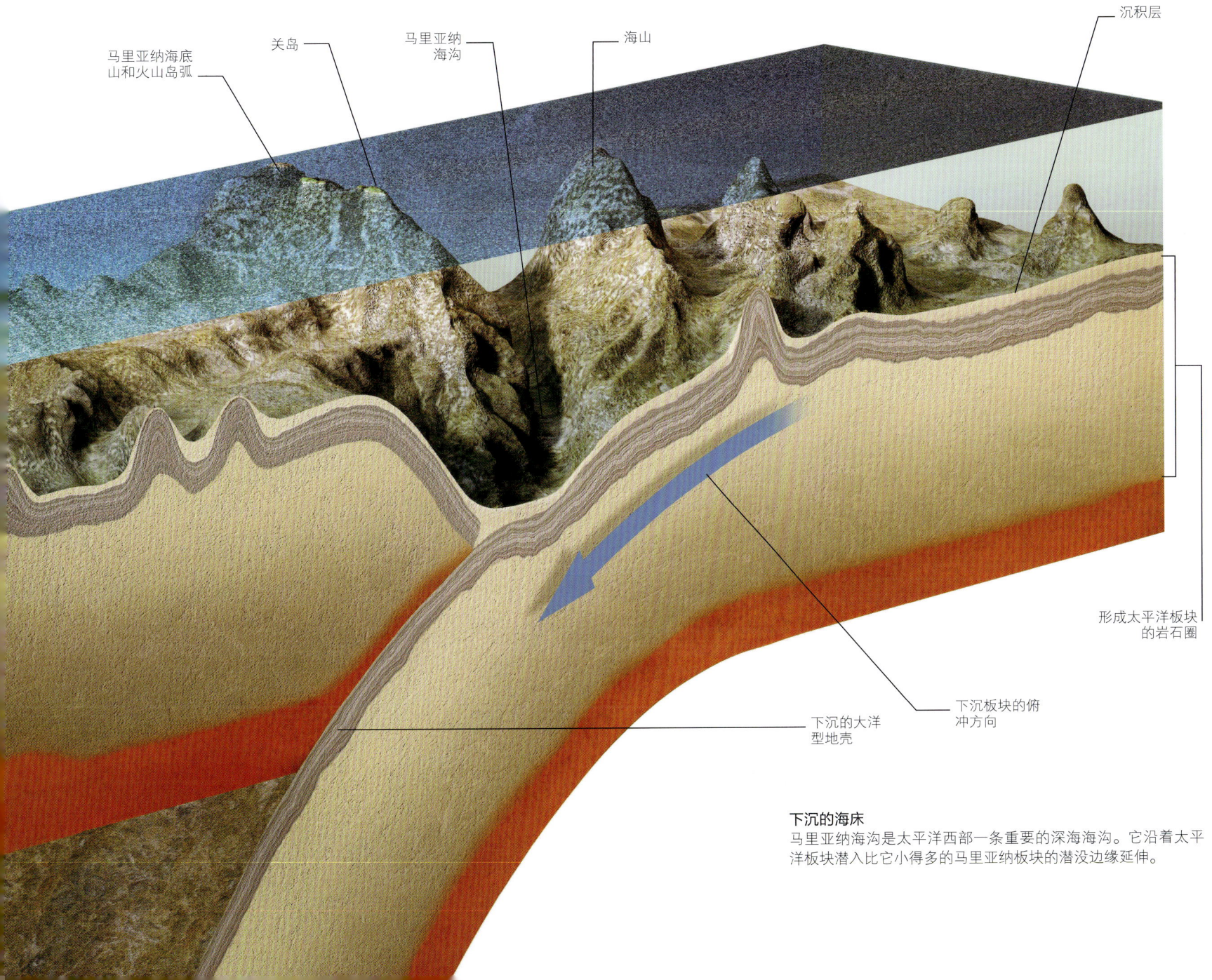

沉积层

马里亚纳海底山和火山岛弧

关岛

马里亚纳海沟

海山

形成太平洋板块的岩石圈

下沉的大洋型地壳

下沉板块的俯冲方向

下沉的海床
马里亚纳海沟是太平洋西部一条重要的深海海沟。它沿着太平洋板块潜入比它小得多的马里亚纳板块的潜没边缘延伸。

板块间的裂缝

大西洋中脊（一个板块边界）顶部
穿过冰岛，其中的一段位于一片湖
底。湖底的裂缝是洋中脊的标志，
一名潜水者正在其方游动。该裂
缝的左侧是北美板块，右侧是欧亚
板块。

海底烟囱

在海中的许多地方，有矿物质丰富的极热海水从海底裂隙和凸出海底的样子古怪的"烟囱"中喷溢出来。它们相当于水下的间歇泉，通常被称为黑（或白）"烟囱"——黑或白取决于它们喷出的、沉淀的矿物质是深色还是浅色。

热泉形成和地点

海底烟囱，又叫海底热泉，是由海水渗入海底裂缝，被热岩石或岩浆加热，随后又向上重新流回冰冷的海水中形成的。随着海水柱的冷却，其中的矿物从水中沉积下来，形成固体颗粒，因而形成了"烟"一样的景观。第一个海底热泉发现于1977年，是太平洋底部临近加拉帕戈斯群岛的一个黑烟囱。之后，上百个热泉被发现，大多数在洋中脊附近或岩浆离海底表面非常近的区域。人们给许多热泉起了有趣的名字，如魔幻山和洛基城堡。所有热泉的平均深度约为海面下2100米。

白烟囱

图为一个白烟囱——香槟喷口喷发的液态二氧化碳气泡。香槟喷口是名为西北永福（NW Eifuku）的海底火山的一部分，该火山位于日本南部一条火山弧内。白烟囱中逃逸的海水比黑烟囱的温度低。

海底烟囱是如何运作的

海水渗入海床内数千米，被炽热的岩石或岩浆加热，溶解周围岩石中的矿物质。当热水重新流回海洋，它会变冷从而导致溶解的矿物沉淀析出。

黑烟
当深色的矿物（如硫化铁）沉淀时会形成黑烟。

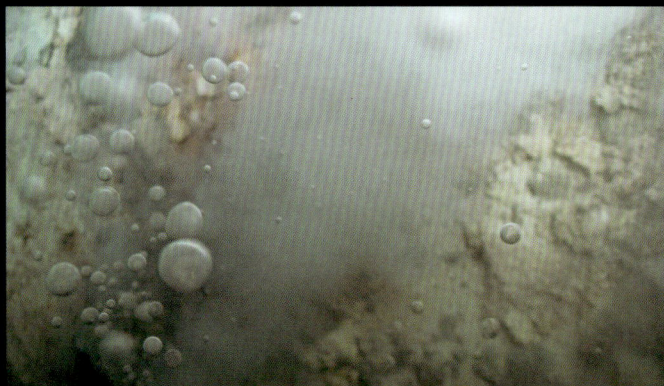

白烟
当浅色矿物，如硬石膏（一种硫酸钙）沉淀时会形成白烟。

矿物沉积
多种沉淀的矿物积累形成烟囱状的可达数十米高的圆丘。

岩浆或热岩石
散发的热量加热渗入的海水至350℃～400℃；由于高压，水并不会沸腾，而是形成过热水。

寒冷的海水
温度在2℃左右，渗入裂缝中。

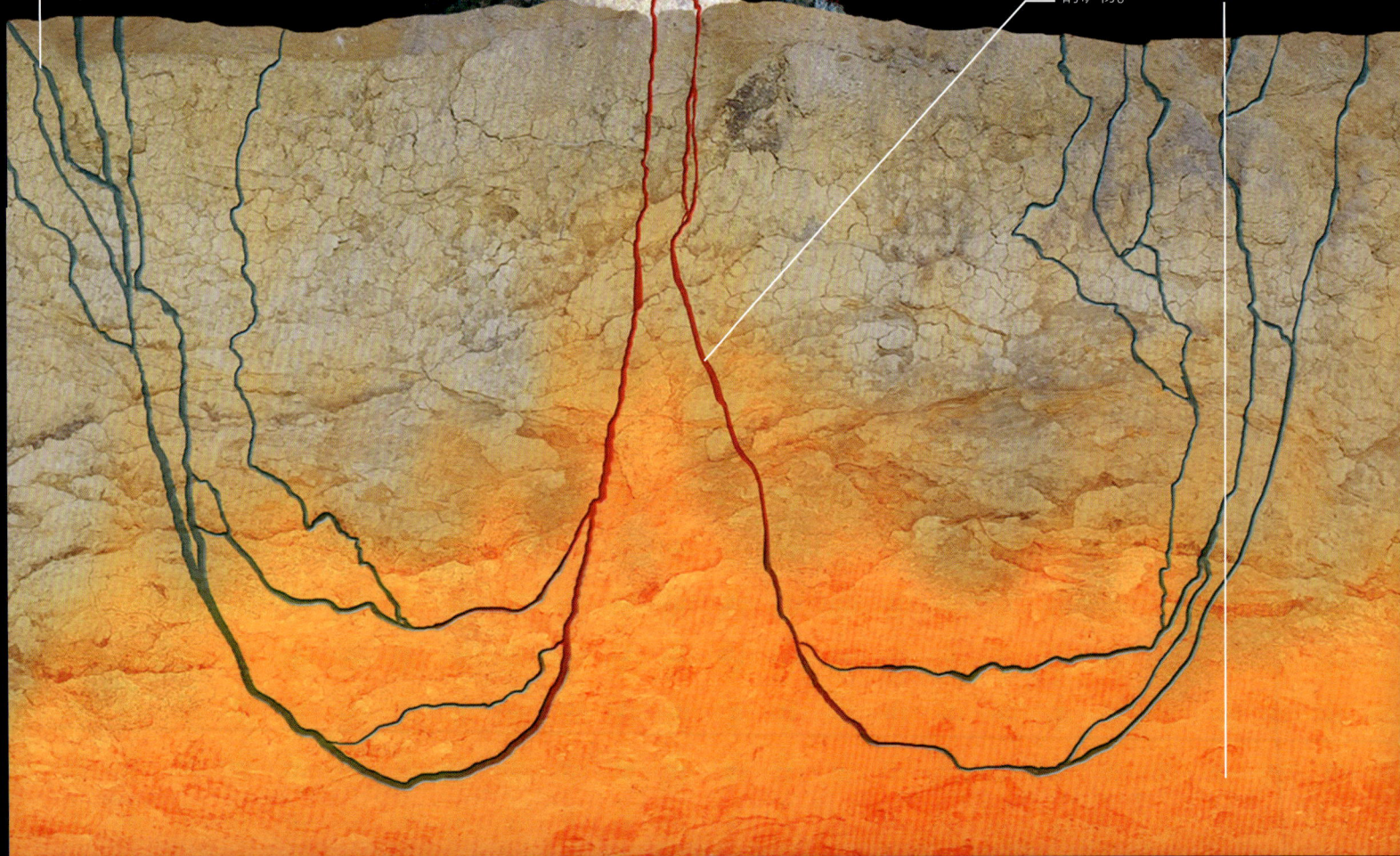

通道
将过热的海水带到表面。

过热的海水
在渗入岩石裂隙的同时溶解周围的矿物。

黑烟囱
这个靠近洋中脊的黑烟囱喷出约400℃的滚烫的海水。由于含有一些酸性化学物质，它的酸度和醋相当。

海底热泉生物群落

喷口周围溶解的炽热矿物供养着一些特别的生物群落，通常包括虾、蟹类、贻贝和管蠕虫。引人注目的是，在缺乏作为食物来源的植物（需要阳光）的情况下，热泉生物群依靠特别的微生物而成长，这些微生物通过氧化或还原热泉中的化学物质获取能量。

已知的世界最深的海底热泉

开曼喷发口
在开曼海沟的一个深处的喷发口，漆黑、过热的海水从两层楼高的烟囱顶部喷涌而出。

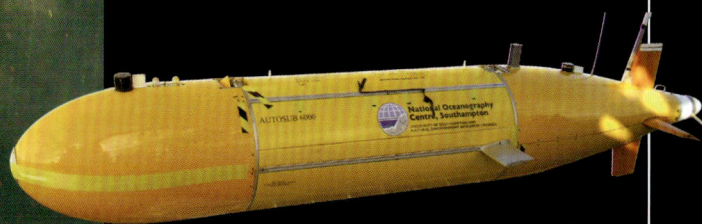

AUTOSUB 6000机器人潜水艇

2010年4月，一个英国探险队拍下了世界上已知的最深的海底热泉（热液喷口），它位于加勒比海的开曼海沟——一片5千米深的洼地。探索显示该热泉比之前已知的最深的热泉还深800米。这一发现建立在美国伍兹霍尔海洋研究所的工作之上，后者已经通过检测上覆海水中的喷发烟柱的有代表性的化学物质对热泉进行了探测。英国探险队利用一个名为AUTOSUB 6000的机器人潜水艇更精确地找到了热泉的位置。随后，他们发射了一个名为HyBIS的深拖照相机来拍摄热泉，发现了海底细长的矿物烟囱喷涌出的海水热度足以熔化铅。科学家们计划重返该热泉以研究喷发烟柱中的化学物质和那里的海底生物。

管蠕虫
管蠕虫覆盖了太平洋中的一个白烟囱的底部。这些管蠕虫能长到2.4米长，像人的胳膊一样粗。

海底火山

全球80%的火山活动发生于海洋中。新的火山不断形成于洋中脊、热点以及火山岛弧内。这些火山向上生长，其中少数最终达到海洋表面，并产生一些剧烈的喷发。

海底火山爆发

深海火山喷发的困难在于，它承受着巨大的水压。然而，还是有大量的火山成功喷发，以高速率喷出大量的岩浆。大多数水下火山活动在海洋表面是看不见的，但是可以探测到。利用潜水器，科学家们观测了少数海洋深处的海底火山爆发，包括一座名为NW-罗塔1的火山，该火山的主要活跃喷发口位于西太平洋水下500米处。

当海底火山的顶部到达海洋表面时，它会产生一些特别的喷发。这种情况每个世纪会出现几次。1924年的西表岛喷发是日本最大的一次海底火山爆发之一。还有1939年和1974年加勒比海格林纳达离岸的名为基克姆詹尼的海底火山爆发，以及1963年形成叙尔特塞岛的海底火山爆发。

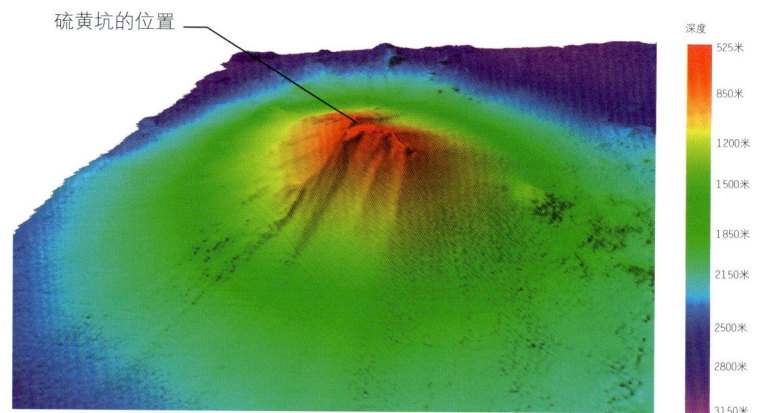

NW-罗塔1
这张三维声呐图显示了位于太平洋西部马里亚纳岛弧的海底火山NW-罗塔1与该火山的一个名为硫黄坑的喷发口。

福德火山

位置 西太平洋日本博宁群岛南硫黄岛附近

顶点深度 0～14米

该火山过去曾多次在海洋表面或接近海洋表面的地方喷发，最近一次是在2010年。喷发使周围海水变色，产生了蒸汽和灰柱，有时，如2005年（上图），还形成了大量热浮石。

罗希海底火山

位置 太平洋中央夏威夷大岛东南

顶点深度 969米

罗希海底火山位于冒纳罗亚山（形成夏威夷大岛的一座大型盾状火山）的侧翼。通过潜水器的深入研究，这座海底火山在形成整个夏威夷群岛的热点上已经生长了约40万年。

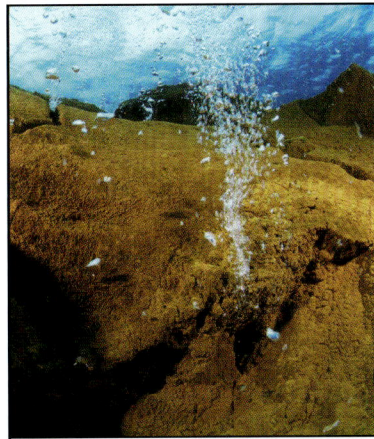

马亨戈滩

位置 印度尼西亚苏拉威西岛以北，锡奥岛附近

顶点深度 8米

位于印度尼西亚一片火山活动活跃的区域，马亨戈滩自海底上升了400米。它的表面散布着少数火山口或喷气孔，持续地以大量微小气泡释放气体。

西马塔

位置 太平洋西南部汤加附近，劳海盆

顶点深度 1174米

该火山离汤加海沟不远，2008年被发现的时候，它正在剧烈喷发。2009年再考察时发现了枕状岩浆管道，并有炽热的岩浆带从火山口喷出（上图）。

短命的岛屿

当海底火山的顶部到达海洋表面时，它有时会喷发出足以形成一座海岛的物质。通常，这种岛屿仅能存在很短的一段时间，之后它就因海浪侵蚀而消失。一些海底火山会重复生成这类短命的岛屿。

出现

一座新火山岛的诞生，总是伴随着巨大的火山爆发和蒸汽与火山灰云团，是一个惊心动魄的场面。但是生成的岛屿不一定能存留很长时间，岛屿存续的时间很大程度上依赖于火山喷发物质的类型——尤其依赖于它主要是由火山灰构成还是由熔岩构成的。它还依赖于喷发的持续时间以及喷发区海浪和洋流的强度。要形成一个寿命长的岛屿，需要持续许多年的一系列剧烈的火山喷发。如果大部分的火山岩浆是以熔融的岩石喷发而出也有利于形成长寿命的岛屿，因为在喷发时，熔岩能把松散的岩石、火山灰和火山渣凝聚成坚硬、抗海浪侵蚀的物质。

但是，大多数情况下，喷发仅持续几个星期或几个月，形成的岛屿主要是由火山灰、火山渣和浮石构成的。一般说来，这些岛屿在相当短的时间内——从几个月到数十年不等——就会被侵蚀掉，在地质历史时期上，这就相当于"转瞬之间"。

一个爆炸性的诞生
1986年1月20日，日本博宁群岛的福德海底火山在海洋表面喷发。几天之内，喷发形成了一座大岛屿，但是不久后喷发停止。至3月8日，这座岛已经被侵蚀殆尽。

周期性的岛屿

一些海底火山的顶部会在几十年内零星地出现和消失，产生一系列存在时间很短的岛屿。这些岛屿存在于不同时间的同一地点，拥有同一个名字，但是它们的样子可能完全不同。举例来说，在1865年，一艘名为"HMS猎鹰"的英国船报告在太平洋西南部的汤加发现了一座新岛屿，并把它命名为猎鹰岛。几年之后，这座岛屿消失了，但是样子不同的岛屿——还是被叫作猎鹰岛——在1885年、1927年和1933年重复出现。汤加还记录了其他周期性出现的岛屿，海底火山本礁和墨提斯浅滩在过去200年来分别形成了少数周期性岛屿。所罗门群岛的卡瓦奇火山是周期性岛屿创建者中的冠军，自1950年以来它形成了11座这类岛屿。

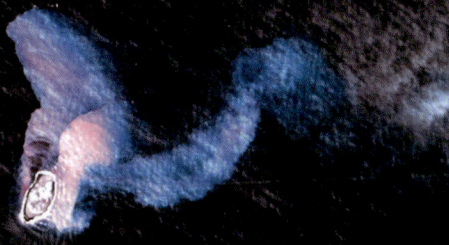

本礁，汤加
这张卫星影像图显示了一座短命的岛屿，它大约800米长，由海底火山本礁在2006年10月形成。到2007年2月，这座岛的大部分已经消失在海面之下。

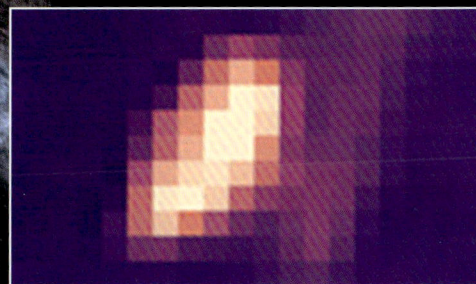

5℃　　　　45℃　　　　65℃
海洋表面温度

温度扫描
本礁形成的岛屿的一张热成像图像显示该岛屿中心的表面温度是65℃，这很可能是其中心具有刚刚喷发的火山灰和岩浆导致的。

墨提斯浅滩，汤加
1995年6月，一座新岛屿出现在汤加的墨提斯浅滩。这张照片拍摄时，该岛屿大约43米高，280米宽，温度约为700～800℃。它是海底火山喷发出的岩浆圆顶（大量的炽热熔岩），不久之后它就被冲刷殆尽。

地中海的一座短命岛屿

地中海有一座绰号为恩培多克勒的海底火山，会间歇性地形成一座位于意大利西西里岛西南部的短命岛屿。该岛屿通常被叫作费迪南德岛，有时也被称为茱莉亚岛或格拉哈姆岛。它最后出现于1863年，此前一次出现是在1831年，当时法国、英国和那不勒斯关于岛屿的归属起了争议。在争议被解决之前，这座岛停止了喷发并很快沉入海面之下。

1831年喷发
1831年的喷发使费迪南德岛迅速成长为一座中心有火山口的小岛，从中心向外喷出火山灰和熔岩。喷发持续了6个月。

卡瓦奇火山，所罗门群岛
在海底火山卡瓦奇的一次喷发后出现了云状物。每当卡瓦奇火山的顶部露出海面时，就会出现这样的场景，只是云朵出现的地点稍有不同。这是因为卡瓦奇火山的顶部较为宽阔，有几个不同的喷发口。

叙尔特塞岛，1963年

1963年11月，冰岛以南海面的一系列显著的爆炸最先吸引了当地渔民的注意，随后是火山学家，最后是全世界的媒体。数周之内，喷发新形成了一座真正意义上的新岛屿。这是20世纪最著名的一座岛屿，继苏尔特尔（挪威神话中的火神）之后，冰岛政府将该岛屿命名为叙尔特塞。它不断喷发出火山灰和岩浆，不断生长和转化，直到1967年夏天才平静下来。从此以后，它渐渐被侵蚀，但它因成为生物殖民（生命形态入侵新地方）的理想实验地而出名。

1963年11月	
位置	冰岛离岸
火山类型	海底火山
喷发类型	叙尔特塞
火山爆发指数	3级

1000000000

1963—1967年间喷发物质的体积（单位为m³）

一座岛屿的诞生

据信，导致形成叙尔特塞岛的火山喷发仅仅发生在这座岛屿出现的前几天，要知道喷发口可是在水下130米。这些喷发口是韦斯特曼纳群岛海岭众多火山的一部分，这座海岭是大西洋中脊的一个分支。熔岩在水下快速堆积，直到喷发变成从海面升起的可见的蒸汽和火山灰云团，这类喷发现在被叫作"叙尔特塞"类型。在一天之内，水下火山的顶部就凸出了海面。

图例

	140米
	120米
	100米
	80米
	60米
	40米
	20米
	0米
	-10米
	-20米
	-30米
	-40米
	-50米
	-60米
	-70米
	-80米
	-90米

大西洋

韦斯特布克
462米

苏尔滕格
火山口

奥斯特布克
505米

苏尔特尔火山口

叙尔特塞岛

0   英里   0.5
0   千米   0.5

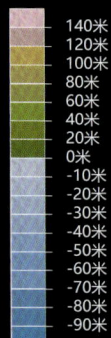

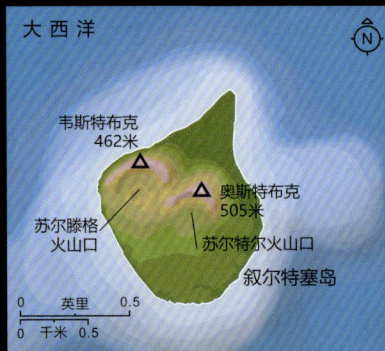

叙尔特塞岛地图

在这张地图上，中央半圆形的火山口苏尔特尔标志着叙尔特塞最初的喷发口。第二个火山口苏尔滕格标志着另一个喷发口的位置，这个喷发口喷发了大约3个月。

> "在叙尔特塞岛上，地貌是如此多样……几乎令人难以置信。"

西格德·索拉林森，冰岛地质学家

喷发的几个阶段

1 第一次爆炸

1963年11月14日，渔民看到冰岛南海岸外33千米外的海面升起蒸汽和灰尘柱。再靠近些，他们看到了爆炸产生的大型暗色火山灰柱。

2 早期阶段

此后10天左右，炽热的岩浆和海水之间的相互作用持续产生壮观的喷发景象——深色灰烬和蒸汽的混合物，以及高10千米的火山灰云团。

3 形成岛屿

到1963年11月27日，积累的火山灰和渣形成了一个清晰的、半成形的穹窿，其直径约500米。围绕喷发口形成了一个宽阔的火山口，从中仍不断喷出火山灰和蒸汽。

4 岩浆涌动

在接下来的几年里，岩浆从叙尔特塞岛最初的喷发口和第二个喷发口中流出。这些岩浆凝固后成为一个覆盖岛屿大部分面积的保护盖。

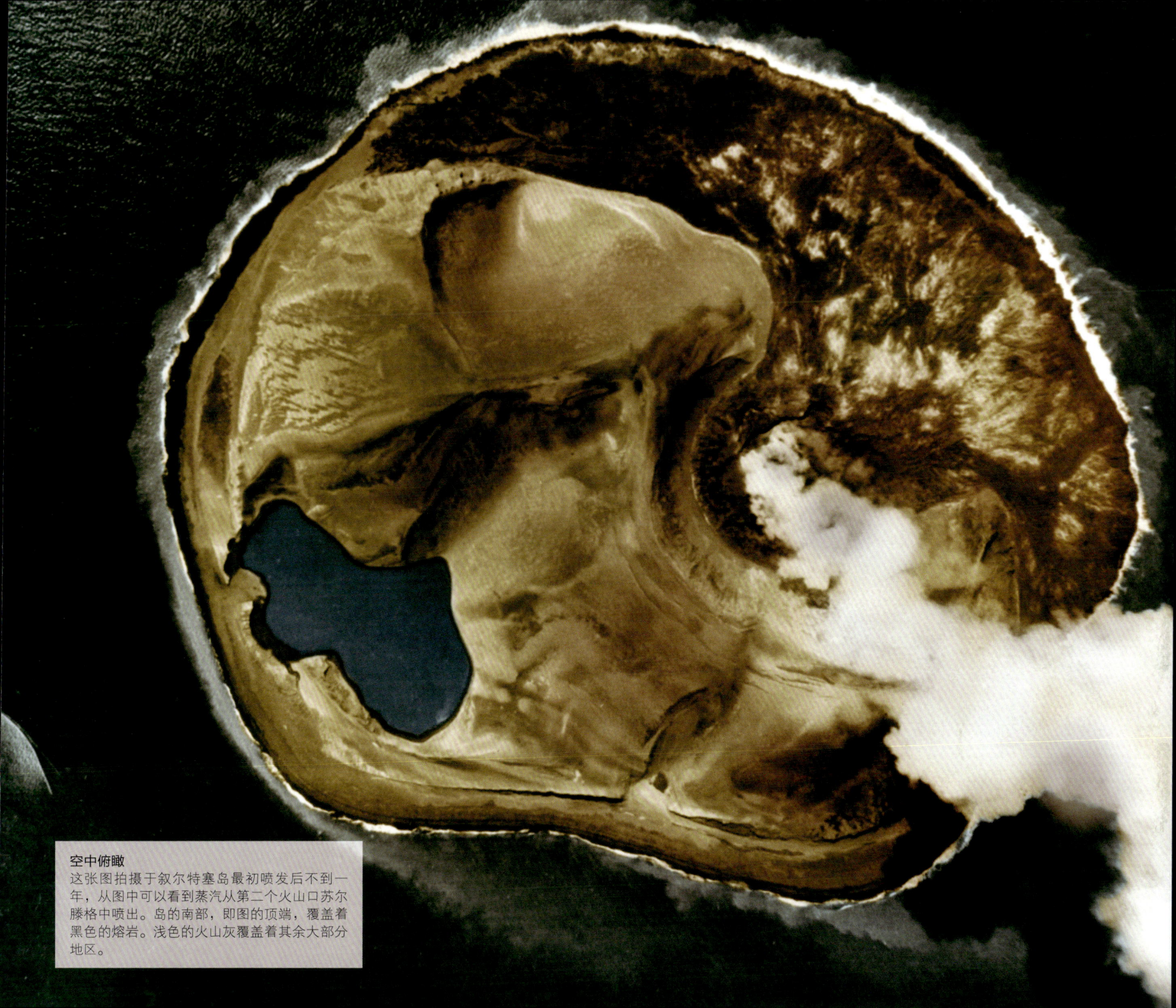

叙尔特塞岛成形

最初，海底火山的喷发集中在一个主要的喷发口，建立起一座中心有一个火山口的近似圆形的岛屿。由于喷发剧烈以及新物质的快速增加，喷发的速度超过了岛屿被侵蚀的速度。1964年2月，在第一个喷发口西北出现了第二个喷发口，形成岛屿的第二个火山口。不久，岛屿的体积达到了一定大小，海水不再能轻易淹没喷发口。喷发也变得更加柔和，岩浆喷泉成为主要火山活动。结果，水下的大部分松散物质之上形成了一层由变硬的岩浆构成的保护层。

叙尔特塞岛的未来

叙尔特塞岛的表面积在1967年6月达到最大，为2.7平方千米，之后它停止了喷发。此后，它逐渐被侵蚀，2011年，它的面积已不到其曾经最大面积的一半。尽管侵蚀速率可能减缓，但是它还是逐渐向中心的硬化熔岩萎缩，在几个世纪内，叙尔特塞岛很可能完全消失。现在，它引起了生物学家的极大兴趣，因为他们可以在这里研究生命是如何接管这座荒凉的岛屿的。地衣和苔藓首先出现，然后当鸟类开始在这里筑巢时，它们的粪便使土壤变得肥沃，从而有助于植物在此生长。

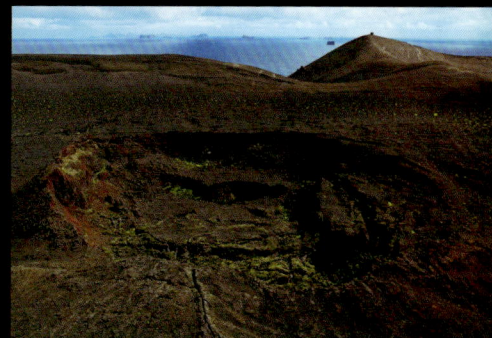

叙尔特塞岛上的生物

地衣和苔藓类植物占据着叙尔特塞岛。该岛上记载的地衣和苔藓种类约有100种，此外，还有30种更高级的植物和80余种鸟类。

环礁、海山和平顶海山

许多曾经是强火山活动的海洋区域，如热点，后来由于板块运动远离了火山活动区。这种地区有三类常见的海洋特征，即环礁、海山和平顶海山。每一类都曾是一座火山岛或海底火山。

伦吉拉环礁的一角
位于法属波利尼西亚的伦吉拉环礁是世界上最大的环礁之一。图中是该珊瑚岛环绕圈的一部分。

环礁

环礁是一座环形珊瑚礁或环绕一片潟湖的低洼的珊瑚岛。太平洋和印度洋有大量的环礁。英国自然学家查尔斯·达尔文在1842年第一次阐明了环礁是如何从火山岛演化而成的。当一座火山岛存在较长时间后，会由于它所在的海底的沉降而逐渐下沉。如果这座火山岛恰好位于珊瑚虫繁盛的地区（主要在热带），那么这些珊瑚虫会在岛的边缘形成岸礁。当岛继续下沉时，珊瑚礁转变为堡礁，环绕一片潟湖，与下沉的岛屿分离开。最后，火山岛完全沉入水下，海面只留下一座环礁。

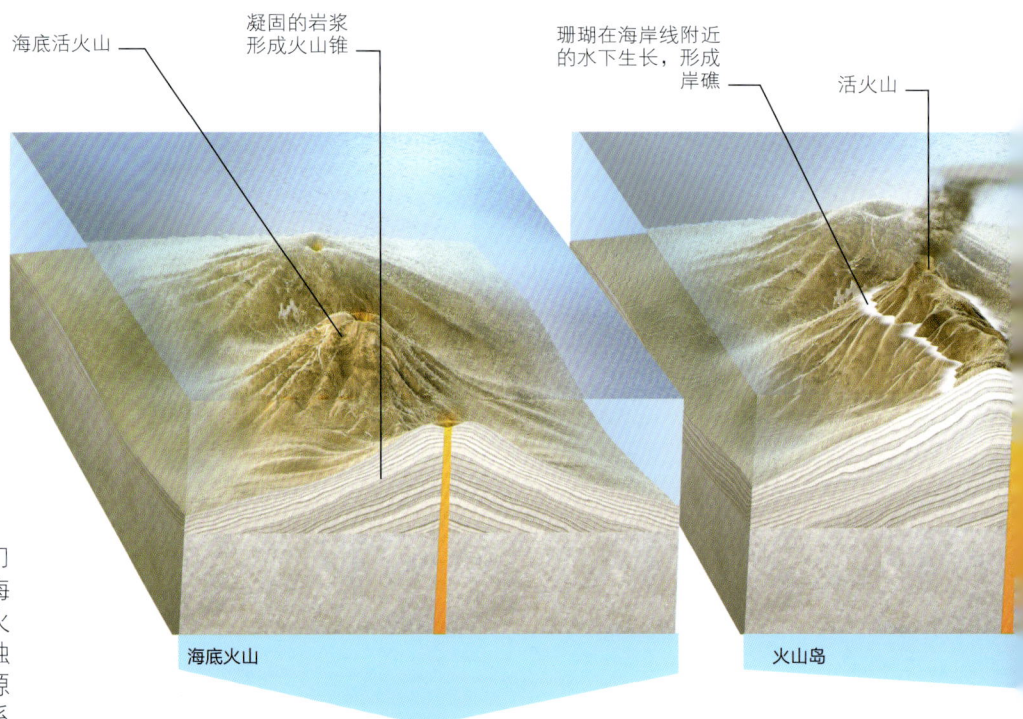

海底活火山　凝固的岩浆形成火山锥　珊瑚在海岸线附近的水下生长，形成岸礁　活火山

海底火山　**火山岛**

海山

高1千米以上的海底隆起被称为海山。顶部平坦的海山有专门的名字，称为平顶海山，另外还有普通圆顶或不规则顶部的海山。后者之中，大多数是没有长到足够大或足够坚固以形成火山岛的海底火山。在火山熄灭之后，它们逐渐下沉并被侵蚀掉，形成海山。许多海山呈链状或群状排列，原因是它们起源于海底的线形火山裂隙，或是由同一个热点上先后喷发的一系列火山形成的。

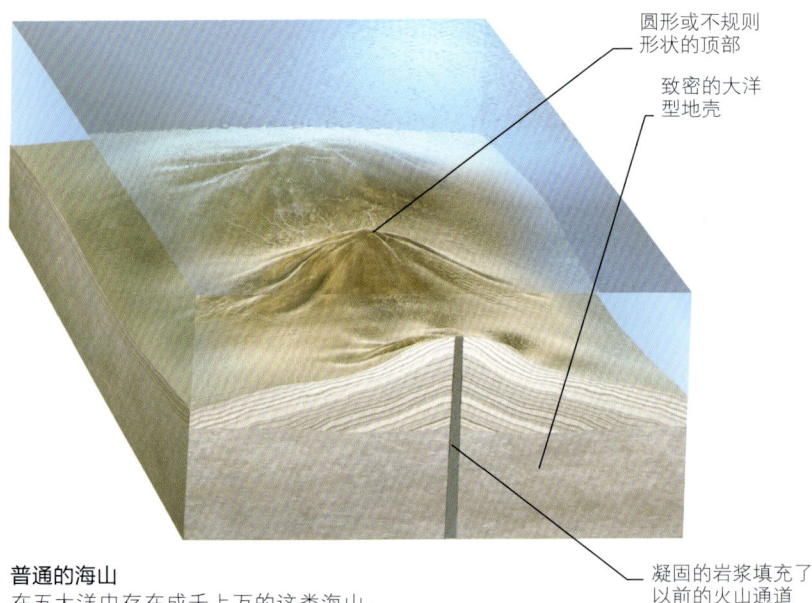

圆形或不规则形状的顶部　致密的大洋型地壳

普通的海山
在五大洋中存在成千上万的这类海山。它们大多数是没有形成火山岛的熄灭的海底火山。

凝固的岩浆填充了以前的火山通道

海山上的生命

虽然通常孤立于深海，海山和平顶海山的顶部还是为生活在浅水中的许多不同的海洋生物提供了栖息地。海底水流在遇到海山时会被迫向上流动，把养分充足的海水带到表面。养分供给浮游生物，维系其生长，浮游生物又是其他许多动物的食物。

粉色海扇
这个大型海扇是一种软珊瑚，位于印度尼西亚弗洛瑞斯海的一座海山的顶部。海扇用它们细小的触须捕捉海洋中漂过的浮游生物。

这个小型的太平洋环礁位于吉尔伯特群岛，属于太平洋岛国基里巴斯的一部分。环礁几乎完全围住了岛屿中央面积为13.5平方千米的潟湖。

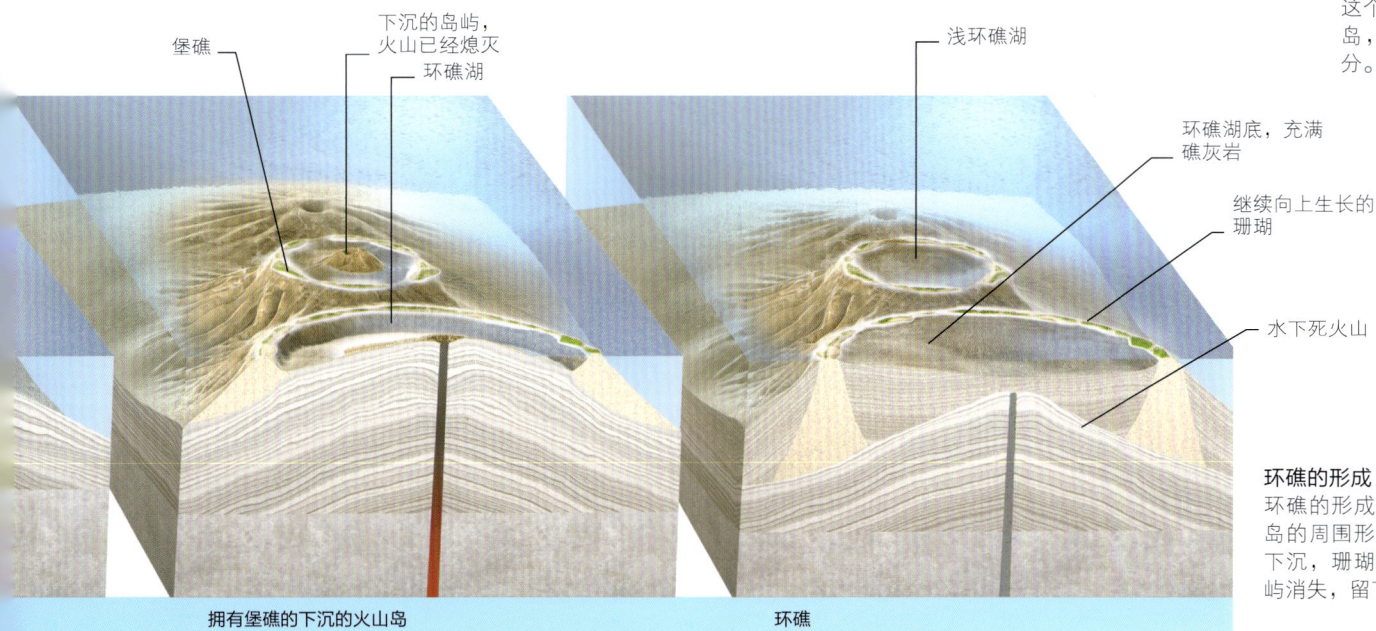

堡礁

下沉的岛屿，火山已经熄灭

环礁湖

拥有堡礁的下沉的火山岛

浅环礁湖

环礁湖底，充满礁灰岩

继续向上生长的珊瑚

水下死火山

环礁

环礁的形成

环礁的形成要经过一系列的过程。首先，火山岛的周围形成一圈珊瑚礁。然后，随着火山岛下沉，珊瑚礁继续生长，形成堡礁。最后，岛屿消失，留下珊瑚礁继续生长，形成环礁。

平顶海山

平顶海山，又叫海底平顶山，是平顶的海山，其顶部通常在海平面200米以下，大多数位于太平洋。当一座火山岛下沉时，在某一地方珊瑚礁可能只形成了一半，或者在不适宜珊瑚虫生长的地方根本没有珊瑚礁形成。在这种情况下，就会形成一座平顶海山。随着火山岛的下沉，其顶部被海浪、风和其他气候过程磨平。平坦的顶部在岛屿继续下沉的过程中保留下来。一些平顶海山的年龄可达1亿年甚至更久，最大的平顶海山高出海底4千米。

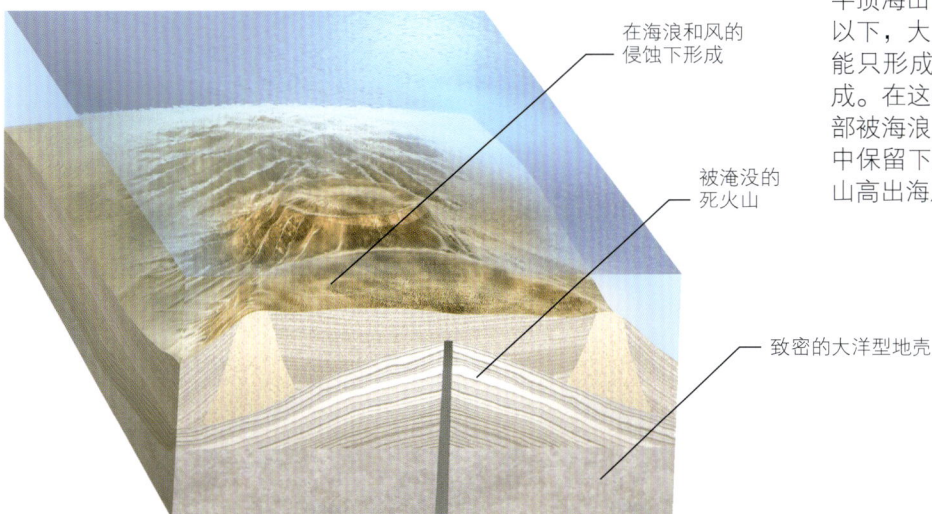

在海浪和风的侵蚀下形成

被淹没的死火山

致密的大洋型地壳

平顶海山

平顶海山平坦的表面可达10千米宽，是火山下沉过程中其顶部被海浪冲刷而成的。它平坦的顶部和边缘可能还有残留的古珊瑚礁。

陆地上的平顶海山

在埃塞俄比亚的阿法尔洼地，这座以及其他一些曾经位于水下的平顶海山如今暴露于陆地上。这表明非洲的这部分陆地有段时期位于水下。

拍打海岸
2009年11月，在英国威尔士的波斯考尔，波浪撞击着一座灯塔。受当时的海洋状态影响，浪非常大，超过一般大浪的两倍，因此称得上是"疯狗浪"。

"疯狗浪"和极端潮汐

海浪和潮汐是海洋表面的两种自然现象，它们通常不是很猛烈，但也有例外的时候。剧烈的海浪和潮汐具有很高的危险性甚至破坏性。

"疯狗浪"

海上风暴导致的大浪会带来航运危险，但是这与畸形波或"疯狗浪"带来的危险远远不同。畸形波或"疯狗浪"很少见，是浪高为同一海域观察到的较大波浪的平均高度2倍以上的不同寻常的巨大波浪。高达30米高的"疯狗浪"，直到1995年才由卫星影像图得以确认其存在。人们怀疑"疯狗浪"至少跟一艘船的失踪有关，即1978年的德国船只慕尼黑号，并造成其他一些船只的严重损坏。"疯狗浪"的确切成因未知，最有可能的原因是，强风和快速水流形成聚焦效应使许多常规大小的海浪叠加在一起。"疯狗浪"与海啸的成因完全不同。

搁浅海滩

2008年，爱尔兰海的"大河之舞"渡船遭遇了"疯狗浪"，导致船货倾斜。严重倾斜使它无法再立起，最后搁浅在海滩上。

涌潮

在沿海地区，当潮水进入狭窄的河口时，会形成猛烈的浪潮逆流而上，称为涌潮。一些涌潮是很危险的。世界上最大的涌潮发生在中国杭州附近的钱塘江口。那里的涌潮可达9米高，且有致命的危险。

雷鸣般经过

观潮者整齐地站在钱塘江岸边观看著名的钱塘江大潮。潮水如雷鸣般咆哮着，速度最高达40千米/小时。

潮汐

潮汐是由地球、月亮和太阳之间的引力作用造成的可预测的局部海平面的垂直波动。它实际上是由被称为潮流的海水的水平流动引发的。在海岸边，诸如狭窄海峡和海角类的阻碍会使潮流变得非常强大，被称为强潮流，一天内这种情况会发生2次或4次。强潮流本身已经会危害船舶，而当它们聚合、叠加，遇到水下障碍物或受强风影响时，可能造成更大的危害，如旋涡和湍流。地球、太阳和月亮呈直线排列时，被称为"大潮"的强潮汐会加重其危害。例如，苏格兰的克里夫雷肯旋涡多年来已经造成了许多船舶沉没事故。

克里夫雷肯旋涡

该旋涡位于苏格兰西海岸，是因海水一天两次通过两座岛屿间的狭窄海峡并受复杂的不寻常的海底地貌影响而形成的。当地人认为它非常凶猛、危险。

海啸

海啸是一种强有力的能量脉冲，它能以高速波浪的形式在海洋表面传播很远的距离。在开阔的海面上几乎察觉不到，在到达浅水区时海啸波浪会急剧增高，并在它们涌上岸时造成巨大的破坏。

海啸波浪
以高速移动，进入浅水区后波浪的高度增加

生成和传播

大多数海啸是由海底地震触发的。海底地震会导致部分海床之下出现断裂，导致海床沿着汇聚型板块边界的断层受挤压向上隆起。这引起海水移位，进而引发海啸。其他的海啸起因包括水下的或引发山体滑坡入海的火山爆发、大量水下沉积物的突然坍落以及大陨石撞击海洋。海啸的移动速度为500~800千米/小时，比因风而起的大波浪快得多。海啸波浪的波长更长——相邻波峰间的距离约为200千米。但在辽阔海域，海啸波浪的振幅却不足1米。事实上，"海啸（tsunami）"这个词，含义是"海港波浪"，是由日本渔民创造的，这些渔民回到海港时发现他们的海港被毁坏了，但是海面却看不到什么异常。

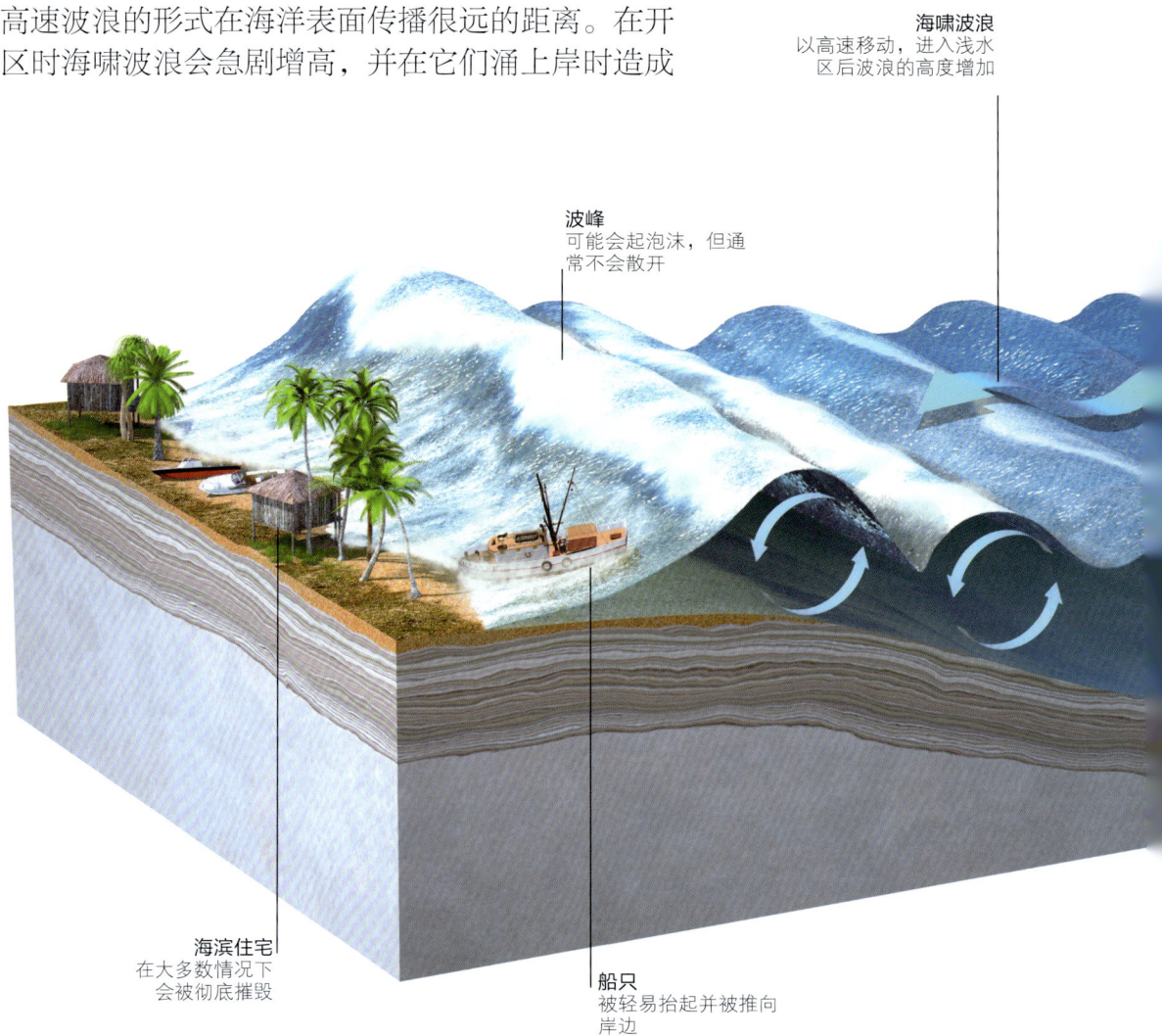

波峰
可能会起泡沫，但通常不会散开

海滨住宅
在大多数情况下会被彻底摧毁

船只
被轻易抬起并被推向岸边

到达岸边

海啸即将侵袭海岸的初始迹象各有不同，这取决于是波谷还是波峰先到达岸边。如果是波谷先到达岸边，海水会急剧地后退，而如果是波峰先到达，一个巨大波浪就会出现。当它到达浅水区时，波速降低至80千米/小时以下，但波浪的高度急剧增加，最高时可达30米。通常，波浪不会破碎而是猛烈地向前涌动。在岸上，水突然猛冲过来，在向内陆行进的同时波浪的高度快速增加。在大海啸时，波浪能举起、碾碎船只、车辆、房屋和人。在大约20分钟之后，水会强力地后退，把大量的碎片、残骸甚至人拖至海里。整个过程可能在一小时左右的时间内重复数次。

粗暴的大海
在2011年3月11日的海底地震后，巨大的海啸波浪侵袭了日本最大岛屿本州岛的东北海岸。

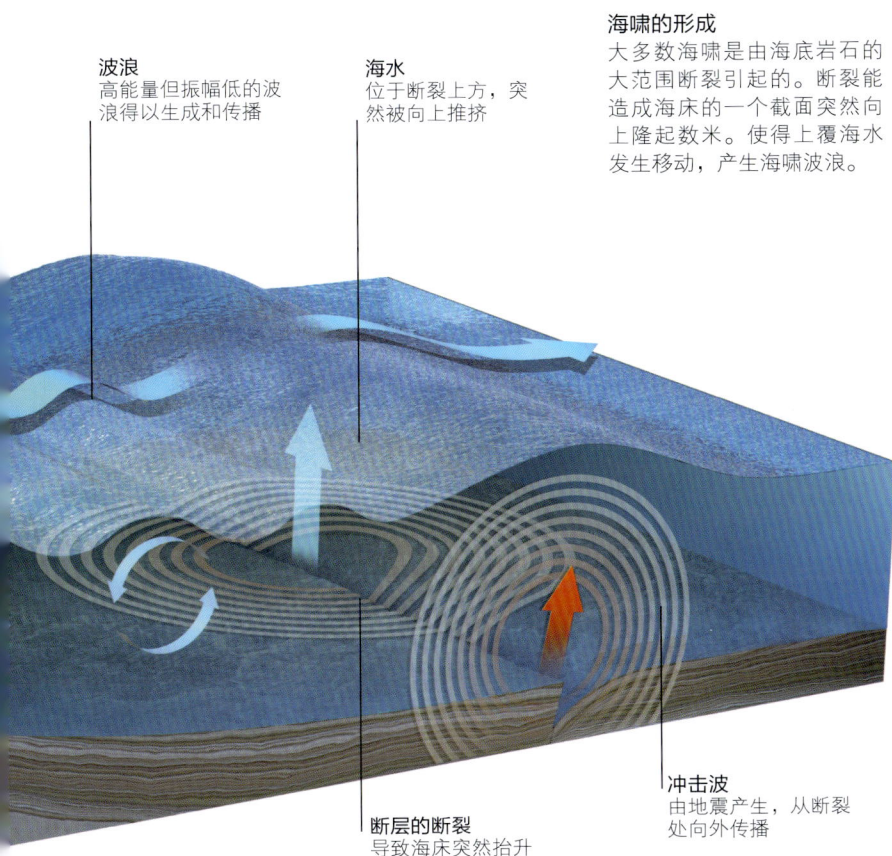

海啸的形成
大多数海啸是由海底岩石的大范围断裂引起的。断裂能造成海床的一个截面突然向上隆起数米。使得上覆海水发生移动，产生海啸波浪。

波浪
高能量但振幅低的波浪得以生成和传播

海水
位于断裂上方，突然被向上推挤

断层的断裂
导致海床突然抬升

冲击波
由地震产生，从断裂处向外传播

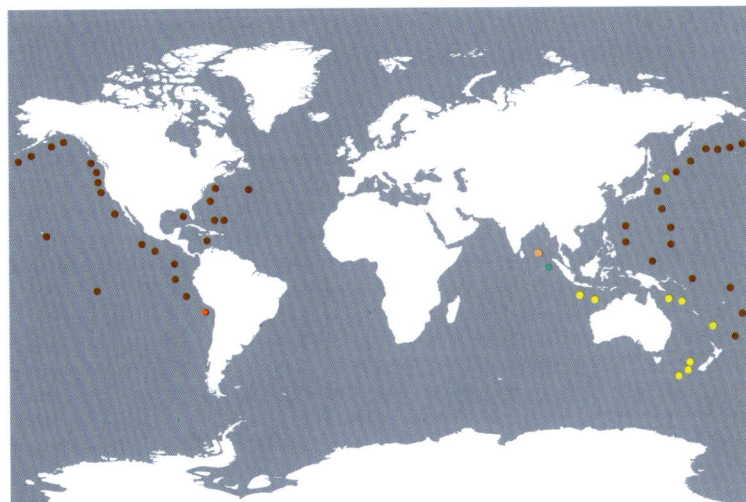

海啸预警系统

大型海啸因其造成的巨大破坏而臭名昭著。最近的惨案如2011年的日本大海啸、2004年的印度洋以及爪哇、萨摩亚和所罗门群岛等重大海啸，灾难大大提高了人们对海啸危害的认识。人们建立起预警系统以侦测海啸的特有迹象。这些系统有三个主要单元：监测可能引发海啸的地震监测站网，在外海部署的探测实际海啸的系统（见下图），以及快速传播提醒人们的警报和警告信息的系统。目前，在太平洋上有一个先进的海啸警报系统，由太平洋海啸预警中心发布警告。在大西洋和印度洋也已开始运行海啸预警系统。

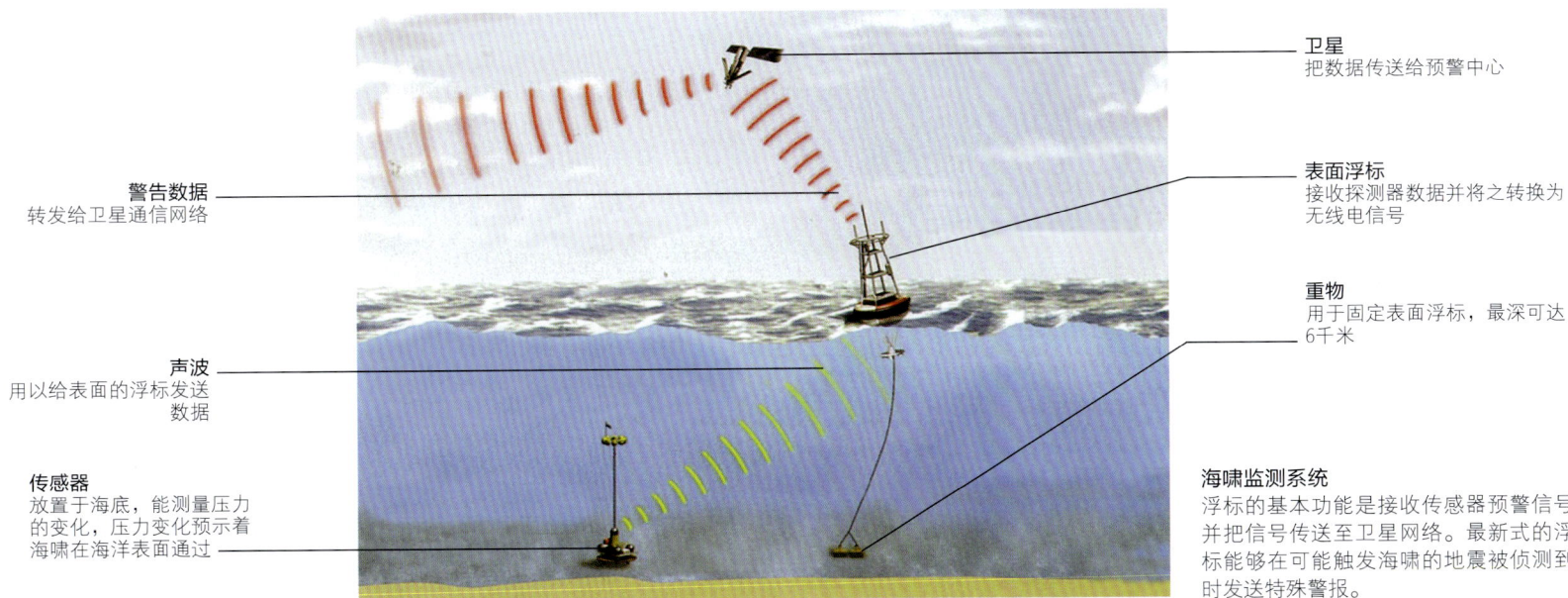

卫星 把数据传送给预警中心

表面浮标 接收探测器数据并将之转换为无线电信号

重物 用于固定表面浮标，最深可达6千米

警告数据 转发给卫星通信网络

声波 用以给表面的浮标发送数据

传感器 放置于海底，能测量压力的变化，压力变化预示着海啸在海洋表面通过

海啸监测系统 浮标的基本功能是接收传感器预警信号并把信号传送至卫星网络。最新式的浮标能够在可能触发海啸的地震被侦测到时发送特殊警报。

印度洋海啸，2004年

2004年12月，一场毁灭性的海啸造成印度洋沿岸大范围内的大量人员死亡和灾难性的毁灭。作为历史上最严重的自然灾害之一，这次海啸是由巽他海沟俯冲带的巨大断裂导致的。伴随而生的地震被列为有记录以来最大的三次地震之一。受影响最大的沿海国家和地区是印度尼西亚苏门答腊岛的西北海岸、斯里兰卡、泰国和印度的部分海岸以及马尔代夫。

2004年12月26日	
地点	印度洋，苏门答腊岛附近
类型	汇聚型板块边界上的断层断裂导致的海啸
最大波高	35米
地震震级	9.1～9.3
305276	估计死亡人数

成因

海啸是被印度−澳大利亚板块从下方挤压的欧亚板块缅甸部分的地壳突然断裂造成的。该断裂起始于苏门答腊岛西北海岸外的海床之下约30千米处，并向北延伸了1600千米。结果，两个板块相对移动了大约15米。与此同时，断裂上方的狭长海床突然向上隆起。海床的移动引发了海啸，并分别向东或向西传播。

冲向海滨
在泰国南部，海啸袭击海岸前海水后退。照片中，甲米附近的莱利海滩上，一家人正在躲避5～10米高的海浪。幸运的是这家人都在海啸中幸存。

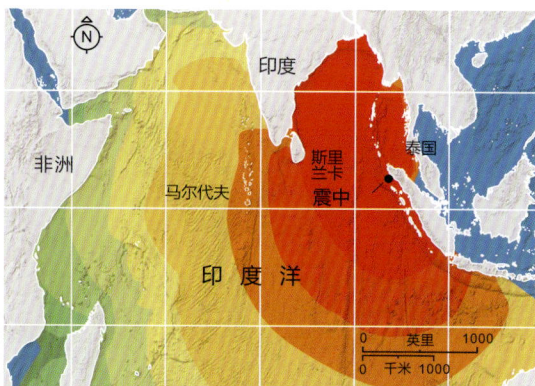

海啸波浪的传播
这张图显示了海啸波浪在印度洋上是如何从海底断裂位置开始传播的。大部分遭受严重破坏的海岸是在地震后3小时内被侵袭的。非洲的海岸在地震6个多小时之后被侵袭。

海啸前的寇立
这张泰国部分海岸线的卫星影像图拍摄于2003年1月13日，是在灾难发生前大约两年。这片2千米宽的区域是寇立附近一个半岛的一部分，它是泰国受灾最严重的地区之一。

海啸后的寇立
同一片海岸的这张照片拍摄于海啸侵袭之后三天，可以看出，大部分的植被消失或掩埋在泥土之下，建筑被损毁（左侧），海滩已无沙子。

海啸袭来

1 海岸线被淹没
苏门答腊岛的西北海岸是最先受到35米高的巨浪侵袭的地区。海浪摧毁了建筑，剥离了植被，并把几千米内的所有东西都淹没了。

2 巨大波浪席卷而来
在地震之后1小时左右侵袭海岸的波浪高5～10米，图中是马来西亚槟榔屿。海浪奔涌向前，摧毁了途中所遇到的所有障碍物。

3 内陆洪水泛滥
在印度东南部的金奈附近及其周围地区，海啸浪涛在前3个小时内就侵入了内陆深处，裹挟着它们遇到的所有东西。

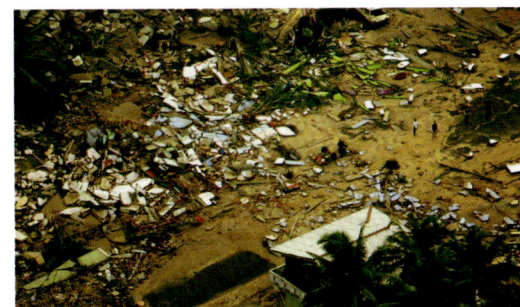

4 残骸堆积如山
被粉碎的船只、房屋及房屋内的物品、汽车、尸体和泥土被杂乱地堆砌在上万千米的海岸线上，图为斯里兰卡的加勒地区。

影响和伤亡

由于当时印度洋上没有预警系统，海啸袭击时海岸上的人们大多猝不及防。总的说来，海啸由连续的波浪构成，以30多分钟为周期重复发生。最大的海浪，袭击了苏门答腊的海滨城镇罗克那伽，其高度估计有35米。海啸造成很多人员伤亡，印度尼西亚伤亡人数最多，估计有超过235000人死亡，其次是斯里兰卡（超过35000人死亡）、印度（超过18000人死亡）和泰国（超过8000人死亡）。成千上万的沿海建筑被摧毁，环境也遭到大范围的破坏，尤其是珊瑚礁。

> **"** 人们在尖叫，孩子们到处尖叫……几分钟之后，再也听不到那些孩子的声音…… **"**
>
> **佩特拉·尼姆科娃**，捷克模特，海啸来袭时在泰国寇立

テレトラック
MIYAKO

海啸袭击日本
2011年3月11日，一股海啸浪涛
冲入日本宫古海港的港口。大量海
水淹没了3米高的海港护堤，进入街
道。图片背景中的一些船只随后不
久也被冲进街道。

日本海啸，2011年

2011年3月11日星期五，看着横扫日本主要岛屿本州岛滨海区的毁灭性海啸的报道和现场录像片段，全世界都惊呆了。不可阻挡的波涛淹没并带走了所有横亘在它面前的事物，包括船舶、房屋、汽车和人。海水流过城镇、田野、公路和机场，造成日本大面积被淹，到处混乱散落着残骸。许多人死亡或失踪，成千上万的人无家可归，大量建筑被损毁，造成的经济损失超过千亿美元。而最严重的是，福岛核电站受损，引发了人们对放射性物质大量泄漏的担忧。

2011年3月11日	
位置	日本，本州岛东北海岸
类型	汇聚型板块边界的断层断裂形成的海啸
死亡和失踪人数	约18500

3260

灾难造成的损失估计（以亿美元计）

2011海啸

本州岛东北海岸外的海床下业已存在的一个断层的一部分突然断裂造成了此次海啸。约500千米长的断裂引发了一场震级9.0级的地震，这是迄今日本发生的威力最大的地震。断裂发生时，日本板块前缘的海床向上弹起，使上覆海水移位，引发了海啸波浪。几分钟之内，这些波浪就到达了岸边，冲入了防海啸的防波堤，涌入了10千米之外的内陆。在日本的东海岸外，波浪能达到38米高，但大多数约3～12米高。在大约1小时之内，有470平方千米陆地被淹没，大量的人员死亡，大量的建筑和基础设施被损毁。

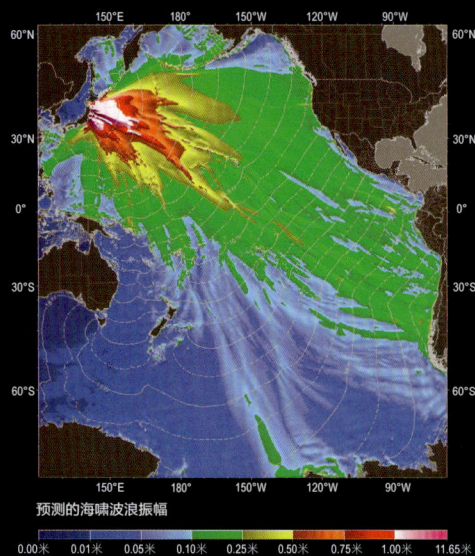

预测的海啸波浪振幅

| 0.00米 | 0.01米 | 0.05米 | 0.10米 | 0.25米 | 0.50米 | 0.75米 | 1.00米 | 11.65米 |

波浪高度预测图
这张在海啸被侦测到之后数分钟内生成的地图，预测了波浪高度在穿过太平洋时是如何衰减的。

灾难袭来

1　地震袭击本州岛
地震严重破坏了道路，图中是东京附近的浦安市。频繁的震动还导致了一座大坝倒塌和两座炼油厂起火。主震之后还发生了两次大的余震（震级分别为7.9级和7.7级）。

2　海啸汹涌
数分钟之内，巨大的海啸波浪抵达本州岛相当长的一段海岸，冲向海港、城镇以及田地、道路、铁路和沟渠，图中是宫城县岩沼市。

3　火灾、废物和垃圾
房屋及其内部的东西被粉碎或卷起，聚集在一起形成漂浮的房屋和碎片岛，然后又被倾泻在地面上。油料泄漏加上破损的电力设备引发了火灾。

预警系统

日本的地震响应设备完善，也拥有先进的海啸预警系统。在地震后3分钟之内，日本就会发布包含哪些行政区有可能遭受最强烈地震的详细警报。虽然此次警报挽救了一些人，但是由于波浪太大、抵达速度太快，这次警报总体上效果有限。

津波避難場所
Safety Zone for Tsunami

緑町町内会館
Midoricho Chonaikaikan

80m先右折
80m Right Turn Ahead

警示标志

在受海啸影响的日本海岸，这样的标志告诉人们在大地震或海啸发生时应该跑向哪里——通常是高地。

4　避难所

营救行动迅速展开，疏散人员被安置在临时避难所里，如图中所示的体育馆。但是日本政府面临着更大的挑战：30万流离失所者，受灾地区的燃料短缺和频繁的电力中断，以及幸存者的食物、水和药物的短缺。

极端天气

<< 闪电
雷暴天气中，美
大作。

什么是天气?

"天气"指的是我们每天经历的大气变化。这种变化是由太阳、空气和水引发的，它们决定今天是晴天还是雨天，是下雪还是下毛毛细雨，是刮风还是无风。我们经历的天气变化取决于我们所处的季节和地理位置。

大气的层级结构

根据温度随高度增加的变化，可以对大气进行分层。最下层是对流层，这一层中，气温随高度增加而下降，直至最寒冷的高度，即对流层顶。对流层之上是平流层，这一层的气温先是保持恒定，然后随高度增加而增加，直至平流层顶。气温增加的原因在于平流层中的臭氧吸收了部分太阳辐射，使得高处的空气被加热。再向上是中间层，该层的气温随高度增加而下降，直至中间层顶——大气最冷的部分。中间层之上是热层，这里由于太阳辐射在氧化大气中的气体如氧气（形成极光）时被吸收，88千米之上的气温随高度增加而快速增加。再往上，大气的外缘渐渐融入太空。

"天气层"

对流层是所有天气现象发生的地方。它在地球较冷的地区上空较薄，在较热的地区较厚，这意味着最高的云和最大的雨出现于温度最高的热带大气。空气的上下流动循环产生我们所见的云和晴朗的天空。上升空气温度降低，而下沉空气变热，因此"天气层"随高度上升而气温下降。它包含形成狂风、暴雨、沙尘暴、冰雹和龙卷风的天气系统，也包含这颗星球上几乎所有的大气污染物。

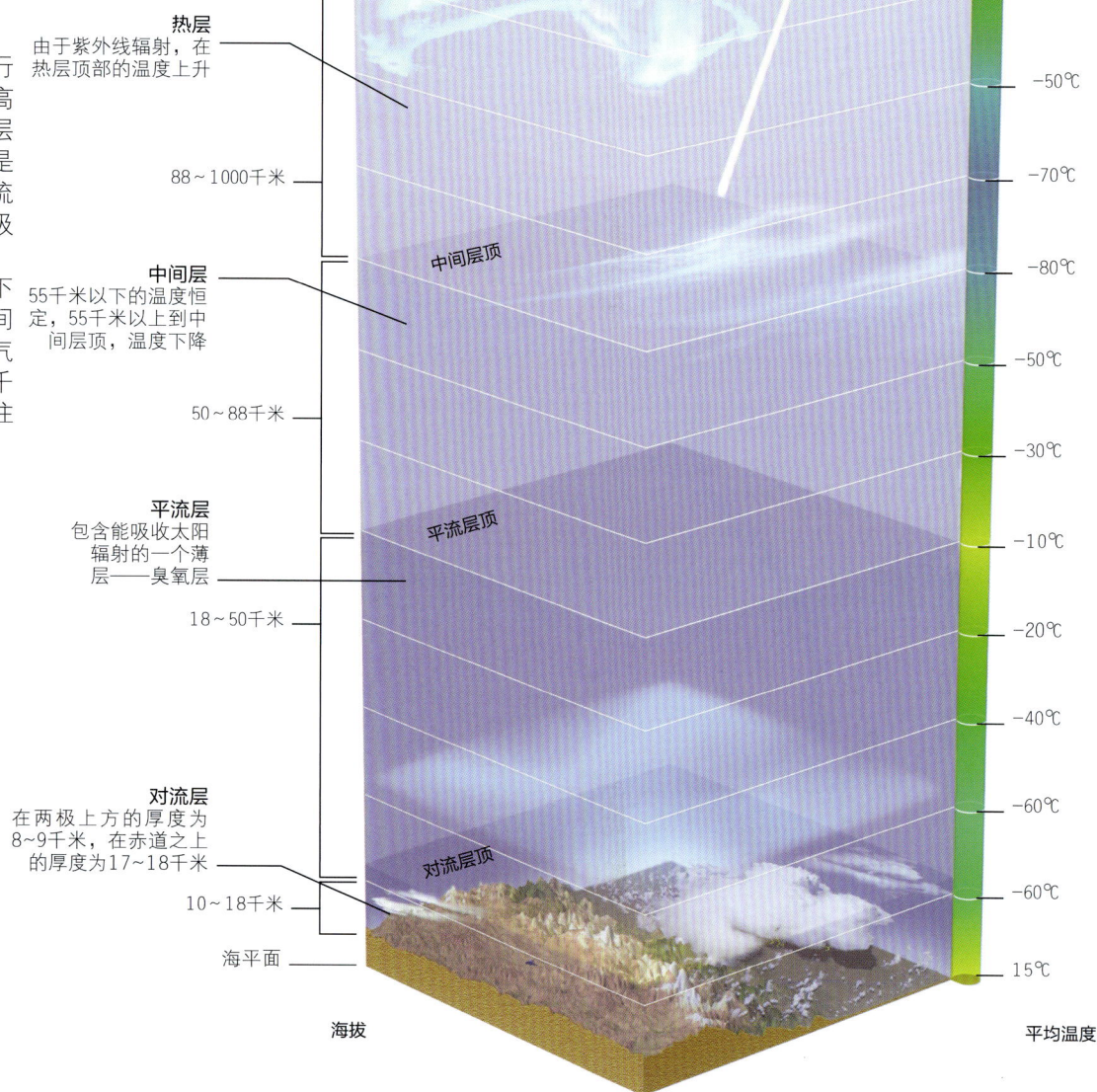

极光

热层
由于紫外线辐射，在热层顶部的温度上升

88～1000千米

中间层顶

中间层
55千米以下的温度恒定，55千米以上到中间层顶，温度下降

50～88千米

平流层顶

平流层
包含能吸收太阳辐射的一个薄层——臭氧层

18～50千米

对流层顶

对流层
在两极上方的厚度为8～9千米，在赤道之上的厚度为17～18千米

10～18千米

海平面

海拔

平均温度

60℃
-10℃
-50℃
-70℃
-80℃
-50℃
-30℃
-10℃
-20℃
-40℃
-60℃
-60℃
15℃

大气温度
在对流层中，高度越高，气温越低。在其上的平流层中，温度随高度上升；随后在中间层，温度又逐渐随高度下降；在热层，温度随高度上升。

全球气候带

天气会每天变化，但是气候则用来描述某个地区气温和降雨的长期模式。界定地球上气候的一种方法是用植被分布来反映不同的气候带。气候和植被是被德国气候学家弗拉迪米尔·柯本关联起来的。他用气温和降雨的平均值来划分气候带，并用它们来建立生物学上重要的季节变动和临界值，例如生长季节的长度及降雨的有效性。他的分类包括从热带雨林到干旱沙漠以及不存在植物的最高纬度的极区。根据距离海洋的远近，温带被进一步划分。由于海拔高度对气候的影响，山地被划分为单独的气候带。

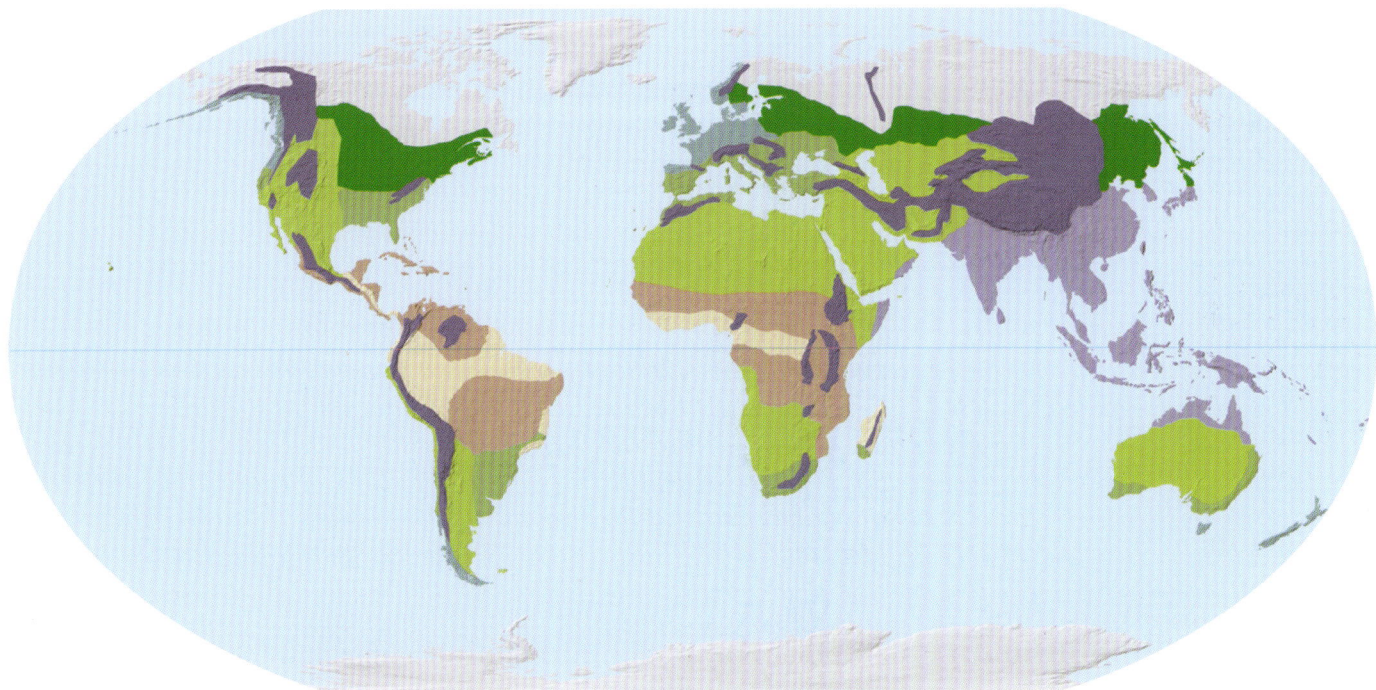

气候地图
上面的地图显示了根据包含季节变化的温度和降水命名的9种气候带。

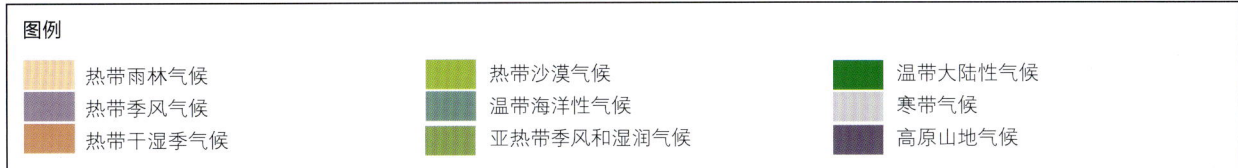

图例

热带雨林气候	热带沙漠气候	温带大陆性气候
热带季风气候	温带海洋性气候	寒带气候
热带干湿季气候	亚热带季风和湿润气候	高原山地气候

热带雨林气候
热带雨林位于赤道地区，热带辐合带的暴风雨为这里提供了充沛的降水。

热带沙漠气候
炎热的沙漠位于对流层空气下沉地区，抑制了云的形成，总有晴朗的天空。

亚热带季风和湿润气候
温带气候带通常气候温和、植被葱郁，有湿润的夏季或冬季，又或是全年湿润。

寒带气候
极地是荒芜的。这些地区有南极洲及格陵兰岛上的巨大的大陆冰川。

变化的天气

天气因为气压系统不断变化着，气压的高低会产生干燥、无风的天气条件或者多云、潮湿或多风的日子。如果气压系统是动态的，那么天气就会多变。在世界的一些地方，气压特征较稳定，天气变化较小。中纬度地区由于高压系统和低压系统的交替，天气常常多变，而世界上最热的沙漠以及亚热带海洋由于受持久的高压控制，天气变化较少。偶尔会出现剧烈的天气，如中纬度海洋的狂风或较低纬度海洋上的热带飓风。

同一个地方，不同的天气
中纬度地区以天气的多变性出名。移动的低压和高压特征可能意味着今天的法国巴黎满天阴云，而第二天就晴空万里。

全球气压

每天的天气都是高压系统和低压系统变化的结果。当大气中的大量空气下沉时，该地区就处于高压区，反之，当大量空气上升时就会形成低压区。从高压区流向低压区的空气流动就是我们感觉到的风。高压和低压形成天气系统，伴随着多种多样的风，在全球流动。

全球气压

大气压力是一项非常重要的天气指标，因为当它在世界各地被同时记录下来绘制成图时，它就定义了全球哪里会产生高压，哪里会产生低压。气压值取决于单位面积上气压计上方至大气上边缘之间的空气总重量。空气重量大意味着高气压，重量小意味着低气压。因此，980毫巴［用单位面积上所受水银柱压力大小来表示气压高低的单位，1毫巴（mbar）

等于100帕（Pa）］的平均海平面气压意味着在每平方米海平面之上有10吨的空气，同理，1020毫巴就意味着每平方米海平面之上有10.4吨的空气。天气系统的移动可以通过分析一系列的气压图来进行监控，这些气压图显示了海平面的平均气压。气压图展示了许多天气系统，我们可以对其加以解读并用于天气预报。

12月至次年2月

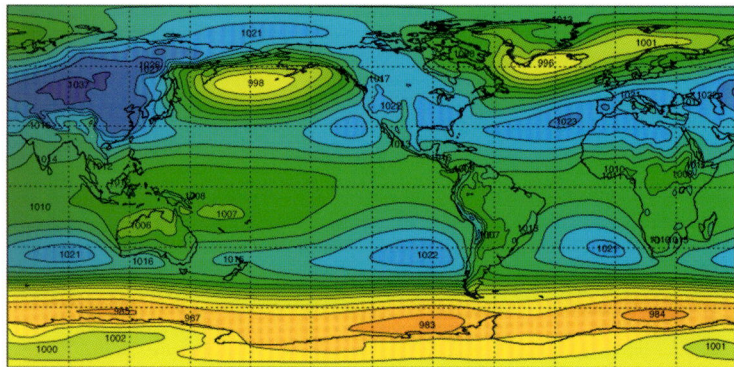

6月至8月

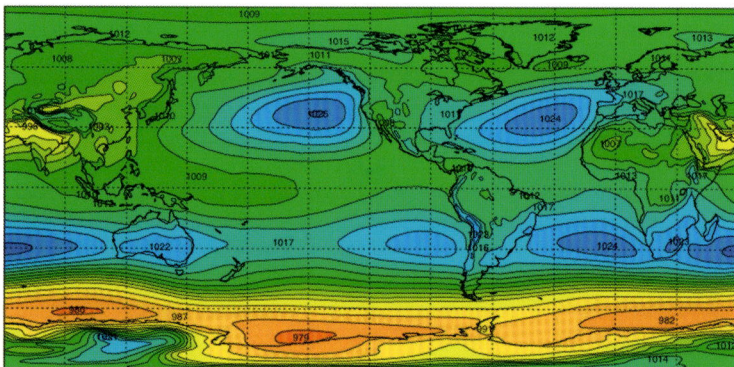

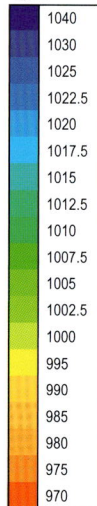

全球气压图
气压中心的强度和位置跟随季节而变。北半球的冬季（平均12月至次年2月）在强烈的低压（气旋或低压区）作用下经历着潮湿、多风的天气——在地图中冰岛和阿留申群岛附近以黄色显示。在南半球大陆，高压（反气旋）处于

支配地位。相反地，北半球的夏季（平均6月至8月）的低压和风弱得多，而南半球则有横跨南大洋的更强烈的低气压和控制大陆的高气压。

大气环流

在地球表面，风从高压地带向外盘旋而出，朝低压中心运动，这种千百万吨的空气流动连接了高压和低压区。旋涡状流入低压地带的空气被迫上升，常形成广泛的云层和降水。从高压地带向外流动的空气由从高处下沉的空气不断补充，这意味着形成高压所必需的空气上升被抑制。因此，高压区易被干旱天气主导——尽管有时也有许多低空云层。在更高处，空气在低压区上空发散，在高压区上空汇聚，维系着环流模式。

低压系统
低压系统（气旋或低气压）通常是移动的，它中心处的气压最低。低压系统通常比高压系统更密实，拥有的空气质量更小。在低空内旋的空气上升，产生一般的云和降水，而低压系统周围巨大的压力梯度能产生非常强烈的大风。飓风和中纬度气旋是产生这类天气的低压系统的典型代表。

高压和低压
对于高压和低压来说，并没有一个固定值来加以区分，每一天的高压值和低压值都可能是不同的。高压和低压是根据某一天的最高气压和最低气压来确定的。在某一天，1010毫巴的中心气压可以被称为高压，在另一天，同样1010毫巴的中心气压则可能被称为低压。

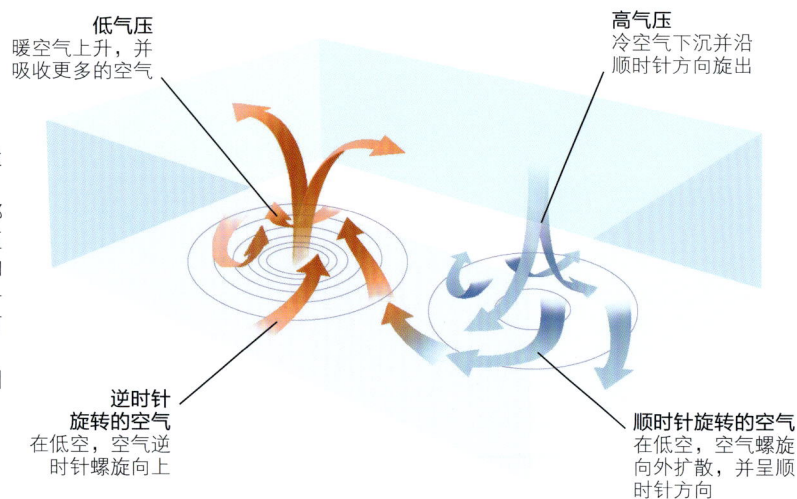

低气压
暖空气上升，并吸收更多的空气

高气压
冷空气下沉并沿顺时针方向旋出

逆时针旋转的空气
在低空，空气逆时针螺旋向上

顺时针旋转的空气
在低空，空气螺旋向外扩散，并呈顺时针方向

全球环流圈

对流层中全球的风力数据的平均值显示了南、北半球大气环流是如何划分为不同的环流圈的。最大的环流圈是哈得来环流圈，地表信风吹向热带辐合带（ITCZ）的东西向雷暴线。此处，空气上升到很高的高度，在高空向高纬度地区流动，并在亚热带纬度上方沉降。在地表，沉降的空气分为两支，一支以信风的形式吹向赤道，一支以温暖、湿润的空气流向中纬度地区，即费雷尔环流圈支配的地方。这里，空气在锋带上升，在高空向亚热带和极地散开。极地环流圈是最小的环流圈，包括在最高纬度地区的下沉运动和向中纬度地区的地表空气流动。

循环的环流圈
各个环流圈内的空气环流长距离地运输着大气中的空气和水分。在地表低压带环流圈内空气相遇的地方，上升的湿润空气形成云和降水。在地表空气从高压带流出的地方，下沉空气的晴朗天空之下是极度干旱的地区。

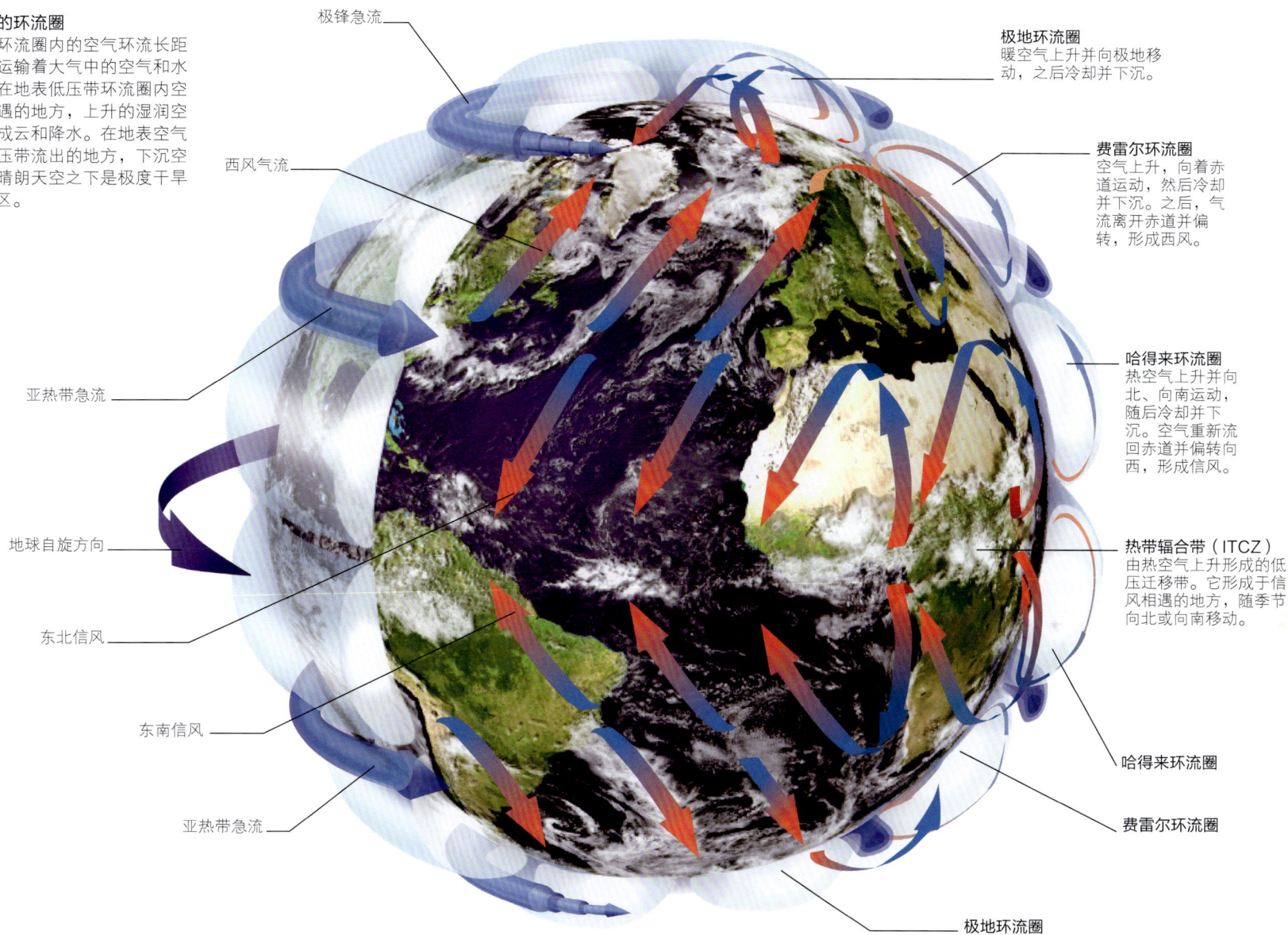

极锋急流

西风气流

亚热带急流

地球自旋方向

东北信风

东南信风

亚热带急流

极地环流圈
暖空气上升并向极地移动，之后冷却并下沉。

费雷尔环流圈
空气上升，向着赤道运动，然后冷却并下沉。之后，气流离开赤道并偏转，形成西风。

哈得来环流圈
热空气上升并向北、向南运动，随后冷却并下沉。空气重新流回赤道并偏转向西，形成信风。

热带辐合带（ITCZ）
由热空气上升形成的低压迁移带。它形成于信风相遇的地方，随季节向北或向南移动。

哈得来环流圈

费雷尔环流圈

极地环流圈

气团

在某片大陆或海洋上方的持续高压会产生螺旋式移动的气团，影响到遥远的地区。气团是拥有共同的温度和湿度属性的范围广阔的空气团。在美国的夏季，跨越美国西南部和墨西哥的高温、干燥的热带大陆气团对高地平原区强烈风暴的发展具有决定性的作用。美国气候还受来自加拿大的寒冷干燥的极地大陆气团、来自中纬度海洋的极地海洋气团以及来自低纬度海洋的热带海洋气团的影响。

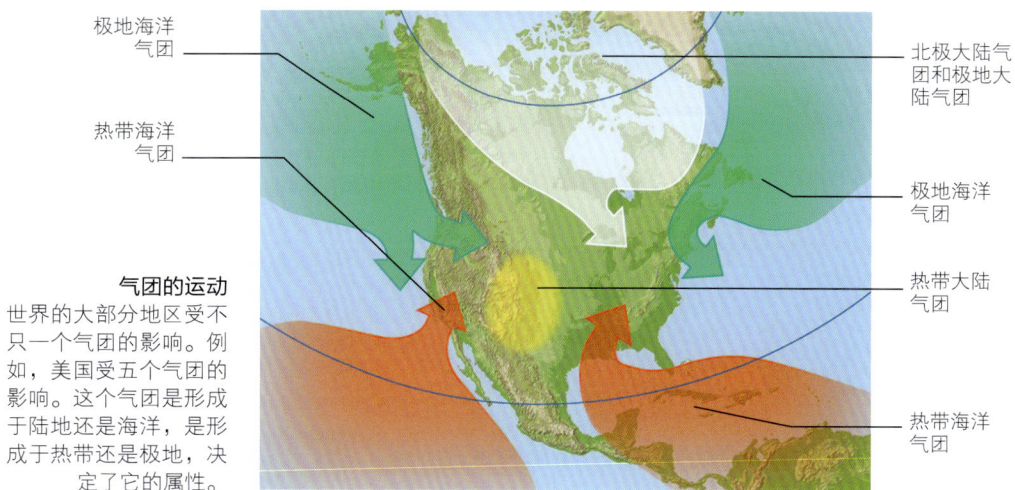

极地海洋气团

热带海洋气团

北极大陆气团和极地大陆气团

极地海洋气团

热带大陆气团

热带海洋气团

气团的运动
世界的大部分地区受不只一个气团的影响。例如，美国受五个气团的影响。这个气团是形成于陆地还是海洋，是形成于热带还是极地，决定了它的属性。

世界各地的风

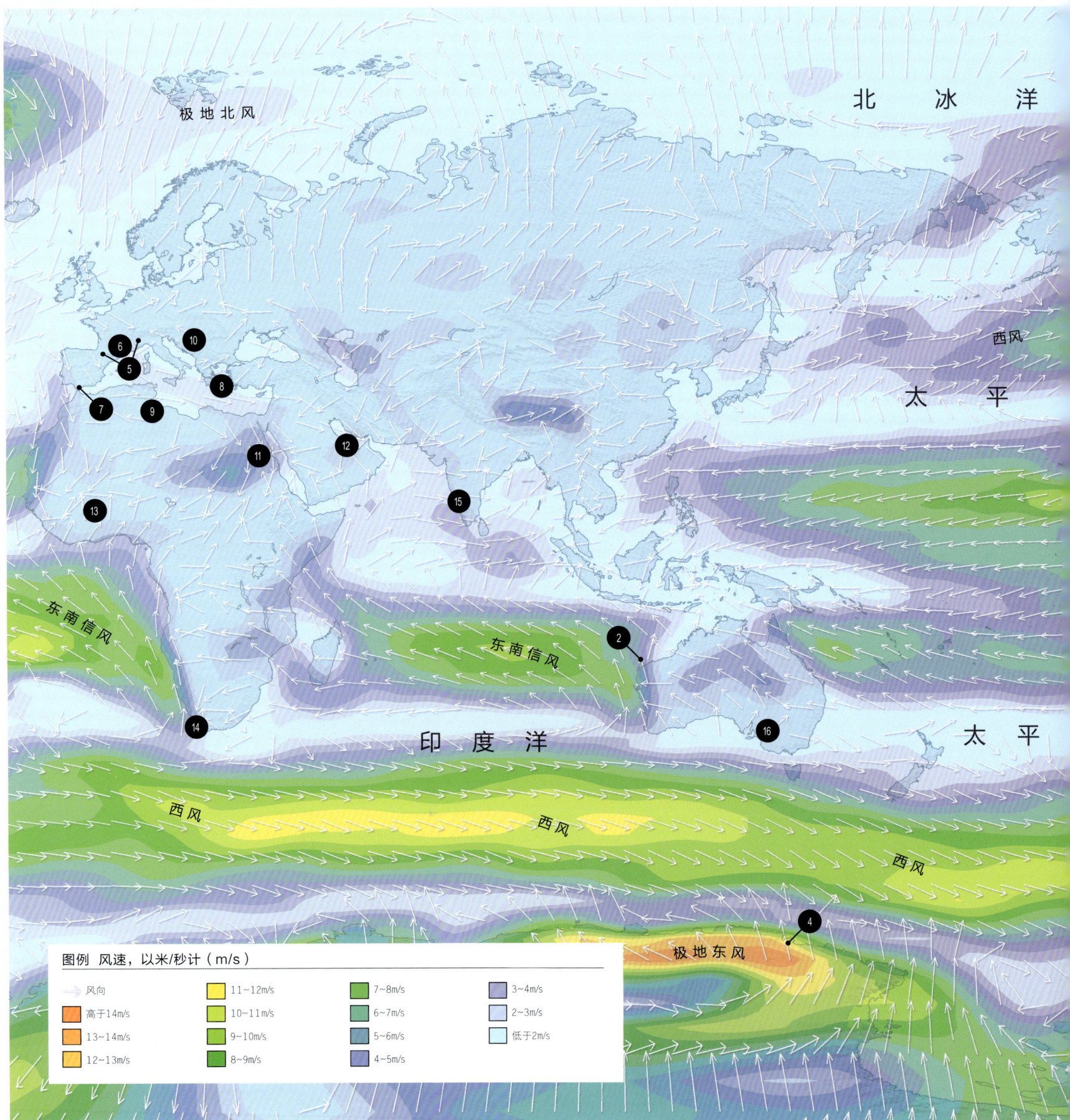

北冰洋

极地北风

西风

太平

印度洋

太平

东南信风

东南信风

西风

西风

西风

极地东风

图例 风速，以米/秒计（m/s）

→ 风向

高于14m/s

13~14m/s

12~13m/s

11~12m/s

10~11m/s

9~10m/s

8~9m/s

7~8m/s

6~7m/s

5~6m/s

4~5m/s

3~4m/s

2~3m/s

低于2m/s

风在世界各地把空气从高压地区带到低压地区。沿着中纬度海洋和信风带的强烈温带气旋的轨迹能找到世界上最多风的地区。在个别天气系统中，巨大的气压差生成大风；而一些区域风仅发生于特定的季节。

有记录的最高风速

人们记录的最高风速位于龙卷风的"漏斗"内，除此以外，在山脉周围以及南极洲海岸沿线的风也非常强烈。最高风速通常见于短期突发的风或阵风。

❶ 漏斗状龙卷风

地区	美国
风速	486千米/小时
时间	1999年5月3日

❷ 巴罗岛

地区	澳大利亚
风速	408千米/小时
时间	1996年4月10日

❸ 华盛顿山

地区	美国新罕布什尔州
风速	372千米/小时
时间	1934年4月12日

❹ 联邦湾

地区	南极洲
风速	322千米/小时
时间	常有

季风

地方性风在一年的特定时间影响大陆的某些区域。显著的区域风是由许多因素共同形成的，地形能"挤压"风穿过山谷，地表受热不均形成的气压差也会影响区域风的流动。

❺ 屈拉蒙塔那风

地区	比利牛斯山或阿尔卑斯山到地中海
类型	干、冷
时间	冬季

❻ 密史脱拉风

地区	法国南部
类型	干、冷、北风
时间	主要是冬季和春季

❼ 累范特风

地区	直布罗陀海峡
类型	强烈东风
时间	冬季最多

❽ 美尔丹风

地区	爱琴海
类型	强烈、干燥、北风
时间	5月—9月

❾ 热风

地区	北非和地中海
类型	南风，热、干、多沙尘
时间	主要在春季和秋季

❿ 布拉风

地区	东欧到意大利
类型	东北冷风
时间	主要在冬季

⓫ 喀新风

地区	北非和阿拉伯半岛
类型	热、干、多沙尘、南风
时间	2月—6月

⓬ 夏马风

地区	波斯湾
类型	干燥、西北风
时间	主要在春季和秋季

⓭ 哈麦丹风

地区	西非
类型	干燥、多沙、北风
时间	11月至次年3月

⓮ 道格特角风

地区	南非海岸
类型	干燥、东南风
时间	春季到夏末

⓯ 艾莱风

地区	印度马拉巴尔海岸
类型	强烈的南风或东南风
时间	9月—10月

⓰ 布立克菲德风（砖厂风）

地区	澳大利亚南部
类型	热、干燥、北风
时间	夏季

⓱ 切努克风

地区	北美洲
类型	温暖、干燥、西风
时间	主要在冬季

⓲ 圣塔安娜风

地区	美国加利福尼亚州
类型	干燥、离岸风
时间	深秋和冬季

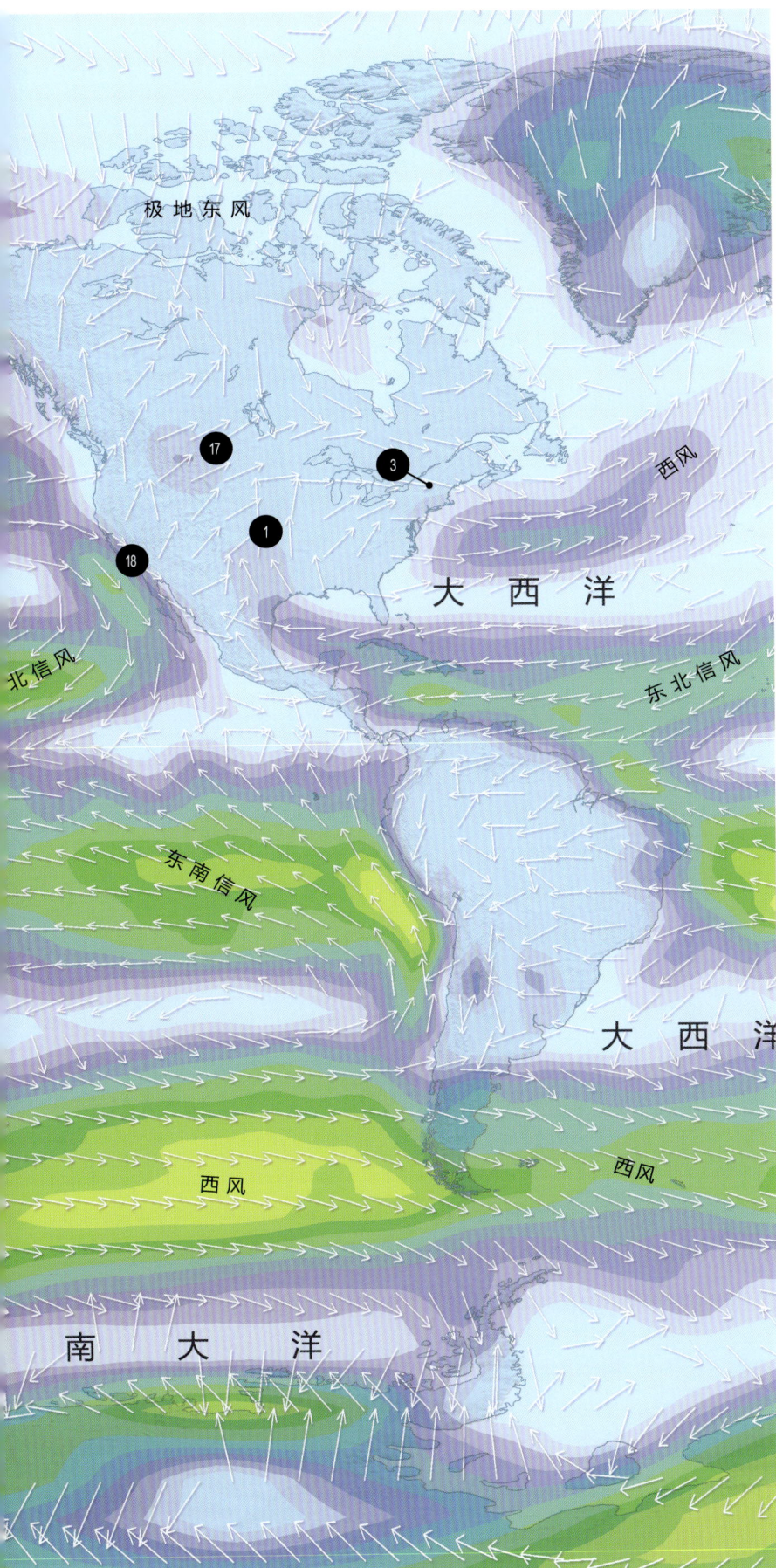

经向罗斯贝波

有时气流是波动的或"经向的"，伴随着冷空气流向低纬度，同时暖空气流向高纬度地区。

截止罗斯贝波

当罗斯贝波深入低纬度地区时，它们能够引发旋转的冷"截止"循环，给亚热带带来阵雨。

亚热带急流

亚热带急流是对流层上部的一个全年性的特征，其所在纬度比"极锋"急流低。在本图中，它表现为横跨红海的狭窄条带高云。

锋面天气

挪威气象学家在20世纪早期提出了锋面天气的概念，认为它是不同来源的空气之间的"战场"。除了一些修改，该概念经受住了时间的考验。锋面是天气分析和预报的重要特征，因为它们象征着大规模且通常较厚的云层和降水的出现。这就是说，一个典型的云层序列，结合诸如风向的渐变等其他量度，能够预示一个暖锋的靠近。冬季大风暴通常与暖锋的存在相关，因为暖锋能形成强降雪和激起暴风雪的大风。冷锋将气团隔离，导致气温的大幅下降。有时，它们在热带出现，此时它们进入较低纬度并给冬季干旱的地区带来降雨。它们也可能在这些地区引发沙尘暴。

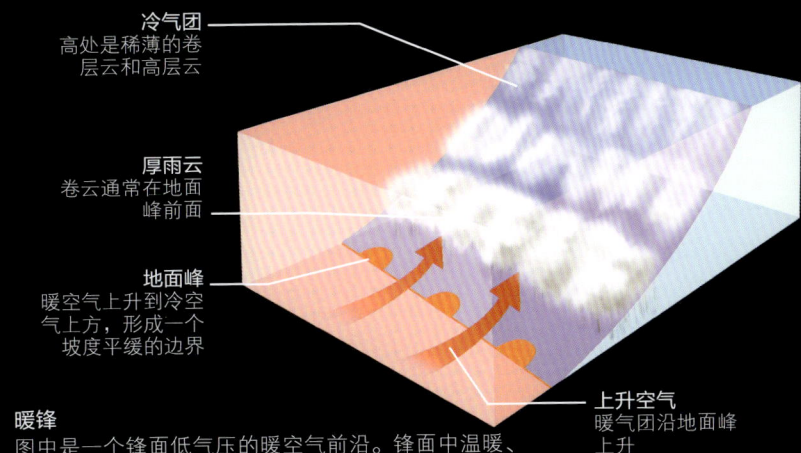

冷气团
高处是稀薄的卷层云和高层云

厚雨云
卷云通常在地面峰前面

地面峰
暖空气上升到冷空气上方，形成一个坡度平缓的边界

上升空气
暖气团沿地面峰上升

暖锋
图中是一个锋面低气压的暖空气前沿。锋面中温暖、潮湿的空气通常在锋前形成大面积的云和雨。

靠近的暖锋
暖锋的一个典型前兆是有冰晶亮泽的卷云——"马尾"云的逐渐形成。低空积云有时在靠近的暖锋前方出现。

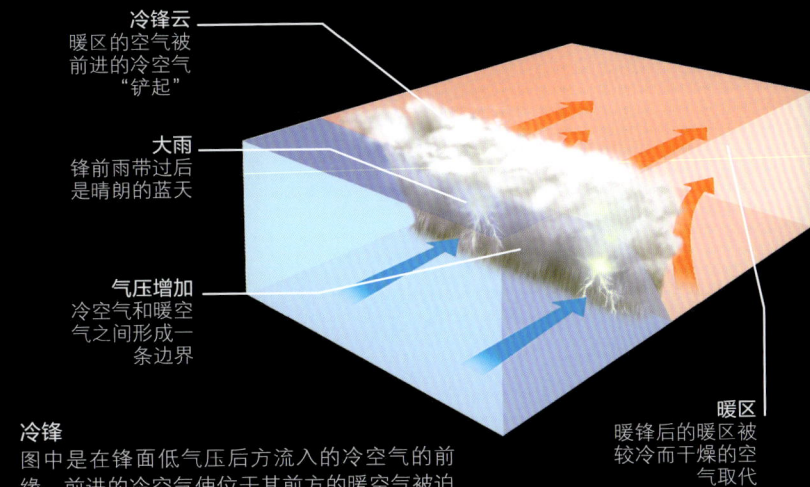

冷锋云
暖区的空气被前进的冷空气"铲起"

大雨
锋前雨带过后是晴朗的蓝天

气压增加
冷空气和暖空气之间形成一条边界

暖区
暖锋后的暖区被较冷而干燥的空气取代

冷锋
图中是在锋面低气压后方流入的冷空气的前缘。前进的冷空气使位于其前方的暖空气被迫抬升，形成云和雨。

冷锋和阵雨
在冷锋后方，寒冷的空气可能从低处变得温暖，进而形成积云，其中一些会带来阵雨。在冬季的海上和春季的陆地会发生这类情形。

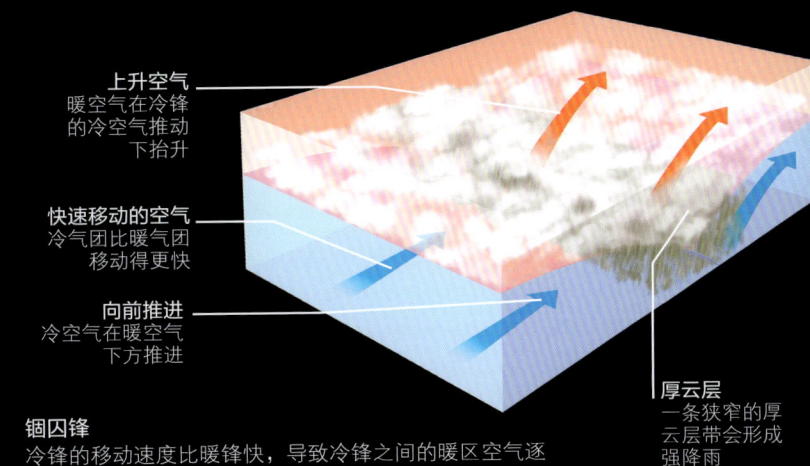

上升空气
暖空气在冷锋的冷空气推动下抬升

快速移动的空气
冷气团比暖气团移动得更快

向前推进
冷空气在暖空气下方推进

厚云层
一条狭窄的厚云层带会形成强降雨

锢囚锋
冷锋的移动速度比暖锋快，导致冷锋之间的暖区空气逐渐被抬升至高空。这被称为锢囚锋，一般会形成一条狭窄的雨带。

锢囚锋内的雨和雪
锢囚锋有一个相对狭窄的低层云带，该云带会形成降雨、降雪等降水。锢囚锋过境没有明显的气温变化。

降水

从地球大气落下的水和冰被称为降水。地球上的一些地方享受着适量的降水，而有些地方是降水稀少的持续干旱灾害区。过量降水则会导致洪灾。

雨和雪

降水最常见的形式是雨和雪。既有长时间、覆盖大面积区域的降雨和降雪，如热带气旋和中纬度气旋产生的降水；也有短时间、局部的强烈降雨和降雪，如与雷暴天气有关的降水。尽管世界上大部分地区的降水不具有威胁性，但一些包含降雨或降雪的极端天气模式仍可能导致严重问题。中纬度锋面低气压过境会引发大范围的洪水泛滥，非常厚的热带积雨云会产生最强烈的降水。在中纬度地区，最大的雨来自拥有充足而持久的热带海洋性潮湿空气补给的锋面低压。另一方面，富含水汽的相对温和的气流补给的中纬度锋面低压通常与大雪相关。冷空气则缺乏形成大雪所需的足够多的水汽。

全球降水
这张图展示了全球降水水平。大的降水集中在热带。

极地地区
和沙漠一样，这些干旱地区的降水很少。

热带辐合带
湿空气在这里汇聚，中纬度低压形成最多雨的天气。

智利
伊基克城一个世纪下的大雨不到5次。它附近的阿塔卡马沙漠是世界上最干旱的地方之一。

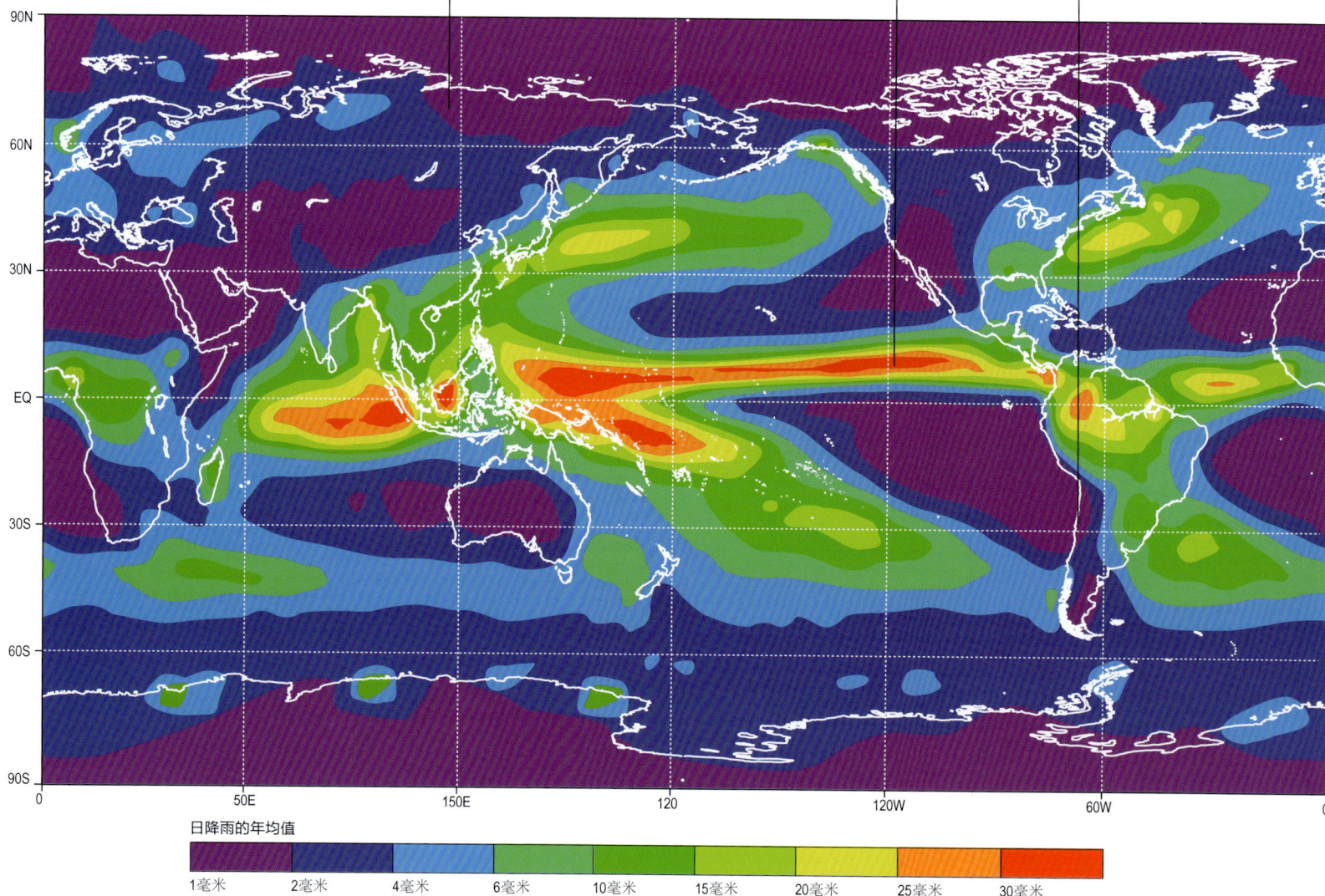

日降雨的年均值
1毫米 2毫米 4毫米 6毫米 10毫米 15毫米 20毫米 25毫米 30毫米

水循环

水循环是一个真正的全球现象。降水是水循环的一部分，降水量和类型取决于水循环过程中不同地点的情况。例如，蒸发过程取决于海水温度、土壤和植被的含水量。因此，更温暖的水体和饱和土壤很有可能形成更多的降水。同理，更猛烈的风可能引起更多的蒸发，蒸发的水汽会凝结成云，有可能形成更大的降水。接下来，蒸发形成的一些云会在陆地上方产生降水，一些则会在海洋上方形成降水。当雨在陆地降落后，部分会再次蒸发，部分会渗入地下，使土壤湿度增大，并最终补给河流。降雪形式的降水能持续整个冬季甚至更长的时间，当春季融雪时，汇入河流。

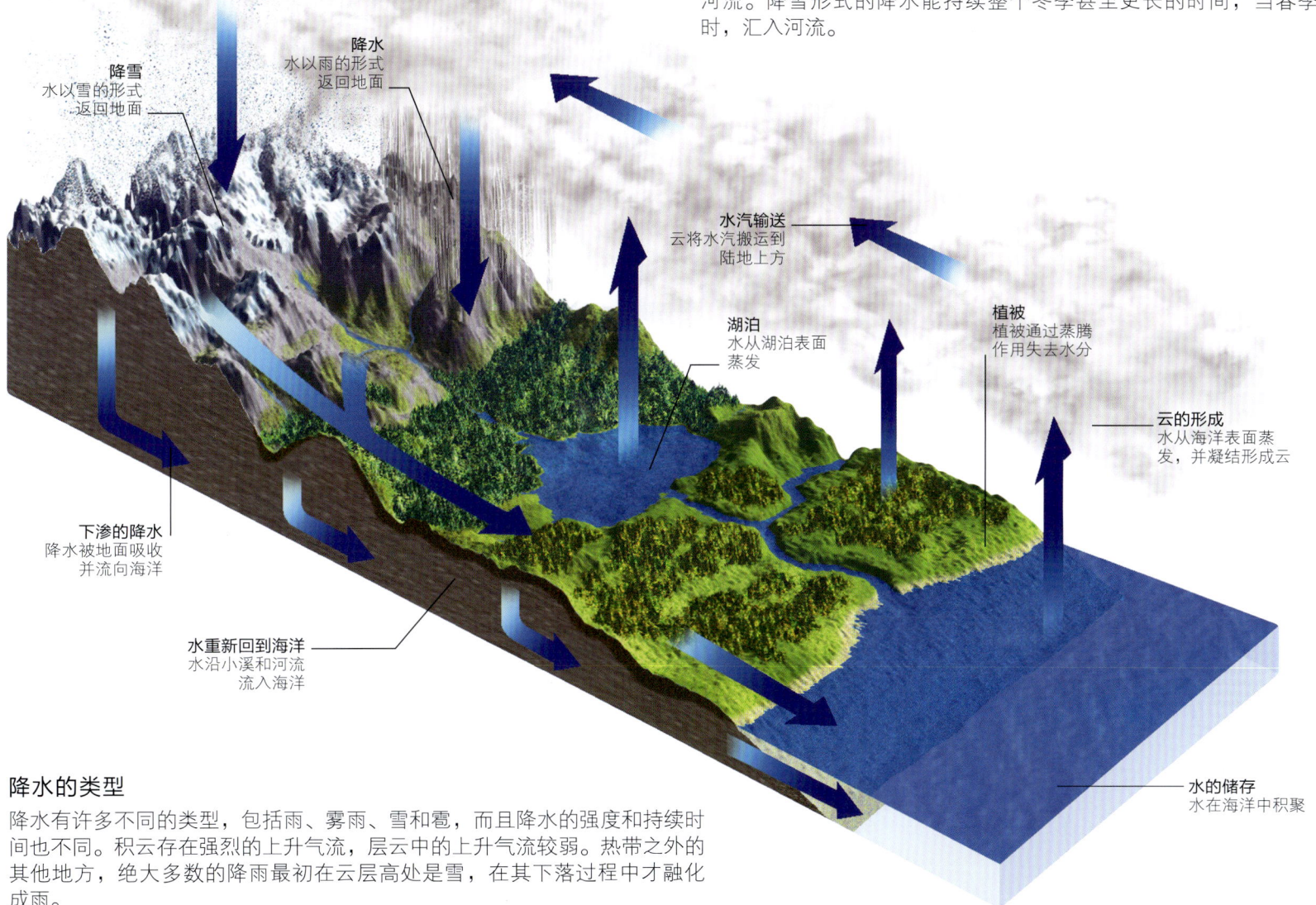

降雪
水以雪的形式
返回地面

降水
水以雨的形式
返回地面

水汽输送
云将水汽搬运到
陆地上方

湖泊
水从湖泊表面
蒸发

植被
植被通过蒸腾
作用失去水分

云的形成
水从海洋表面蒸
发，并凝结形成云

下渗的降水
降水被地面吸收
并流向海洋

水重新回到海洋
水沿小溪和河流
流入海洋

水的储存
水在海洋中积聚

降水的类型

降水有许多不同的类型，包括雨、雾雨、雪和雹，而且降水的强度和持续时间也不同。积云存在强烈的上升气流，层云中的上升气流较弱。热带之外的其他地方，绝大多数的降雨最初在云层高处是雪，在其下落过程中才融化成雨。

雾雨
水滴直径在0.5毫米左右，从浅层云中下落。雾雨基本没有危险性，除非它们作为过冷水滴到达地表，在撞击地面时结冰，造成地面过滑。

雨
这种形式的降雨的水滴直径一般是0.5～0.6毫米。高空积雨云或非常厚的层云会形成暴雨。最强烈的降雨来自热带的雷云。

冻雨
当液滴过冷时，会出现这种危险的降水形式。一旦接触任意表面，如公路或人行道，水滴就会冻结，引发危险状况，尤其是对于汽车司机和行人来说。

雪
当云中的薄冰晶结合在一起变成雪花时形成降雪。厚积雪和吹雪都是非常危险的，会导致严重、持久的破坏。锋面低气压是大范围降雪最常见的来源。

乳状云

这些下垂的球形云通常形成于砧状积雨云的下部，一般预示着雷雨天气。它们形成于比周围空气温度低的、水分饱和的下沉空气之中。图中，乳状云的特殊形状被低垂天空的太阳照亮，引人注目。

厄尔尼诺和拉尼娜现象

正常天气模式的改变，如厄尔尼诺和拉尼娜现象，带来了一些广泛和极端的天气现象，包括反常的海水温度、洋流的变化以及气压系统的变化。这些现象是一个被称为厄尔尼诺-南方涛动（ENSO）的复杂的全球天气模式的组成部分。

厄尔尼诺

西班牙语词汇"El Niño"（厄尔尼诺）起源于秘鲁。在秘鲁，年末正常的秘鲁洋流的寒冷海水被温暖的海水取代数周。因为这种现象发生在圣诞节前后，当地人称其为厄尔尼诺，意为"小男孩"或"上帝之子"。但是，赤道太平洋在2到7年之间的不定时期里常经历一个更广泛地增温，这种显著的大范围事件也被称为厄尔尼诺。它会影响季节性天气模式，影响地域超出热带地区。这些季节的异常现象既包括干旱增强，也包括更湿润、多暴风雨的天气异常情况。厄尔尼诺的起因与一种被称为南方涛动的振荡效应有关，它造成了太平洋东南部和印度尼西亚之间的海平面气压差，前者气压高，后者低。二者之间的气压梯度驱动着信风。当气压差减小时，信风变弱甚至反向变为西风，沿部分赤道流动。这使温暖的海水向东横穿太平洋流动。

上升的海平面
这张卫星影像图显示了1998年7月11日厄尔尼诺事件期间的海洋表面高度。由于表面受热会膨胀，所以海平面高度是反映海水温度的一个指标。赤道上的红白条表示海平面比正常值高出8厘米，标志着厄尔尼诺正在迁移温暖的海水。

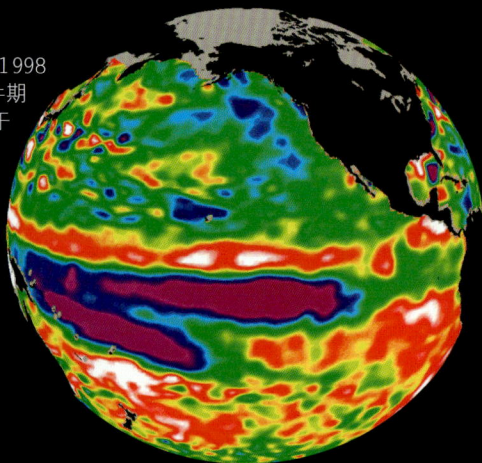

正常模式
在正常年份，信风从高气压区穿过东南太平洋吹向印度尼西亚上方的低气压区。东南信风驱动着赤道洋流，使印度尼西亚周围的海水非常温暖，引发频繁的阵雨。在东边，南美赤道上空的气候则比较干燥。

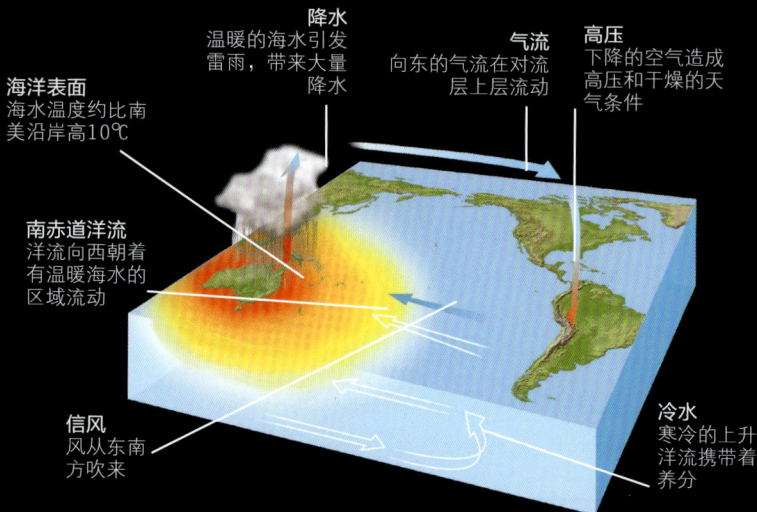

创纪录的夏威夷海浪
当厄尔尼诺现象发生时，太平洋风暴会变得更加猛烈、更加频繁。美国夏威夷的瓦胡岛出现过高10米的巨大海浪。

森林火灾
由于厄尔尼诺期间大气环流的下沉和干燥运动的增加，婆罗洲和亚马孙盆地等地区更易遭受森林火灾。这张照片展示的是1998年厄尔尼诺期间一场大火正在亚马孙雨林肆虐。

降水 温暖的海水引发雷雨，带来大量降水
气流 向东的气流在对流层上层流动
高压 下降的空气造成高压和干燥的天气条件
海洋表面 海水温度约比南美沿岸高10℃
南赤道洋流 洋流向西朝着有温暖海水的区域流动
信风 风从东南方吹来
冷水 寒冷的上升洋流携带着养分

厄尔尼诺模式
东南太平洋和印度尼西亚之间的正常气压差减小以及相应信风减弱是厄尔尼诺现象的开端。这导致温暖海水慢慢地沿赤道迁入东部，远至南美。异乎寻常的温暖海水引发了不合时令的阵雨，造成严重洪涝。

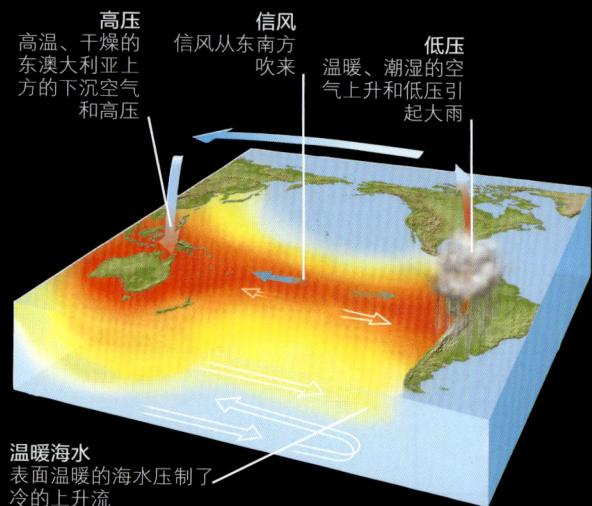

高压 高温、干燥的东澳大利亚上方的下沉空气和高压
信风 信风从东南方吹来
低压 温暖、潮湿的空气上升和低压引起大雨
温暖海水 表面温暖的海水压制了冷的上升流

北大西洋涛动

一种大规模的气压振荡——北大西洋涛动（NAO）影响着北半球的冬季天气。与此相关的两个主要气压中心是冰岛低压和亚速尔高压，二者之间常刮的西南风把温暖的空气带到欧洲。二者之间的气压差大意味着风也强烈，气压差小则风变弱。一年又一年或长时间的这种气压差的变化影响着欧洲大部分地区的冬季特性。气象学家使用亚速尔群岛和冰岛之间的月平均气压差来研究这种现象，将它与欧洲冬季天气系统的强度和范围联系起来。

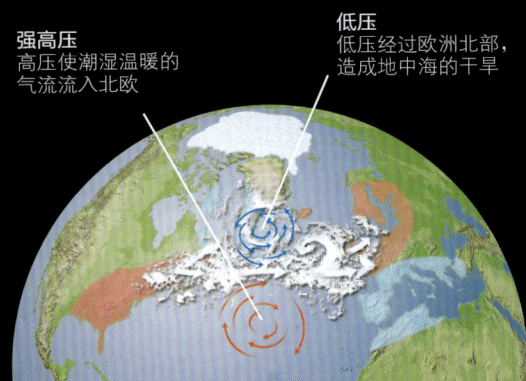

强高压
高压使潮湿温暖的气流流入北欧

低压
低压经过欧洲北部，造成地中海的干旱

正NAO
被称为正NAO（正北大西洋涛动）的巨大的气压差使得北欧的冬天通常温暖、潮湿或多雪，而地中海上空则主要处于干燥、缺水状态。与此同时，给美国东南部带来更温暖和更潮湿的冬季。

拉尼娜

拉尼娜现象（西班牙语意为"小女孩"）和厄尔尼诺的发生频率相似，方向相反。同厄尔尼诺一样，拉尼娜会引发极端天气现象。例如，人们相信一次拉尼娜现象可能为2011年侵袭澳大利亚昆士兰的气旋"雅思"的发展提供了有利条件。拉尼娜现象还与穿过太平洋和北美洲的冬季急流的变化有关。通常，拉尼娜现象会造成太平洋西北部更加多雨，美国南部更加温暖、干燥。

海岸侵蚀
拉尼娜现象期间的急流的一个南方支流把锋面低压推向美国西北部，击打着太平洋海岸。这导致显著的海岸侵蚀，如这张照片中美国华盛顿州奥林匹克国家公园中的海岸。

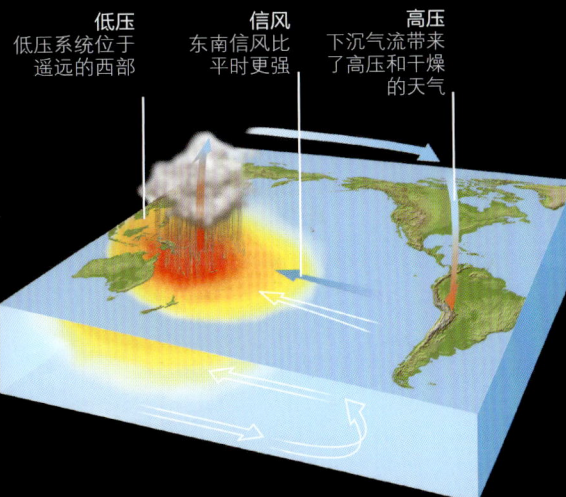

弱低压
一个较弱的低气压中心使美国东部变得更凉爽

弱高压
欧洲北部的冬季更加寒冷干燥而南部则温暖潮湿

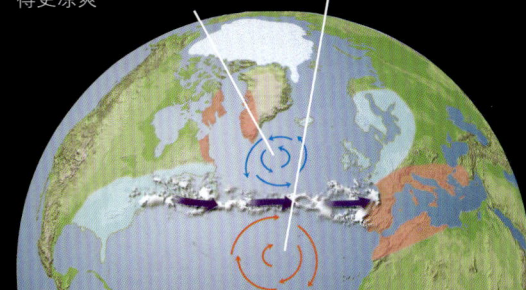

负NAO
气压值上的小差别与欧洲冬季天气的完全不同的模式有关。在这种季节，北欧主要是寒冷、干燥的天气，地中海地区的天气受到的扰动更大。美国东部往往更加寒冷。

低压
低压系统位于遥远的西部

信风
东南信风比平时更强

高压
下沉气流带来了高压和干燥的天气

拉尼娜模式
拉尼娜与厄尔尼诺相反，发生于信风比平时更加猛烈之时，这种信风加强了南美赤道沿岸深部寒冷海水的上涌，并把海水向西输送。温暖海水和多雨的天气因此被限制在西太平洋。

昆士兰洪灾，2010年

2010年12月是澳大利亚昆士兰有史以来最湿润的一个月。气旋"塔莎"带来的大暴雨和拉尼娜现象造成的气象事件引发的降水灌满了布里斯班河以及其他流域。布里斯班以北约483千米的罗克汉普顿镇的降雨量超过400毫米，大大高出当地12月平均降水量108.5毫米。河水漫过堤岸，洪水遍布全州。成千上万人从城镇中撤离，道路被切断，房屋被泥水淹没。洪水持续到2011年，截至1月13日，布里斯班有2万座房屋被淹没。房屋和基础设施的经济损失约为100亿澳元。而更糟糕的是，气旋"雅思"在2月上旬抵达，沿着昆士兰北部海岸一路破坏。据估计，风速超过200千米/小时，在汤斯维尔市，屋顶被掀掉并在街道上乱飞。

1　突发性洪水
2011年1月10日，突发性洪水淹没了图文巴的一条街道。很不幸，这次事件导致社区多人死亡。

2010年12月至2011年1月	
位置	澳大利亚，昆士兰
类型	严重洪灾
死亡人数	35

350000

无家可归的人数

洪水
罗克汉普顿受灾严重。2010年12月底的大雨转变成一次持续的灾难。2011年1月12日拍摄的这张照片显示出这座城市洪灾的持久性。

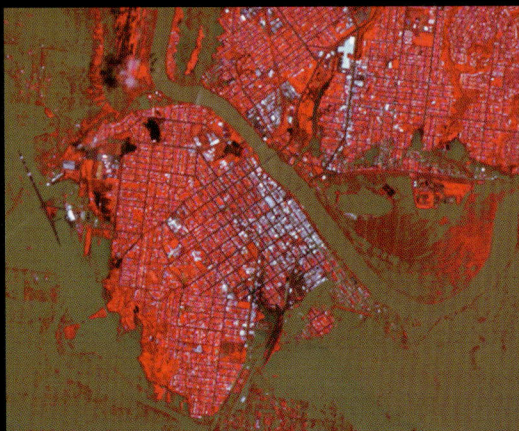

水位
这张假彩色卫星影像图显示了罗克汉普顿大范围的洪水泛滥。未受影响的区域以红色代表，洪水区域以灰色显示。

2 **搜寻失踪人员**
1月15日，洛吉尔谷格兰瑟姆地区，一架武装直升机降落在被洪水冲刷后的一座民居残骸边。在此次救援行动中，军方扮演了重要角色。

3 **主要损害**
1月11日，图文巴地区更多的突发洪水对财物造成了重大损害。约7米高的洪流把汽车像积木一样叠起来。

4 **公众反应**
1月16日，在布里斯班郊区费尔菲尔德，志愿者在清除洪水过后的房屋碎片。布里斯班35个以上的郊区受到洪水的严重影响。

> **❝ 昆士兰这里的情况，非常糟糕，令人绝望。❞**
>
> 安娜·布莱，昆士兰州总理

季风

英语中季风（monsoon）这个词源自阿拉伯语里的"mausam"，意为季节。世界上的一些地区经历着季节性的风向逆转以及相伴随的雨季和旱季的转换。其中，最为人熟知的是影响南亚季风和西非季风。

塔尔沙漠上方的低压

热带辐合带

形成季风的原因

陆地上空季节性的加热模式导致了由冬季的高气压向夏季低气压的转换。例如，在南亚，旱季（12月至次年2月）的天气由从西伯利亚高压系统（也称为西伯利亚反气旋）流入的空气支配。该气流在喜马拉雅山脉上方向北方下沉，此时，东北风或北风吹过印度及邻近国家。在潮湿的夏季（6月至9月），低压在印度−巴基斯坦交界地区上空发展，从南方的热带海洋带来温暖、湿润的空气。

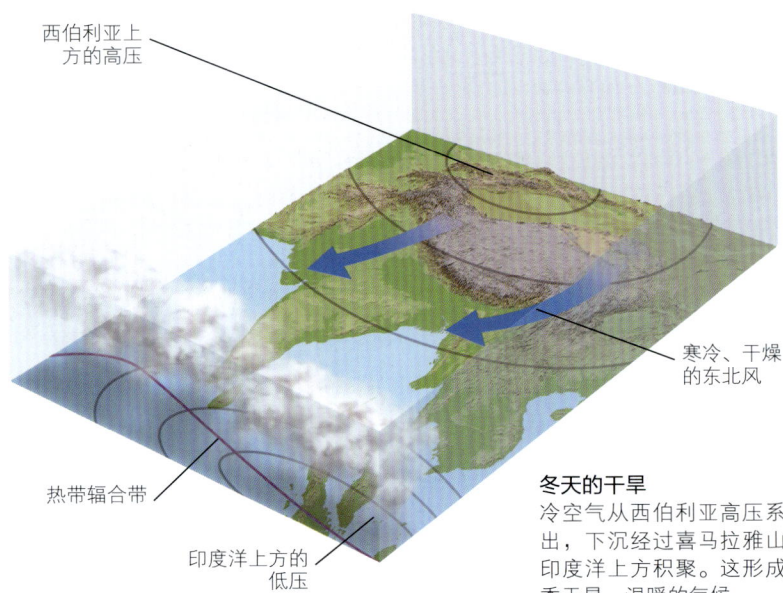

夏天的雨
以印度和巴基斯坦之间的塔尔沙漠上方为中心的低压，和印度洋上方的高压共同给南亚带来湿润的空气。

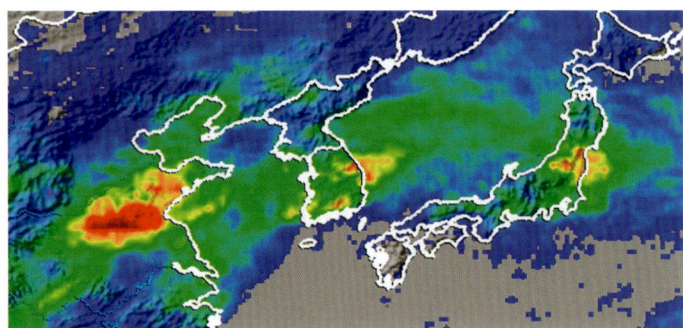

温暖、湿润的西南风

印度洋上方的高压

西伯利亚上方的高压

寒冷、干燥的东北风

冬天的干旱
冷空气从西伯利亚高压系统旋转而出，下沉经过喜马拉雅山脉，并在印度洋上方积聚。这形成了南亚冬季干旱、温暖的气候。

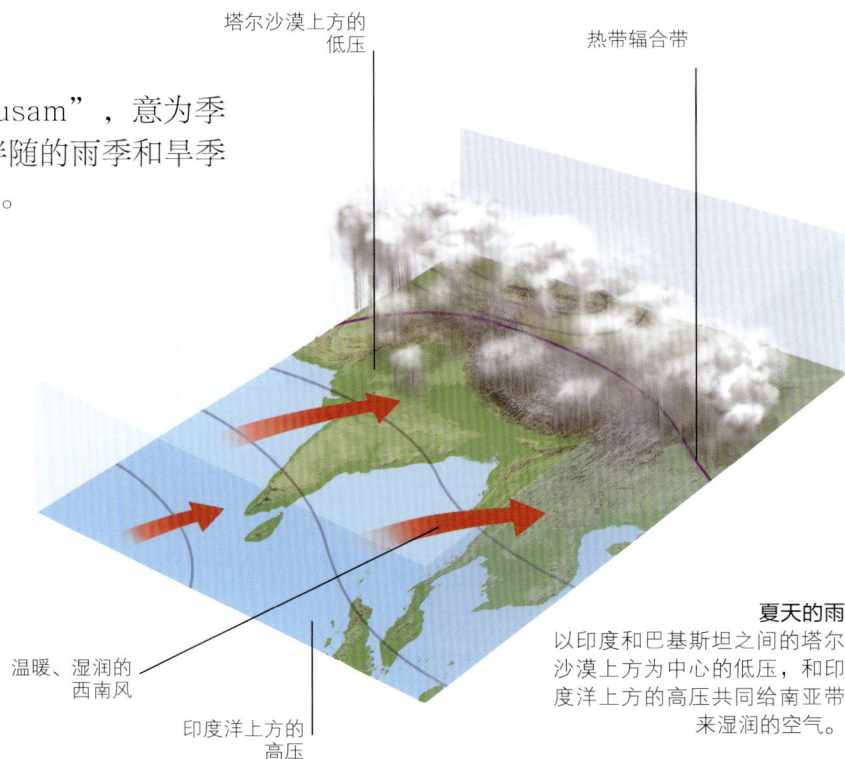

热带辐合带

印度洋上方的低压

| 100毫米 | 200毫米 | 300毫米 | 400毫米 |

降雨量

大雨
通过卫星观测，可以估计降雨量。季风时大雨遍布东亚许多地区，范围从中国中部延伸到朝鲜半岛再到日本。

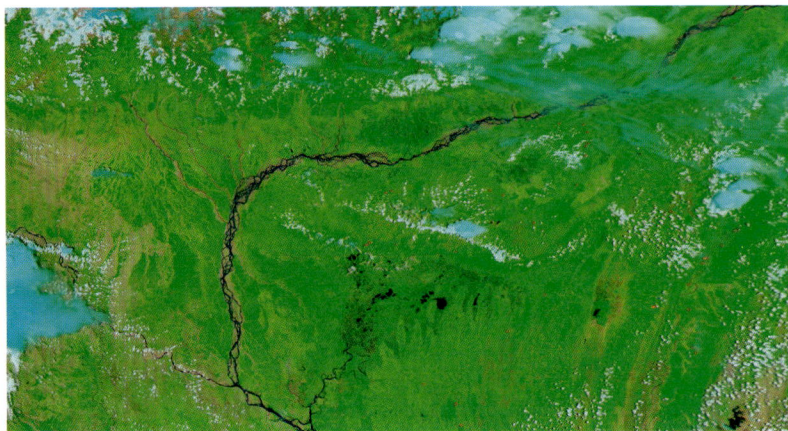

季风前的布拉马普特拉河
布拉马普特拉河在湿润的夏季季风季节通常会涨水。图中是2007年8月的布拉马普特拉河，有几处泛滥，但这与即将到来的雨季相比根本不算什么。

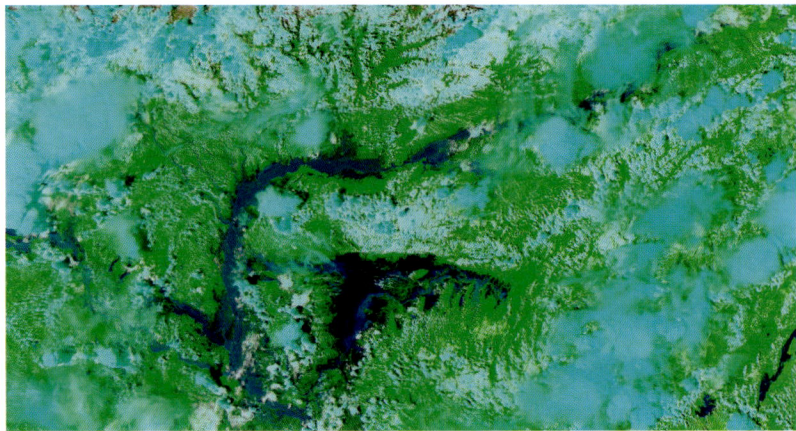

季风后的布拉马普特拉河
2007年9月的大量降雨引发了该流域大规模的洪涝，对不丹、孟加拉国和印度东北部造成影响。这是这个季节第三次也是最严重的一次洪涝。

季风的影响

南亚的季风雨偶尔具有破坏性。如果雨量过多、雨期延长，就会引发洪水，造成生命损失和疾病传播，需要大量的救援工作。如果降雨低于平均水平，又会造成当地居民农作物缺水，需要政府提供援助，尤其是在一些农村地区。在农业收入约占国民收入2/3的印度，季风雨是影响经济的一个重要因素。大量降雨能提高水稻、棉花和小麦产量，补充水库和地下水，进而提高灌溉能力和水力发电量。

对农业的影响
季风对于农民必不可少，图中是在稻田中劳作的缅甸农民。高温和充足的雨水会带来更高的产量。

季风洪水
暴雨会造成严重破坏。2010年，在夏季季风期间，印度查谟发生了严重的城市洪涝。农田被淹没可能导致若干年严重的农作物损害。

巴基斯坦洪水，2010年

2010年6月，季风之后的巴基斯坦地区印度河谷发生了非常严重的洪灾。洪水的起因部分由于通常从孟加拉湾进入该地区的季风低气压，部分与在对流层上部流动的急流的一种异常模式有关。在大多数年份的夏季，季风的急流从西流动到喜马拉雅山脉北方。但是这一年，急流蜿蜒向北穿过了俄罗斯西部，导致当地异常炎热和干旱，被称为"阻塞高压"。急流向南下行，形成一片低压槽，即低压区域，引起了持久的大规模的倾盆大雨。整个6月、7月和8月，孟加拉湾都下着非同寻常的暴雨，在白沙瓦24小时降雨量达到了274毫米。印度河流域河源区边缘陡峭的高地遭受了毁灭性的山洪暴发和泥石流。洪水向南流出山谷，暴雨直到9月才平息。大范围的高产土地长时间被淹没，损害了水稻和棉花等至关重要的农作物。洪水最终造成1985人死亡，600多万人无家可归。

2010年7月26日	
位置	巴基斯坦
无家可归的人数	600多万
死亡人数	1985

5000万

估计损失（以美元计）

暴涨的河流和泥石流
暴发的山洪和毁灭性的泥石流对巴基斯坦斯瓦特河谷造成了严重损害。34个地区的43座桥梁以及大量的公路被毁坏。洁净水的不足导致霍乱爆发。

洪水的影响

洪泛的区域之广——1/5的印度河流域被淹没，意味着这次洪水是过去80年来最严重的洪水事件。居民和公共建筑受到严重的破坏——50万所住宅被毁坏以及许多桥梁被冲垮，意味着大量的重建工程和600万无家可归的人的重新安置。1万条输电线和变压器被毁坏，还有至少3.2万平方千米种植着水稻、棉花、甘蔗和烟草的最好的农田被淹没。8月18日，巴基斯坦政府公布，1540万人受到此次灾难的直接影响。洪水还灌入了下水管道和水处理厂，造成洁净饮用水缺乏，导致了疾病的蔓延。

洪水泛滥地区
这张图像是5号卫星（美国陆地卫星）在2010年8月9日拍摄的，它显示了巴基斯坦格什莫尔附近的洪水。几天后，印度河的第二拨洪水将再次影响该区域。

严重的洪灾
2010年8月12日，该区域显示出严重的大范围洪水泛滥。河流在图像中央所示的间隙处的排泄流量达每秒2.5万立方米。

> **我所在的村子全被冲走了。我活了下来，多亏了高地上的铁轨。**
> **阿利姆·马克布勒**，BBC新闻，巴基斯坦西北部

广泛分布的洪水
这个地区如此大规模的洪水在当代人的记忆中是前所未有的。数百万人受到影响，几乎什么都带不了就匆忙逃走。洪水逐渐南下席卷了印度河谷。

热带气旋

热带气旋，也就是大家熟知的飓风和台风，在特定的低纬度海洋区域生成和发展。它们登陆后生成风暴潮，会侵袭房屋，造成广泛的破坏。

形成与发展

热带气旋生成于海洋上层温度超过26℃的地方。此外，还需要有高雷云和高湿度，以阻止周围干燥的空气被卷入成长中的云团。通常，可能形成热带气旋的第一个标志是一个"云团"，云团只有海洋表面附近的风向和风速与高层的风向和风速相似的时候才会形成。否则，初生的系统会"分裂"。一旦成长的云团完全成形，海洋上螺旋形逆时针旋转的进气流为高雷云提供强烈的上升气流（空气的垂直运动）。空气的螺旋运动由科里奥利效应所致，它使得向北和向南运动的风由于地球的自转而发生偏转。在热带气旋的顶部，空气向外流动，远离中心（风眼）。如果这种上层空气流出加强，会导致低压风眼的加深以及风力的增强。

大西洋飓风通常在非洲西部沿海发育，有时在佛得角群岛附近。侵袭加勒比地区和美国的一些飓风由最初横穿非洲西部的西行扰动气流发展而成。热带气旋从不在距离赤道5个纬度之间（南纬5°～北纬5°）的地区形成，因为有序的螺旋运动在这里不存在。

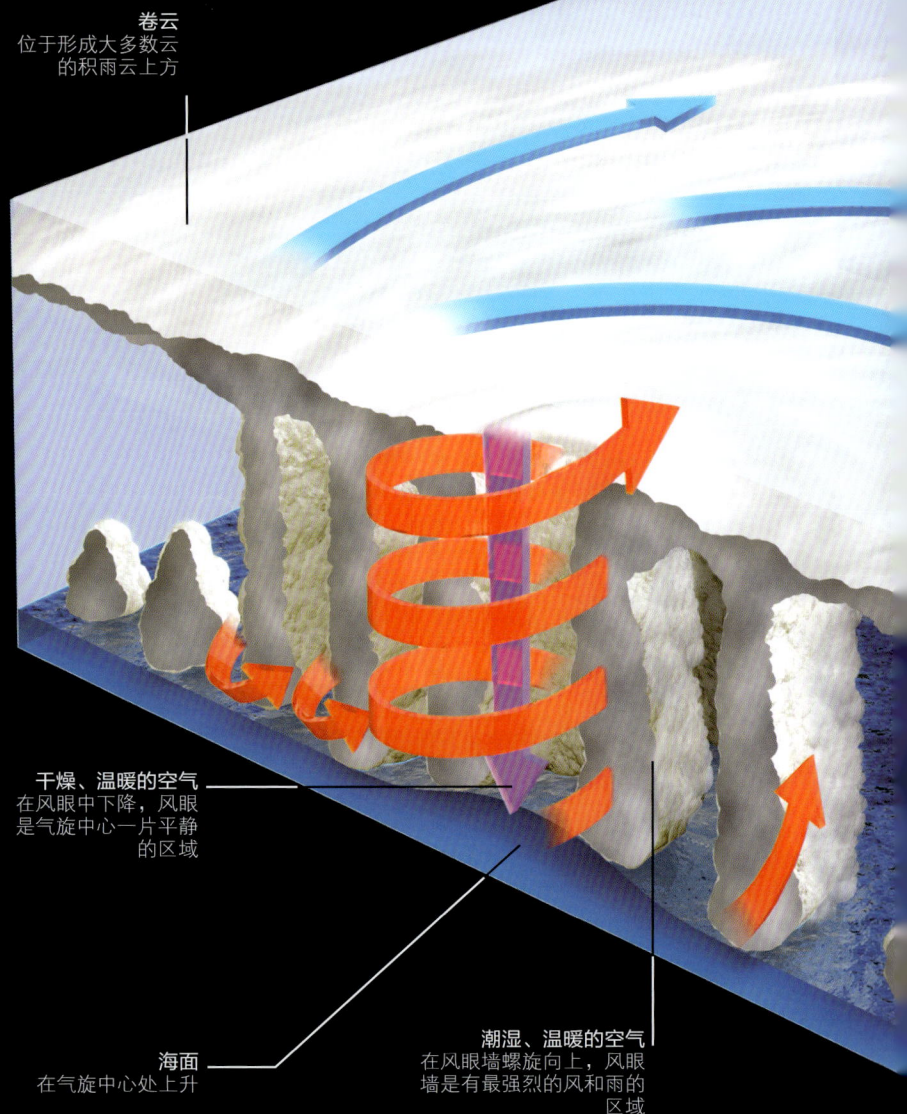

卷云
位于形成大多数云的积雨云上方

干燥、温暖的空气
在风眼中下降，风眼是气旋中心一片平静的区域

海面
在气旋中心处上升

潮湿、温暖的空气
在风眼墙螺旋向上，风眼墙是有最强烈的风和雨的区域

气旋的不同阶段

1 气旋的开端
气旋的早期表现为非常分散的雷云簇合并为一个紧密结合的云块，有围绕着一个低压中心旋转的迹象。

2 打旋的气团
随着系统的强化，环流变得更加明显，表现为积云的向内流动环带。这个阶段的气流更加明显地与一个环流中心相关。

3 成熟阶段
成熟的热带气旋以一个大致圆形的云形和一个明显的中心风眼为标识，同时伴随着螺旋雨带。风眼周围流出的卷云呈现平滑纹理。

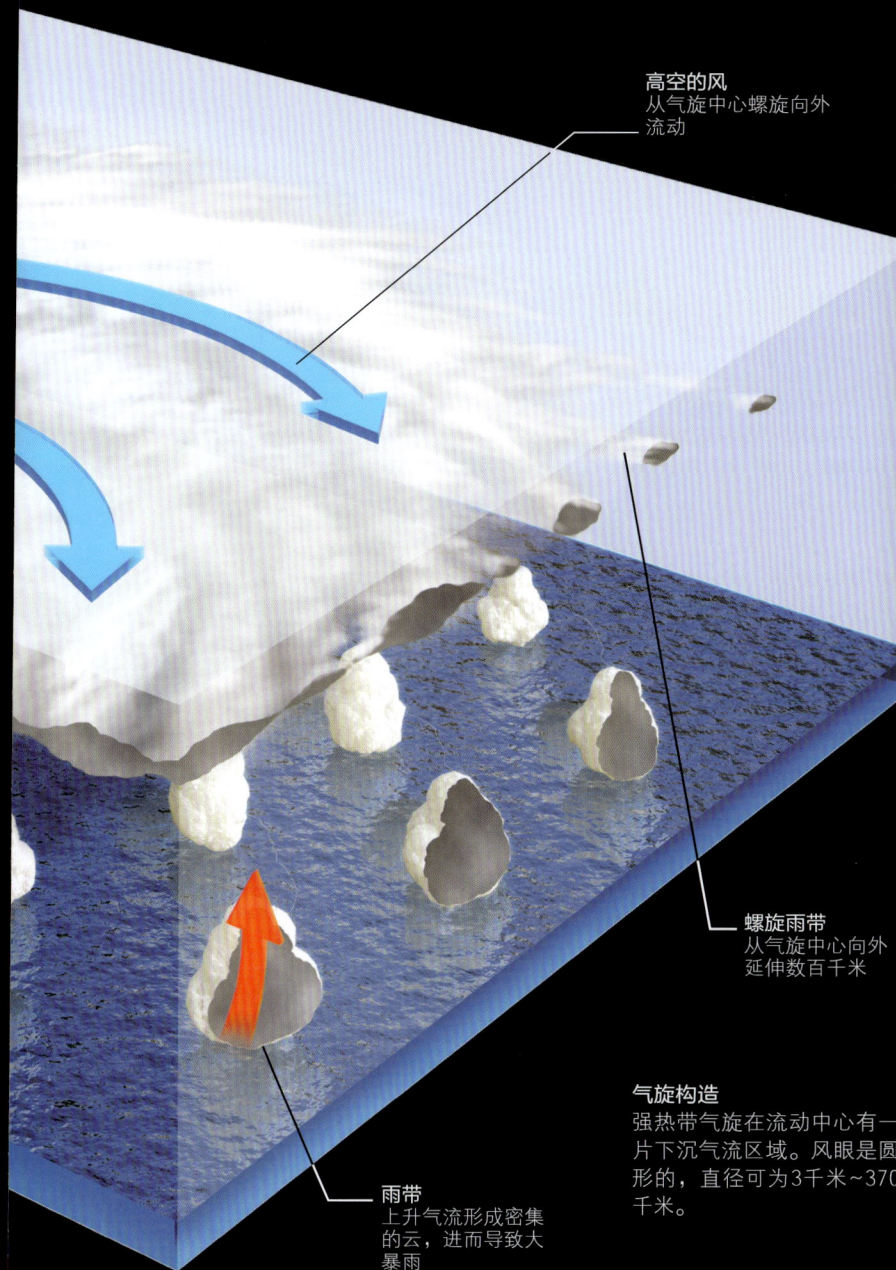

高空的风
从气旋中心螺旋向外流动

螺旋雨带
从气旋中心向外延伸数百千米

雨带
上升气流形成密集的云，进而导致大暴雨

气旋构造
强热带气旋在流动中心有一片下沉气流区域。风眼是圆形的，直径可为3千米~370千米。

热带气旋地域

西热带太平洋是最温暖的热带海洋，拥有数量最多的热带气旋——在该地区被称为台风。大多数热带气旋存在于北半球，且70%发生在6月到10月。南半球则在1月到3月会经历气旋。在较冷的海水主导的东南太平洋和南大西洋不存在热带气旋。

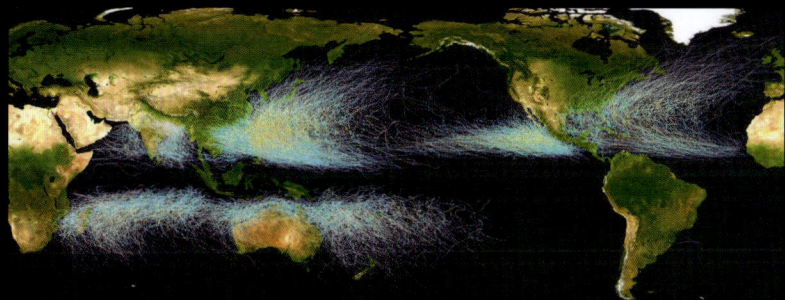

世界各地的热带气旋
图中显示了1985年至2005年的热带气旋路径。这些气旋给热带及中纬度地区造成了巨大破坏。

萨菲尔-辛普森飓风等级

- 🟦 热带低气压
- 🟨 2级
- 　　3级
- 🟩 热带风暴
- 🟧 4级
- 　　1级
- 🟥 5级

测量飓风

以气象学家鲍勃·萨菲尔和工程师赫伯特·辛普森的名字命名的萨菲尔-辛普森量表是一个简单有用的飓风强度分级方法。它基于飓风造成的损害的性质，与10米高度处1分钟内的最大持续风速有关。从1级到5级，飓风强度递增，每一级有相应的损害和正常潮位之上的风暴潮高度的说明。量表在易发生飓风的美国地区被广泛使用。飓风的级别增高1级，意味着飓风的损害大致增加四倍。飓风登陆后1千米，其级别很有可能减弱1级。

1级

风速	120~152千米/小时
风暴潮高度	1.5米
典型实例	飓风斯坦（2005年）

树木、灌木和未固定的活动房屋受到损害。码头可能由于小型沿海洪水遭受一定损害。

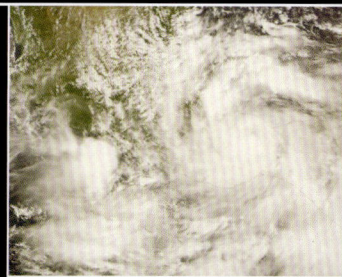

2级

风速	153~176千米/小时
风暴潮高度	2~2.5米
典型实例	飓风诺拉（2003年）

对暴露的活动房屋和码头会造成实质损害。树被吹倒，建筑物顶部受损。

3级

风速	177~210千米/小时
风暴潮高度	2.5~4米
典型实例	飓风海琳（2006年）

小型建筑受到结构上的破坏，活动房屋被摧毁。沿海发生洪水，大树被吹倒。

4级

风速	211~250千米/小时
风暴潮高度	4~5.5米
典型实例	飓风丹尼斯（2005年）

对房屋造成广泛损害，包括门、窗和屋顶，洪水延伸到内陆10千米。

5级

风速	>250千米/小时
风暴潮高度	>5.5米
典型实例	台风蔷薇（2008年）

如果气旋在海岸500米内海拔高达约4.5米，建筑物严重损坏，低层遭受大范围的破坏。

研究飓风

同步气象卫星对于气象预报是无价之宝，它们持续关注着热带气旋（在大西洋地区也被称为飓风）的进程和发展。这些卫星每半小时穿越热带北大西洋一次，提供演化中的飓风的高质量图像。预报员分析这些图像中的云模式以估计飓风的强度（表面风速）。这是一种监测和预测飓风的间接方法。通过专门的飞机还能直接测量飓风的强度，如美国空军的大力神C130飞机。这些飞机执行正好穿过危险的暴风眼的例行飞行，以测量温度、压力和其他变量，从这些变量能够计算海平面风速。

在一些国家，气象服务机构将飓风预报作为其全球数值预报模型的一个必备项。该模型预测飓风的方向和速度、中心气压，甚至包括可能产生的降雨量。它还能预测风暴潮的高度和范围。

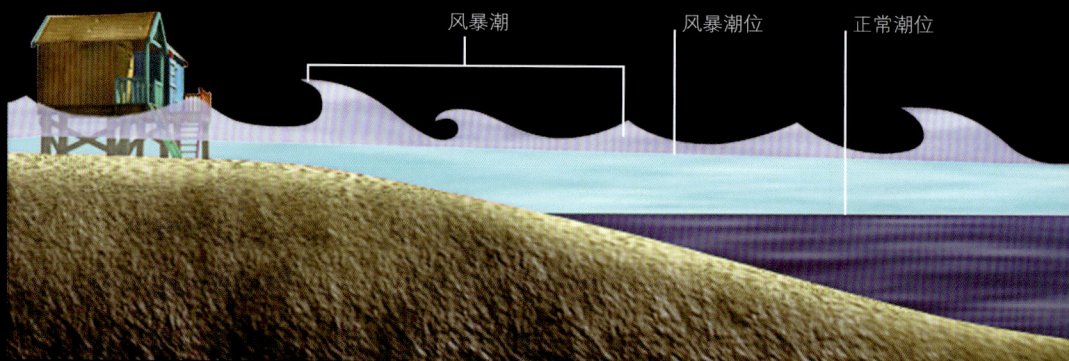

风暴潮　风暴潮位　正常潮位

危险水位
如果风暴潮与太阳、月亮和地球呈直线排列时引发的春季大潮同时发生，就会出现异常猛烈的潮汐。

风暴潮

当一个热带气旋在海洋中移动的时候，其风眼处的低压使海洋表面隆起，就像一座低而宽阔的水丘，跟随飓风一起移动。当飓风抵达陆地时，这座小丘里的水朝着海岸汹涌而去，就形成了所谓的风暴潮。风暴潮在浅沿海水域增强，在一些极端情况下，其高度能高出正常潮位6~7米。在北半球，风眼轨迹，加上它右侧的强向岸风，意味着风暴潮在朝着海岸线移动的热带气旋的前进方向的右侧最高。在南半球，前进方向的左侧会经受最强烈的风暴潮。

风暴潮会侵袭大段的海岸线，造成洪水泛滥，并将船只冲向内陆。与风暴潮有关的海水运动还会损害珊瑚礁，尤其是靠近地表的那些。

飓风伊莎贝尔
2003年的飓风伊莎贝尔显著的风眼在这里清晰可见。此外，在风眼的左侧，还能看到巨大的雷暴顶部的"冒泡"云嵌入飓风的一条螺旋雨带。

追逐飓风

对于预报员来说，对冲向加勒比海和美国的飓风进行直接观察的能力是十分重要的。美国空军第53天气侦察中队在密西西比州比洛克西市有个基地，像大力神C130一样的特种飞机从那里起飞，直接穿过各种有威胁的飓风。它们丢下名叫下投式探空仪的包裹，这些探空仪在风暴中下降，传回温度、气压、湿度和风的详细数据。这些数据有助于预测和监视风暴的强度。

飓风猎人
图为大力神C130的下投式探空仪的操作员，他是美国空军"飓风猎人"小队里的一员。在飓风弗洛伊德期间，他通过探空仪来提高预报质量。

风暴猎人
美国国家海洋和大气管理局使用有特殊装备的飞机，如图中这架洛克希德WP-3D猎户座，监测大西洋飓风。

造成的损害

飓风造成的损害是多方面的。狂风的动态压力会造成巨大的破坏，而暴雨常常引发严重的洪涝和泥石流。在低洼的沿海地区，灾害还会因为大风推动的高高的海浪和侵入内陆的风暴潮而加重。破坏的级别是萨菲尔-辛普森飓风量表的基础，该量表定义"重大的"飓风为3级至5级之间的飓风。在过去，海上的建筑和船舶易受到飓风破坏，但是今天的飓风预报和警报让破坏变得少见。然而，基本固定的构筑物，如石油和天然气钻井会受到经过的飓风的损害。

5级热带气旋，例如2005年北大西洋飓风季穿越墨西哥湾的卡特里娜飓风，对住宅屋顶和工业建筑造成了广泛破坏，一些小型建筑直接被吹走。降雨形成的洪水的大小取决于气旋行进的速度，其速度越慢形成的洪水越大。

风暴之后
活动房屋不够牢固，不能承受猛烈的飓风。未固定的那些甚至会被相对较弱的1级飓风毁坏。

淹没
2004年，飓风伊凡的风暴潮淹没了美国弗罗里达州海滨城市彭萨科拉的部分地区。由于美国南部和东南部拥有广阔的低洼海岸线，此类洪涝是一种多年常在的威胁。

纳尔吉斯隐现

在登陆前的几天，纳尔吉斯以一个发育良好的风眼和螺旋运动的云团暴露出了它的威力。预报员常用像这样的卫星影像图来研究这些预示着风暴严重程度的特征。

纳尔吉斯气旋，2008年

纳尔吉斯是印度洋盆地北部有记载的最致命的命名气旋，它所造成的灾害被认为是缅甸遭受的最严重的自然灾害。它于2008年5月5日登陆，3.6米高的风暴潮和持续的暴雨淹没了伊洛瓦底三角洲地区距离较远的内陆。大约210千米/小时的风速使纳尔吉斯在萨菲尔-辛普森飓风量表上归为3级或4级飓风。孟加拉湾地区的形状和它北部的浅水域在风暴潮穿过时增强了风暴潮。再加上人口稠密的广大平地，导致了大规模的洪水泛滥。尽管气旋被卫星频繁监视着，向当地居民发出警告却非常困难。该地区人员疏散缓慢，使得2008年这次飓风的问题更加恶化。

2008年5月	
位置	缅甸
类型	热带气旋
损失	100亿美元

138000

死亡人数

纳尔吉斯的重击

1 在缅甸上空盘旋
这张卫星影像图显示了缅甸海岸上的洪水。当纳尔吉斯在孟加拉湾上方盘旋时，它已经被定义为一个剧烈气旋。图中水是蓝黑色的，植被是鲜绿色的，裸露地是褐色的，云是白色或淡蓝色的。

2 暴雨
猛烈而持久的暴雨导致了不同地方大范围的洪水和泥石流。照片中，代德耶镇的受灾者正在等待救济。这里平时作为饮用水水源的水塘因为洪水泛滥而不可用了。

3 被重创的缅甸
许多村庄被淹没，一些社区的住房几乎全被摧毁。240万人挨饿，无家可归。洪水泛滥和基础设施损坏导致救援人员花了很多天时间才抵达受灾地区。

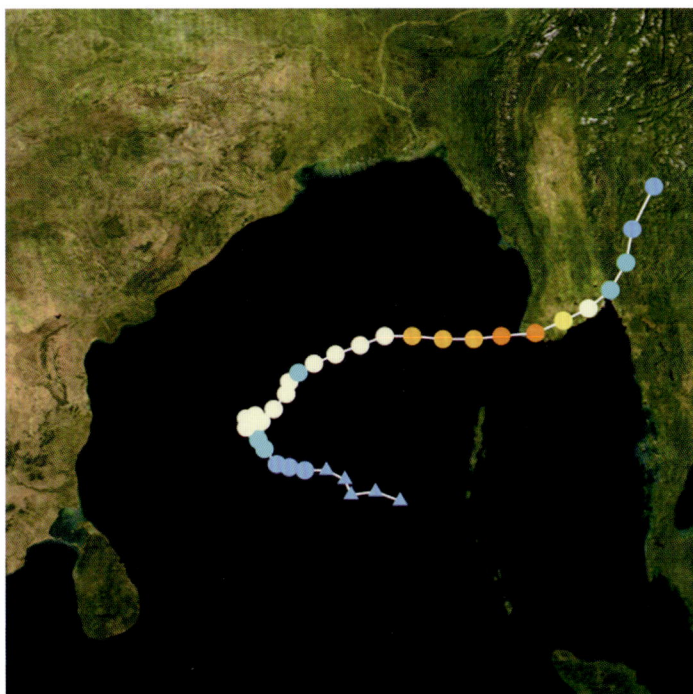

气旋的路径
纳尔吉斯的轨迹以密集的卫星影像图为依据。当向缅甸行进时，它变强成为4级飓风。萨菲尔-辛普森飓风量表说明了一个飓风的不同阶段。

图例
- 热带低压
- 热带风暴
- 1级
- 2级
- 3级
- 4级

> **我们最大的担心是风暴造成的后果会比风暴本身更致命。**
>
> 卡里尔·斯特恩，联合国儿童基金会美国基金，董事长兼首席执行官，2008年

后果
由于溺亡和大范围洪水过后常出现的疾病，纳尔吉斯的死亡人数巨大。由于卫生条件差和尸体腐烂，霍乱和痢疾肆虐，疟疾和登革热也蔓延开来。在缅甸南部的博格里，369座房屋毁坏了365座，而2座炼油厂中的一座被毁导致了严重的石油短缺。当地和国际救援人员派发了大量的米、补液用品和搭建避难所的防水油布。

临时住所
在仰光受灾地区的一条公路上，受气旋影响的家庭在临时住所中躲避风雨。

卡特里娜飓风，2005年

2005年，极度活跃的北大西洋飓风季有26个被命名的飓风，其中3个是5级飓风，包括飓风卡特里娜。它是以往对美国造成损失最大的飓风，也是曾袭击美国的5个最具破坏性的飓风之一。在穿越墨西哥湾一大片异常温暖的水域之后，它达到了最高强度。在登陆前一天的8月28日中午，风速最高达到了150节（280千米/小时）。风暴击打着海岸线，在新奥尔良市，巨浪和暴雨造成了大面积的洪水泛滥。在紧急救援服务人员抵达之前，数千人被困在房顶多日。卡特里娜总计造成了价值约900亿美元的损失。飓风对新奥尔良市的影响是长期的。城市中许多损坏的房屋仍然没有修复，许多市民没有再回来。

2005年8月23—30日	
位置	美国，路易斯安那州，新奥尔良市
类型	飓风
死亡人数	确认人数1836

900

经济损失（以亿美元计）

" 我们接到报告和电话。人们说，'水到我脖子了。我想我撑不下去了。'……而且这是在我们通话时发生的。这让我很伤心。"

小克拉伦斯·雷·尼根，新奥尔良市长，
2005年9月

卡特里娜侵袭

1 低压推进
在穿过巴哈马群岛时，一个热带低压增强为热带风暴。这是热带气旋会被命名的阶段。飓风卡特里娜在2005年8月24日被命名。

2 佛罗里达被侵袭
卡特里娜在掠过南佛罗里达地区时的风速为70节（130千米/小时），为1级飓风。它路过佛罗里达大沼泽湿地，在当地形成了35厘米的降雨。

强烈的洪水

风驱动的巨浪让卡特里娜巨大的风暴潮变得更恶劣，猛烈袭击了密西西比河沿岸，使整个沿岸居住区被摧毁。汹涌的海水侵入内陆，加之暴雨形成的洪水，导致河水暴涨，溢出堤坝。新奥尔良市民被命令强制疏散，但是上千人不得不在路易斯安那超级圆顶体育场寻求庇护。大面积深洪水的后果是可怕的，在受灾最严重的路易斯安那州约有1300人死亡。

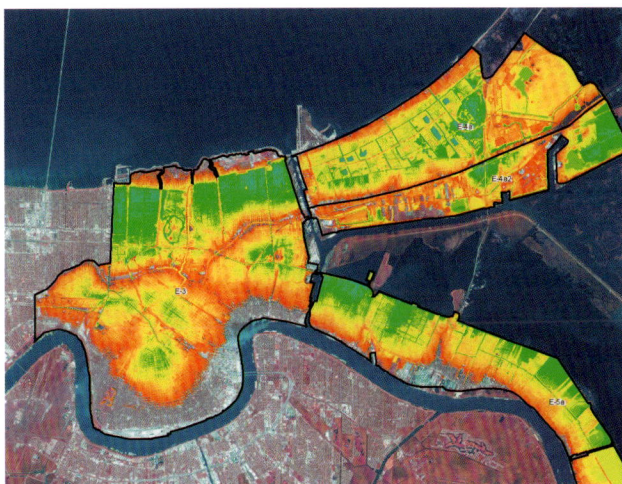

洪水深度

■ 0~0.3米	■ 2.1~2.4米
■ 0.3~0.6米	■ 2.4~2.7米
■ 0.6~0.9米	■ 2.7~3米
■ 0.9~1.2米	■ 3~4.5米
■ 1.2~1.5米	■ 4.5~6米
■ 1.5~1.8米	■ >6米
■ 1.8~2.1米	

洪水等级

这张新奥尔良市的假彩色卫星影像显示了洪水在这座城市的深度和范围。洪水六周后从城市中退去。

3 堤防系统毁坏

从海岸进入内陆的风暴潮海水超出了密西西比河堤防系统的高度，共53处。30千米长的海岸线经受了高出正常潮位8.5米的大浪。

4 新奥尔良市被淹

新奥尔良市大约80%的地区被淹，最深处达7米。直到43天后，美国陆军工程兵团才宣布洪水完全退去。洪水给城市居民带来了不幸。

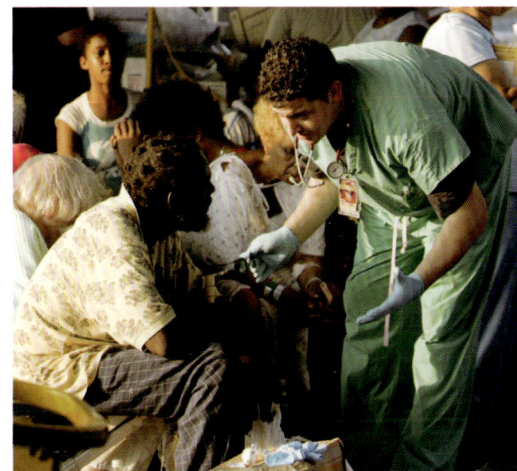

5 救援营地

成千上万的新奥尔良市民流离失所。国家和国际志愿者组织和政府组织快速响应，提供帮助。当地失业率激增，很多人没有再返回他们的家乡。

洪水和火灾
卡特里娜飓风的风暴潮加上暴雨的影响，导致美国新奥尔良市发生大范围的洪水。洪水从墨西哥湾和当地的河流系统灌入城市。之后，破裂的天然气管道和大风造成了严重火灾的蔓延。

温带气旋

温带气旋是中纬度和较高纬度地带常见的天气现象，它全年均有发生，温带在秋季和冬季一般更湿润、更多风。有时，它们会造成洪水和大风灾害，但它们也是这些地区降水和风能的主要来源。

形成与发展

温带气旋在把热和水汽从亚热带输送到更高纬度地区的过程中扮演着重要角色。它们诞生于凉爽、干燥的空气与温暖、潮湿的空气相遇所形成的一片低气压区。这种情况主要沿极锋发生，因为极锋将冷、暖气团分隔开。低压的形成还取决于对流层上部急流的强气流脉冲。在美国东海岸外的北大西洋西部海域以及东亚沿海的中纬度北太平洋，这些天气条件很常见。锋面气旋一旦生成，易向欧洲、加拿大西部和阿拉斯加行进，与之同行的是云和降水以及大风和汹涌的海浪。这些气旋通常持续3到5天，当它们通过海洋和大陆时，逐渐形成锢囚锋（冷暖空气的结合）。在它们生命的末期，云和雨沿着锢囚锋形成一条窄的条带。有时，温带气旋会形成浩劫，导致海洋上的恶劣天气，并对所经过的陆地带来大规模的破坏。

冰岛上空的温带气旋
这张卫星图像显示了2006年11月冰岛南部的两个气旋。螺旋形云团标志着被锋面云带连结的两个低气压。

北海洪水
1953年1月31日，北海的风暴潮导致了英国林肯郡滨海萨顿的巨大波浪。荷兰和比利时遭受严重洪水，在陆地和海上共有2300多人失去了生命。

刺急流

剧烈的中纬度气旋会造成巨大损害。但是，气象学家们明白最猛烈的阵风是局部的，因此最严重的破坏仅发生在非常小的范围内。爆发性气旋具有特定的特征，包括一个相对较小的"刺急流"。它开始于约5千米处的云头——环绕低气压中心的一层厚云。"刺"约1000米深，在几个小时内冲向地面，给50千米宽的区域带来风速高达160千米/小时的狂风。雨和雪的蒸发冷却了下降的空气，给它提供了进一步的推力。"刺"位于低压系统的"尾部"，并到达压力中心西南的表面。

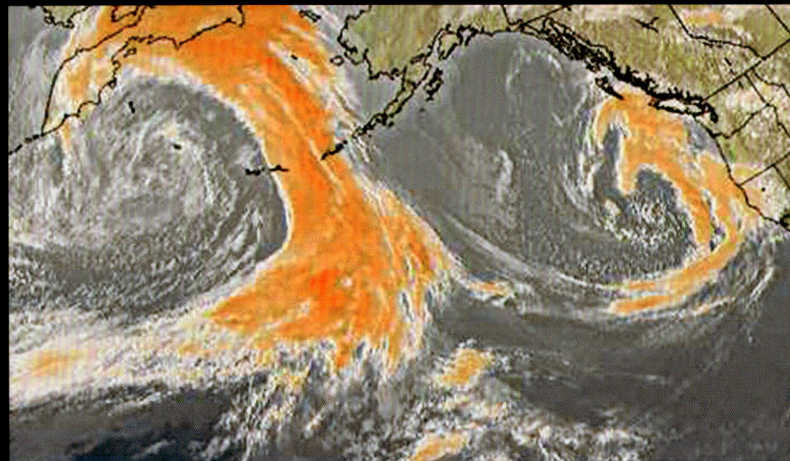

气旋家族

温带气旋有时以一连串相关的气旋出现，甚至控制整个大洋盆地的天气。这张图显示，相关联的低压系统影响着从俄罗斯到美国西部以及其间的北太平洋的天气。

完美风暴，1991年

1991年10月，异常天气条件的组合导致了一个对美国东部造成大面积破坏的温带飓风的形成。它在美国东部海岸大部分地区造成了显著的沿海洪灾和海岸侵蚀，以及陆地和海上的大量伤亡。针对这个非同寻常的事件，美国国家气象局提出了"完美风暴"一词。

一个低压系统开始形成于一个离开北美洲的冷锋时，风暴生成了。至10月28日中午，它在距离加拿大新斯科舍省数百千米处，形成了一个典型的"东北风暴"——风从东北方向沿着北美洲东海岸吹来的气旋风暴。当它袭击美国东北部和加拿大沿海诸省时，南方不远处一个名为格雷斯的飓风，为演化中的风暴提供了湿气。至10月30日清晨，在新斯科舍的哈利法克斯市以南595千米处，完美风暴达到了它的顶点。此时的海浪高度达12米。

风暴经过温暖的湾流水域，在10月31日中午左右成为一个亚热带低压。低压系统内核附近的风逐渐增强，把风暴转变为一个成熟的飓风，这是1991飓风季的最后一个飓风。

1991年10月28日	
位置	美国和加拿大
类型	温带飓风
死亡人数	12
最大浪高	31米

208000000

估计损失（以美元计）

> "……大自然利用她能得到的一切的一个极好的例证。"
>
> 大卫·瓦力，追踪这次风暴的美国国家气象局预报员，2000年

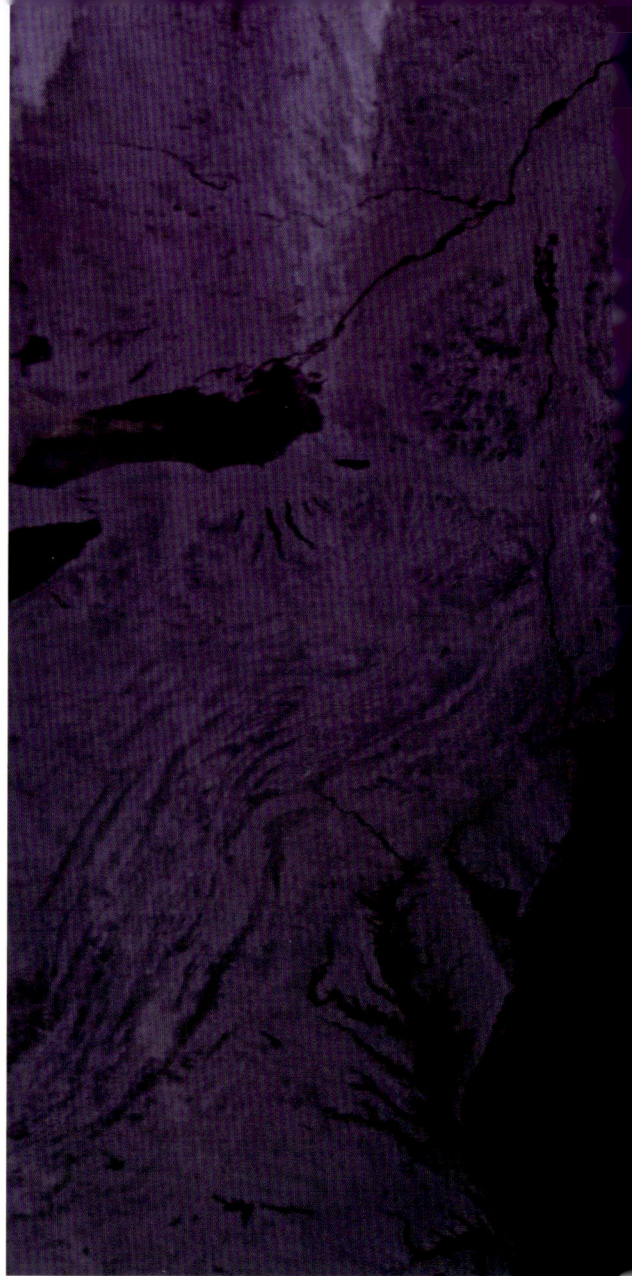

风暴的演化

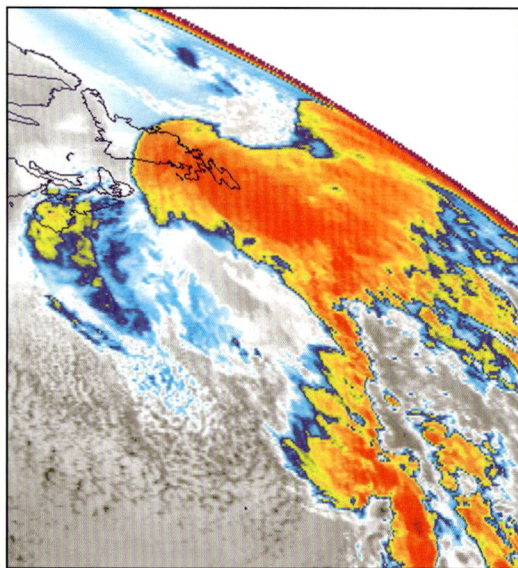

1 低压加深
10月29日形成的温带气旋位于新英格兰地区和新斯科舍省离岸，此时的它是一个典型的"东北风暴"。和南方的飓风格雷斯的相互作用，使它的流动性加剧。格雷斯为这个中纬度低压提供了湿润的热带空气。

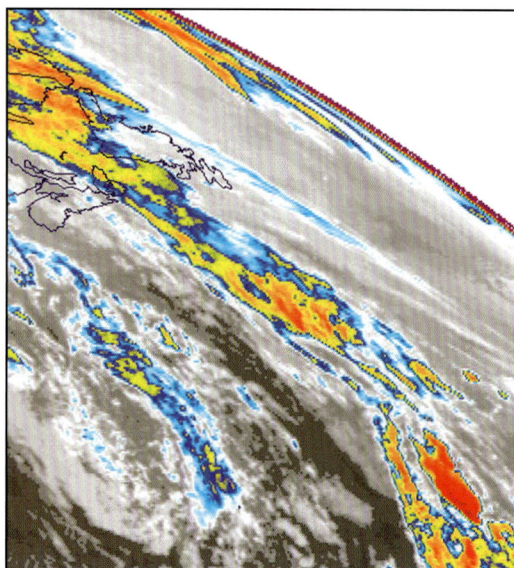

2 力量减弱
风暴在10月31日减弱，但继续在海上和美国东部沿海肆虐。巨大海浪、涨潮和洪水淹没了许多沿海地区。极端大风导致马萨诸塞州一些县市进入紧急状态。

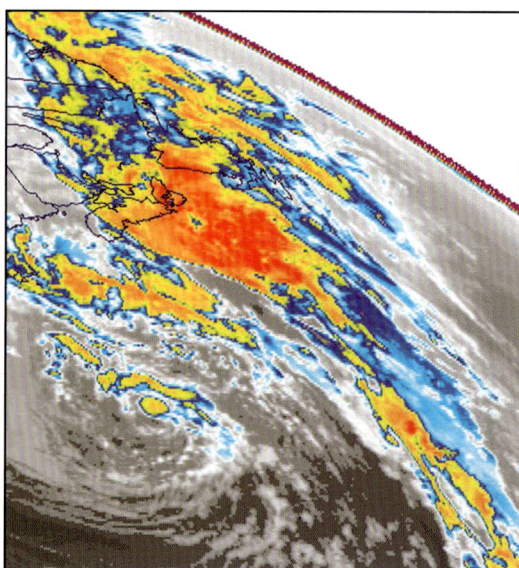

3 登陆
到了11月1日，一个热带风暴发育完成，具有典型的螺旋带，成为大西洋上的1级飓风。风暴最终再次减弱，并于11月2日在哈利法克斯市附近登陆。

在小说里

导演沃尔夫冈·彼得森的电影《完美风暴》（2000年上映）以塞巴斯蒂安·荣格尔的一本小说为蓝本。这本小说讲述的是遭遇了1991年风暴的拖网渔船船员安德里亚·盖尔的真实惨故事。可怕的天气状况让逃生几乎不可能。奇怪的是，船员没有启动可以帮助他们获救的船只应急位置指示器。在1991年11月5日，人们在新斯科舍省本土东南300千米的塞布尔岛上找到了被冲上岸的关闭状态的指示器。

抛到海上

电影中的场景描述了捕剑鱼船的船员——安德里亚·盖尔勇敢面对风暴的场面。这艘船在10月28日午夜过后沉没。

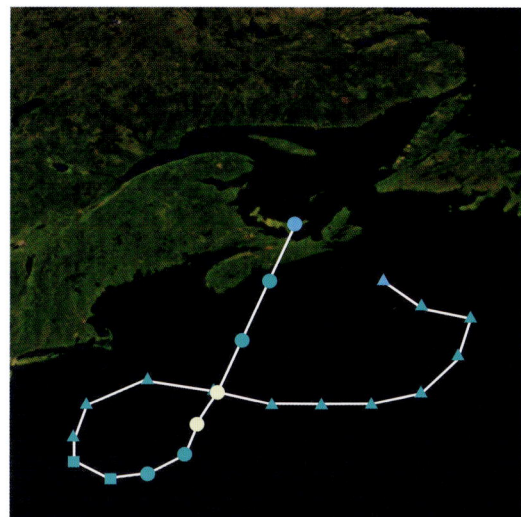

暴风轨迹

风暴走过的不同寻常的、弯曲的轨迹显示出气旋是如何在几天内转变形态的（见萨菲尔–辛普森飓风量表，293页）。气旋扭曲和旋转，漂流向更温暖的水域，在海上和陆地上造成了大破坏。

图例

- ● 热带低压
- ● 热带风暴
- ○ 1级飓风

暴风雪

暴风雪可能造成严重破坏，特别是在人口密集的地区。水蒸气在云中变成冰时形成雪晶，再加上大风，会使降雪形成暴风雪和雪堆。

形成

最广泛的降雪是由锋面低气压造成的。偶尔在较高纬度海洋形成的较小规模的极地低气压系统也会造成深厚但范围较小的降雪。最大的降雪发生于温度为零下但不是很冷的锋面气流移过时。湿润的气流滑过锋面形成厚而广阔的云，导致长时间的大降雪。当低压多风时，就可能形成暴风雪，降雪被风吹得漫天飞舞。地面上的雪被风掀起也能形成暴风雪。

雪堆
持续的寒冷天气加之反复的暴风雪堆可积起数米深的雪。在美国科罗拉多州丹佛市，人们正在从雪堆中挖出一辆被埋的汽车。

白化
在英国苏格兰边界，一个人正在大雪中奋力前行。能见度降到只有几米，接近"白化"（零可见度）的状况，可见暴风雪对行人造成了明显危险。

影响

大规模的降雪被界定为"小雪"（每小时降雪量不超过5毫米）、"中雪"（每小时降雪量5到40毫米）和"大雪"（每小时降雪量超过40毫米），而"暴雪"（也称暴风雪）会对交通造成严重干扰，如公路、高速路、铁轨和跑道会被封堵。雪的重量会压坏输电线，造成多日电力中断。在某些地区（如美国南部等），大雪的重量会造成那些没有按防御特殊情况标准设计的房屋屋顶坍塌。单次的降雪可以用扫雪机有效应对，但是，如果风雪较大且持续很久，大雪会在刚清理的路面上迅速堆积。暴风雪能显著降低能见度。在特定情况下，阴天和积雪覆盖的地面会导致"白化"现象。能见度不良使得分辨地标和识别参照点变得困难。严重的交通事故有时会在这种造成方向感缺失的天气条件下发生生。山区的暴雪在一些敏感地区会导致雪崩，在温度快速上升时期，有诱发春季洪涝的风险。

应对暴风雪
在暴风雪多发地区的人们总是做好准备。扫雪机清理道路，车辆安装雪地胎。2010年1月，美国俄克拉何马城在经历了一场罕见的大暴风雪之后，一辆扫雪机正在清理道路。

世纪之雪，1993年

这场暴风雪影响了美国26个州和加拿大东部的大部分地区。暴风雪对输电线造成了破坏，导致超过1000万人遭遇停电。北佛罗里达地区经历了大雪，整个潘汉德尔的降雪达到了10厘米。阿巴拉契亚的一些地区降雪量达1米，一些地方的积雪深度达11米。没有预料到这场暴风雪的一些南部地区经历了3天的彻底停摆。从得克萨斯州到宾夕法尼亚州都记录到了雷雪（雷暴与大雪）。人们认为这是造成此次暴风雪事件中3天时间发生约60000次闪电的部分原因。

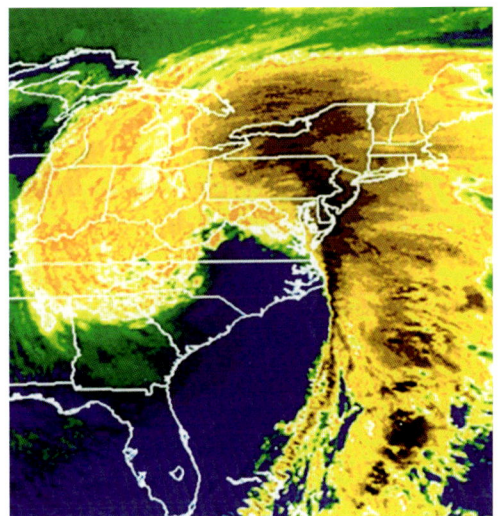

暴风雪的范围
锋面云扫荡并影响了美国东部的广大区域。据估计，全美国40%的人口受到此次暴风雪的影响。

加尔蒂雪崩，1999年

1999年2月23日早晨，一场致命的雪崩袭击了位于东阿尔卑斯山脉中部的奥地利村庄加尔蒂。31人死于这场阿尔卑斯山脉40年来最严重的雪崩。这次雪崩是当年该地区的异常天气条件造成的。在1月份，温和的天气条件使覆盖地面的积雪表面形成了一个"融化壳"。这层壳白天融化，夜晚冻结，在雪原上形成了一层光滑表面。2月天气转冷，随之有记录的降雪达到了4米。从大西洋进入欧洲的低气压使当地风雪交加。寒冷的天气形成了低密度的粉状雪，落在了早先的积雪顶部。这导致了不稳定的雪大量堆积，这些雪突然间全部滑向加尔蒂，抵达了之前人们认为非常安全的村庄区域。雪崩危险区——红色（高危）、黄色（中等风险）和绿色（安全）——是通过已知事件来定义的，在这次灾难之后，需要重新划定。如今，这个村庄被一个大型雪"坝"和钢铁护栏很好地保护着，钢铁护栏建在一些可能形成不稳定雪团的分散的地区。

1999年2月23日	
位置	奥地利，加尔蒂
类型	粉状雪崩
雪滚落的速度	306千米/小时

170000

脱离山脉的冰的估算质量（以吨计）

" …… 雪坚固得像混凝土一样……人活下来的概率很小…… "

詹森·泰特，一位旅游者，他从旅馆的窗户拍摄下了这次事件，1999年

雪崩是如何发生的

当大量的雪从山坡急速倾泻而下时会形成雪崩。在整个寒冷的冬季，雪一层层积累起来。如果雪层变薄弱，再加上降雪、降雨或温暖的天气使雪变得松散，就会触发雪崩。大雨会湿润固结的雪，导致湿雪崩。湿雪崩沉重、速度慢，会造成巨大破坏。干雪崩则包含干的、粉末状的雪，移动速度很快，当它们获得动量时会形成粉末"云"。这些"云"会使人窒息而死，正如在1999年加尔蒂雪崩中发生过的那样。

倾泻而下
在巴基斯坦喀喇昆仑山脉乔戈里峰西北侧的萨沃亚小径，雪崩正沿山坡坠落。雪崩巨大的速度和质量会摧毁它所经之路上的一切。

瓦尔泽雪崩

加尔蒂雪崩后一天，又一次雪崩袭击了它附近的村落瓦尔泽。尽管没有加尔蒂雪崩那么严重，但它也造成了7人死亡，并掩埋了一些房屋。

意料之外

加尔蒂的居民在早上8点零1分雪崩袭来时浑然不觉。雪崩前缘约有100米高，从山坡下落的速度估计有306千米/小时。这意味着雪崩50秒就能抵达和掩埋村庄。那天上午也没有有效的预警。大量的雪下落时的巨大冲力使雪崩侵入了村庄的绿色区域——雪崩发生时被认为是最安全的区域。这个区域中的7栋现代建筑完全被毁，更多的建筑遭受严重破坏。共有57人被埋在雪下，其中31人死亡——许多是在细粉末雪中窒息而死的。在从山上下落时，雪崩裹挟聚集了更多的雪，最后约有30万吨雪横扫村庄。

救援行动

救援人员在被掩埋的加尔蒂村庄搜寻幸存者。研究表明，在被雪埋45分钟后，雪崩受难者存活的概率仅有20%~30%。

冰原

2005年，瑞士韦尔苏瓦发生了大规模结冰，原因是大风把寒冷的湖水吹到了岸边的物体上。气温在零下时，冰堆积的规模产生了巨大的影响。

冰暴

冰暴主要发生在中纬度地区，偶尔会造成大范围的破坏。降雨下降的过程中一旦温度处于零度以下，雨就会在它降落的物体表面形成一个冰覆盖层，损害电力线和道路，造成交通困难。

冰暴是如何形成的

冰暴通常与移动的低气压系统带来的大范围降水有关。冻雨是冰暴的本质特征，最初以雪的形式形成于大约2千米的高空。在下落了1千米左右时，雪花通过温度位于0℃之上的一层大气时发生融化。这个融化层之下有一个温度在0℃之下的薄层，这使得经过的雨滴变为过冷雨滴，当它们撞击到地面任何物体时，就会立刻结冰。如果降雨量大且时间长，冻雨的大量堆积会形成一个厚厚的冰覆盖层，持续多天，直到天气模式转变，带来较温暖的空气。

著名冰暴

名字	日期	地区	损失（美元）
1998年大冰暴	1月4—10日	加拿大大西洋地区的魁北克、东安大略，美国的纽约州和新英格兰地区	50亿~70亿
北美洲2007年1月冰暴	1月11—24日	加拿大、美国东部和中部	3.8亿
2008年12月冰暴	12月11—12日	美国的新英格兰地区和纽约州北部	25亿~40亿
美国中部平原和中西部2009年1月冰暴	1月25—30日	美国俄克拉何马州、阿肯色州、密苏里州、伊利诺伊州、印第安纳州、肯塔基州	1.25亿

影响

人行道和马路上光滑冰面的沉积被称为"黑冰"，因为冰与路难分辨而且冰面异常光滑，使所有的车辆和行人打滑。如果冰层较厚，还会严重损害植被。积冰的重量会压弯树枝，使农作物无法获得二氧化碳和水分，导致农作物在严重的冰暴事件中死亡。过去几十年里，北美洲的一些冰暴引发了大规模的电力中断，因为积冰压断了输电线，造成上百万人在黑暗和寒冷中度过了数日，大约5厘米的积冰造成了数十亿美元的损失。冻雨对于飞机是一种真正的危险，机翼和机身必须定期除冰。冰的堆积能改变机翼的细微形状，影响飞机的航空动力学特性。

结冰的风
2005年1月，冰冷的东北风给日内瓦湖城带来了冻雨天气。严寒的阵风塑造了树上和建筑物上的冰覆盖层。

雷暴

雷暴会产生一系列极端天气。它是冰雹、暴雨、闪电、狂风和龙卷风的来源。

雷暴的生命周期

雷暴开始于小型积云，这些积云在1小时内就能成长为庞然大物。因此预报员需要紧盯雷达信息和其他信息源以跟上它发展的速度。大多数雷暴是由剧烈的表面加热造成的，因此，雷暴最常见于气候炎热、湿润的地区。所以，陆地经历的雷暴比海洋多，热带地区比高纬度地区的雷暴风险更大。当地表空气加热抬升后，逐渐冷却，水蒸气凝结形成积云。云中的水蒸气凝结成小水滴。当水滴足够大时，开始从云中下落，形成一股穿过整个云层的下沉冷气流，并形成地表降雨。如果积云成长为积雨云，过冷水滴、冰晶和雹可能带电。如果电位差过大，云中会出现巨大的放电现象，即闪电。爆发性闪光的周围，空气急剧加热，形成雷鸣。

雷暴的不同阶段

雷暴在成长的积云中开始它的生命。这个"单体"雷暴的总持续时间大约是1小时，这期间，它产生小冰雹、带有阵风锋的寒冷倒灌风等降水，并且可能出现的闪电。

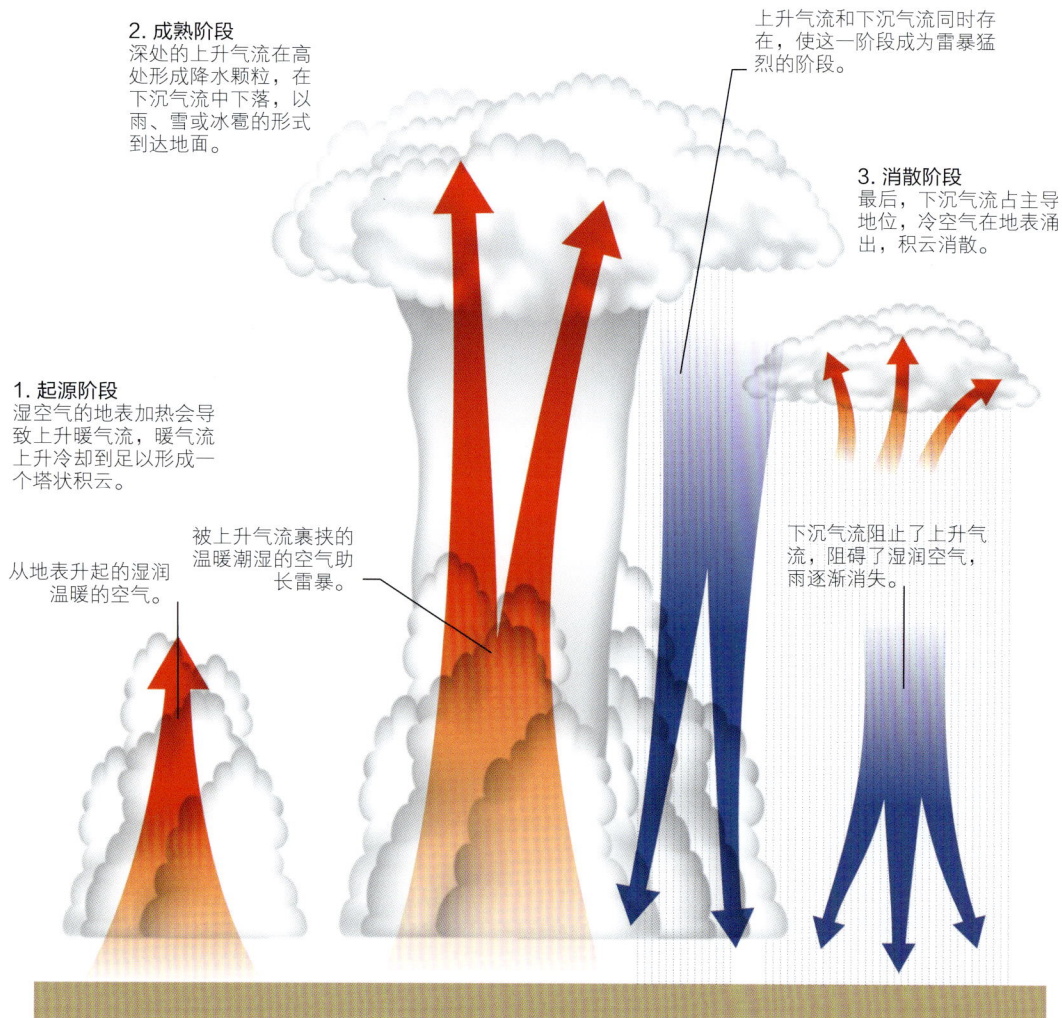

2. 成熟阶段
深处的上升气流在高处形成降水颗粒，在下沉气流中下落，以雨、雪或冰雹的形式到达地面。

上升气流和下沉气流同时存在，使这一阶段成为雷暴猛烈的阶段。

3. 消散阶段
最后，下沉气流占主导地位，冷空气在地表涌出，积云消散。

1. 起源阶段
湿空气的地表加热会导致上升暖气流，暖气流上升冷却到足以形成一个塔状积云。

从地表升起的湿润温暖的空气。

被上升气流裹挟的温暖潮湿的空气助长雷暴。

下沉气流阻止了上升气流，阻碍了湿润空气，雨逐渐消失。

+

带正电的较小冰晶被带到云的顶部

正电荷从水滴转移到冰雹上

−

带负电的较大冰雹下降到云的底部

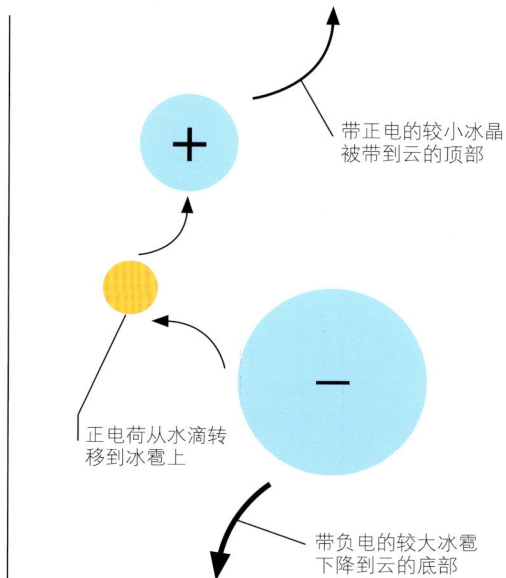

当冰颗粒和过冷的水滴在云中碰撞时，一方失去电荷，一方得到电荷。正电荷从在云中下落的小而轻的、较温暖的冰雹转移到周围更小的、过冷的云滴和冰晶上。较大、较重的冰雹下沉成为一个带负电的云基底，而较轻的过冷云滴和冰晶上升形成云中一个带正电的上层区域。

雨帘
一场活跃雷暴的威胁性的低云和遥远的雨帘盘旋在佛罗里达州迈阿密市的上空。佛罗里达州是美国所有州里雷暴次数最多的州，这归因于它充足的湿润空气和强烈的地面热度。

严重的洪水

7月的一天，中国重庆的一名交警在滂沱大雨中指挥交通。雷暴导致了严重的城市内涝以及交通混乱。雷暴中潮湿空气的强烈上升气流形成了高强度的降雨。

云的类型

雷暴是积雨云的产物。积雨云在整个对流层发展，可达对流层顶。从高处随风伸展的冰冷的铁砧可以看出，强劲的向上运动转变为水平流动。在生长着的云中，上升气流的前端以浓积云的花椰菜形状的顶部为特征，在底部，强降水推动一股急速下降的、寒冷的下沉气流。云在对流层顶变平之前，浓积云可能降下阵雨。积雨云通常是随意分布的，但有时它们也可能以直线形式排列，形成一条雷暴天气线。

单体雷暴阵雨

寿命相对较短的单个阵雨云垂直生长，因为它发育于周围大气中的风向和风速几乎不变的一层大气。可见的雨标志着下沉气流的位置。

多单体雷暴

这是一组相关的、处于各自不同生命阶段的降水积云。从一个成熟雷暴云中流出的下沉气流能够铲起周围地表的湿润空气，形成一个新的、早期积云阶段的"伙伴"。

多单体线雷暴

多单体雷暴通常排成一行，导致它们的下沉气流组织化。一排危险的云标志着这些雷暴前沿的阵风锋面会是破坏性的。

超级单体

在这种持续时间最长的雷暴中间是一个旋转的空气柱，被称为中气旋。由于它们的上升气流是垂直的，超级单体持续时间更长，不会被下沉气流淹没。超级单体雷暴能够形成龙卷风。

雹暴

雹是下落的圆形或不规则形状的冰块，也被称为冰雹，形成于积雨云内部。冰雹起源于处于云中上升气流中的小冰粒或冻结雨滴。在向上运动的过程中，通过在表面聚集水汽，小冰粒或冻结雨滴变得越来越大。它们能够生长到多大，取决于上升气流的强度、大小以及云中有多少水汽。最后，液滴太重，上升气流无法支持，液滴便开始下降。它们要么以雹的形式降落，可能在经过下层较温暖空气时有少许融化，要么再次被上升气流捕获并形成另一层冰壳。最强烈的雹暴与深厚的雷云有关，这类雷云拥有非常强烈的、倾斜的上升气流，使下落液滴在云的上部能够水平运动，在寒冷的空气中长大。最大的冰雹发生于温暖的季节，这听起来有些矛盾。这是因为温暖季节的地面加热最强，会形成高大的雷云，且有更多的水分蒸发以形成更多层冰。

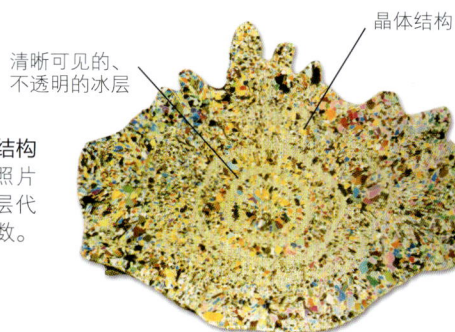

内部结构
这张大冰雹薄切片的偏振光照片显示了其晶体结构。环形的层代表了它在云中上下运动的次数。

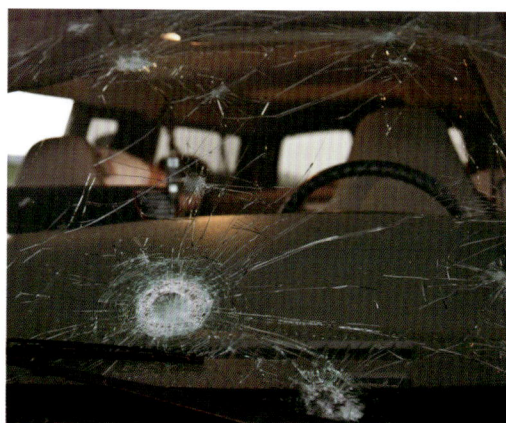

清晰可见的、不透明的冰层

晶体结构

反常的雹暴
在2007年，一场雹暴袭击了哥伦比亚的博加塔，抢险队正在解救被困的汽车司机。

冰雹危害
大冰雹会对农作物、建筑物和车辆造成损害。如果遇上冰雹天气，汽车挡风玻璃可能破碎，这对驾驶员是很危险的。

闪电的全球分布

闪电的全球年均频率模式也反映出雷暴的发生地。概括地说，发生率最高的地方是湿润的热带地区，主要在受热强烈的大陆上方。在非洲，雷暴具有明显的季节性，其活动与热带辐合带在两个半球的迁移有关。其他的活跃地区包括如美国部分地区和阿根廷北部，雷暴也可能造成危害。较高纬度大陆发生雷暴的概率较小，同样地，夏季雷暴活动频率相对较高。在大部分海洋以及南极和北极，发生闪电的概率最小。

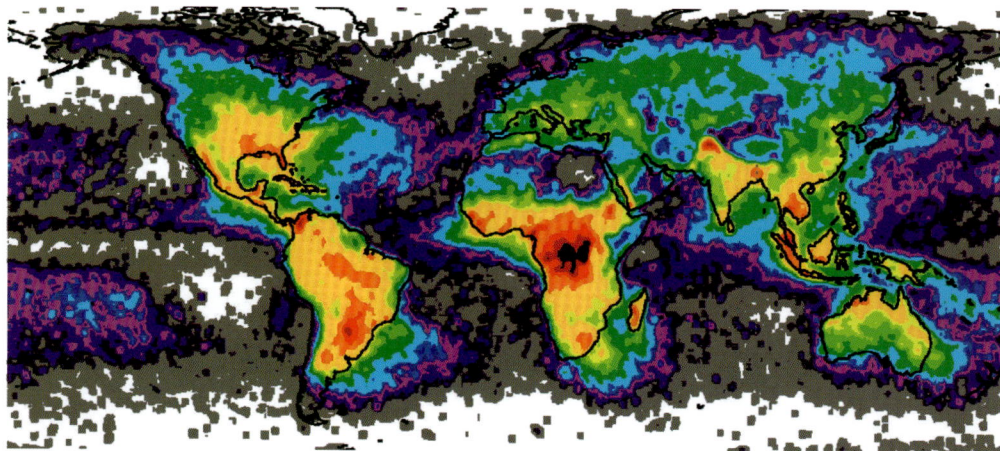

每年每平方千米闪电频率
0.1 0.4 0.8 2 6 10 30 60

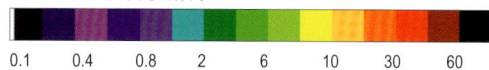

闪电

闪电是云和地面之间、云与云之间、在一朵云内部或从云到空气的一种放电现象。闪电会瞬间加热周围的空气至大约30000℃，导致空气膨胀并伴随着轰隆的雷鸣。闪电的光瞬时抵达我们的眼睛，而声音则需要一段时间才能传入我们的耳朵。声音的传播速度是330米/秒左右，因此通过测量闪电和雷鸣间隔的时间，能够估算闪电与我们的距离。例如，3秒的时间差意味着大约1千米的距离。一道闪电携带着高达10万安培的电流，足以致人和动物死亡。闪电有时会引发大火，美国平均每年大约有1万多起这样的火灾。火灾的元凶通常是"干闪电"的雷暴——不产生降水的积雨云。闪电产生被称为"天电"的电波，能被全球观测站网检测到，用于研究闪电的频率和分布。

带状闪电

这类闪电形成于一系列"回击"接连发生之时，它们随风移动，因此看起来像一条条缎带。"回击"指电流沿第一次放电的路径回流。

闪电危害

没有避雷针的高层建筑易遭受严重的损害。金属避雷针矗立在建筑最高点，将闪电的电流安全地导入地下。图中砖墙遭受了爆炸性的破坏。

闪电研究

科学家利用一个装有探测仪器的气象气球研究风暴的结构（包括其降水和上曳气流）对闪电的影响。它能测量气压、温度、湿度和风速，并携带了一个电场强度计。

片状闪电
在云内部发生的闪电被称为"片状闪电"。云的一部分从内部被照亮，看起来像明亮的白床单。

云对云闪电
这种很常见的云与云之间的放电，形状像树枝。云的表面不受影响，闪电消散在大气中。

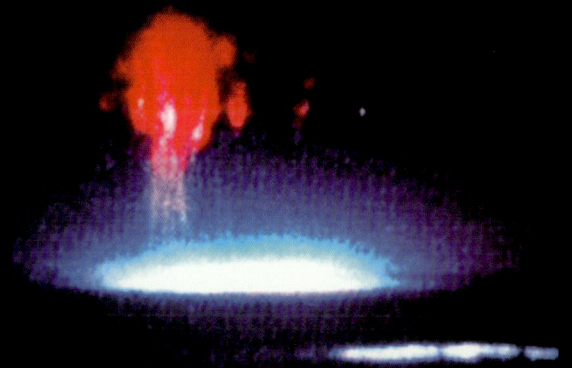

从云到地
由云向地面释放的电流与从地面上升的电流汇合，形成云对地闪电。

红闪
这些巨大但暗淡的光亮与云中的闪电几乎同时发生。它们从云的顶部延伸到电离层，存在时间只有几毫秒。

龙卷风

龙卷风是从雷雨云延伸到地面的旋转的空气柱，是所有天气系统中最极端的天气，风速高达480千米/小时的龙卷风会造成广泛的破坏。龙卷风通常有50~100米宽，持续时间短，平均轨迹长度为2千米~4千米。

形成

龙卷风在一个已经达到超级单体状态的雷雨云母云底部生成。云底部的低气压使来自地面的温暖湿润空气向上流动并与云中寒冷的空气发生摩擦。这形成了一个中气旋——宽阔的旋转空气柱，它开始向下凸出，形成漏斗状或旋涡状。被吸入低气压区的"漏斗"中心的空气，冷却后凝结形成漏斗状的云。当它接触地面的时候就变成龙卷风。

1 向下延展
漏斗状的云开始从一个旋转的积雨云的母体底部凸出，预示着它可能发展成龙卷风。

2 窄基底
当更多的温暖空气被吸入时，空气的旋转速度加快。旋转会影响地面，扬起大量的土。

3 触地
漏斗状的云触地，成为龙卷风。"漏斗"可能被上升气流和旋风卷起的尘土遮蔽。

4 尘土和碎片
高速的风把尘土和碎片卷入空中。龙卷风最终失去能量，"漏斗"收缩回母云。

激起碎片
一个龙卷风撕裂了澳大利亚新南威尔士的伦诺克斯村。破坏不仅来自漏斗状的云的狂风，还由于它卷起的快速移动的碎片。

龙卷风的分布图

说起龙卷风，通常会联想到美国大平原，尤其是一个叫龙卷风走廊的地方。事实上，龙卷风在其他地方也存在。在欧洲、南美洲、东亚和南亚、南非和澳大利亚的部分地区，拥有适合雷暴形成的成熟大气条件都可能导致龙卷风。

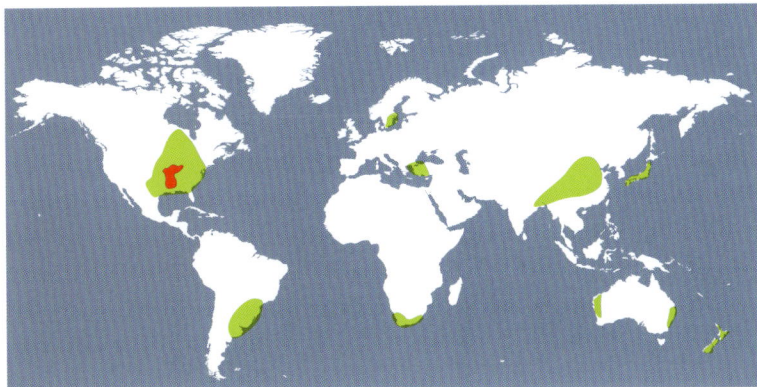

图例

🟩	龙卷风多发地区	🟥	龙卷风走廊

破坏的足迹

龙卷风一般约100米宽，因此它们造成的破坏带相对较窄，但破坏程度却很严重。在很长一段距离上，旋风卷起和掷下汽车与屋顶等物体。狭窄的"漏斗"意味着一个地方可能完全被摧毁，而相邻的另一个地方完好无损。

龙卷风爆发

2011年4月，美国东南部部分地区爆发了一次毁灭性的龙卷风，造成340多人死亡。这是阿拉巴马州塔斯卡卢萨市在龙卷风之后的一张航拍图。

旋风的种类

龙卷风是和地面相接的、与积雨云有关的快速旋转的空气柱。通常，冷凝水滴形成的漏斗云的出现是它们的标志。但有时，当漏斗状的云由固体碎片如灰尘或土壤组成，它们也可能是"干的"。水上的龙卷风被称为水龙卷，是由云滴柱组成的弱旋风。云滴柱在海洋表面被放大，喷洒出大量的海水。水龙卷通常发生在热带和亚热带海洋，那里有充足的温暖且湿润的空气。

与龙卷风形成方式相同的另一种天气现象是尘卷风。它通常是短促的，形成于急剧加热的干燥陆地表面，是没有危害的直立旋涡。尘卷风比龙卷风小，并且与云无关。

尘卷风

尘卷风碾过美国堪萨斯西部的一条农场道路。这类旋风由被吸入旋转空气的尘土组成。

水龙卷

美国佛罗里达群岛岸边的一个典型的夏季水龙卷。这类龙卷风发生在海上，但偶尔会登陆。

改进型藤田级数

藤田级数由美国芝加哥大学暴风研究员藤田哲也建立，根据龙卷风的风速和所造成破坏的程度对龙卷风进行了分级。2007年2月，藤田级数被一个改进的加强版藤田级数取代。

改进型藤田级数	风速	破坏程度
0级	105～137千米/小时	小树枝折断，窗户和庭院门受损
1级	138～178千米/小时	树被连根拔起，烟囱倒塌，活动房屋被掀翻
2级	179～218千米/小时	树干折断，整座房屋移开地基
3级	219～266千米/小时	树被剥皮，只剩下树桩，房屋外墙倒塌
4级	267～322千米/小时	坚固的房屋被推倒，汽车被吹走
5级	大于322千米/小时	坚固的房屋被推倒并刮走

俄克拉何马，1999年

美国俄克拉何马州位于灾难多发的龙卷风走廊，龙卷风走廊是落基山脉和阿巴拉契亚山脉之间每年会发生数百次龙卷风的一片区域。1999年5月3日，俄克拉何马经历了它历史上最严重的龙卷风爆发。那一天起先是温暖的晴天，但到了下午，超级单体雷暴已经发育成熟。整个州当天共报告了70多场龙卷风，风速超过300千米/小时。其中最严重的一个发生在州府俄克拉何马城西南部的布里奇克里克。在它巨大的漏斗状的云中有一台监测空气流动的移动多普勒雷达测量到了486千米/小时的风速，打破了世界纪录。这个龙卷风达到了藤田级数5级，它单独造成的损失就达到11亿美元。

龙卷风在该州造成了广泛的破坏，卷起大量的碎片残骸，夷平了数以千计的房屋。某些地方出现了比高尔夫球还大的冰雹，许多人在停电中度过了一天多的时间。48人在此次龙卷风中丧生，600余人受伤。

俄克拉何马10次最致命的龙卷风

	地点	年份	藤田级数	死亡人数
1.	伍德沃德	1947	F5级	116
2.	斯奈德	1905	F5级	97
3.	佩格	1920	F4级	71
4.	安特勒斯	1945	F5级	69
5.	普赖尔	1942	F4级	52
6.	布里奇克里克	1999	F5级	48
7.	俄克拉何马城	1942	F4级	35
8.	克里弗兰县	1893	F4级	33
9.	伯大尼	1930	F4级	23
10.	麦卡莱斯特	1882	F3级	21

2009年1月27日，俄克拉何马州和堪萨斯州的两个龙卷风

1999年5月3日

位置	美国，俄克拉何马州
类型	龙卷风
死亡人数	48

8000	藤田级数F5级的龙卷风损毁的房屋数量

应对龙卷风

及时的警报减少了龙卷风造成的伤亡人数。频繁的雷达监测和追随漏斗状的云的官方风暴观测员提供了有关龙卷风的强度和轨迹的及时数据更新。电视和电台广播中断，插播有关龙卷风的最新进展以及特定地点的警告。俄克拉何马州的居民在应对风暴方面训练有素。一切大的购物中心和公共建筑都有龙卷风避难所，许多家庭有防龙卷风的地窖。

龙卷风的破坏性路径

1 龙卷风警报
俄克拉何马州气象中心通过电视和无线电广播发布频繁的龙卷风警报，给居民预留出寻找庇护所的时间。

2 龙卷风加剧
当从西南方接近俄克拉何马城时，致命的龙卷风明显加剧。它在布里奇克里克达到了F5级，随后在穿过加拿大河时变弱，又在摩尔区再次达到F5级。

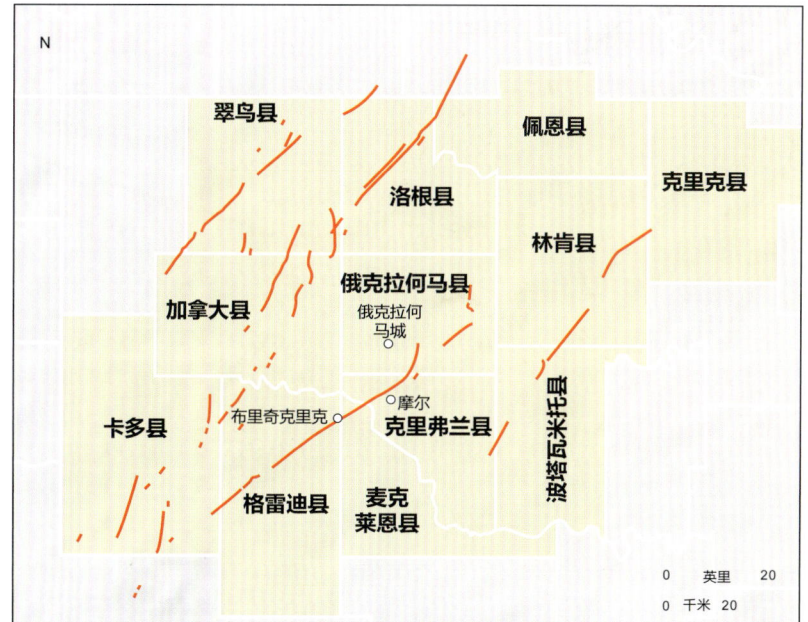

N

翠鸟县　佩恩县
洛根县　克里克县
加拿大县　林肯县
俄克拉何马县
俄克拉何
马城
卡多县　波塔瓦米托县
布里奇克里克　摩尔
克里弗兰县
格雷迪县　麦克
莱恩县

0　英里　20
0　千米　20

图例

—— 龙卷风路径
　　受灾县

俄克拉何马龙卷风地图
龙卷风的爆发遵循漏斗状的云的典型模式，从西南移向东北。龙卷风的行进速度相对较慢，造成破坏的是围绕它旋转的大风。

> 如果你在它的行进路线上，马上躲起来……风暴可能包含致命的棒球大小的冰雹，甚至更大……

国家气象中心，俄克拉何马州诺曼市

3 龙卷风路径
俄克拉何马被卷起的红土显示了俄克拉何马城外围龙卷风狭窄但具有毁灭性的路径。惊人的是，破坏完全沿着这条线行进，而在只有几百米远的地方，破坏很小甚至完全不受影响。

4 后果
成千上万栋建筑被毁，11.6万所住宅停电，40余人死亡。事件导致了俄克拉何马大学国家气象中心的建立。

龙卷风显现

美国南达科他州有记录的最严重的龙卷风发生于2003年6月24日。这天一共有67场龙卷风，其中包括摧毁曼彻斯特社区的龙卷风。该龙卷风持续了20分钟，扬起泥土碎片，风速估计达到了418千米/小时。

沙暴和尘暴

炎热的沙漠和干旱地区是沙尘暴的主要发源地。风吹起松散的沙粒，导致沙暴。更小的灰
尘颗粒被输送到离发源地很远的地方，可能形成尘暴。

形成与分布

沙尘暴形成于炎热、贫瘠的沙漠和干燥的半干旱地区。由于风化过程
和偶然的河流冲刷，尤其是在半干旱地区，导致了干涸的湖床和河漫
滩平原的细颗粒沉积。大风掀起这些颗粒，形成沙暴。因为沙粒的体
积相对较大，所以沙暴多是局地性的。尘暴是由被吹离来源地很远的
最细小的灰尘颗粒形成的。灰尘能上升到6千米或更高的地方，在有利
的大气条件下，能被输送到很远的地方。灰尘跨越北大西洋，或者从
撒哈拉西部升起，然后在加勒比沉降下来，或者从中国升起穿过太平
洋的情况并不少见。还有一些关于英国的混杂着灰尘的"红雨"以及
阿尔卑斯地区雪和尘的混合"粉红雪"的报道，可见，撒哈拉灰尘移
动到了有多远。干燥的冷锋和雷暴的下沉外溢气流也有助于搬运灰尘。

移动的尘暴
2000年这场大型的尘暴形成于非洲西北部上方，它跨越大西洋
东部，行程达1600千米。

沙漠城市沙暴
2010年5月14日，一场巨大的沙暴席卷了
戈壁沙漠边缘附近的中国城市格尔木。能
见度下降到183米左右。

影响

由于沙暴和尘暴发生时能见度突然降低，并且持续几个小时或一天甚至更长时间，这会给乘坐交通工具的人带来危险。高浓度的灰尘小颗粒还会严重威胁健康。小于0.01毫米的灰尘能被吸入肺的深处。肺气肿和支气管炎以及结膜炎等健康问题与高浓度灰尘有关。随着土壤上层的养分被吹走，干旱地区还存在土壤侵蚀的问题。灰尘会顺风飘流，遮盖植物，污染水和食物供给。在大风情况下，灰尘具有磨蚀性，会对农作物和牲畜造成损害。

红色尘暴

2009年9月，一块长度超过1000千米的尘云从澳大利亚沙漠地区和干旱的农场蔓延至悉尼和澳大利亚东海岸，将天空染成橘红色。

美国风沙侵蚀区

在20世纪30年代中期，从得克萨斯州的柄状狭长地带延伸至内布拉斯加州南部的北美洲大草原地区容易发生严重的尘暴，造成惨重的农业损失。"风沙侵蚀区"最大时覆盖面积超过40万平方千米，导致约25万人逃离这片干旱肆虐的地区。灾难完全是人为的，是高地平原小麦耕种热潮的结果。赚快钱的诱惑导致了严重管理不善的大规模的旱作农业。1931年，俄克拉何马农业学院的一项调查发现，该州64750平方千米的耕地中约有52600平方千米水土流失严重。在1935年4月14日——也被称为"黑色的星期天"，该地区经历了最糟糕的一天，估计有30万吨高地平原表层土壤被风速80千米/小时以上的大风吹到空中。据报道，在一些地方，尘暴造成一片漆黑。

中国尘暴，2010年

2010年3月，中国大部分地区在一场严重干旱之后迎来了强烈的尘暴天气。尘土来自亚洲第二大的沙漠——戈壁沙漠，从中国与蒙古交界的北偏西方向一直抵达首都北京。3月20日，土黄色的尘土覆盖了中国约81万平方千米的国土，影响2.5亿人。之后，巨大的尘埃云移向朝鲜半岛和日本，接着，又被急流吹过太平洋抵达美国西部地区。

在大范围尘暴产生之前是一段严重干旱时期，同时，还伴随着高于平均气温的高温天气。有报道称，这次中国西南部的大旱是中国较为严重的一次。不管怎样，尘暴对于北京来说并不陌生，2006年4月的一次大型沙尘暴在这座城市倾倒了约30万吨尘埃。中国科学院指出，在过去50年里中国尘暴的爆发数量增加了6倍。这归因于不合理的耕作方式和滥砍滥伐导致的荒漠化扩大。

严重干旱
图中一头牛在严重开裂的土地上拉车，展现出中国云南省旱灾的严重程度。2010年大旱是中国百年一遇的旱灾，降雨量较常年减少60%。

" 能见度大约10米……我们尽量不出门。如果出门，我们会戴面罩……"

王海舟，中国新疆维吾尔自治区库尔勒市的一位农民

2010年3月	
位置	中国
类型	严重尘暴
最大风速	100千米/小时

250000000

受影响的人数

影响

在这场3月份的沙尘暴期间，中国许多地区通报的空气质量是"有害的"——这是一个很少使用的质量等级。人们被建议留在屋内，尤其是那些患有冠心病、呼吸系统疾病或免疫系统疾病的人。当尘暴肆虐北京机场时，许多航班延迟或取消。香港的污染物浓度达到峰值，是世界卫生组织（WHO）推荐的最高值的15倍。同样，中国台湾也报告了前所未有的污染物浓度。

笼罩在沙尘中
上方的照片显示了北京2010年3月17日的晴朗天气，在仅仅5天之后的3月22日就转变为遮天蔽日的土黄色沙尘暴天气。

格尔木市的尘暴
格尔木，戈壁沙漠边缘的一个中国新兴城市，频繁遭受着从沙漠吹来的春季尘暴。沙尘会向外扩散，蔓延到中国的其他地区。

防护装备
在尘暴袭击北京时，当地人和游客被建议佩戴口罩以阻止尘埃进入肺中。

野火

闪电击中可燃物，例如经历了一段时间的高温、干旱之后的树木或草地，会引发野火。大风会使火势快速蔓延，波及广大地区，造成巨大破坏。

野火的成因

野火的开始和扩散取决于多种因素的共同作用。一个关键的因素是前期有一个干旱阶段，灌木、树林和草木在此阶段变得非常干燥。全球一些夏季高温、干燥的地方最容易发生野火。这种干燥通常与持续高温和相对湿度较低有关。高温、干燥的大风进一步加剧了植被的干燥程度。野火一旦形成，风速越大，火势蔓延得越快，有时能达到惊人的危险速度。野火能以22千米/小时的速度在草地上蔓延。当厄尔尼诺现象出现时，世界上的一些地方天气更加干旱，如澳大利亚东半部，更容易发生野火。当形成野火的天气条件成熟时，还必须有一个点火的"角色"。通常，闪电扮演了这个角色。雷暴在带来闪电引发野火的同时，还可能形成降雨，但降雨并不足以熄灭爆发的野火。另外，蓄意纵火或人们不小心也会引起野火。2009年希腊野火就是由人为纵火造成的，这场野火吞没了雅典郊区的14个城镇。

地狱之火
2010年，消防员正努力阻止野火蔓延至美国洛杉矶北部的电力线。

闪电
闪电是野火的主要火源。一旦火势蔓延，伴随着闪电而来的降雨从来都不足以熄灭火焰。

人为疏忽
这张航拍图显示了2009年一次军队炮击训练引发野火之后法国马赛市郊区的浓烟。

风向
2007年，美国南加州的致命野火扩散至周围2000平方千米。风裹挟着炙热的灰烬，将离起火点很远的树木点燃。不幸的是，火灾造成9人死亡，至少1500所住宅被毁。

后果

被野火摧毁的住宅和公共设施，可能要花数年来恢复。酷热杀死了大部分植被，并且由于改变了地表的孔隙度，使土地容易突发洪水和泥石流。在夏威夷，野火造成的严重土壤侵蚀导致土壤物质流失，更多地沉积在周边的海水里，杀死了一些地方的海草并使鱼类资源减少。森林虽然可以恢复，但其恢复的速度取决于树的品种——草地是再生速度最快的植被种类。野火还会向大气中释放大量的二氧化碳。

森林再生
在针叶林，野火的高温使松球裂开，在林地中洒落许多种子，开始新的生长。

野火的分布

野火风险最大的地区是那些满足了野火爆发和扩散的气候条件和地表特性的地方。较高纬度地区和最热的一些地方，由于缺乏植被，不容易发生野火。由于经常性的大范围降雨，赤道雨林地区发生野火的概率也相对较低。

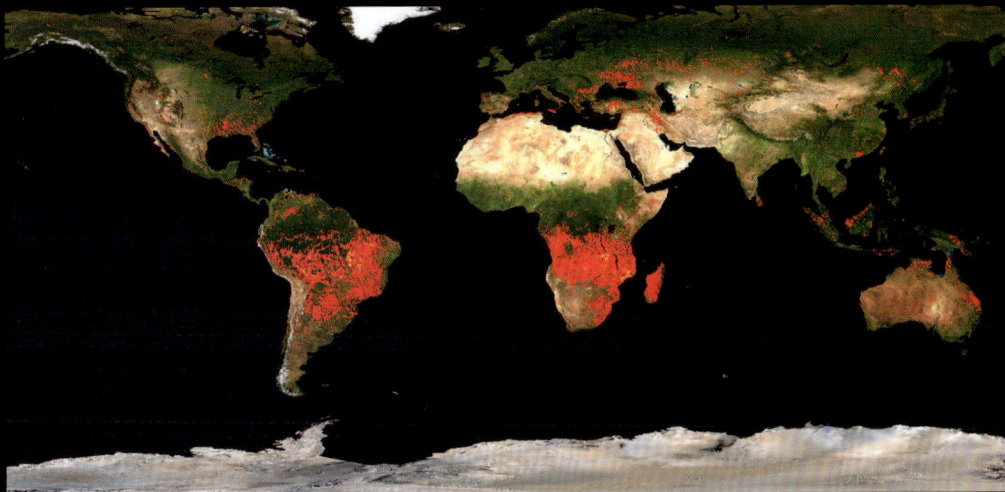

在拥有长期的干旱季节并伴随偶尔雷暴天气的地区（橙色和红色地区），野火最常见。但是，一些地区的野火高发生率则是由于人为清除热带雨林的蓄意放火，如南美洲的广大区域。在极端干旱的夏季，欧洲南部会发生野火。

击退大火
美国宾夕法尼亚州的一名消防员正在通过燃烧植被以清除野火前方的可燃物质来阻止野火蔓延。

黑色星期六森林火灾，2009年

2009年2月7日，澳大利亚天气预报员预报了维多利亚州历史上"最糟糕的一天"。他们说对了。破纪录的高温和7级以上的大风，再加上该地区经历了长期的严重干旱，构成了灾难形成的条件。植被干燥易燃，是毁灭性山火形成因素中最重要的一个。那天，最高气温达46.4℃，风速达90千米/小时。当大风在饱受干旱的地面掠过时，引发了9处小规模的火灾，其中大多数发生于当天中午。下午，风向突然转变，导致东北方向的小镇突然处于火灾威胁之下，一些人被困在屋内。应急服务在如此大规模的灾难面前失灵，移动电话网络由于负载过大而崩溃。大火扩散得非常快，数十人在试图从家中逃出时死亡。大火的辐射热非常剧烈，足以致300米以内的人死亡。此次火灾中，共有173人死亡，大约500人受伤。

浓烟扩散
持续大火产生的烟柱扩散得很远，从墨尔本一直延伸到海边。

2009年2月7日	
位置	澳大利亚，维多利亚州
类型	山林大火
死亡人数	173

11800

丧生于火灾的牲畜数量（头）

无助
澳大利亚本耶普州立森林公园的树在燃烧。消防措施被巨大的火势击败。

灭火

1 空中支援
火灾爆发后两天，一架直升机从空中喷水以支援地面消防员，以阻截墨尔本以东100千米的本耶普山脉的大火。空中观察对于描绘林火的走势和强度至关重要。

后果

黑色星期六森林火灾的规模在澳大利亚是史无前例的。火灾发生后，成千上万的志愿者和政府工作人员立即为幸存者和受难者家属提供庇护所和食物。但是在火灾过后两年，被毁的1795所住宅中只有40%获准重建。州政府被建议禁止人们在火灾敏感区修建建筑物。人们从这次事件中吸取了一些重要教训，包括"走还是留"的政策转变——修订后的政策建议火灾中的人在警报发布后立刻离家。不幸的是，113人在试图抢救财产时死亡。负责向公众发送警报的当局没有向一些社区及时发出警报，导致居住在那里的人在大火扩散到他们跟前时才意识到危险。

陆地损害

生物学家估计死亡或受伤的野生动物数量达上百万只（头）。许多袋鼠在返回还在闷燃的栖息地时脚部严重受伤，需要照料。约6.2亿平方米的牧场和3.2万吨的干草和青贮饲料被毁，林火造成的保险索赔总计达12亿澳元。水利工程师担忧墨尔本的一些筑坝的供水源可能受到来自火灾流域的灰烬的污染。

> **"州里没有一个消防员不对星期六有种不好的感觉。"**
>
> 基斯·巴伯尔，消防员

2 烧焦的土地
金斯莱克镇外的土地在2月大火之后6个月左右仍然处于完全烧焦的状态。陡峭的坡度和大风加剧了该地区火势的蔓延，造成38人死亡。

3 重建
一栋新房子的框架在废墟上建起。澳大利亚约有100个城镇受到火灾影响，而对于许多人来说，房屋重建的过程漫长且花费高昂，修复破坏可能需要许多年。那些选择留在这些地区重建家园的人们面临着火灾爆发的长期风险。

气候变化

地球大气层有助于给地球保温。但是，记录显示，地球表面的气温在20世纪一直缓慢增长。气温上升背后的原因至今仍然不明，但是科学家们认为人类活动可能扰乱了大气中气体的自然平衡。

全球变暖

自地球诞生以来，地球的气温就在热和冷两个极端间变幻。这些变化受大气组成和大气加热速率的自然事件的影响。尽管自然波动能够解释一部分气温升高的原因，但人们认为全球变暖的主要原因是，人类化石燃料燃烧造成的二氧化碳（CO_2）浓度显著上升。尽管这种气体在大气中所占比例很小（体积占大气总体积的0.038%），但它在保温方面效率很高。水汽和甲烷也会减少太阳照射到地表的热量向大气层外的辐射。这种保温能力使它们被称为"温室气体"。想要预测地球升温后会发生什么并非易事。我们对二氧化碳迁移和储存以及温室气体之间相互作用的自然过程所知甚少。但可以确定的是，气候变化会影响全球的天气，导致一些地区变得更冷、更湿润而另一些地区则更热、更干旱。

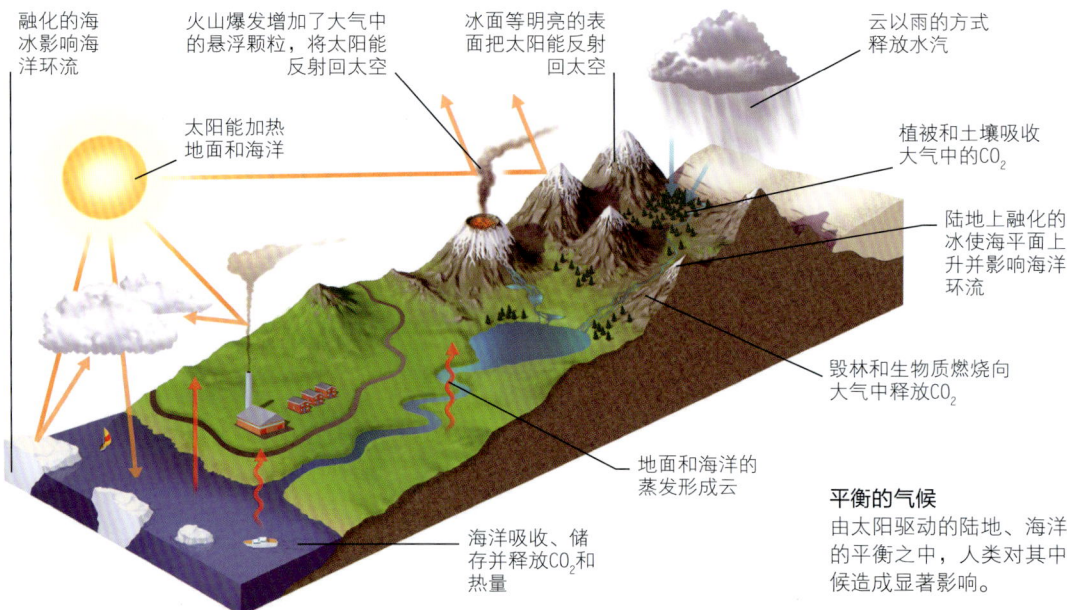

融化的海冰影响海洋环流

火山爆发增加了大气中的悬浮颗粒，将太阳能反射回太空

冰面等明亮的表面把太阳能反射回太空

云以雨的方式释放水汽

太阳能加热地面和海洋

植被和土壤吸收大气中的CO_2

陆地上融化的冰使海平面上升并影响海洋环流

毁林和生物质燃烧向大气中释放CO_2

地面和海洋的蒸发形成云

海洋吸收、储存并释放CO_2和热量

平衡的气候
由太阳驱动的陆地、海洋和大气之间的相互作用处于微妙的平衡之中，人类对其中一个系统的不利影响会对全球气候造成显著影响。

影响

气候变化能够造成严重的后果，尤其会造成极端天气事件发生频率增高，如剧烈风暴、洪水和干旱。检潮仪和卫星测量显示，由于海水温度升高，体积增大，全球海平面上升，使许多沿海城市和珊瑚岛处于危险中。

退缩的极地冰原和快速融化的冰川向海洋中增加了大量淡水，也导致了海平面的上升。海洋的增温还会释放掩埋在海底沉积物中的甲烷，导致突然的气候变化。冻土带中也有大量甲烷，如果冻土融化就会被释放出来。

冰原后退
阿拉斯加的佩德森冰川的这两张照片拍摄于1917年（见左图）和2005年（见右图），可以看出在这期间冰川萎缩了多少。融化的冰川使海平面在过去350年里以前所未有的速度升高。

变化的驱动因素

气候变化由自然因素和人为因素共同驱动。地轴的倾斜造成的太阳辐射的季节性波动影响海洋和大气环流，进而影响局部和全球的气候。火山向大气中喷发大量温室气体和含硫酸盐烟雾。硫酸盐和其他颗粒会遮蔽阳光，导致气温下降，并为云和雨的形成提供凝结核。水汽也是一种天然温室气体，随着气温升高更多地蒸发进入大气。这导致更多的云形成，云会将阳光反射回太空。

尽管为满足人类能源需求燃烧的煤炭、石油和天然气是大气中二氧化碳增高的主要原因，但这并不是唯一的原因。植物可以通过光合作用吸收二氧化碳，但毁林和开荒会大幅减少这类自然"碳汇"，且燃烧植物进一步释放了二氧化碳。汽车和飞机的废气含有另一种温室气体——氧化亚氮，在废水处理和土壤施肥过程中也会产生氧化亚氮。而减少大气污染物的行动也会减弱污染物的降温效应，使大气增温。

温室气体

有强有力的证据表明，人类活动使大气中温室气体的含量增加。在2007年一份给政府间气候变化专门委员会（IPCC）的报告中，数据显示：2004年进入大气的、源于人类活动的温室气体，56%以上来自化石燃料燃烧排放的CO_2，约1/4来自溶剂和制冷剂中的甲烷、氧化亚氮和氟化物气体。

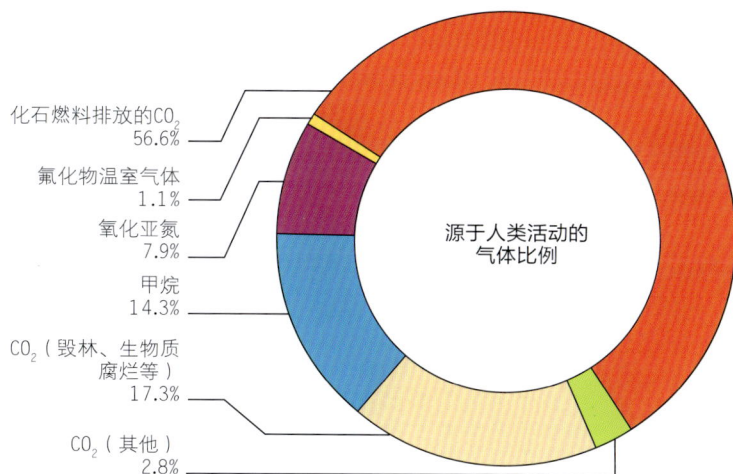

化石燃料排放的CO_2
56.6%

氟化物温室气体
1.1%

氧化亚氮
7.9%

甲烷
14.3%

CO_2（毁林、生物质腐烂等）
17.3%

CO_2（其他）
2.8%

源于人类活动的气体比例

甲烷排放
集约式农业产业，尤其是稻田和牛群，是甲烷浓度上升的主要原因。一头牛一天打嗝能释放出200升甲烷，因此科学家们正试图通过改变牛的饮食来减少甲烷排放。

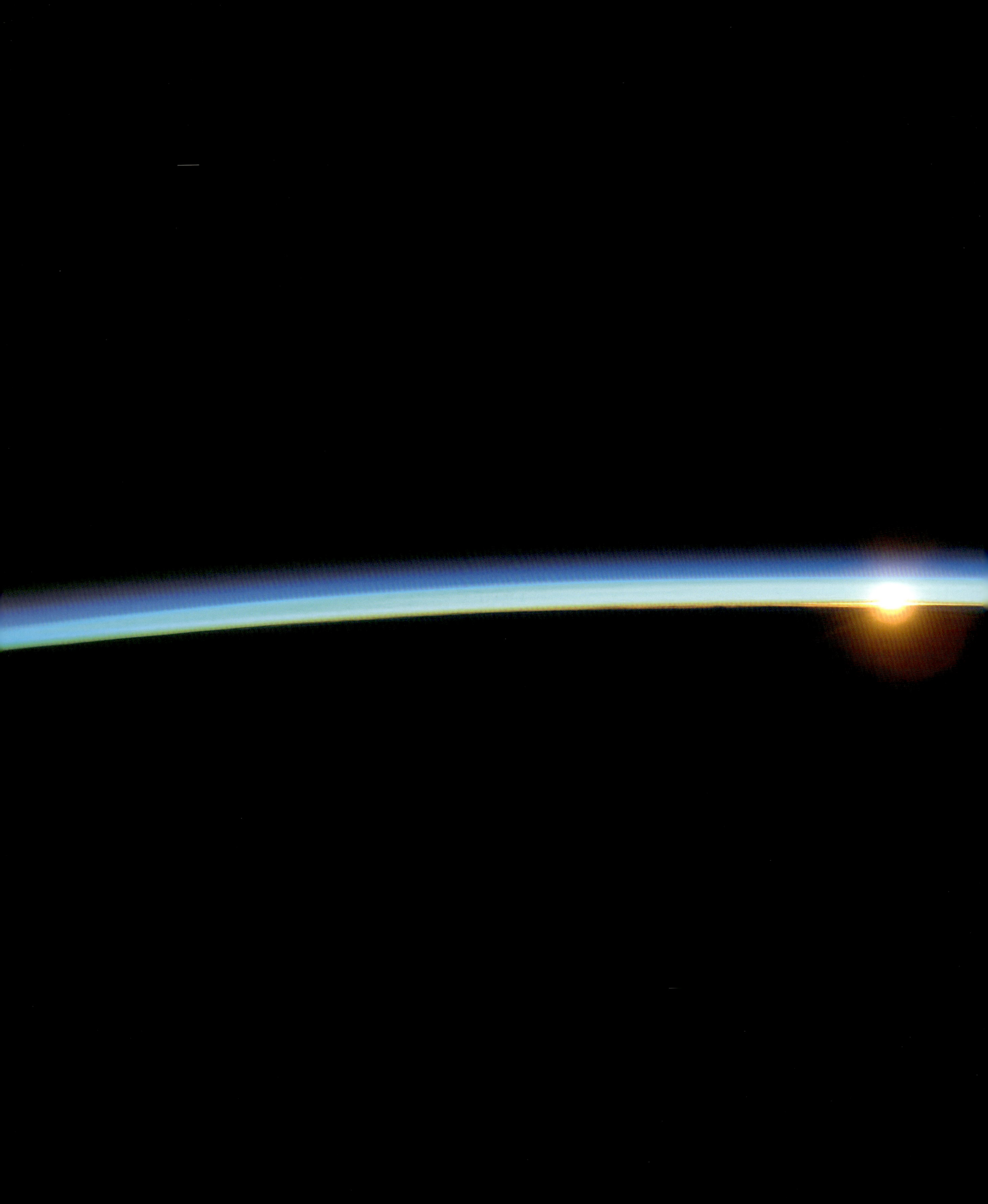

参 考 资 料

<< 地球大气层
国际空间站上的航天员拍下了落日和细线状的地球
大气层照片。

地球

地球的重要数据

地球是太阳系距离太阳第三近的行星，并且是已知的唯一拥有活动的板块构造系统的行星。水在地球表面自由流动，丰富的生命形态在地球的大气、陆地和海洋中生存。

地球与太阳和太阳系的其他行星一起诞生于46亿年前，从气体和尘埃云中形成。地球围绕太阳旋转，距离太阳1.496亿千米。

46亿年
地球的年龄。

40030千米
地球的平均周长。

12756千米
赤道直径。

21千米
与两极的形状相比，地球在赤道处鼓一些，多出21千米（赤道半径比极半径长21千米）。这是由于地球的自转使自身微微变得扁平。

18千米
对流层的高度。对流层是最接近地表的那部分地球大气层，是产生绝大多数天气现象的地方。

23.5
地球自转轴在垂直方向上倾斜的角度。这种倾斜是四季形成的原因。

107218千米/小时
地球绕太阳旋转的速率。

9亿年前
地球上多细胞动物首次出现的日子。

15℃
地表平均温度。

1600千米/小时
每24小时地球完成一次自转，地球旋转的速率（在赤道地表面处）。

2~20厘米
地球构造板块平均每年移动的距离。

8.3 分钟
光从太阳到地球所需的时间。

地质年代

地球的年龄有数十亿年。对于地壳岩石和化石的研究使我们得以把地球的历史划分成不同的阶段：代，纪，世。其中，纪是对代的进一步划分，世是对纪的进一步划分。

代	纪	世	开端（百万年前）
新生代	第四纪	全新世	0.01
		更新世	2.6
	新近纪	上新世	5.3
		中新世	23
	古近纪	渐新世	34
		始新世	55
		古新世	65
中生代	白垩纪		145
	侏罗纪		202
	三叠纪		251
古生代	二叠纪		299
	石炭纪		359
	泥盆纪		416
	志留纪		444
	奥陶纪		488
	寒武纪		542

地球各大洲

地球的陆地被分为七个大洲。亚洲是目前最大的一个，占地球陆地总面积的近1/3。

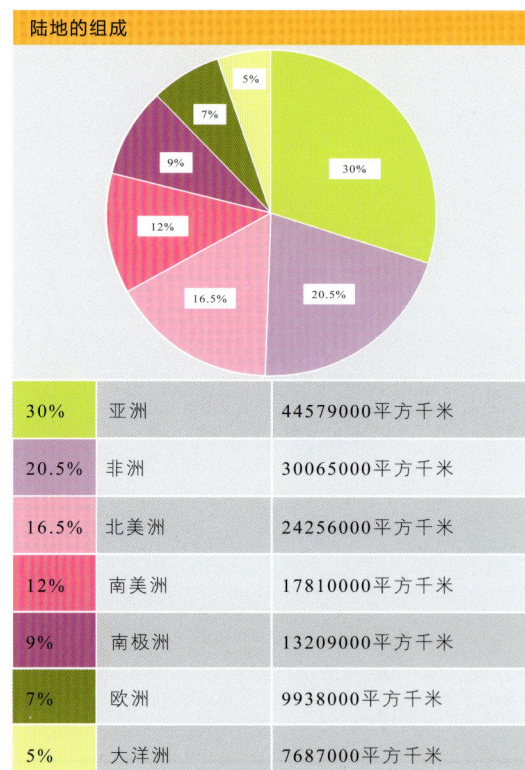

陆地的组成

百分比	大洲	面积
30%	亚洲	44579000平方千米
20.5%	非洲	30065000平方千米
16.5%	北美洲	24256000平方千米
12%	南美洲	17810000平方千米
9%	南极洲	13209000平方千米
7%	欧洲	9938000平方千米
5%	大洋洲	7687000平方千米

构造板块

地球最外层的岩石分裂为8或9个主要的构造板块和数十个较小的板块（见26~27页）。随着时间的流逝，这些板块彼此分离（离散）或靠近（汇聚），导致各大陆的移动、海洋的展开和闭合，并形成山脉。在转换型边界，板块沿断层面相对滑动，有时产生的应力会导致地震。

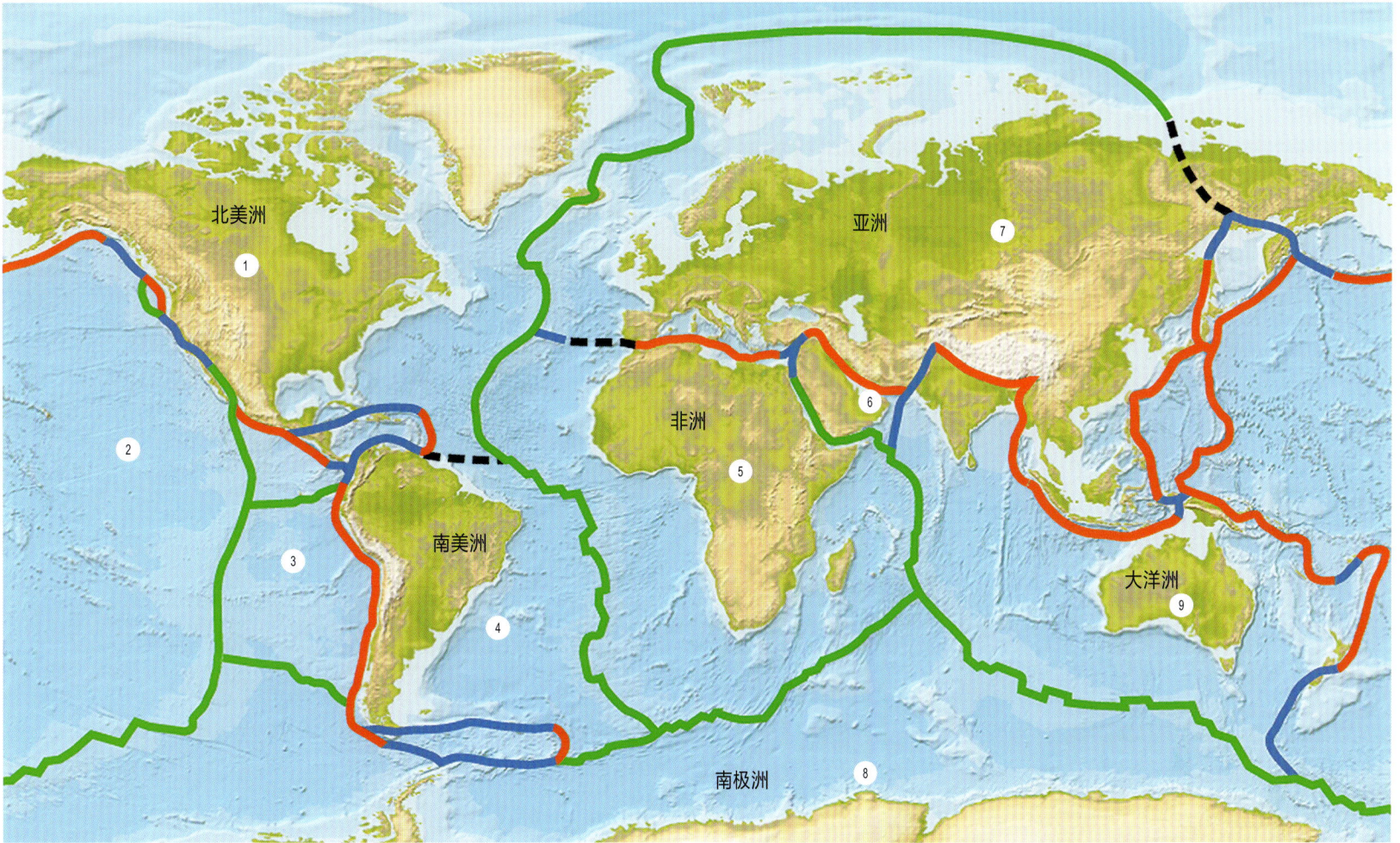

板块名称：	1. 北美板块	4. 南美板块	7. 欧亚板块
	2. 太平洋板块	5. 非洲板块	8. 南极洲板块
	3. 纳斯卡板块	6. 阿拉伯板块	9. 印度−澳大利亚板块

板块边界图例：	汇聚型 ▬▬▬	转换型 ▬▬▬
	离散型 ▬▬▬	不确定 ▬ ▬ ▬

地球的结构	名称	平均深度	密度	温度
	地壳	5~70 千米	3克/厘米³	小于 1000℃
	地幔	2990 千米	3.5~5.5克/厘米³	1000~3500℃
	外核	5150 千米	10克/厘米³	3500~4000℃
	内核	6370 千米	12克/厘米³	4000~4700℃

山脉

主要山脉

全球的主要山脉，例如安第斯山脉、喜马拉雅山脉、阿尔卑斯山脉和落基山脉，相对来说是比较年轻的，形成于几百万年前。它们沿着地质历史时期发生过碰撞的构造板块的边界分布。板块汇聚时产生的巨大压力导致岩石变形并隆起，远高出周围地面，形成了山脉。岩石隆起的过程如今仍在继续。

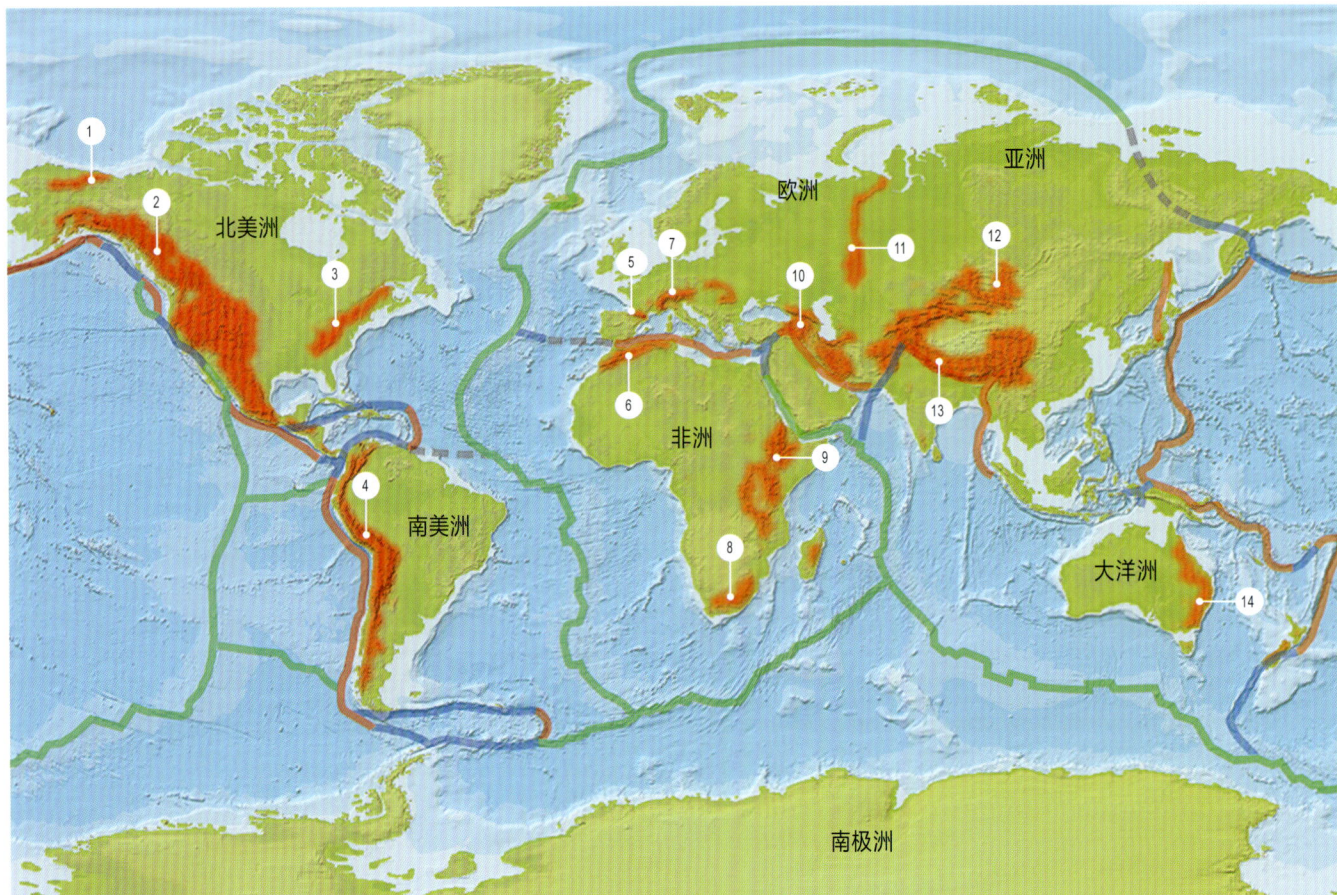

山脉：

1. 阿拉斯加山脉
2. 落基山脉
3. 阿巴拉契亚山脉
4. 安第斯山脉
5. 比利牛斯山脉
6. 阿特拉斯山脉
7. 阿尔卑斯山脉
8. 德拉肯斯山脉
9. 埃塞俄比亚高原
10. 高加索山脉
11. 乌拉尔山脉
12. 天山山脉
13. 喜马拉雅山脉
14. 大分水岭

全球最高的山峰

海拔8000米以上的山峰有14座，它们全位于亚洲，绝大多数属于喜马拉雅山脉。喜马拉雅山脉是地球上最高的山脉，也是最年轻的山脉之一，被称为"世界屋脊"。位于亚洲的喜马拉雅山脉将印度次大陆与青藏高原分隔开来。

山	山脉	位置	高度
珠穆朗玛峰	喜马拉雅山脉	尼泊尔/中国	约8848米
乔戈里峰（K2峰）	喀喇昆仑山脉	巴基斯坦/中国	8611米
干城章嘉峰	喜马拉雅山脉	尼泊尔/印度	8586米
洛子峰	喜马拉雅山脉	尼泊尔/中国	8516米
马卡鲁峰	喜马拉雅山脉	尼泊尔/中国	8463米
卓奥友峰	喜马拉雅山脉	尼泊尔/中国	8201米
道拉吉里峰	喜马拉雅山脉	尼泊尔	8167米
马纳斯鲁峰	喜马拉雅山脉	尼泊尔	8163米
帕尔巴特峰	喜马拉雅山脉	巴基斯坦	8125米
安纳布尔纳峰	喜马拉雅山脉	尼泊尔	8091米
迦舒布鲁姆I峰	喀喇昆仑山脉	巴基斯坦/中国	8068米
布洛阿特峰	喀喇昆仑山脉	巴基斯坦/中国	8047米
迦舒布鲁姆II峰	喀喇昆仑山脉	巴基斯坦/中国	8035米
希夏邦马峰	喜马拉雅山脉	中国	8013米

各大洲的最高峰

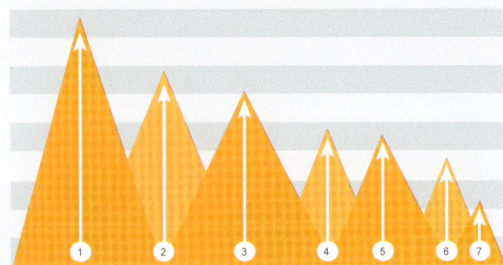

山峰	高度	所在洲
1. 珠穆朗玛峰	约8848米	亚洲
2. 阿空加瓜山	6962米	南美洲
3. 麦金莱山	6194米	北美洲
4. 乞力马扎罗山	5895米	非洲
5. 厄尔布鲁士山	5642米	欧洲
6. 文森峰	4892米	南极洲
7. 查亚峰	4884米	大洋洲

海洋

洋流

海水处于不停地运动之中，海洋表层和深处水流持续循环，在深处水流的速度相比表层要慢得多。表层洋流由风驱动，但其运动模式还受地球自转的影响，由此造成的循环水流被称为洋流。在北半球，洋流顺时针旋转，在南半球，则呈逆时针。其中一些特定的洋流被称为边界流。海洋东侧的边界流以寒流为主且向赤道移动，海洋西侧的边界流则多是暖流且从赤道向两极运动。现在的全球环流模式还在一定程度上受到海洋盆地形态和周围海岸线的控制。过去的海洋和大陆的分布以及环流情况都与现在大不相同。

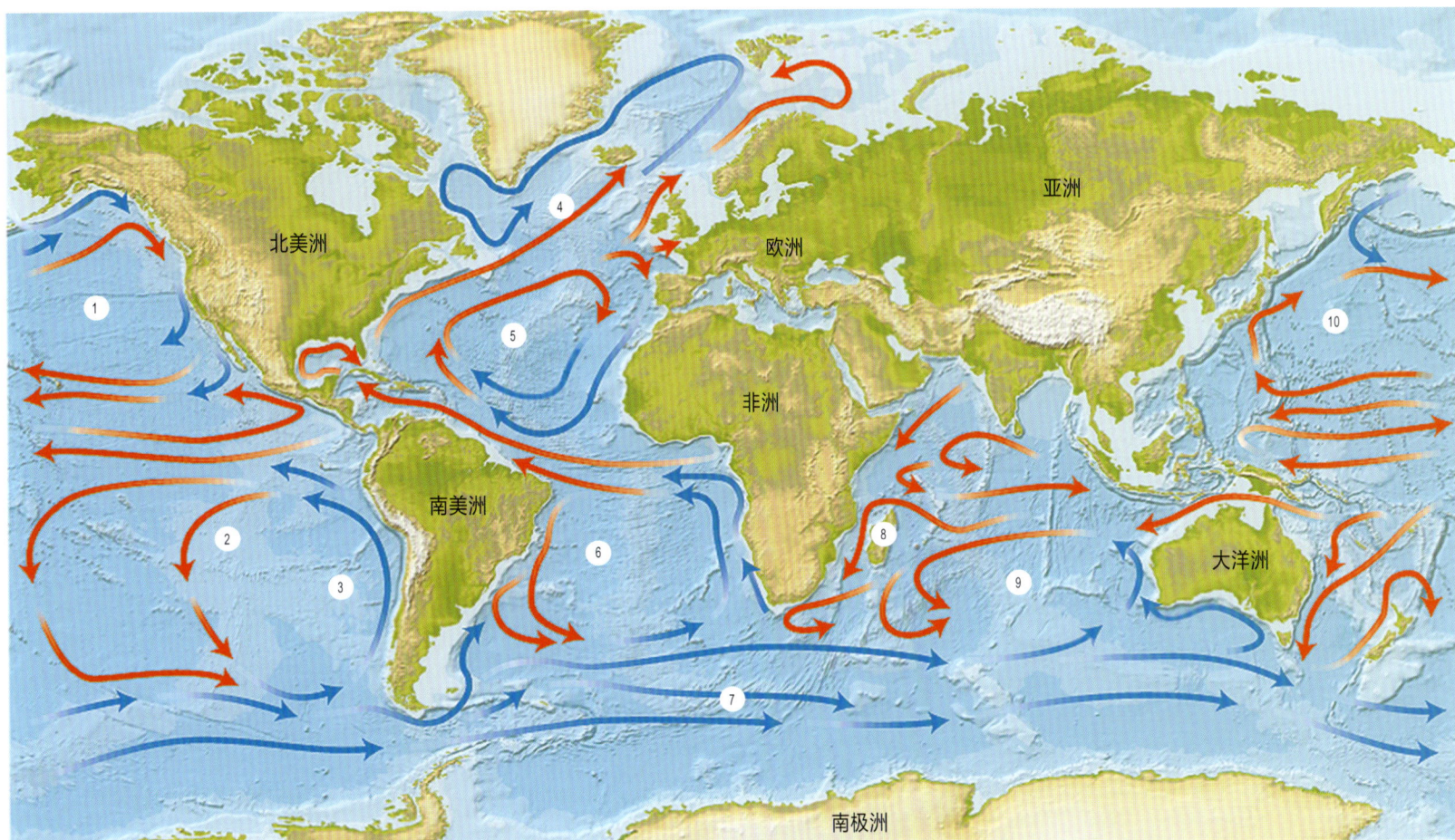

洋流：

1. 北太平洋环流
2. 南太平洋环流
3. 秘鲁寒流
4. 墨西哥湾流
5. 北大西洋环流
6. 南大西洋环流
7. 南极绕极流
8. 阿古拉斯洋流
9. 南印度洋环流
10. 北太平洋环流

→ 暖流
→ 寒流

重大海啸

海啸通常由海中的地震引发，水的移位造成巨大的海浪，会对沿海地区造成大规模的破坏。这张表列出了近年来的一些重大海啸。海啸造成的死亡人数很难准确统计，因为许多伤亡可能是由触发海啸的地震造成的。

年份	地点	死亡人数
1933	日本，三陆海岸	3000余人
1944	日本，东南海域地震	1200余人
1946	日本，南部海域地震	1400余人
1958	阿拉斯加，利图亚湾	—
1960	智利海啸	6000人
1963	意大利，瓦依昂坝	2000人
1976	菲律宾，莫罗湾	93500人无家可归
1998	巴布亚新几内亚	2200人
2004	印度洋海啸	230000人
2006	南爪哇岛	800人
2011	日本，东北部海啸	15000余人

火山

火山数据

火山岩浆从地球内部喷出，展示出储存在地球内部的被压抑的热能。全球散布着火山和火山岩石产物，既有古代的，也有现代的，表明地球火山作用的悠久历史。大多数火山位于板块边界。最大的火山坐落在热点之上。

74000 年
世界上最大的一次历史性的超级火山喷发，即著名的多巴火山爆发距今的时间。它使全球陷入长达10年的火山冬季。

2200万吨
1991年菲律宾皮纳图博火山喷发的二氧化硫的质量，这些二氧化硫扩散到整个地球并使全球气温下降了0.5℃。

1250℃
一次火山喷发中从火山边坡滚下的火山碎屑流的温度。这些火山碎屑流包含火山灰、火山岩和水。

1550
当今全球全新世活火山的大概数量。

90%
环太平洋火山带上的火山占全球火山的比例。

20
每天世界上正在喷发的火山的数量。

260000
过去300年中火山喷发及喷发造成的其他后果所导致的估计死亡人数。

1815
印度尼西亚坦博拉火山喷发的年份，至少60000人的死亡与这次喷发直接或间接相关。

4170米
地球上最大的火山——夏威夷的冒纳罗亚火山的高度。夏威夷群岛是由热点形成的。

3亿
居住在活火山危险范围内的人口数量。

60千米
普林尼式喷发产生的火山灰柱所能达到的最大高度。

1万年
在这段时间内喷发过的火山被称为全新世活火山。

十年火山

国际火山学与地球内部化学协会选出了16座具有特别研究价值的火山，因为这些火山非常活跃或者非常接近人口稠密的地区。这组火山被称为"十年火山"。人们希望对于"十年火山"的研究能有助于解释火山喷发是如何以及何时发生的。

火山名字：
1. 雷尼尔山
2. 冒纳罗亚火山
3. 科利马火山
4. 圣地亚古多火山
5. 加勒拉斯火山
6. 维苏威火山
7. 埃特纳火山
8. 圣托里尼火山
9. 泰德峰
10. 尼拉贡戈火山
11. 阿瓦恰火山—科里亚克火山
12. 云仙岳
13. 樱岛火山
14. 塔阿尔火山
15. 乌拉旺火山
16. 默拉皮火山

火山爆发指数

火山爆发的能量可以用火山爆发指数（VEI）来衡量。火山爆发指数基于喷发柱的高度和喷出物的体积。某一类型的喷发通常具有相近的VEI值（详见表中类别列）。在人类整个历史之中，尚未观测到火山爆发指数达到8级的火山爆发，只是推测在史前有过几次这种规模的爆发。近代最大的一次火山爆发是VEI-7级，是1815年印度尼西亚的坦博拉火山爆发。

VEI	描述	喷发柱	喷出物体积	类别	频率	例子
0	非爆发性	最高100米	最多10000立方米	夏威夷式	每天	基拉韦厄火山
1	温和的	100～1000米	1万~100万立方米	夏威夷式/斯特隆博利式	每天	斯特隆博利火山
2	爆裂性的	1～5千米	100万~1000万立方米	斯特隆博利式/乌尔卡诺式	每周	加勒拉斯火山，1993年
3	剧烈的	3～15千米	1000万立方米~0.1立方千米	乌尔卡诺式	每年	鲁伊斯火山，1985年
4	灾难性的	10～25千米	0.1~1立方千米	乌尔卡诺式/普林尼式	数十年一次	加隆贡火山，1982年
5	突然爆发的	大于25千米	1~10立方千米	普林尼式	数百年一次	圣海伦斯火山，1980年
6	大规模的	大于25千米	10~100立方千米	普林尼式/超普林尼式	数百年一次	喀拉喀托火山，1883年
7	巨大规模的	大于25千米	100~1000立方千米	超普林尼式	数千年一次	坦博拉火山，1815年
8	超大规模的	大于25千米	大于1000立方千米	超普林尼式	数万年一次	黄石火山，200万年前

历史上最致命的火山爆发

人口稠密地区的火山爆发是致命的。火山爆发时，熔岩和火山碎屑流、火山灰沉降或引发的相关灾害如泥石流，都可能致人死亡。

火山	年份	死亡人数
坦博拉火山，印度尼西亚	1815	约60000
喀拉喀托火山，印度尼西亚	1883	36417
培雷火山，马提尼克	1902	约29000
内华达德鲁兹火山，哥伦比亚	1985	约23000
云仙岳，日本	1792	14300
拉基火山，冰岛	1783	9350
圣地亚古多火山，危地马拉	1902	约5000
克卢德火山，印度尼西亚	1919	5110
加隆贡火山，印度尼西亚	1882	4011
维苏威火山，意大利	1631	约3000
维苏威火山，意大利	79	约2000
帕潘达扬火山，印度尼西亚	1772	2957
拉明顿火山，巴布亚新几内亚	1951	2942
埃尔奇琼火山，墨西哥	1982	约1900
苏弗里耶尔火山，圣文森特	1902	1680
渡岛大岛，日本	1741	1475
浅间山，日本	1783	约1500
塔阿尔火山，菲律宾	1911	1335
马荣火山，菲律宾	1814	1200
阿贡火山，印度尼西亚	1963	约1100
科多帕希火山，厄瓜尔	1877	1000
皮纳图博火山，菲律宾	1991	800
驹岳，日本	1640	700
内华达德鲁兹火山，哥伦比亚	1845	700

近1000年以内最大的火山爆发

按照喷出物体积的估算值，这里列出了近1000年内发生的最大的火山爆发。与史前的超级火山喷发相比，它们还相形见绌。

火山	年份	体积
坦博拉火山，印度尼西亚	1815	150立方千米
科伦坡火山，希腊	1650	60立方千米
库瓦尔火山，瓦努阿图	1452—1453	33立方千米
长岛，巴布亚新几内亚	1660	30立方千米
埃纳普蒂纳火山，秘鲁	1600	30立方千米
喀拉喀托火山，印度尼西亚	1883	21立方千米
基洛托阿火山，厄瓜多尔	1280	21立方千米
圣地亚古多火山，危地马拉	1902	20立方千米
格里姆火山和拉基火山，冰岛	1783—1784	14立方千米
诺瓦鲁普塔火山，阿拉斯加	1912	14立方千米
比利米切尔火山，巴布亚新几内亚	1580	14立方千米
皮纳图博火山，菲律宾	1991	11立方千米

地震

地震带

地壳和构造板块的运动产生应力并使断层面附近的岩石破裂。脆性地壳岩石所受的应力逐渐增加，导致突然失稳，并释放出巨大的能量，这就是地震。地震波通过岩石传播，传播的距离通常很远，一些大地震的地震波能到达地球的另一端。地球上的主要地震带位于构造板块发生相对移动的板块边界处。

地震严重程度等级

一次地震的大小可以用震级和烈度两种方式度量。两种惯用的等级是麦卡利地震烈度（度量地震在地表的影响，共有12个等级）和里氏震级（度量地震中释放的能量多少）。但是，在科学运用中，它们已经几乎被矩震级取代。全球几乎每天都有上百次小地震，造成大范围破坏的巨大地震很少。

矩震级	平均每年发生的次数	例子	日期
9	0.1	9.5级，智利南部	1960年5月22日
		9.1级，苏门答腊岛，巽他海沟	2004年12月26日
		9.0级，日本，本州岛东北部沿岸	2011年3月11日
8	1	8.8级，智利，比奥比奥河沿岸	2010年2月27日
		8.5~8.9级，葡萄牙，里斯本	1755年11月1日
		8.1级，萨摩亚	2009年9月29日
7	18	7.9级，中国，四川东部	2008年5月12日
		7.8级，美国，加州，旧金山	1906年4月18日
		7.5级，克什米尔，穆扎法拉巴德	2005年10月8日
		7.0级，海地，太子港	2010年1月12日
6	134	6.9级，美国，加州，洛马普列塔	1989年10月18日
		6.3级，意大利，拉奎拉	2009年4月6日
		6.1级，新西兰，克莱斯特彻奇	2011年2月22日
5	1300	5.5级，澳大利亚，纽卡斯尔	1989年12月27日
		5.4级，美国，伊利诺伊	2008年4月18日
		5.3级，意大利，圣朱利亚诺迪普利亚	2002年10月31日
4	13200	4.5级，美国，华盛顿州，西雅图-塔科马	2009年1月30日
		4.2级，英国，肯特	2007年4月28日
		4.1级，英国，梅尔顿莫布雷	2001年10月28日
3	130000	3.9级，美国，弗吉尼亚州	2003年5月5日
		3.6级，英国，邓弗里斯郡	2006年12月26日
		3.0级，威尔士，巴戈伊伊德	2001年10月10日

麦卡利地震烈度表

I	仪器能检测到	人感觉不到地面震动，只有地震仪能检测到
II	微弱	静止或位于较高楼层的人有感
III	轻度	室内能感觉到，尤其是高楼层；悬挂物摇摆
IV	中度	室内大多数人有感，室外少数人有感；悬挂物摇摆；器皿、门窗作响；感觉像一辆重型卡车撞到了墙上；停泊的车晃动
V	较强烈	几乎所有人都能感觉到；睡觉的人醒来；门晃动；小物件移动；玻璃器皿等破碎；液体泼溅
VI	强烈	所有人都能感觉到；人行走困难；家具移动；架子上的物体和墙上的照片掉落；灰泥上可能出现裂缝；建筑物有小的结构损伤
VII	非常强烈	人站立不稳；驾车的人能感到车子震动；家具破裂；砖墙或烟囱损坏；建筑依据其结构不同会有不同的结构损伤
VIII	破坏性的	车辆无法驾驶；结构简陋的建筑或高层结构物如工厂烟囱受到严重破坏；树枝断裂；湿地或斜坡破裂；水井中的水位可能发生变化
IX	普遍破坏的	所有类型的建筑都会受到严重结构破坏；房屋可能离开地基
X	毁坏性的	大多数房屋被毁；桥梁和大坝严重损坏；地面出现大裂缝；大型滑坡，铁轨弯曲
XI	严重毁坏的	几乎没有屹立的建筑物；管道和铁轨被毁
XII	灾难性的	完全破坏；地形剧烈变化

里氏震级：典型范围

<3.5	可被仪器记录，但人一般感觉不到
3.5～5.4	许多人能感觉到，但基本不造成破坏
5.5～6.0	对结构良好的建筑造成轻微损坏；简陋建筑损坏更严重
6.1～6.9	会对方圆100千米的区域造成严重和普遍的损坏
7.0～7.9	影响严重，造成更大范围的严重破坏
>8.0	对上百千米的区域造成毁灭性破坏

强度（里氏震级）	每年地震数量（估算）
2.5或更弱	900000
2.5～5.4	30000
5.5～6.0	500
6.1～6.9	100
7.0～7.9	20
8.0	每5～10年一次

1900年以来强度最大的地震

最大震级的地震每5~10年出现一次。自1900年以来，发生过5次9级以上的地震，还有几次震级在8级~9级之间的地震。

地点	日期	震级
智利 (南美洲)	1960年5月22日	9.5
威廉王子湾(阿拉斯加)	1964年3月27日	9.2
苏门答腊北部西海岸(印度尼西亚)	2004年12月26日	9.1
本州岛东海岸附近(日本)	2011年3月11日	9.0
堪察加半岛(俄罗斯)	1952年11月4日	9.0
马乌莱沿岸(智利)	2010年2月27日	8.8
厄瓜多尔沿岸	1906年1月31日	8.8
拉特群岛(阿拉斯加)	1965年2月4日	8.7
苏门答腊岛北部(印度尼西亚)	2005年3月28日	8.6
墨脱(中国)	1950年8月15日	8.6
安德烈亚诺夫群岛(阿拉斯加)	1957年3月9日	8.6
苏门答腊岛南部(印度尼西亚)	2007年9月12日	8.5
班达海(印度尼西亚)	1938年2月1日	8.5
堪察加半岛(俄罗斯)	1923年2月3日	8.5
智利—阿根廷边界(南美洲)	1922年11月11日	8.5
千岛群岛(俄罗斯)	1963年10月13日	8.5

破坏性最大的地震

不论震级大小，发生在城市附近的地震致死率更高，因为那里人口稠密，现代建筑物密集地区倒塌建筑造成的危害极大。

年份	地点	死亡人数	震级
1976	中国唐山	242000	7.5
2004	苏门答腊岛	305276	9.1
2010	海地	316000	7.0
1920	中国宁夏海原	200000	7.8
1923	日本关东	142800	7.9
1948	土库曼斯坦阿什哈巴德	110000	7.3
2008	中国四川省	69000	7.9
2005	巴基斯坦	86000	7.6
1908	意大利墨西拿	72000	7.2
1970	秘鲁钦博特	70000	7.9
1990	伊朗西部	40000到50000	7.4
1783	意大利卡拉布里亚	50000	—
1755	葡萄牙里斯本	70000	8.5~8.9
1727	伊朗大不里士	77000	—
1693	意大利西西里岛	60000	7.5
1667	高加索沙马希	80000	—

天气

气候区

根据平均气温和降雨量，可以将地球大陆划分为不同的气候区和植被类型。热带地区全年高温并且非常湿润，而极地地区和高山顶部则极端寒冷。在热带和极地地区之间的温带地区，气候相对温和。沙漠地区的年均降雨量少于25厘米。气候受纬度影响，但同时也受海拔高度和距海洋远近等因素影响。

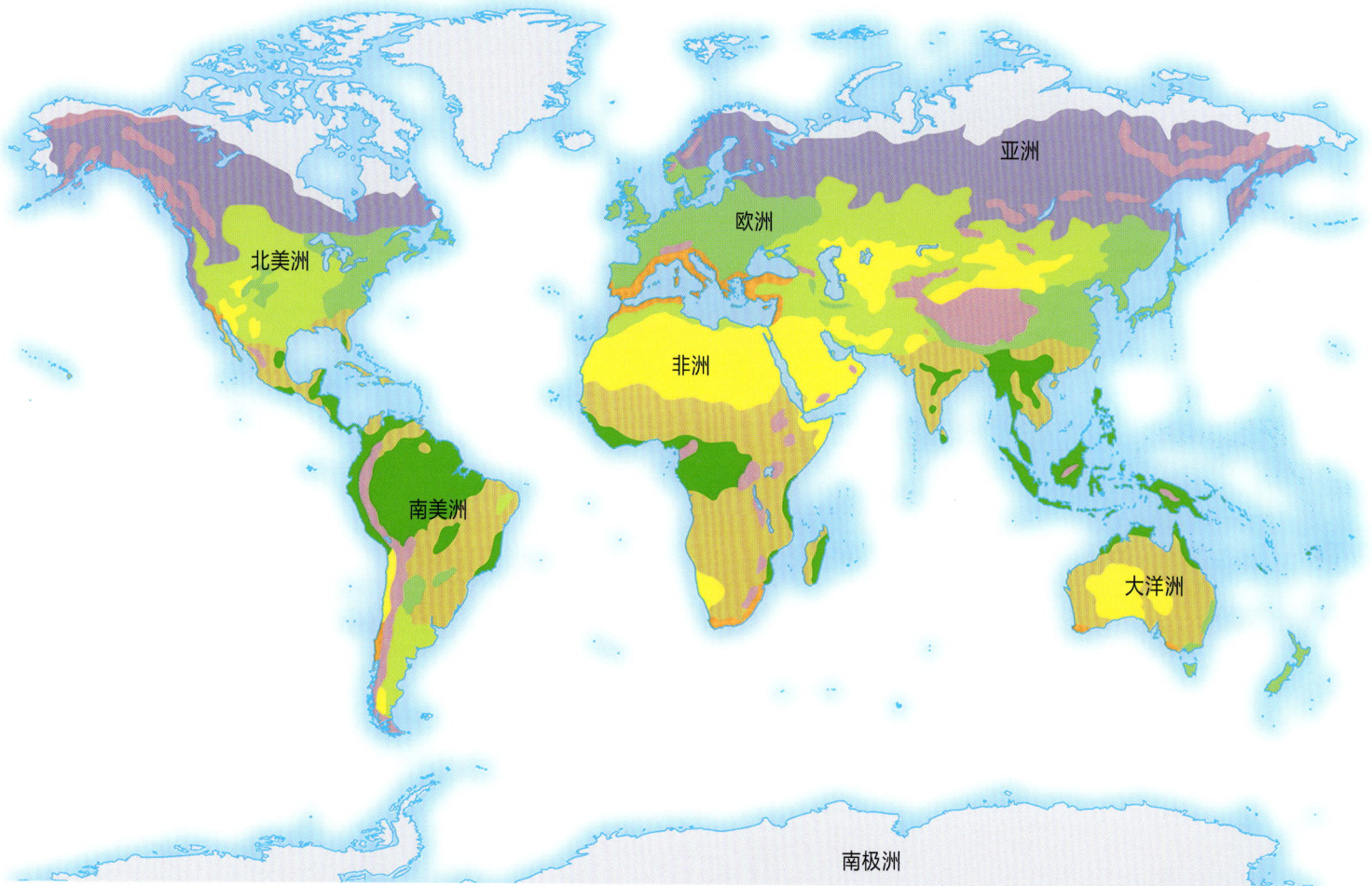

气候区图例：	极地冻土	温带森林	干旱草原
	北方针叶林	地中海地区	热带草原
	山区	沙漠	热带雨林

天气符号

这里给出的天气符号是用来划分天气类型的国际通用的符号体系。它们是由世界气象组织创立的，表示了不同的降水强度和其他天气状况。在图上使用这些符号能简单清晰地表明某一特定时间的气象条件。

天气图符号			
间歇性小雨	●	冻雨	∾
连续性小雨	●●	冻毛雨	∾
间歇性中雨	⦙	雷暴	℞
连续性中雨	⦂⦂	龙卷风	⎇
连续性大雨	⦂⦂⦂	雾	≡
小阵雨	▽	霾	∞
中阵雨	▼	静止锋	⊣⊣
大阵雨	▼	冷锋	▲▲▲
雪	✳	锢囚锋	▲▲▲
毛毛雨	'	暖锋	⌒⌒⌒

极端天气数据

57℃
记录到的最高气温，发生在利比亚的艾尔阿齐兹，时间是1922年9月13日。

7毫米
年平均降水量的最低纪录，记录于智利的阿里卡。

486千米/小时
最高的龙卷风风速，1999年5月3日记录于美国俄克拉何马州的布里奇克里克。

−89℃
记录到的最低气温，1983年7月21日记录于南极洲的沃斯托克。

31米
记录于美国华盛顿州雷尼尔山的最高年降雪量，时间是1971年2月19日至1972年2月18日。

372千米/小时
非龙卷风的阵风的最高风速，1934年4月12日记录于美国华盛顿山。

26461毫米
年降水量的最高纪录，发生于印度乞拉朋齐。

共350天
一年中下雨天数的最高纪录，发生于夏威夷考艾岛的怀厄莱阿莱。总降雨量约11684毫米。

182天
南极每年没有阳光照射的日子。

蒲福风级

蒲福风级原先是为水手创立的一种通过观察海面扰动和航行状态以及因此受影响的舵效来判断风力大小的方法。后来，该等级表被修改以便在陆地上使用，用树木和汽车等取代了原先的判定依据。

蒲福风级	风速	描述
0	0~2千米/小时	无风 空气静止，烟直上
1	2~6千米/小时	软风 烟偏离垂直方向
2	7~11千米/小时	轻风 脸上感觉到有风，一些树叶晃动
3	12~19千米/小时	微风 树枝和树叶轻微晃动
4	20~29千米/小时	和风 摊开的纸被吹走
5	30~39千米/小时	劲风 小树摇摆
6	40~50千米/小时	强风 打伞困难
7	51~61千米/小时	疾风 整棵树弯曲
8	62~74千米/小时	大风 树枝折断，步行困难
9	75~87千米/小时	烈风 屋顶瓦片被吹走
10	88~101千米/小时	狂风 树折断并被连根拔起
11	102~119千米/小时	暴风 破坏严重，汽车被掀翻
12	120千米/小时以上	飓风 大范围破坏

"退休"的飓风名字

给飓风命名有一张固定的名单，七年循环使用一次。但是，如果一个飓风造成了严重破坏，为了不造成混淆，它的名字就会退休。

年份	名字
1990	戴安娜 克劳斯
1991	鲍勃
1992	安德鲁
1995	路易斯 玛丽莲 奥珀尔 洛葛仙妮
1996	凯撒 弗兰 霍顿斯
1998	乔治 米奇
1999	弗洛伊德 莱尼
2000	基斯
2001	艾莉森 艾瑞丝 米歇尔
2002	伊西多尔 莉莉
2003	费边 伊莎贝尔 胡安
2004	查理 弗朗西斯 伊凡 珍妮
2005	丹尼斯 卡特里娜 丽塔 斯坦 威尔玛
2007	迪恩 菲利克斯 诺埃尔
2008	古斯塔夫 艾克 帕洛玛
2010	伊戈尔 托马斯

术语

B

板块：地球表面分裂而成的主要块体。

板块边界：两个构造板块的边界。相互背离的构造板块边界为离散型边界，相互汇聚的构造板块边界为汇聚型边界，相互滑动的构造板块边界为转换型边界。

暴风雪：大雪和狂风会造成能见度严重下降。

背斜：通常是水平地层由于受到水平挤压形成的拱形、向上的褶皱。

变质岩：因地热或压力而发生结构或矿物组成变化的地下岩石。例如，大理石属于变质石灰岩。

冰川：具有向坡下运动能力的大量半永久冰。冰川分为许多种类，最大的称为冰盖，例如南极冰盖；稍小的称为冰帽。山谷冰川较小，沿着山谷向下流动，并在流动过程中侵蚀岩石。注出冰川是指从冰盖或冰帽中流出的冰川。山麓冰川从高地延伸向广阔的平原。跃动冰川的运动速度会周期性地出现显著加快。冰斗冰川很少流出其塑造的山体洼地之外。冷温复合冰川的表面是较为寒冷的冰层，覆盖着下层较为温暖的冰。

冰山：脱离冰川而成的大块浮冰。

波浪：传播能量的规律运动或扰动。当波浪穿过开阔的海面，水本身除了上下运动，不发生显著的位移。波浪的最高点是波峰，最低点是波谷。在波浪登陆海岸的地方（碎浪区），水流运动变得更加复杂和混乱（湍流）。

C

潮汐：由于月球和太阳引力作用引起的岸边海水涨落（通常为一天两次）。高低潮位之间的差值称为潮差，通常按月变化：大潮（当月亮和太阳影响相互加强）时高潮最高，低潮最低；小潮（当月亮和太阳的影响相互抵消）时潮差最小。

D

尘卷风：地面热对流将沙尘带到空中形成的旋风。

沉淀物：从溶液中析出形成固态沉淀的物质。

沉积：由于风、水流、冰的作用，使沙子、碎石等物体在新地点沉淀下来。

沉积物：经由水、风、火山作用或块体运动搬运并堆积的固体颗粒。

沉积岩：经由水、风、火山作用或块体运动搬运并沉积的小颗粒硬化形成的岩石。

大风：风速介于62~74千米/小时，或达到蒲福风级8级的风。

大陆边缘：大陆架和大陆坡的统称。

大陆架：在大多数大陆海岸，被海水淹没的大陆型地壳向海洋延伸的缓斜部分。

大气层：包围着地球的气体圈层。

大洋型地壳：组成深海海床的地壳，主要由玄武岩和烁长岩组成。大洋型地壳比大陆型地壳薄，密度更高。

玛珥火山：波及下层基岩的爆炸性喷发后形成的宽阔火山口，里面通常蓄满了水。

低压槽：气象学中，指长而窄的低气压区。

地核：地球最深处。它由一个液态的外核（主要是铁，可能还有一些硫）和一个固态内核（由镍-铁构成）组成。

地壳：地球岩石的最外一层。大陆和大陆边缘是由相对更厚但密度较低的大陆型地壳组成的，深海底下的大洋型地壳则较薄但密度更厚。

地壳均衡说：该学说认为地球上所有岩石在地幔某处质量相等，由于大陆型地壳的密度小于大洋型地壳，因此高于海洋盆地。

地幔：地壳与地核之间的岩石，占地球体积的84%。

E

厄尔尼诺：厄尔尼诺现象是指赤道太平洋洋流异常减弱，堆积在西太平洋的暖流向东流去，使东太平洋水温反常升高的现象。厄尔尼诺只是引发全球气候模式变化的大范围气候现象的一部分。

F

洪流玄武岩：在较短地质时期内，大量岩浆喷发覆盖地表所形成的大范围玄武岩。洪流玄武岩抗蚀力较强，通常会形成广阔的熔岩高原。

反气旋：一种天气系统。在这个系统中风围绕着一个高压区旋转。

地幔热柱：经过地幔上涌到岩石圈底部的一股柱状岩浆，是地表热点成因的一种假说。

地热能：利用地球内部的热能而获取的能源。

地震波：地震产生的振动波。P波可以穿透地球内部的固体部分和液体部分，S波只能穿透固体部分。

电离层：中间层以上的大气层，高度在80千米~640千米以上。

断层：两侧岩体发生相对位移的构造。如果断层面与垂直面有一个夹角且向下滑动，则称之为正断层。如果断层面上的岩体向上滑动（相对而言），则称之为逆断层。走滑断层是指岩石相对位移方向与断层走向平行的情况。转换型断层是与板块运动有关的大规模走滑断层。

断层块：被断层围绕的山脉或大块大陆型地壳。

对流：温差造成的流体（气体、液体以及可塑的热的岩石）的运动和循环，反过来造成流体各部分的密度差异。

对流层：大气层中海拔最低、密度最高的气层，大部分天气现象发生在对流层。从赤道到两极对流层顶的高度有所不同。

G

高原：地形高于周边地区的大块平坦地区。

构造板块：组成地球岩石圈的大型刚性部分。不同构造板块的相对运动会造成地震、火山活动、大陆漂移以及造山运动。

锢囚锋：在气象学中，当运动中的较冷气团追上较热气团，将后者推高并远离地球表面的过程。

硅酸盐：由硅、氧原子团与各种金属原子组成的化合物形成的岩石或矿物质。地壳和地幔的主要成分是硅酸盐岩石。

风化作用：指岩石因暴露于地表或接近地表而发生的变化。通常原始岩石会逐渐崩解或被削弱。

锋面：气象学中，气团向前移动的边缘称为锋面。

浮石：一种低密度的浅色火山岩，内含气体扩张形成的无数泡沫结构，有些火山喷发时会喷射出浮石。

俯冲：当两个板块交汇时，海洋板块下降到另一个板块之下。根据两个汇聚板块的性质不同，俯冲带可分为海洋与海洋俯冲带或海洋与陆地俯冲带。

H

海底扩张：洋中脊岩浆上涌，海床随之向两侧扩张，产生新的海洋岩石圈。

海底平顶山：顶部平坦的海底山峰，又称平顶海山。

海洋盆地：深海海底地势低洼的大洋型地壳，通常被土地或浅海域所围绕。

海沟：海洋盆地中细长的低洼地区，海沟标志着俯冲带。海沟是海洋最深的地区。

海山：海底山脉，通常起源于火山。

海啸：移动迅速、具有破坏性的海浪，通常是由地震活动引起的，经常被误认为潮汐现象。到达浅水地区时波浪骤然升高。

河漫滩：河流泛滥时易被淹没的临河平原。

黑烟囱：一个热液喷口，喷出的热水因为黑色矿物颗粒而变黑。

环流：大规模的洋流循环运动。

荒漠化：过去较为肥沃的地区向荒漠转变的过程。

挥发性物质：在火山学中，常被用于描述溶解在熔融岩石中的水、二氧化碳及其他易于挥发的化合物。

辉长岩：玄武质岩浆缓慢冷却时在地下形成的深色、粗粒度的火成岩。

火成岩：熔融岩浆凝固而形成的岩石。喷出岩（火山岩）是火山活动后在地球表面凝固而成的，通常含有细小的、肉眼几乎不可见的晶体。而侵入性火成岩（深成岩）是在地底缓慢冷却凝固而成的，能产生较大的晶体。大量的侵入性火成岩被称为岩浆侵入。

火山：岩浆到达地表的地壳开口；也指拥有这种开口的山脉。盾状火山坡度较缓，是由易流动的火山熔岩形成的。复式火山山坡较为陡峭，是由火山灰和火山熔岩交替堆叠而成的。穹形火山外形呈陡峭的圆形，是由黏性熔岩形成的。火山渣锥是火山喷发爆炸云中的火山渣降落形成的。

火山岛弧：沿着洋间俯冲带分布的一串火山岛屿。

火山口：喷发的火山从中释放气体、火山碎屑和熔岩的碗状凹地。火山口壁由喷发物质堆积形成。

火山泥石流：水混合火山灰和其他碎片形成的泥流。

火山熔岩：到达地表的熔融岩石。玄武岩渣块熔岩（其中硅含量为45%~52%）冷却时形成纹理粗糙的岩石。绳状熔岩的岩石组成与其类似，而流动缓慢，形成平滑或绳状表面。枕状玄武岩是水下熔岩喷发形成的一堆枕状岩石。而含硅量更高、更偏安山质的熔岩（硅的含量超过57%）通常形成块状熔岩，表面充满多角状碎块，有些可达几米厚。

火山碎屑物：包含或由火山岩碎片组成的碎屑物。火山碎屑流是灼热的气体和碎片云，移动迅速，有时是致命的。

火山渣：一种深色火山岩，内含气体扩张形成的无数泡沫结构。某些玄武岩火山喷发时会喷射火山渣。

J

季风：一年中约一半时间向一个方向吹，另一半时间向另一个方向吹的风，在南亚较为典型。

间歇泉：地面不定时喷出的一股沸水和蒸汽，由地下灼热的岩石加热产生。

降水：从大气层降落到地表的水，包括雨、雪、冰雹和露水。

飓风：大规模的热带低压气旋系统，常伴随强大的旋风和暴雨，又称为热带气旋和台风（特别是在亚洲东部）。形成飓风的能量来源于水的潜热，这些水在温暖的海洋被蒸发，而后凝结。

K

科里奥利效应：解释在自转的地球上空气和洋流偏转的一种可见的力。

克拉通：由未受自前寒武纪时期开始的造山运动影响的岩石组成的稳定的地球大陆型地壳。也被称为地盾。

L

拉尼娜：东太平洋海水变得异常寒冷的现象，与厄尔尼诺现象相反。

冷锋：干燥冷气团前方延伸的边缘。

里氏震级：衡量地震开始时地震波振幅的等级。

裂谷：由于水平扩张和正断层作用，与周边地区相比垂直向下滑动的一大块土地，又称地堑裂谷。

龙卷风：迅速旋转的狭窄管状空气柱，通常具有极大的破坏性。

漏斗状的云：云中降下的涡旋形气流，当气流一端接触到地面时则形成龙卷风。

M

磨蚀：岩石由于刮削受到的侵蚀，如岩石被携带石块的冰川冰磨蚀。

N

黏度：液体流动的阻力，流体的黏度越高，流动越缓慢。

凝灰岩：由爆炸性的火山喷发产生的细粒度火山碎屑物质组成的火山碎屑岩。

凝结：物质从气态到液态的转化，如水蒸气凝结成液态的水。

P

喷发：火山排出熔岩、火山碎屑物、气体及其他物质的过程。夏威夷式喷发产生较多的液态熔岩，但爆炸较少。斯特隆博利式喷发频繁地喷出岩石和气体，但没有持续爆炸。叙尔特塞式喷发发生在浅海，喷发的部分能量来源于水转变为水蒸气的过程。乌尔卡诺式喷发通常包括一系列爆炸，产生明显的喷发柱，普林尼式喷发大规模持续爆炸形成高耸的喷发柱，甚至可能摧毁大部分的火山锥。裂隙式喷发是通过地壳上的巨大裂缝而不是火山口喷发。

喷气孔：火山地区能够喷出火山气体的地表小型孔洞。

漂流：海洋表层水宽阔而缓慢地流动，例如北大西洋漂流。

平流层：海拔8千米~16千米到50千米，对流层顶部以上的大气层。

破火山口：碗状的火山洼地，比火山口大，直径一般超过1千米，由火山喷发后局部被掏空的岩浆库的沉陷形成。

蒲福风级：根据观测诸如海面状况和树的摇动等标准定出的风速等级。

Q

气候：一个地区长时间内天气的一般状况。

气团：具有相同特征的空气团，水平方向可延伸几千千米。

气旋：空气围绕一片低气压区旋转的一个气压系统。热带气旋又被叫作飓风或台风。

气压计：一种测量大气压力的仪器。

气压系统：地区上空高压或低压空气循环形成的天气模式。气压梯度是指固定两点间的气压差。

侵蚀：地表岩石和土壤松动、磨损或剥蚀的过程。造成侵蚀的主要介质是风、水、流动的冰及其携带的沙粒和碎石。

群岛：形成岛链或岛簇的一群岛屿。

R

热带辐合带：南北半球信风交汇的地带。

热点：由于地幔深处运动而长期发生火山活动的地区。经过热点的板块拥有明显的线性火山链，距离热点越远，其火山的历史越久远。

软流圈：坚硬的岩石圈之下紧邻的一层地幔。它是非刚性的，在固体状态下能够缓慢流动，在构造板块的运动中扮演了重要的角色。

S

闪电：伴随雷雨云放电产生的可见闪光。云层之间放电形成的称为片状闪电；云层与地面放电形成的称为叉状闪电。

射流：对流层高处强而窄的气流带。

深海：指海洋深度大于约2000米。深海平原是4000~6000米深处略平的平原，是大部分海洋盆地的基底。深海带是海床或开阔水域2000米深处至深海平原之间的区域。

深海沟：海底类似峡谷的线状洼地，一个板块俯冲到另一个板块之下的地方。深海沟是海洋最深的地区。

生物群落：大规模的生物群聚，主要由植被类型来定义。任一特定生物群落的范围由气候条件决定。

石膏：一种常见的矿物，存在于沉积岩中。石膏主要由硫酸钙构成，用于制造工业石膏和水泥。

石英岩：一种由砂岩变质而成的坚硬变质岩。石英岩的形成过程中，石英颗粒重结晶为更坚硬、相互连接的团块。

霜：当物体表面温度低于0℃时产生的冰凝结现象。

碎屑：岩石碎片，尤其是并入另一块较新岩石之中的岩石碎片。

T

藤田级数：根据破坏力衡量龙卷风强度的一种计量标准。

突发性洪水：暴雨之后突发的洪水。

W

微风：强度温和的风。

围岩：岩浆侵入体侵入的原先存在的岩石。

温带：地球上介于热带和两极地区之间的地带。

温泉：地底热岩加热地下水所产生的热水与蒸汽上涌。

X

峡谷：深深的山谷，但通常没有山峡窄；也指洞系中深的、不规则的通道。

向斜：原来平整的地层向下折叠，通常是由水平挤压引起的。

形变：地质运动造成现有岩石的塑性流动或脆性断裂。

玄武岩：地球上最常见的火成岩，通常是凝固的熔岩。玄武质熔岩可在陆地喷发，但是玄武岩也构成了大洋型地壳顶部。玄武岩是玻璃质到全晶质的（由非常细小的晶体组成）。

Y

岩基：源于地下深处的巨大岩浆侵入体，宽度达100千米以上。地球主要的岩基只有在被侵蚀之后暴露于地表时才能被人们看到。

岩浆：从地球内部上涌的熔融岩石。

岩浆库：略低于地表、储集岩浆的场所。

岩脉：接近垂直的片状侵入性火成岩，集中在一个地区的大量岩脉称为岩脉群。

岩石：由一种或多种地球上或其他行星上自然形成的矿物质所组成的固体物质。

岩石圈：地壳与地幔最上层的刚性部分的合称。地球上每个构造板块都是岩石圈的一部分。

洋流：在海洋学中指一股海洋水流。有表面洋流，也有深海洋流。一些洋流由风驱动，其他（热盐流）是由温度和盐度差驱动的。温差和盐度差造成了水团之间的密度差。

洋中脊：穿越大洋中盆地（尽管并不都是从正中穿越）的海底山脉。洋中脊是两个板块相互分离，深层地幔物质上涌形成新大洋型地壳的地方。洋中脊的扩张速度差异较大，分为快速扩张洋中脊和慢速扩张洋中脊。

叶理：某些变形变质岩中，矿物质呈平行带状分布的构造。

页岩：由薄层片状云母等可以分开的矿物组成的一种变质岩，是由细粒度的沉积岩变质而成的。

Z

造山运动：构造板块发生水平汇聚产生压力从而形成山脉的过程。造山运动是山脉形成的一个特定时期。

褶皱：原本水平的岩层被扭曲弯折而形成的地质构造。事实上，岩石具有可塑性，类似于加热后的焦糖棒，可以流动、变形，形成褶皱。可能在中间向上弯曲形成脊（背斜）或向下弯曲形成脊（向斜）。对称褶皱的纵剖面两侧斜坡角度相同，而不对称褶皱则角度不同。平卧褶皱的枢纽向一侧倾斜。在倒转褶曲中，向斜的一部分被卷曲到邻近的背斜之下。

阵风锋面：位于暴风云团边缘前部的强风区域。

蒸汽喷发：地下水接触热岩变为蒸汽后喷发的火山喷发或喷泉活动。

支流：汇入另一条更大河流的河流或溪流。

中间层：离地表约50千米~88千米，介于平流层和热层之间的大气层。

宙：地质历史上较长的一段时期。地球的历史被划分为四个"宙"，每个"宙"又被划分为若干"代"和"纪"。